Beiträge

zur

Gebirgskunde Brasiliens

von

W. L. von Eschwege,

Königl. Portugies. Oberst des Genie-Corps und Oberberghauptmann,

Mitgliede mehrerer gelehrten Gesellschaften.

Mit vier petrographisch-geognostischen Karten und Profildurchschnitten.

Berlin

gedruckt und verlegt bei G. Reimer.

1832.

SEINER EXCELLENZ

DEM

HERRN GEHEIMEN RATH

ALEXANDER VON HUMBOLDT.

Hochwohlgeborner Herr!

Das würdige Vorbild, welches Ew. Excellenz so vielen Reisenden schon gegeben haben, welche sich mit Untersuchung unserer Erdoberfläche beschäftigten, hat auch mich vorzüglich angespornt, in dieser Hinsicht wenigstens das zu leisten, wozu mir meine Reisen und Berufsgeschäfte in Brasilien, während eines Zeitraums von eilf Jahren, so mannichfaltige Gelegenheiten darboten. Die wissenschaftliche Isolirung, in welcher man gleichsam in Portugal und in Brasilien lebt, möge mich entschuldigen, wenn ich seit acht und zwanzig Jahren, die ich in diesen Ländern verlebte, nicht mehr leistete, als ich wohl hätte leisten können, und ich schmeichle mir deſshalb, daſs Ew. Excellenz, so wie meine geneigten Leser, das Aufgestellte mit Nachsicht beurtheilen werden, besonders da mein ganzes Bestreben nur dahin ging, das wiederholt Beobachtete wahr darzustellen; in dieser Hoffnung verharre mit vollkommenster Hochachtung

Ew. Excellenz

Nentershausen in Kurhessen
den 1. Sept. 1831.

ganz ergebener
der Verfasser.

VORWORT.

Mit gerechten Zweifeln erfüllt, ob ein geognostisches Gemälde von einem so ausgedehnten Reiche, wie Brasilien, welches in dieser Hinsicht noch so wenig gekannt ist, schon gegeben werden könnte, auch selbst nicht genug vertrauend auf meine eigenen Beobachtungen, die nur wie in einen Nebel gehüllt vor meinem Geiste schwebten, konnte ich mich äufserst schwer entschliefsen, den Wunsch des letztverstorbenen Herrn Grofsherzogs von Sachsen-Weimar zu erfüllen, meine kleine Abhandlung „Geognostisches Gemälde von Brasilien, Weimar 1822," die nur für ihn bestimmt war, dem Drucke zu übergeben, besonders da ich bis zu jener Zeit meine vielfältigen Beobachtungen weder zu ordnen, noch zu vergleichen Mufse gehabt hatte. Thue ich jetzt nun einen Rückblick auf diese kleine Schrift, so finde ich zwar, nachdem ich nähere Prüfungen meiner aufgezeichneten Beobachtungen angestellt, so wie auch die Beobachtungen Anderer, besonders der gelehrten Reisenden v. Spix und v. Martius, zu Rathe gezogen, dafs das wenige darin gesagte zwar treu, das Ganze aber zu arm ist, und seinem weit umfassenden Titel nicht entspricht. Längst schon fafste ich defshalb den Vorsatz, die grofsen Lücken dieses Schriftchens so viel wie möglich auszufüllen, und alle Beobachtungen, die ich auf meinen vielen Kreuz- und Querzügen in den Provinzen Rio de Janeiro, S. Paulo, besonders aber in Minas Geraes, in einem Flächenraume von mehr denn siebentausend Quadratlegoas (18 auf 1 Grad), zu machen Gelegenheit hatte, nicht nur jede für sich zu berühren, sondern auch den Versuch zu machen, dieselben in ein allgemeines Tableau zu fassen, und das, was andere wissenschaftliche Männer darüber gesagt, damit zu verbinden. Dienstgeschäfte, Mangel an Hülfsquellen in dem fast von allem literarischen Verkehr abgeschnittenen Portugal, so wie nicht weniger die vielen zu ertragenden Unannehmlichkeiten in den letzten Jahren, waren grofse Hindernisse zur Förderung einer solchen Arbeit, und nur durch das Anerbieten meines verehrten Freundes von Martius, ein Mitarbeiter dieser Schrift zu werden, gewann ich nicht nur den Muth, sie zu unternehmen, sondern auch die Ueberzeugung, dafs sie dadurch einen gröfsern Werth für den Leser erhalten würde. Jedoch auch diese schöne Perspective wurde durch nicht zu beseitigende Hindernisse, von Seiten meines Freundes, vernichtet, und ich sehe mich genöthigt, mit meinen Ansichten und Beobachtungen allein aufzutreten und abermals ein Stickwerk zu liefern, indem ich so viel wie möglich diejenigen der Herren v. Spix und v. Martius und anderer Reisenden damit zu verbinden suchte.

Was die Ausführung der Idee eines allgemeinen Tableau's betrifft, so fand ich diese zu voreilig, denn Brasilien ist zu groſs und noch zu wenig von Gebirgsforschern untersucht; selbst meine Beobachtungen auf den zurückgelegten Wegen schlieſsen Räume von vielen hundert Quadratmeilen aus, die nicht besucht wurden, in denen sich noch vieles Unbekannte auffinden, oder das schon Bekannte verändert darstellen kann. Ich beschränkte mich also nur darauf, die Beobachtungen einzelner Gegenden darzustellen, die ich in allen Richtungen erforscht habe, oder auch der Schlangenlinien, die ich auf Reisen durch die Provinzen betreten habe, indem ich mir manche geognostische Schlüsse über die nicht betretenen Gegenden erlaubte. Nur durch Vervielfältigung dieser Beobachtungen kann mit der Zeit ein schätzenswerthes Ganze entstehen; bis dahin muſs man aber alles als Beiträge betrachten.

Noch muſs ich bemerken, daſs ich dieser Schrift eine gröſsere über Brasiliens Bergwerksverfassung und Fossilien-Reichthum, unter dem Titel, Pluto Brasiliensis, vorausgehen lassen wollte, weſshalb in dieser manches vermiſst werden wird; was in jener enthalten, und worauf auch hier und da hingewiesen wird; allein da sich wegen ihres Umfangs bis jetzt noch kein Verleger dazu gefunden hat, so muſs deren Herausgabe bis auf günstigere Zeiten für den Buchhandel verspart werden.

INHALT.

Erster Theil.

Erster Abschnitt.

Zweiter Abschnitt.

Dritter Abschnitt.

Vierter Abschnitt.

Fünfter Abschnitt.

Sechster Abschnitt.

Siebenter Abschnitt.

Achter Abschnitt.

Neunter Abschnitt.

Zehnter Abschnitt.

Zweiter Theil.

Mineralogische geognostische Nachrichten als Auszüge aus Herren v. Spix und v. Martius Reise.

Dritter Theil.

Beiträge
zur
Gebirgskunde Brasiliens
aus den Reisen
der Herren v. Spix und v. Martius
zusammengestellt und mit Anmerkungen begleitet
von
W. L. von Eschwege.

Erster Theil.

Erster Abschnitt.

Umgegend von Rio de Janeiro.

Alle Fossilien dieser Gegend haben ihren Ursprung in denen sich hier bald zu hohen Gebirgen aufgethürmten Felsenmassen, bald in denen kaum über den Meeresspiegel sich erhebenden Jnseln, der fortwährend unter sich abwechselnden Urgebirgsbildungen, des Granits, Granitgneises oder Gneises und Gneisgranits, des Granits mit Syenit, des Gneises mit Glimmerschiefer, so wie denen zwischen und aufgelagerten oft grofsen Massen von Hornblendegestein und Grünstein. Aus den Beobachtungen dieser Gebirgsarten, die sich nach den Bekanntmachungen des Prinzen v. Neuwiedt, des v. Spix und v. Martius, Mawe, Sellow, Freireis etc., längst der ganzen Küste bis Bahia nördlich und bis nach Rio Grande südlich erstrecken, und vorzüglich das Gebirge oder den durch Flüsse öfters unterbrochenen Hochwall bilden, der unter dem Namen der Serra do Mar bekannt ist, geht hervor, dafs dieselben nach v. Humboldt zu der zweiten Klasse der granitischen Urgebirge gehören, die beständig in ihren Lagerungen mit einander abzuwechseln pflegen, und folglich nur eine Formation repraesentiren, in welcher von einer relativen Altersfolge der verschiedenen Auf- und Nebenlagerungen keine Rede seyn kann. [1])

Die Hauptrichtungen der Gebirgsschichten dieses grofsen Gebildes laufen alle von N. nach S., im Allgemeinen mit einer westlichen Abweichung, und oscilliren zwischen der 11ten und 4ten Stunde des bergmännischen Compasses, indem die allgemeine Richtung im Groſsen zwischen die 2te und 3te Stunde zu fallen scheint, sich aber wohl mehr der 2ten Stunde annähert, welches nur dann ausfindig zu machen ist, wenn man die Streichungslinie der ausgedehnten Itaeolumitquarz - Bildung von der Grenze der Provinz S. Paulo durch die von Minas, Bahia, Pernambuco und Ceará über 17 Breitengrade weit verfolgt. Die Neigungen der Gebirgsschichten sind gröſseren Abwechselungen unterworfen, doch wenn man seine Beobachtungen über groſse Erstreckungen, dem Durchschnitte der Schichten nach ihrer Breite ausdehnen kann, (ich beobachtete dieselben über 6 Längengrade) so wird man finden, daſs die allgemeine Hauptneigung der Gebirgsschichten der Urgebirge Brasiliens, unter Winkeln von 45° bis 70°, sich nach S. O. einsenken. Partielle Abweichungen, in Gegenden wo eine ganz entgegengesetzte Neigung statt findet, müssen den Beobachter nicht irre leiten, denn wo man diese gewahrt, kann man sicher darauf zählen, daſs die Schichtungen erst östlich waren, sich dann verflächten und dem horizontalen oder wellenförmigen nahe kamen und endlich die ganz entgegengesetzte Neigung annahmen, folglich einen Sattel oder Buckel bilden, der zuweilen einen meilenweiten Durchmesser hat, an andern Orten aber auch nur mit einem Blicke zu übersehen ist. Das Küstengebirge von Rio de Janeiro bis nach Alha Grande hin, liefert viele Beispiele solcher Sattel oder Buckel in kleinen Distanzen von einander. Diese widersinnigen Neigungen erscheinen auch noch auf andere Art: z. B. wenn ein's oder mehrere der Formations - Glieder nach ihrer Basis oder der Neigung der Schichten nach einen gröſseren Durchmesser annehmen und sich dem Ausgehenden nach verschmälern; in diesem Falle muſs die Neigung der Schichten auf der einen Seite nach dieser, auf der andern Seite nach der entgegengesetzten Weltgegend seyn, woraus die natürliche Folge entsteht, daſs manche Gebirgslagen scheinbar über- oder untergelagert erscheinen können, da sie doch im eigentlichen Sinne nur nebeneinander gelagert sind. Sehr häufig kann man auch diese Beobachtungen an der genannten Küste machen.

Die angeführte sich oft wiederholende Schichtenbildung von lauter Urgebirgen, erstreckt sich weithin westlich von Rio de Janeiro, und ich habe sie bis zur neuen Grenze der Provinz Goyaz mit Minas Geraes verfolgt, indem ich keineswegs bezweifle, daſs sie auch durch Goyaz und Matto Grosso hin fortsetzt; wenigstens muſs man so aus den Mittheilungen mancher Reisenden schlieſsen.

Eine regelmäſsige Reihefolge der verschiedenen Auf- oder richtiger Nebenlagerungen der verschiedenen Glieder dieser Urbildungen, in der Nachbarschaft von Rio de Janeiro, ist bei dem ungleichen Terrain, welches sich bald zu einigen tausend Fuſs hohen Felsenmassen erhebt, bald sich unter dem groſsen Wasser-Bassin verbirgt, nicht gut auszufinden; indessen fernere Beobachtungen an der Küste besonders, haben mich überzeugt, daſs die Natur hierinnen keine gewissen Regeln befolgt hat, denn bald lagern Gneis, bald Glimmerschiefer, bald Syenit neben dem Granit, nebst allen Abänderungen des Granitgneises, des Gneisgranits, so wie des Gneises und Glimmerschiefers, jedoch spielt der Glimmerschiefer fast nur immer eine äuſserst untergeordnete Rolle, denn er kommt in keinen groſsen Erstreckungen vor, und kann in der Umgegend von Rio de Janeiro nur eigentlich als untergeordnetes Lager der groſsen Formation des Granits und Gneises betrachtet werden. Was die Uebergänge der verschiedenen Glieder dieser Bildung betrifft, so scheint blos der Granit in seinen Lagerungs-Verhältnissen scharf von dem Glimmerschiefer getrennt zu seyn, und man sollte diesen deshalb wohl als independent betrachten; indessen mufs man hieran dennoch bei der Beobachtung von Granitfelsen zweifeln, in denen mitten innen und ganz umgeben von Granit, ein vollkommen reiner schwarzer Glimmerschiefer, frei von aller Beimengung liegt, und ohne Absonderung auf seinen Grenzen, innigst mit dem Granit verbunden und verwachsen ist; oder auch umgekehrt, indem man mitten in dem Glimmerschiefer und von demselben umgeben, sowohl grofse als kleinere Granitlager findet, so dafs man beide Gebirgsglieder nicht anders als gleichzeitig entstanden, betrachten kann. Namentlich an der Küste, in der Nachbarschaft von Mangaratiba, ist dieses wahrzunehmen.

Von den andern Gliedern dieser Formation findet man sie zuweilen an einem Orte scharf von einander getrennt, an andern Orten verschmelzen sie so ineinander, dafs durchaus keine Grenzlinie zwischen denselben zu ziehen ist, ja selbst dieses Ineinanderschmelzen von einer Gebirgsart in die andere, scheint sogar auch auf ihren Streichungslinien so wie auch den aufsteigenden oder abfallenden Schichten nach, stattzufinden. Z. B. man verfolge die Richtung oder Neigung einer Gneisschicht und man wird hin und wieder finden, dafs sie ein verschiedenartiges Gewebe des Korns annimmt, dafs das Flafsrige sich verliert, das Körnigverwirrte immer mehr hervortritt, und auf die Art ein vollkommner Uebergang aus dem Gneis in Granit, aus dem Granit in Syenit, aus dem Syenit in Hornblendegestein u. s. w. statt findet; oder auch das Flafsrige wird immer schiefriger, das Körnige verliert sich ganz und Glimmerschiefer, Grünsteinschiefer und endlich Thonschiefer treten an die Stelle auf einer und derselben fortlaufenden oder aufsteigenden oder abfallenden Schicht. Diese noch selten beobachteten Uebergänge glaube ich, nicht nur in den Umgebungen von Rio de Janeiro und an der Küste bemerkt zu haben, sondern auch in einigen Gegenden der Provinz Minos Geraes, namentlich an der Serra de S. Geraldo, auf dem Wege von der Stadt Marianna nach dem Presidium von S. Joaô Baptista. Die Seltenheit in weiten Erstreckungen die Schichten wegen der Ueberlagerungen von Dammerde u. s. w. verfolgen zu können, ist wohl der Hauptgrund, dafs man noch so wenig auf diese Art Uebergänge bei den Urgebirgen hat Rücksicht nehmen können, die doch wohl einen der vorzüglichsten Beweise von gleichzeitiger Entstehung gewisser Gebirgsarten abgeben, und die gewifs die gröfste Aufmerksamkeit der Geognosten verdienen. [2])

Was die Gemengtheile der Gebirgsarten bei Rio de Janeiro betrifft, so scheint der Gneis zunächst der Küste freier von Granaten zu seyn, hingegen wo sich derselbe zum Granit hinneigt und den sogenannten Gneisgranit bildet, enthält er vielen tombackbraunen in sechsseitige Säulen krystallisirten Glimmer. Reiner Granit steht in grofsen Felsen am Abhange des Corcovado, bis zur Wasserleitung von Carioca. Die Spitze des Corcovado ist Gneis. Der westliche Abhang dieses Gebirgs, dem Thale von Andreï zu, besteht aus Granit mit weniger Hornblende, mit zwischengelagertem feinkörnigen Syenit. Beide Gebirgsarten stehen als steile ungeschichtete Felsenwände zu Tage. Nördlicher in demselben Thale bei Catumbi kommen Gneisbänke mit vielen Granaten zum Vorschein. In einzelnen Lagern nehmen oft Granaten oder Glimmer so überhand, dafs man bald einen Glimmerschiefer, bald ein Granatgestein vor sich zu haben glaubt. Die niedrigsten Gegenden des Bassins von Rio, besonders die vielen kleinen Inseln, bestehen nun theils aus Granit, theils aus Granitgneis mit allen Abänderungen des Korns und Gefüges, so wie auch der wesentlichen und zufälligen Gemengtheile.

Der Granit ist klein, auch feinkörnig, selten grobkörnig, hat bald röthlichen bald graulichen Feldspath, rauchgrauen Quarz und fast durchgängig schwarzen Glimmer. Auch der Gneis und Gneisgranit zeigen viele Abänderungen in Farbe und Korn, er ist dick auch dünn geschichtet, je nachdem der Glimmer mehr oder weniger darinnen die Hauptrolle spielt. In manchem waltet der Feldspath vor, welcher in der Granitmasse zuweilen porphyrartig eingeknetet erscheint, und in dem Granitgneis als Zwillingskrystalle in parallelen Lagen die Gebirgsart durchzieht. Die meisten dieser Krystalle sind von blaulichweifser Farbe mit Perlemutterschein.

Diese Gebirgsmassen sind gröfstentheils frei von Gängen, indessen an mehreren Orten erscheinen in denselben mächtige Gänge und Lager von dichtem auch körnigem Hornblendegestein so wie auch Grünstein, z. B. in dem Thale von Botafogo, in den Felsen von Vallongo, bei Sepatiba und andern Orten der Nachbarschaft von Rio de Janeiro. Seltner aber findet eine solche Anhäufung von Gängen statt, wie die in den Felsenhügeln des Gneisgranits, die sich von Vallongo aus nach dem Sacco do Alferes hinziehen. *) Die vielen Steinbrüche, welche daselbst die ganzen Felsenmassen bis zum Niveau des Meeres aufge-

*) Ich gebrauche die Benennungen Gneisgranit und Granitgneis, je nachdem die Gebirgsart sich mehr dem Gneis oder dem Granit nähert.

schlossen haben, liefern die belehrendsten Ansichten in Hinsicht der Durchkreutzungen, Schaarungen und Verrammelungen so vieler hundert Gänge, deren Hauptausfüllung Quarz, Feldspath und weniger Glimmer ist. Auf diesen Gängen finden sich aufser der Hauptausfüllungsmasse, vorzüglich gemeiner Schörl, Beryll, Spargelstein, Andalusit, Poliom, Titan, Spatheisenstein, Braun- und Gelbeisenstein, Gelbkupfer, Wasserblei, Rosenquarz, Turmalin, Hornblende, magnetischer Eisenstein und in sechsseitige Tafeln krystallisirter grüner Glimmer. Manche dieser Fossilien finden sich auch in dem Gemenge des Gebirggesteins. Z. B. Hornblende, Schörl, Beryll, Gelbkupfer und magnetischer Eisenstein.

Die Gangmassen sind innig ohne irgend eine Ablösung mit dem Gebirgsgestein verwachsen, und fast alle sich durchkreutzenden Gänge, fliefsen so ineinander, dafs selten zu erkennen ist, welches der durchsetzte oder der durchsetzende Gang ist, so dafs hier wohl kein Zweifel obwaltet, dafs sie sammt und sonders alle von gleichzeitiger Entstehung mit dem Gebirgsgesteine sind. Einen ferneren Beweis dieser gleichzeitigen Entstehung, scheinen auch die vielen sich plötzlich abschneidenden Gänge abzugeben, welche ohne ein Motiv der Abschneidung existiren, worunter quervorsetzende Gänge oder Gebirgsscheidungen zu verstehen sind; auch existiren viele Gänge, die durch einen Quergang aus ihrer Richtung verrückt zu seyn scheinen, ohne dafs im Geringsten auch nur eine Verrückung oder Verschiebung der Gebirgsschichten statt fände, was doch nothwendigerweise der Fall seyn müfste.

Geognostisch merkwürdig sind nun noch besonders in Rio de Janeiro die Hügel von S^a^. Antonio, dem Castell, von Matta-Cavallos und Matta-Porcos, welche aus lockerem zum Theil erdigen Granit oder geschichteten Granitgneis bestehen. Gewöhnlich sind seine Gemengtheile, besonders die des Feldspathes, durch Eisenoxyd braunröthlich gefärbt, so daſs man in der Ferne, namentlich zunächst dem Campo de Sa. Anna und am Ende der Rua de Matta-Cavallos und Matta-Porcos, einen rothen geschichteten Sandstein zu sehen glaubt. Das Gemenge dieses röthlichen mürben Gesteins mit rothen Thongallen und schmalen Streifen und Nestern dieses Thons, ist kleinkörnig, des weniger gefärbten oft grobkörnig. Der Quarz darinnen ist graulich, der Glimmer schwarz, zuweilen auch tombackbraun, und diese Gemenge sind spärlich beigemengt. Der braunröthlich gefärbte Feldspath macht den vorwaltenden Bestandtheil aus, weshalb die ganze Masse auch so mürbe und stellenweise so thonigt ist, daſs sie leicht zerfällt, und die oft mehrere Wochen lang anhaltenden Regengüsse dringen so tief in dieselben ein, daſs zuweilen steile Hügel und Bergwände davon erweichen und Bergstürze entstehen, wovon man im Jahr 1811 ein trauriges Ereigniſs in Rio erlebte, indem ein groſser Theil des Castell-Hügels durch den Regen losgeweicht wurde, und die inclinirten Schichten sich von den erweichten thonigten Lagerungen ablöſsten, herabstürzten, viele Häuser verschütteten und mehrere hundert Menschen unter dem Schutt vergruben.

Nahe an dem Campo de Sa. Anna in dem Hügel des Morro de S. Antonio, findet man in dieser lockeren Gebirgsmasse groſse Nester und Schnüre von schneeweiſsem mürbem Feldspathe oder Kaolin, und es ist wohl keinem Zweifel unterworfen, da in diesem ganzen Gebilde keine Spur neuerer Erzeugung zu erkennen ist, daſs diese ganze lockere Masse, die man auch in dem Innern von Brasilien in groſsen Erstreckungen findet, eine Fortsetzung des darunter sich gebildeten festeren Granits und Granitgneises ist, der sich in den oberen dem Tage zu nähernden Schichten nicht ausgebildet hat.

Besonders merkwürdig sind die aus diesen lockeren Schichten auswitternde Salze, welche ganz die Eigenschaften eines unreinen Seesalzes haben. Ob dieses vielleicht durch lange Zeit darübergestandenen Meerwasser aus demselben in die lockere Masse eingedrungen, und nun auf der Oberfläche nach und nach auswittert, wage ich nicht zu entscheiden. Die sich weithin erstreckenden Salzsteppen in den Provinzen Bahia und Pernambuco, die von den Herren v. Spix und v. Martius zum Theil besucht wurden, so wie die Salzsteppen in Matto-Grosso in großer Entfernung von der Küste, zeigen ebenfalls diese Auswitterungen des Kochsalzes in der zum Theil spärlich dem Granit und andern Urbildungen aufgelagerten Dammerde.

Die Umgebungen von Rio de Janeiro liefern die verschiedensten Ansichten, welche diese Landschaft zu einer der reizendsten der Welt macht; die Gebirge sind zum Theil großartig mit steilen nackten Felsenwänden; doch jedes Fleckchen, auf dem nur ein wenig Dammerde haften kann, ist mit dem üppigsten Gesträuch und Baumwuchs bedeckt, zwischen denen die nackten Felsen in malerischen Formen, als Kegelberge, Zacken und Dome hervorragen. Die sanfteren Abhänge und breiteren Rücken sind mit dichtem Urwalde bedeckt, die niedern Hügel und Inseln der Bay so wie die sanft ansteigenden Thäler schmücken anmuthige Landhäuser. Orangengärten und Kaffeeplantagen und die Ufer des großen Wasserbassins schlängeln sich in hundert malerischen Windungen um die vielen theils hügglichen, theils ebenen Vorsprünge und Einschnitte des festen Landes, worauf die Stadt erbaut ist.

Meine Feder ist zu schwach um die Eindrücke der vielen Naturschönheiten gehörig schildern zu können, welche diese herrlichen Gegenden auf jedes Gemüth machen müssen, das nur dafür empfänglich ist; besonders auffallend sind sie aber für Solche, die zum erstenmale aus dem kälteren Norden in dieses schöne tropische Klima versetzt werden, wo nur Alles zu leben und nie ein langer Winterschlaf der üppigen Vegetation Einhalt zu thun scheint.

Anmerkungen zum ersten Abschnitt.

1) Bei der Betrachtung der granitischen Urgebilde Brasiliens sollte man wohl in Versuchung gerathen, keine Urgebirge verschiedenen Alters zu statuiren, sondern die ganze Urbildung als auf einmal entstanden und aus der Gesammtmasse als chemisch-ausgeschiedene Produkte zu betrachten, die sich unter verschiedenen Verhältnissen über- oder nebeneinander lagerten, da sich unter den Gliedern dieser Bildung nicht sowohl alle Charaktere derer von den Geognosten für jünger gehaltenen Lagerungen zeigen, sondern auch zwischen diesen sogenannten jüngeren, ebenfalls wieder andere erscheinen, welche ganz das Gepräge von denen sind, die man für die ältesten Glieder hält. Z. B. man findet ungeschichteten Granit oder Urgranit in weiten Erstreckungen zwischen Gneis und Grünstein, frei von allen fremdartigen Beimengungen, quarzreich und mit wenigem Glimmer (auf dem Wege von Rio de Janeiro bis zum Rio Paraiba); man findet den sogenannten Urgneis mit allen seinen Charakteren zwischen Granitgneis und Syenit, (Serra de S. Geraldo in Minas, ferner an der Küste zwischen Rio und Santos u. s. w.); man findet den Urglimmerschiefer zwischen geschichteten Granit und Gneisgranit (in dem Sertaô des Rio Doçe); nun findet man aber auch wieder alle Uebergänge derselben Gebirgsarten von der einen zur andern, man findet sie auch sich wiederholend in weiten Erstreckungen von einander mit ganz andern Nachbarsgliedern der Urbildung. Bei solchen Beobachtungen, die der Forscher so vielfältig in Brasilien anzustellen Gelegenheit hat, sollten da demselben nicht gegründete Zweifel, wegen einer verschiedenen Altersfolge der Urgebirgsarten unter sich, aufstofsen? Sollte man die Art der Bildung dieser Gebirgsarten nicht folgendermafsen erklären können, besonders wenn man sich dieselben nicht übereinander sondern nebeneinander gelagert denkt, wofür ihre fast durchgängig stark inclinirten Schichten nach S. O. zu sprechen scheinen? — Bei der Bildung z. B. der grofsen granitischen Formation spielte unbezweifelt der Glimmer die Hauptrolle, denn die Art der Lagen seiner Blättchen so wie ihre Anhäufung, bestimmt den Hauptunterschied zwischen Granit, Gneis und Glimmerschiefer, so wie aller der daraus entstandenen Modificationen des Gra-

nitgneises oder Gneisgranits. Durch für uns noch unerklärliche geheime Naturkräfte und Mitwirkungen von Affinitäten und wechselseitigen Anziehungen, entstanden die Ausscheidungen der einzelnen Theile und die schnelle Krystallisirung des Ganzen. Die Ausscheidungen geschahen an einigen Stellen (die gegenwärtigen Schichten) mit Ruhe, und die Krystallisation erfolgte gleichsam ohne Action, die Glimmerblättchen wurden folglich in allen Richtungen zwischen der Krystallisationsmasse des Quarzes und Feldspathes gleichsam eingeklemmt und das Ganze stellte sich als ein ungeschichteter Granit dar. An andern Orten war die Action lebhafter, die Affinitäten wirkten kräftiger, die Masse war flüssiger und die Glimmerblättchen gewannen Zeit sich übereinander zu schieben und ihre natürliche schwimmende und mit einander parallele Lage anzunehmen, wodurch Granitgneis oder Gneis mit seinen verschiedenen Abänderungen entstand, indem selbst der Feldspath und besonders der krystallisirte eine gewisse Richtung annahm, parallel mit der der Glimmerblättchen. An andern Orten wirkte die Action noch stärker, der Glimmer häufte sich mehr zusammen, der Feldspath wurde fast ganz verdrängt, und seitwärts in die Granit oder Gneis werdenden Lager geschoben, und zwischen beiden entstand nun der Glimmerschiefer. Auf diese Art konnten durch wechselseitige Wirkungen und Gegenwirkungen in dem allgemeinen Menstruo oder Primordialfluido sich die verschiedenartigen Schichtungen gestalten, nicht nur der genannten Gebirgsarten, sondern auch aller andern, die man zu den Urgebirgen zählt, und so oft sich wiederholen, als der Stoff zu den gleichartigen Gebilden in der Auflösung vorhanden war. Die gleichnamigen Gebirgsmassen mufsten bald breiter bald schmäler ausfallen, nicht nur in dem Maafse als der Stoff dazu vorhanden war, sondern auch je nachdem die Centrallinien, Punkte oder Flächen der Affinität oder Anziehungskräfte, mehr oder weniger von einander entfernt lagen, je nachdem der ganze Ausscheidungs- und Krystallisations-Prozefs schneller oder langsamer von Statten ging, und die einen Massen schneller als die andern an Consistenz zunahmen. Gedenkt man sich, dafs die Centralkräfte der Affinitäten und Anziehungen, deren so viele seyn mufsten, als sich verschiedene Gebirgsarten bildeten, auf senkrechten Flächen vertheilt waren, die auf die Erdaxe aufgesetzt, gleichsam wie die Radien eines Zirkels, und mit derselben einen Winkel bildeten, der zwischen N. O. und S. W. liegt, worauf die allgemeine Schichtenrichtung der Urgebirge hinzudeuten scheint; so läfst sich daraus nicht nur anschaulicher die aufgerichtete Schichtenbildung erklären, sondern auch wie gleich bei dieser ersten Bildung unserer Erdkruste, die gewöhnlich mit der Schichtenrichtung parallel-laufenden Gebirgszüge und die sie begleitenden Hauptthäler entstehen konnten. Jemehr der Bildungs-Prozefs mit Ruhe erfolgte, welches stattfand, wenn die benachbarten Centralkräfte gleichartig nach beiden Seiten wirkten, jemehr mufsten sich die Schichtungen dem Vertikalen nähern; sobald aber auf einer Seite die Kräfte thätiger waren als auf der andern, so war das Gleichgewicht aufgehoben, es entstand eine Art Strömung des Niederschlags nach jener Seite hin, und diese konnte so stark werden, dafs sich die daraus entstandenen Schichten dem Horizontalen näherten, besonders wenn die benachbarten Schichtungen ebenfalls nach dieser Richtung hin auswichen, und diese Strömung so lange fortdauerte, bis kein Stoff mehr vorhanden war und die völlige Krystallisirung und Erstarrung erfolgte, oder bis andere Schichten durch entgegenwirkende Kräfte sich der Strömung entgegen stemmten; indem, wenn beide noch im activen Zustande waren, sie sich nun durch den gegenseitigen Andrang zu hohen Gebirgen emporhoben, und auf die Art von beiden Seiten die Abdachung derselben bildeten; oder was noch öfterer scheint sich zugetragen zu haben, dafs auf der einen Seite der Andrang nachliefs, sey es nun, dafs er entgegengesetzt war oder in derselben Richtung fortbewegte, und eine schnellere Erstarrung vor sich ging, indem von der andern Seite derselbe noch eine Zeitlang fortwirkte, diese dadurch entstehenden Schichten sich alleine zu Bergen und Gebirgen aufthürmten, dem Ansteigenden nach sanftere Abhänge bildeten, die entgegengesetzte Seite aber als schroffe und steile Bergwand erstarrte, welche die einzelnen übereinander geschobenen Lagerungen der verschiedenen Schichtungen erkennen läfst, so wie man sehr häufig zu beobachten Gelegenheit hat. Durch die auf grofse Erstreckungen sich wiederholenden Aufthürmungen, entstanden die meistens unter sich parallel-laufenden Gebirgszüge, zwischen sich Hauptthäler und Ebenen einschliefsend. Je stärker der Andrang nach einer Seite war und je länger er anhielt, jemehr mufsten sich die Berge durch die graduelle Erstarrung anhäufen; es entstanden zwischen denselben die Gebirgsthäler und Gebirgs-Bassins, aus denen alsdann die zurückgebliebenen eingeschlossenen Gewässer, nach der völligen Zurückziehung der andern, sich gewaltsame Durchbrüche durch die noch weiche und nicht völlig erhärteten Gebirgsmassen zu den Hauptthälern bahnten, und auf solche Art die Nebenthäler, Querthäler und wilden Gebirgspässe einschnitten, die so oft mit Bewunderung angestaunt werden.

Auch manche Berge und Bergmassen mit ihren Thälern konnten entstehen, wenn in der grofsen Auflösungsmasse entweder in grofsen Erstreckungen oder auf einzelnen Punkten der Centralkräfte mehr Bildungsstoff vorhanden war als an andern, und daher sich dieser zu Massengebirgen und isolirten Bergen zusammenzog, indem neben denselben Niederungen blieben, wohin auch der jetzige Meeresboden gehört, wo der Stoff zu gröfseren Erhöhungen fehlte.

Wie lange Zeit dieser ganze Bildungs-Prozefs dauerte, wird uns ewig verborgen bleiben, unbezweifelt mufste er aber, nach meiner Ansicht, wie durch einen elektrischen Funken entzündet, auf einmal begonnen und auch schnell beendigt seyn. Die völlige Erstarrung konnte aber nur stufenweise und langsam erfolgen, und zwar von unten nach oben, wie die Aufthürmung der Berge zu beweisen scheint, indem sich die Schichten übereinder hinschoben, so lange die Masse noch beweglich war, die unteren aber durch die gröfsere Pressung der darüberliegenden sogleich mehr Consistenz als die oberen erhielten.

Selbst ein grofser Theil der Gänge in den Urgebirgen ist unstreitig eines gleichen Ursprungs mit der Gebirgsmasse, die sie durchsetzen, indem ebenfalls wieder durch Anziehungskräfte oder auch in Mitwirkung von Fibrationen in der ganzen Masse, die Gangmassen sich besonders ausschieden und sich in senkrechten oder schiefliegenden Flächen zusammenzogen und krystallisirten, welche die Schichtenströmungen unter verschiedenen Winkeln streckenweise unterbrachen. Der Uebergang von der Gebirgsmasse zur Gangmasse, den man so oft in dem Granit und besonders dem Granitgneis bei Rio de Janeiro beobachten kann, scheint darauf hinzudenten. Gangmassen, die mit dem Nebengestein zwar verwachsen, aber keinen Uebergang bilden, entstanden wahrscheinlich gleich nach der Eintrocknung und der dadurch verursachten Spaltungen und Risse, zur Zeit da die Masse noch weich war, und die Ausfüllung durch Einsickerung von den Wänden der Gänge aus, so dafs dadurch die Verwachsung beider, der Gebirgs- und Gangmasse, zu Stande kam. Gangmassen, welche durch einen Besteg scharf von der Gebirgsmasse getrennt sind, mögen von weit späterer Entstehung seyn.

Die Kugelbildung mit schaaligen Ablösungen in den Urgebirgen, die wir in so manchen Gebirgsschichten antrafen, vorzüglich in dem Granit, dem Granitgneis und Grünstein, hing wohl ebenfalls wie die Schichtenbildung von Centralkräften und Wirkungen der Affinität ab, so wie jedwede regelmäſsige Krystallbildung. Indem das ganze Gebilde den Hauptanziehungskräften folgte, die in den Centralflächen ihre Wirkungen äuſserten, waren diese Kräfte auch in kleinerem Maasstabe in denen sich bildenden Schichten auf einzelne Punkte vertheilt, die nach allen Seiten hin ihre Anziehungskraft ausübten und so weit nach ihrer Periferie wirkten, als ihre Kraft nicht durch die des zunächst liegenden Punktes zerstört oder gehemmt wurde. Je näher dem Mittelpunkte dieser Kraft, je fester zog sich das Gestein zu einem festen Kerne zusammen, je entfernter davon, je dünnschaaliger und lockerer wurde die den Kern umgebende Masse, die endlich noch lockerer wurde und gleichsam in neutralisirtem Zustande sich befand, bis wo die Kraftäuſserung des nächsten Punktes durch eine neue Kugelgestalt sich wieder zu erkennen gab. Auf diese Art, je nachdem diese Centralpunkte näher oder entfernter lagen, oder stärker und schwächer wirkten, entstanden nun gröſsere oder kleinere Kugeln, die bei Graniten (in Portugal z. B. in der Nachbarschaft von Porto und Penafiel in der Provinz Minho) zuweilen einen Durchmesser von 10, 20 bis 50 Fuſs haben, und sich in den Oolithen (der secondairen Bildung) als die kleinsten Kügelchen darstellen. *)

Groſsartig muſsten alle Erscheinungen der ersten Krustenbildung unserer Erde ausfallen, da nichts Fremdes die freie Bewegung und Wirkung der Kräfte und der bildenden Masse hinderte, als ihre eignen Gegenwirkungen, die um so auffallendere Gestalten von emporgehobenen, gebogenen, selbst gebrochenen Schichtungen hervorbringen muſsten, je heftiger sie gegeneinander strebten oder sich von einander abstieſsen.

Durch die Beobachtungen unserer vorzüglichsten Geognosten, v. Humboldt, v. Buch, Hausmann und anderer ist schon ausfindig gemacht worden, daſs die Hauptstreichungslinie der Urgebirgsschichten von N. O. nach S. W. ihre Richtung nimmt, sowohl in der alten als neuen Welt; wahrscheinlich wird man durch fortgesetzte Forschungen auch noch in Erfahrung bringen,

*) Auch unser groſse Werner hielt die Kugelgestalt, namentlich die Basalte, für ursprünglich und nicht durch Verwitterung entstanden, wie mehrere annehmen; und Hr. Beudant hat bewiesen, daſs die Kugelbildung bei Krystallisirungen, durch einen einzigen Ruck oder Stoſs hervorgebracht werden kann, wie vorzüglich bei einer gesättigten Salzsolution wahrzunehmen ist, die lauter kugelförmige Gestalten bildet, wenn man dem Gefäſse einen leichten Stoſs beibringt.

dafs die allgemeine Schichtenneigung derselben ebenfalls einem gewissen Gesetze gefolgt ist, welches wohl von der Rotation unserer Erde abhängig gewesen seyn könnte, wie auch meine Beobachtungen in Brasilien zu bestätigen scheinen; indem ich daselbst die Schichtenneigung der Urgebirge, welche ich über sechs Längengrade ihrem Durchmesser nach verfolgte, gröfstentheils nach S. O. sich einsenkend fand, und die Strömungen der sich bildenden Schichten folglich nach N. W. aufsteigend gewesen seyn mufsten, der Rotation des Erdballs entgegengesetzt. Sollte sich diese Erfahrung in andern Ländern der alten und neuen Welt bestätigen, so würden alle Zweifel wegen der relativen Altersfolge der verschiedenen Urgebirgsarten auf einmal beseitigt seyn; man würde sie nicht mehr als schaalige Aufeinanderlagerungen zu betrachten haben, die den Kern unserer Erde umgeben, und wovon eine nach der andern in gewissen Zeitperioden entstanden, sondern als Radien eines Zirkels, die mit einmal sich um die Erdaxe aufstellten, und zwar schief auf dieselbe aufgesetzt, und deren so viele vorhanden seyn müssen, als verschiedene Gebirgsarten und Wiederholungen derselben existiren. Diese Beobachtungen sind leider nur sehr vielen Hindernissen unterworfen, indem die Neigung der Schichten öfterer schwieriger zu erkennen ist als ihre Richtung, und gerade da wo sie vor Augen liegt, durch Lokalkräfte, die bei der Bildung wirkten und dem allgemeinen Gesetzte entgegen strebten, eine diesem ganz entgegengesetzte Neigung haben können.

Unbezweifelt mufs man mehrere und neuere Hauptperioden der Krustenbildung der Erde annehmen, die von unsern vorzüglichsten Geologen auch schon längst festgesetzt sind, indem nur noch in der festen Bestimmung ihrer scharfen Grenzen verschiedene Meinungen obwalten. Ob nun diese von mir gewagte Hypothese der Entstehung der Urgebirge, auch auf die Bildung der Produkte neuerer Perioden anzuwenden, überlasse ich dem Scharfsinne gröfserer und erfahrener Geologen; doch sollte ich glauben, dafs sie ohne viele Schwierigkeiten wenigstens auf die Bildung der Uebergangsgebirge angewendet werden könnte, wo nicht auch auf einen grofsen Theil der secondairen, wenn man nur die mechanischen Niederschläge davon ausnimmt und diese für sich als independent betrachtet; denn es läfst sich, meines Erachtens, leichter denken, dafs aufser diesen letzteren, aller Stoff zu den verschiedenartigsten Gebirgsarten einer Hauptperiode, in dem grofsen Auflösungs-Fluido vorhanden war, und sich mit einem Mal, nach chemischen Principien, jedweder sonderte, als dafs man zu diesen verschiedenartigsten Bildungen, die oft unter einander abzuwechseln und sich zu wiederholen pflegen, jedesmal eine neue periodische Erscheinung eines Fluidums annehmen solle, aus dem sich einmal die kieseligen ein andermal die thonigen oder kalkigen u. s. w. Gebirgsarten, niederschlugen.

2) Ein Hauptgrund, weshalb man noch so selten diese Art Uebergänge bemerkt, vielleicht auch übersehen hat, kann wohl ebenfalls in der einmal genommenen Meinung liegen, dafs man sie nicht für möglich hielt, weil man sich die Gebirgsmassen nur immer eine nach der andern entstanden, strata super strata, gleichsam schaalig um den Mittelpunkt der Erde, gelagert dachte, und diese Uebergänge nur da suchte, wo sich die Auflagerungen der verschiedenen Gebirgsarten berührten. Die Uebergänge auf jene Weise, *) verbunden mit der steten sich fast gleichbleibenden Schichtenrichtung und ihrer starken Neigung bis zum senkrechten Einfall, so wie die sich durch viele Meilen weit erstreckenden öfteren Wiederholungen der Gebirgsarten, scheinen einen neuen Beweis für die gleichzeitige Entstehung aller Urgebirgsarten abzugeben. Noch mufs ich auch zu Gunsten dieser Meinung hinzufügen, dafs wenn man über hundert Meilen weit, diese sich so oft wiederholenden Glieder der Gebirgsmassen, von N. O. nach S. W. der Breite ihrer Schichten nach verfolgt, und diese rechtwinklicht durchschneidet, so wie ich es von Rio de Ianeiro aus bis zur neuen Grenze der Provinz Goyaz ausführte, und in diesem grofsen Raume, mit Ausnahme der jüngeren Gebirgsarten in dem Flufsgebiete des Rio de S. Francisco, die Schichten der Urgebirgsarten gröfstentheils nach S. O. einfallend, so wie in dieser Erstreckung, den Granit nicht weniger als 14 mal und den Gneis sich 17 mal wiederholend findet, wie wäre da wohl noch möglich sich eine Erhebung oder Einsenkung von ursprünglich horizontal gebildeten Schichten zu denken? — Was für eine Kraft müfste dieses gewesen seyn, welche eine hundert Meilen dicke und übereinandergelagerte Steinmasse, aus ihrer ursprünglich horizontalen Lage gebracht haben könnte? — Es scheint wider die gesunde Vernunft, diese Idee, nach den beobachteten Facta's, noch beibehalten zu wollen und der natürliche Schlufs, der nun zu folgern seyn würde, möchte wohl dieser seyn: dafs wenn auf hundert Meilen weit eine

---

*) Wenn ich mich noch recht besinne: so glaube ich in einer mündlichen Unterredung mit Herrn Hofrath Hausmann verstanden zu haben, dafs er diese Art Uebergänge ebenfalls in Norwegen beobachtet.

allgemeine Schichtenneigung, auf die Art, wie sie beschrieben, so wie auch die Abwechselung von Gebirgsarten der Urbildung, erfolgen konnte, auch alle Wahrscheinlichkeit, wo nicht Gewifsheit vorhanden ist, dafs dieselbe sofort um die ganze Erdaxe laufen kann und dafs folglich ihre verschiedenen Glieder sich viele hundertmal wiederholen können, ohne dafs das Eine älter als das Andere ist. Diese Ansicht vereinpaart sich auch besser mit der der Physiker, welche die Gestalt der Erde von einem gröfseren Durchmesser durch den Aequator als durch die Pole gefunden, und diese Erscheinung durch den gröfseren Schwung erklären, welchen die weiche, breiichte Masse der Erde unter dem Aequator erlitt, wodurch sie in dieser Periferie mehr Ausdehnung erhielt und an den Polen sich zusammenzog. Diese Theorie, welche durch Experimente im Kleinen bewiesen werden kann, würde noch sehr in Zweifel gezogen werden müssen, wenn wir eine periodische Bildung aller Glieder der Urgebirgsarten (die Kernmasse der Erdkruste) annehmen wollten, die nach und nach schichtweise und zwar in Vergleich mit dem Durchmesser der Erde in Schichten von äufserst geringem und unbedeutendem Durchmesser erstarren mufsten, auf welche, so lange sie noch weich waren, der Umschwung der Erde alsdann unmöglich die Wirkung hätte hervorbringen können, die er doch wirklich hervorgebracht hat und nur hervorbringen konnte, indem die ganze Masse der Urgebirge auf einmal entstand und zwar so lange diese sich noch in einem weichen Zustande verhielt.

Weit entfernt mich als einen Neuerer der schon einmal von berühmten Geologen angenommenen Ansichten aufzuwerfen, geht meine Absicht nur darauf hin, auf diese meine gewagte Meinung, auf eigene Beobachtungen gegründet, und die vielleicht selbst von Andern schon geäufsert worden, wie ich vermuthen mufs, aufmerksam zu machen, da wir doch noch weit entfernt sind durch unsere bisherigen Beobachtungen und die darauf gebaueten Schlüsse und Hypothesen über die Bildung der Gebirgsmassen, die noch viel Unerklärliches und Widersprechendes in sich fassen, auf dem Reinen zu seyn. Ich vermuthe es, (denn in der Absonderung fast allen wissenschaftlichen Verkehrs, worinnen ich lebte, ist mir nichts darüber zu Gesicht gekommen) dafs man ähnliche Ansichten über die stehenden nach der Erdaxe hin sich verlängernden Gebirgsschichten schon gehabt hat, aus einer Bemerkung des Herrn v. Humboldt in seinem vortrefflichen Werke: „Voyage aux regions equinoxiales au nouveau Continent Th. Xme p. 268. worin derselbe sagt: J'ai deja fait sentir dans un autre endroit, que cette Hypothese d'un prolongement pour ainsi dire indefini de chaque roche, fondée sur l'angle d'inclinaison que présentent les strates près de la surfaçe du sol, n'est pas admissible, et que d'après un raisonnement semblable et également hasardé on seroit forçé de regarder les roches primitives des Alpes de la Suisse comme superposées à la formation de Calcaire compacte de l'Achsenberg, et ce Calcaire comme superposé à la Mollasse du terrain tertiaire.“ Wer wollte wohl dieser Meinung nicht beipflichten? — Die Meine unterscheidet sich aber dadurch, daſs ich dieses sogenannte prolongement indefini nur einzig auf die Urgebirge (vielleicht auch auf die Uebergangsgebirge) anwende, die Schichtensenkung der folgenden Hauptperioden aber immer durch die zunächst unterliegende begrenzt werden muſste.

Zweiter Abschnitt.

Querdurchschnitt der Gebirgsschichten von Rio de Janeiro bis zu der Eisenhütte von S. Joaõ de Ypanema in der Provinz S. Paulo.

Aus den Umgebungen von Rio de Janeiro, deren Merkwürdigkeiten, Naturschönheiten und Vegetation besonders so treu von meinen Freunden v. Spix und v. Martius geschildert wurden, schreiten wir nun in der Hauptrichtung westwärts auf einer Schlangenlinie, die sich zwischen dem 22° 30″ und 23° 40″ südlicher Breite gegen 4½ Grad weit erstreckt, und theilen die auf dieser Linie gemachten Beobachtungen über die vorkommenden Gebirgsarten mit, so wie über die in denselben einbrechenden Mineralien, indem erst voraus bemerkt werden muſs, daſs die Gebirgsschichten in diesem Raume ihre Hauptrichtung in der dritten Stunde zu nehmen scheinen, die Gebirgszüge aber nebst der Seeküste mehr westlich von der Streichungslinie der Gebirgsschichten abweichen, und der Durchschnitt, welcher hier gegeben wird, die Schichtenrichtung ungefähr in einem Winkel von 45° durchkreuzt.

Von Rio de Janeiro aus bleibt der Reisende anfänglich immer in der Niederung und dem Thale, welches sich von der Bay aus zwischen dem isolirten Küstengebirge, der Gavea und Corcovado, oder auch dem Giganten und liegenden Riesen, wie man diese Gebirgsgruppe wohl zu nennen pflegt (S. das Titelkupfer in meinem Journal von Bras. 2tes Heft Weimar 1818) und denen von dem Orgelgebirge herablaufenden niedern Gebirgsarmen, westlich hinzieht und trichterförmig in der Gegend von Lameiraô zuschliefst.

Die sich diesem Thale nähernden Fufsberge bestehen aus Granit und Granitgneis, welche an ihrer Oberfläche oft in einem sehr mürben ich möchte sagen unvollendeten Zustande sich zeigen, in gröfserer Tiefe aber zu festem Gestein erhärtet sind. Die Dammerde längst im ganzen Thale, welches mitunter schöne fruchtbare und feuchte Wiesengründe in sich schliefst, ist ungeachtet dieser Fruchtbarkeit dennoch wenig benutzt und bebauet und ein grofser Theil mit wildem Gesträuch bewachsen. Das hohe Gebirge links ist mit dem üppigsten Urwalde bedeckt, aus dem die abentheuerlichstgestalteten Felsenmassen als hohe Alpen hervorragen, deren höchste Gipfel die Gavea und der Corcovado jedoch nicht über drei tausend Fufs hoch sich erheben.

Bei Lameiraô erscheinen nicht sowohl im Thale als auch am Abhange des Gebirgs zur Linken, grofse und kleinere abgebrochene Felsenmassen eines Felsensteinporphyrs, der wahrscheinlich, so wie der Syenit bei Andreï auf den höheren Punkten des Gebirges dem Granit ein- oder aufgelagert erscheint, auch zerstreut liegende Findlinge von Grünstein deuten auf das Vorhandensein von Lagern oder Gängen desselben in der Hauptgebirgsart. Der genannte Porphyr ist von grünlich grauer Farbe und Feldstein seine Hauptmasse, in welchem rhomboedrische Stellen von weifsem Feldspathe, erscheinen worin sich gemeiner Schörl in feinen nadelartigen Krystallen, abgesondert hat.

Das Terrain von Lameiraô bis zu der Königl. Domaine von S^a^. Cruz bleibt sich in geognostischer Hinsicht immer gleich, indem der Weg zwischen granitischen Hügeln, in einer zum Theil wässerigten Gegend hinführt. Bei Coralsalso kommt man zuerst in das grofse fruchtbare Wiesenthal von S^a Cruz, welches von zwei Seiten von den Gebirgsästen, die von dem Hauptgebirge rechts herabkommen, eingeschlossen ist, östlich stöfst es an das isolirte Küstengebirge, welches hier seine westliche Spitze bildet und gegen Süden wird es von der See bespült. Die schöne Wiesenfläche erweitert sich daselbst einige Legoas in die Breite und erstreckt sich in die Länge mehrere Meilen tief in die Gebirge, bewässert von denen zum Theil schiffbaren Flüssen (mit kleinen Fahrzeugen) Guandû und Itaguahy, welche aus den hohen Gebirgen herabkommen. Westlich der Wiesenfläche ist diese von der Serra de Itaguahy begrenzt, die als beträchtliche Fortsetzung der Serra do Mar zu betrachten ist und über welche die Hauptstrafse nach S. Paulo führt. Die Fufsberge dieser Serra bestehen aus Granit von kleinem Korne, röthlichem Feldspath und schwarzem Glimmer, weiter den Berg hinan nimmt er ein geschichteteres Gefüge an, man erkennt eine Neigung zum Gneiswerden und; noch höher hat man den wahren Gneis vor sich, dessen Gemenge Hornblende mit sich führt, diese nimmt nach und nach in den höheren Schichten immer mehr Ueberhand, verdrängt den Quarz, die Masse wird lockerer, weil Feldspath der vorwaltende Theil ist und stellt endlich einen mürben Grünstein dar, in welchem mitten innen fester kuglichter Grünstnin sowohl in Massen von vielen Fufsen Durchmesser, als auch bis zur Faustgröfse herab stets in etwas oblongen Kugeln erscheint.

Der höchste Gipfel dieser Serra nicht fern eines einzelnen Hauses Capoeira de Andrada genannt, liegt nach meinen Barometer - Messungen 1820 Fufs *) über dem

*) Es wird hier ein für allemal bemerkt, dafs alle Barometermessungen nach Englischen Fufsen berechnet sind.

Meere und die Aussicht von da herab über den dickwaldigten Abhang in das lachende von Heerden belebte Wiesenthal mit seinen durch dasselbe sich schlängelnden Flüssen und gradgestochenen Kanälen, die zwischen sich hie und da runde mit dichtem Buschwerke und hohen Bäumen bewachsene kleine Hügel einschliessen, ist einzig schön. Wilde Natur an den Gebirgen und den tief eindringenden Bergthälern, bilden die bewundernswerthesten Kontraste mit der Kultur der breiten Wiesenfläche, den zerstreut-liegenden Meiereien, der kleinen Landstadt von Itaguahy, dem kaiserl. Pallaste von S[a]. Cruz und der nicht fern gelegenen glatten Spiegelfläche des Meeres mit seinen Inselgruppen. Schwer nur trennt sich der Wanderer von diesem reizenden und anziehenden Bilde rückwärts, besonders wenn er nun seinen Blick vorwärts in das dunkle düstere und einförmige Waldmeer richtet, welches er nun betreten soll.

Der Weg von hier aus führt abhängend bis zu 800 Fuſs über die Meeresfläche herab, dann sich wieder bis zu 1700 Fuſs erhebend, auf einem öfters morastigen Boden, zwischen Urwäldern hin, deren Grundgestein beständig granitisch ist, bis nach S. Joaô do Principe, einem kleinen, jetzt durch seine Kaffeplantagen ziemlich blühenden Städtchen, welches ehemals den Namen S. Joaô Marcos führte. Ungeachtet daſs der ganze Weg bis dahin, von der Serra de Itaguahy an, gröſstentheils von einer schwarzen, auch rothen lehmigten dicken Dammerde bedeckt ist, so verrathen doch manche Graben und Hohlwege, so wie auch Findlinge und Geschiebe in den kleinen Rinnsalen, das prädominirende granitiscke Gestein, von dem grobkörnigten Granite an, bis zum ganz dünnschieferigen Glimmerschiefer.

Die kürzeste Entfernung des Meer's mag wohl von dieser zurückgelegten Strafse in grader Richtung nach Süden, nicht über 4 Legoas betragen, und da die Küste alle Gebirgsschichten in voller Blöfse zeigt, besonders da sie dieselbe gröfstentheils in einem Winkel von 45° in ihrer Streichungslinie durchschneiden, indem jene von O. nach W. die Hauptrichtung nimmt, diese aber von N. O. nach S. W. laufen, so ist die Mannigfaltigkeit der wechselnden Schichten dem Beobachter deutlicher vor die Augen gestellt und ich kehre deshalb wieder zurück bis zu der Niederung der Farenda von S^a. Cruz, um ihr Verhalten zu einander näher zu beleuchten.

Der aufgeschwemmte fette schwarze Boden dieser Niederung ruht unmittelbar auf granitischen Urgebirgen, wovon nicht nur die Fufsberge der Nachbarschaft, sondern auch die kleinen abgerundeten Hügel, die sich aus der Grasebene ungefähr 50 Fufs hoch erheben, so wie die vielen benachbarten kleinen Inseln, die aus dem Meere hervorsteigen, die Beweise liefern.

Das Fischerdorf Sepatiba liegt an der östlichen Grenze der Ebene, und an der westlichen Spitze des Küstengebirges, dem Riesen. Diese Spitze oder Vorsprung besteht aus einem steilen Bergkopfe eines sehr quarzigen Sandsteins, dessen Lagen von N. nach S. streichen und unter einem Winkel von 45° nach O. zu einschiefsen, also hier der allgemeinen Richtung der übrigen Urgebirgsarten folgen. Die Mächtigkeit der Schichten ist von $\frac{1}{2}$ bis zu 2 Fufs und in der Mitte dieser Schichten findet man ein Lager feinkörnigen mürberen Sandsteins von ungefähr 3 Fufs Mächtigkeit, der vorzüglich zu Schleif- und Wetzsteinen geeignet ist. Im Ganzen betrachtet ist dieser Sandstein eisenschüssig, sehr verwittert und enthält unter seinen

Gemengtheilen hin und wieder verwitterten Feldspath und Glimmer. In kurzer Entfernung von dem Bergkopfe ist er von einem 6 Palmen mächtigen Hornblendegesteingang durchsetzt, der sein Streichen in der 5ten Stunde nimmt. Nach Handstücken und oryctognostisch betrachtet, würde man dieses Gestein wahrscheinlich für bunten Sandstein halten, indessen geognostisch untersucht, bleiben selbst noch Zweifel, ob es dem ältesten Sandsteine zugezählt werden kann, oder ob es nicht vielmehr eine wirkliche Urbildung ist, wofür der sie durchsetzende Gang von Hornblendegestein vorzüglich zu sprechen scheint, welcher ganz analog mit demjenigen ist, der an diesem Küstengebirge so häufig in Gängen und Lagern den Granitgneis und Gneis begleitet und selbst Uebergänge in diese Gebirgsarten macht.

Die von hier aus ungefähr 500 Schritte von der Küste entfernte kleine Insel Pescaria, die wohl 200 Schritte Länge und 100 Breite haben mag und welche gröſstentheils als nackte Felsenmasse dasteht, muſs den Forscher noch mehr bestärken, daſs diese Sandsteinscheinende Gebirgsmasse ein wirkliches Erzeugniſs der Urbildung ist, denn hier erscheint sie selbst in Handstücken wie ein kleinkörniger Granit mit eingemengtem Topas und Magneteisenstein. Die Hälfte dieser Insel besteht aus dem hier sehr eisenschüssigen quarzigen eckigkörnigen dem Sandsteine ähnlichen Gestein, die andere Hälfte aus einem wahren Glimmerschiefer, der an manchen Stellen gneisartig ist. Die Schichtungen beider stehen senkrecht nebeneinander und nehmen ihre Richtung zwischen der 4ten und 5ten Stunde, indem die Schichten durch horizontale Absonderungen in mächtige Bänke vertheilt sind. Auf Klüften und mit den Schichtungen parallel kommen hie und da

Streifen und Nester von kirschrothem Thone, wahrscheinlich verwittertem oxydirten Feldspathe vor, von 1 Zoll bis 1 Palmen Mächtigkeit, der als Färbestoff benutzt wird; auch verwitterter weißer Feldspath mit silberweißem Glimmer ist nicht selten in diesem Gesteine. Der Quarz des Glimmerschiefers ist weiſs, von groſsem und groben Korne, und sehr fest mit dem Glimmer und unter sich verbunden, der Glimmer schwarz, enthält eingemengte Granaten und macht oft den überwiegenden oder vorwaltenden Bestandtheil.

Einige Legoas an der Küste hinab, wo das Gebirge von Itaguahy bis zum Meere hintritt und von hier aus westlich die ganze Küste begleitet, indem es oft weite Vorsprünge in dasselbe macht mit tiefen zwischen sich einschlieſsenden Buchten, kommt man in einen Archipelagus vieler kleinen Inseln, unter denen die Insel Madeira und Tacuruçá als die gröſsten sich auszeichnen. An dem festen Lande von Tacuruçá bieten tiefe Wassergraben, so wie das steile abgewaschene Gebirge die besten Einsichten über das Verhalten der Gebirgsschichten, die hier als Granit, Gneis und Glimmerschiefer hervortreten und bald scharf von einander getrennt sind, bald ein Ineinanderlaufen von einer Gebirgsart in die andere zeigen. Die Lagerungsfolgen dieser Gebirgsarten folgen in keiner bestimmten Ordnung, denn bald ist der Granit zwischen dem Gneis und Glimmerschiefer eingeschlossen, bald zwischen den Glimmerschiefer oder Gneis alleine gestellt. In den einen Schichten ist er grobkörnig, in den andern kleinkörnig, gemengt oder frei von fremdartigen Bestandtheilen, so daſs er einmal den Character des ältesten Granits annimmt, das anderemal ein Granit der jüngsten Bildung zu seyn scheint. Die Schichten haben ihr Hauptstreichen zwischen der 4ten und 5ten Stunde und folgen hier so ziemlich dem Laufe der Küste. Sie stehen zum Theil senkrecht, bald östlich bald westlich einfallend, dann verflächen sich die Einfallwinkel auch wieder bis zu horizontal liegenden Schichten, tiefe Mulden und hohe Sattel bildend. Bei dieser Lagerungsart, die oft so dünngeschichtet ist, dafs sie ein bandartig gestreiftes Ansehen erhält, ist schlechterdings oft nicht zu entscheiden, welches vorwaltend die auflagernde, welches die unterlagernde Gebirgsart, wodurch ein relatives Alter derselben festgesetzt werden könnte, sondern es bleibt eine unbezweifelte Gewifsheit, dafs alle diese Gebirgsarten mit ihren Uebergängen von gleichzeitiger Entstehung seyn müssen, denn in einem kleinen Raume von wenigen hundert Schritten findet man diese verschiedenartigen Gebirgsschichten mehr denn 20 Mal mit einander abwechselnd, mit allen Kennzeichen eines alten so wie eines jüngeren Granits, so wie der verschiedenen Gneise, Granit-Gneise und Glimmerschiefer. Unter diesen so verschiedentlich geschichteten Lagern sind die einen ganz rein, blos aus ihren wesentlichen Bestandtheilen zusammengesetzt, andere sind übermengt. Es giebt alsdann Granit und Gneis mit Amphibole, Gneis und Glimmerschiefer mit Granaten, Granit mit magnetischem Eisenstein und gelben Topasen. Man begegnet auch Lagern, worinnen sich der Feldspath und Glimmer fast ganz zurückgezogen haben und das ganze als ein Gemenge von Quarz und Magneteisenstein mit eingesprengten gelben Topas, wenigem Feldspath und Glimmer, zu betrachten ist. Andere Lager bestehen aus einem feinkörnigen Granit mit verwittertem theils fleischrothen theils gelblichen Feldspathe, wenigem Glimmer und grauem Quarze und einzelnen Krystallen von Magneteisenstein. Auch fehlt nicht dieser Gruppe ein Hügel zum Theil sehr verwitterten Grünsteins, in welchem kuglichte Massen eines festeren Grünsteins, von der Gröfse einer Faust, bis zu der von mehreren Fufsen Durchmesser eingeschlossen sind und concentrisch schaalige Ablosungen mit einem so festen Kerne in der Mitte, dafs dieser mit der gröfsten Gewalt des Hammers nicht zerschlagen werden kann. In diesem Zustande scheint er ein festes Hornblendegestein zu seyn, welches sich aus der Masse des Grünsteins, aus welchem der Feldspath nach und nach in den schaaligen Ablosungen verschwindet, in einen festen Kern concentrirt hat. Ob dieses Lager nur aufgesetzt und oberflächig ist, oder ob es zwischen den granitischen Bildungen einen Raum einnimmt und darinnen niedersetzt, so wie an vielen andern Orten, war nicht auszumitteln. Die Dammerde dieser Gegenden besteht aus einem gelben und rothen Lehmboden, der von mehreren Lachtern Mächtigkeit vorkommt, welche sich bei heftigem anhaltenden Regen leicht von den jähen mit Wald bewachsenen Felsenbergen lostrennt und oft grofse Waldstrecken mit sich in die Abgründe und bis zum Meere hinabführt. Ein solcher grofser Bergrutsch hatte auch hier im Jahr 1811 statt gefunden und hätte den Gebäuden der grofsen Farenda von Tacuruçá bald sehr gefährlich werden können.

Verfolgt man die Küste bis nach Mangaratiba hinab, so erblickt man noch immer die nehmlichen abwechselnden Gebirgsschichten, sowohl mit einem verschiedenen Streichen als Hinfall der Schichten. Z. B. auf der Ostseite von Muriqui schiefsen die Gebirgsschichten ungefähr mit einer Neigung von 30° nach Süden ein, folglich ist ihre Streichungslinie von O. nach W. und etwas weiter an der Küste hinab fallen sie nach W. ein, ihr Streichen also ist N. S.

Diese häufigen Abänderungen der Richtung und Neigung der Schichten, wodurch bald die einen scheinbar unten zu liegen kommen, und dann wieder umgekehrt der Fall statt findet, scheinen einen neuen Beweis zur Annahme einer gleichzeitigen Entstehung dieser Urgebirgsarten abzugeben, indem eine relative Altersfolge, die doch nur von bestimmten Auflagerungen geschlossen werden kann, hier gar nicht statuirt werden kann.

Mangaratiba, ein kleines Colonistenstädtchen, ursprünglich eine Niederlassung civilisirter Küsten-Indier, liegt auf einer Erdzunge, die sich von N. O. nach S. W. über eine Legoa weit in das Meer erstreckt und folglich der Hauptrichtung der granitischen Gebilde gefolgt ist. Eben so tief, wie diese Zunge vorspringt, schliefst sie auch eine beträchtliche Bucht ein, in welcher selbst grofse Schiffe einen sicheren Hafen mit gutem Ankergrund finden, wenn sie sich durch die gefährlichen Klippen am Eingange glücklich durchgefunden. Das jenseitige Ufer der Bucht wird von der Praia da Cruz eingeschlossen und die ganze Küste ist mit ungeheuren Granitblöcken, an denen sich die Wogen schäumend brechen, wie besäet. Der Granit dieser Massen ist kleinkörnig, weifsgrau und Quarz sein Hauptbestandtheil. Zuweilen enthält er Nesterweise mit scharfer Begrenzung andern feinkörnigen Granit oder auch Glimmerschiefer eingeschlossen, innig und ohne Absonderung mit der Hauptmasse verwachsen, welches abermals einen Beweis abgiebt, dafs Granit und Glimmerschiefer gleichzeitig entstehen könnten ohne einem dazwischen liegenden Zeitraum der Pause während der Bildungsperiode.

Das hohe Gebirge tritt hier näher der Küste, der Granit von kleinem Korne steht daselbst in gröfseren ungeschichteten Massen da, welche die Landleute auf eine zweckgemäſse Weise oft als Tenne benutzen, Früchte darauf auszudreschen, oder den abgepflückten reifen Kaffee darauf an der Sonne zu trocknen.

Man passirt an diesen Meeresgestaden hinab keinen einzigen Fluſs, der aus dem Innern des Landes strömt, sondern nur kleine Waldbäche und Sturzwasser, die bei starken Regengüssen zwar sehr anschwellen und reiſsend werden, auch wohl den Küstenweg, aus Mangel an Brükken beschwerlich und gefährlich machen, allein sehr bald wieder verlaufen, sobald die Strömungen aus den Wolken nachlassen. Die Serra do Mar, welche gleich einem hohen aufgeworfenen Wall dem Innern von Brasilien zur Schutzwehre gegen Angriffe von Auſsen dient, setzt besonders hier denen im Rücken des Gebirgs entspringenden Gewässern ein unübersteigliches Hinderniſs entgegen, ihren kürzesten Weg zum Meere zu finden. Die meisten Flüsse, selbst die, deren Quelle wohl kaum eine Legoa von dem Meere entfernt sind, wurden genöthigt ihren Lauf nach dem Innern zu richten oder groſsen Strecken längst dem Meere hin, so wie z. B. der Rio Paraiba, erst nach W. und dann plötzlich wie gebrochen und umkehrend nach O. O. N. zu nehmen, wo er denn erst nach einem groſsen Umwege seinen Ausgang zum Meere fand. Dieses gilt besonders von allen Hauptflüssen, die in den Provinzen von Rio de Janeiro, S. Paulo und einem Theile von Rio Grande entspringen, in welchen Provinzen die Serra do Mar einen ununterbrochenen Gebirgsrücken hat. [1]). Nach Jahrhunderten, wenn erstlich die Bevölkerung Brasiliens angewachsen seyn wird, wird man erst diese weise Einrichtung der Natur besser zu schätzen wissen, indem diese Flüsse alsdann die vorzüglichsten Schiffahrtskanäle abgeben werden, wodurch nur ein lebhafter Verkehr, innerer Handel und Wohtstand gefördert werden kann.

Die Gebirgsarten unter denselben Verhältnissen wie sie bisher beschrieben, bleiben immer dieselben bis zur Villa d'Angra dos Reis, in deren Nachbarschaft der Granit mehr mit Magneteisenstein übermengt ist, besonders in der Gegend, welche den Namen Sapinhatuba führt. Ein halbrunder niederer Vorspruug, welcher dem hohen schroffen und steilen Gebirge zum Fufse dient, zeigt hier einen festanstehenden weniger grofskörnigen Granit, frei von beigemengtem Magneteisenstein, und auf demselben liegen in grofsen losen Massen, die von einer lehmigten Dammerde bedeckt sind, übereinandergestürzte Granitblöcke, dessen Gemengtheile grofs und grobkörnig sind. Feldspath und Quarz machen die Hauptbestandtheile nebst Magneteisenstein, welche darinnen oft Brocken von Faustgröfse bilden, deren oft viele nur durch wenigen Quarz mit einander verbunden gleichsam Nesterweise zusammen vorkommen. Der Feldspath in diesem Granit ist sehr verwittert. Wahrscheinlich sind diese Granitmassen von der höchsten Höhe des schroffen Gebirges herabgestürzte Felsenstücke, denn so weit man dieses an den Abhängen erklettern kann, erblickt man nur Gneis in horizontalen oder nur wenig nach O. zu geneigten Schichten mit Uebergängen in Glimmerschiefer und durchgängig beigemengtem Magneteisenstein. Man würde den Granit dieses Vorsprungs auch wohl als dem Gneis untergelagert betrachten können, und die Felsenstücke als Ueberbleibsel des um dieselben herum verwitterten und zerfallenen loseren Granites, allein gegen diese Meinung scheint das Eckige der Feldmassen zu sprechen.

Die Küsten in der Nachbarschaft der Villa d'Angra

dos Reis, des Hauptsitzes des Gouverneurs von Ilha Grande, bieten dem Geognosten durch ihre weiten Vorsprünge ins Meer, so wie durch ihre tiefe Buchten und die von aller Bedeckung entblöfsten abgewaschenen Felsenmassen, reichhaltigen Stoff zu Beobachtungen. Unterhalb dem Fort do Carmo, in einer Ausdehnung von 800 Schritten ungefähr, findet man alle Abänderungen des Granits mit senkrechten Schichten, die ihr Streichen in der 4ten Stunde haben, von mehreren Granitzungen und Nebentrums rechtwinklich durchsetzt. Der Granit der verschiedenen Schichten zeigt sich meistens von verschiedenem Korn, von grofsem, kleinen und feinkörnigen. Der grofskörnige hat gewöhnlich weifsen Feldspath und Quarz mit schwarzem Glimmer, der klein- und feinkörnige aber röthlichen Feldspath, graulichweifsen Quarz und schwarzen Glimmer. Dieser Granit führt durchgehends als zufälliges Gemengtheil Magneteisenstein, derb und eingesprengt, je nachdem das Korn des Granits grofs, klein oder fein ist und die Gemengtheile sind unordentlich durcheinander verwachsen. In dem Granit der Gänge findet man nur sehr einzeln Magneteisenstein eingesprengt, auf den Saalbändern der glatten Wände aber, welche zum Theil durch die nebenstehenden abgerissenen Bergmassen blos gestellt und gleichsam wie mit Quarz inkrustirt sind, erscheinen die Zeichen des Magneteisensteins als glänzende runde Abdrücke, gleichsam wie die eines Schusses Schrot auf einen weifsen Stein abgeschossen. Der Granit der durchsetzenden Gänge besteht aus rhomboidalischem und röthlichem Feldspath und graulich weifsem Quarze, der Glimmer ist grofsblättrig und schwarz, zuweilen auch silberweifs und macht den geringsten Bestandtheil aus. Auch findet man hier den Granit wiederholt mit Gneis und schwarzen Glimmerschiefer abwechselnd. Letzterer bildet auch grofse und lose Felsenmassen, die concentrisch schaalige Ablosungen haben. Das Streichen der Gebirgsschichten, so wie ihre Neigungen sind überall die nehmlichen, indem ihre Hauptrichtung an der ganzen Küste hinab in die 4te Stunde fällt und das Einsenken der Schichten nach S. O. In einzelnen Fällen finden nur Abweichungen statt; wie bei dem Fort von S. Bento, wo die Gebirgsschichten unter einem Winkel von 45° nach N. und in kurzer Entfernung davon, nachdem sie sich senkrecht gestellt, dann wieder nach W. einfallen, ohne dafs dieses Verdrehen der Schichtenrichtung und ihre verschiedene Neigung durch eine wellenförmige Lagerung verursacht wurde, sondern die aufgerichteten Schichten oder Lagermassen nehmen an ihrer Basis an Stärke zu und keilen sich an der Spitze aus, wodurch nicht nur ein senkrechtes Aufrichten der Schichten in der Mitte entstehen mufs, sondern sie müssen alsdann auch bei fortgesetzter Zunahme an ihrer Basis nach entgegengesetzten Richtungen einfallen. Durch die nach und nach erfolgende Abnahme der Mächtigkeit an der Basis entsteht wieder die senkrechte Stellung und endlich der erste gewöhnliche Einfall der Schichten nach S. O.

Nicht fern von der sandigen Küste, die Praia Grande genannt, ist die Gruppe der granitischen Gebirgsarten ebenfalls mit Granitgängen durchsetzt, deren Gemengtheile ziemlich gleichförmig und von kleinem Korne sind. Sie durchsetzen meistens in einem spitzen Winkel und von 3 bis 4 Fufs Mächtigkeit die Gebirgslagen; der gespitzte Winkel wird aber oft so scharf, dafs er sich endlich mit den Gebirgsschichten fortzieht und darinnen verläuft, so dafs, was vorher als Gang erschien, nun als Lagermasse sich darstellt und als solche zwischen den Gebirgsschichten große Strecken innen liegt. Zuweilen richten sich diese so liegenden Gänge auch wieder aus und nehmen ihr vorhergehendes Streichen an. Weiter aber wurde schon bemerkt, daſs man Glimmerschiefer von Granit umschlossen findet; hier findet man nun auch kleinkörnigen festen Granit von Glimmerschiefer umgeben und mit demselben innig in groſsen unförmlichen Massen verwachsen.

Westlich von der Praia Grande, verdient auch eines quarzigen Sandsteins erwähnt zu werden, der ebenfalls weiterhin bei Cruz das Almas zum Vorschein kommt und daselbst niedrige Vorsprünge und schmale Landzungen in das Meer hinein bildet. Seine Lagen sind horizontal oder auch mit einer geringen Neigung, jenseits von Praia Grande nach N., bei Cruz das Almas nach S. Seine Schichten sind von 2 bis 2½ Fuſs Mächtigkeit und nach allen Richtungen zerklüftet. Auf diesen Klüften hat sich zum Theil ein sehr eisenschüssiger Thon mit Quarzkörnern, theils auch schwarzer Eisenstein, vorzüglich Eisenhydroxyd als Hematit erzeugt. Auch in Drusenlöchern kommt dieses Eisenerz vor, so wie auch in ganz dünnen Lagen, womit es den Sandstein inkrustirt. Diese Sandsteinlagen liegen unmittelbar auf den Granit und können wohl nur als lokale unabhängige Bildungen betrachtet werden.

Der benachbarte Granit ist von fleischrother Farbe und feinkörnig mit einzelnen schwarzen Glimmerblättchen, auch findet man ihn mit vorwaltendem Feldspathe, spärlichem Quarze und wenigem Glimmer; ebenfalls findet man einen kleinkörnigen Granit von gleichen Gemengtheilen, so wie auch Schichten von Feldspath und Quarz ohne Glimmer mit wenigem magnetischen Eisenstein. Der Feldspath ist in diesen in einem etwas verwitterten Zustande, und da wo er frisch ist, nähert er sich dem opalisirenden Feldspathe.

Dieser Granit zeigt die in dieser Gegend nicht ungewöhnliche Erscheinung einer kugelförmig concentrisch schaaligen Ablosung isolirter, an der Küste zerstreut liegender Massen von mehreren Fufsen Durchmesser, jedoch mit einer Eigenheit, die mir sonst nirgends vorgekommen, nehmlich die aus den Gebirgslagen herausgewaschenen und losgerissenen Kugelmassen von länglicher Gestalt stehen zum Theil aufgerichtet auf ihrer hohen Kante und sind an ihrer Spitze aufgebrochen, indem ihre schaaligen Ablosungen sich wie eine Artschocke oder halbgeöffnete Rose präsentiren. Gleich diesen kann man zwischen alle blättrigen Ablosungen, die oft nicht eine Linie Durchmesser haben, in diese grofse Steinknospe hineinblicken bis zu einem länglich runden festen Kern, der ganz lose und beweglich mitten innen aufrecht steht. Die Kerne, deren viele herausgefallen, sind so wie die des kuglichten Grünsteins, von einer aufserordentlichen Festigkeit, und so schwer zersprengbar, dafs es nicht möglich war einen zu zertrümmern.

Das Gneisgestein mancher kleinen Insel dieser Gegend verdient auch einer Erwähnung, indem seine Schichten zum Theil horizontal liegen, die dünngeschichteten Lagen desselben unter sich aber gebrochen erscheinen und regelmäfsige Zickzacke bilden, in welcher Gestalt sie parallel miteinander fortlaufen. [2]) An diesem Gesteine bemerkt man besonders an manchen Stellen den so merkwürdigen Uebergang des Gefüges, den Längerichtungen der Schichten nach, von dem Gneis zu dem Granit, oder auch umgekehrt.

Wendet man sich nun von der Küste nach dem hohen Gebirge in der Richtung der Villa do S. Joaõ do Principe, so hat man zuerst die groſse Erdzunge zu durchschneiden, die durch den wohl 4 Legoas tiefen Meerbusen, o Saco genannt, führt. In diesem Meerbusen, der groſse Strecken weit an den Ufern mit der Mangue und andern Wassergesträuchen bewachsen ist, und bei eintretender Ebbe zum Theil ins Trockne gesetzt wird, sind groſse Hügel von Austernbänken aufgeschichtet von 15 bis 20 Fuſs Höhe und mit Sand untermengt, als Erzeugniſs der allerneusten Entstehung von jezt noch lebenden Seegeschöpfen, da sie immer wieder neuen Zuwachs erhalten. [3]) Man führt dieselben in groſser Menge nach Rio de Janeiro, woselbst sie zum Kalkbrennen benutzt werden, allein ein schlechtes Material liefern. Der Meerbusen endet ganz spitz in den Rio da Serra d'Agoa, in welchem man bei hohen Wassern noch einige Meilen weit in kleinen flachen Fahrzeugen hinaufschiffen kann, indem hier alle Anzeigen eines zurücktretenden Meeres herrschen, und schwer ausfindig zu machen ist, wo die Bucht endigt und der Fluſs beginnt. Granit ist auch hier die Hauptgebirgsmasse, welche sich unter einem hochstämmigen finstern Urwalde verbirgt. Der Rio da Serra d'Agoa, der als wilder Waldstrom von Felsen zu Felsen von dem Gebirge herabstürzt, bildet an söhligen Stellen oft tiefe und weit umfassende Kessel ruhig stehenden krystallhellen Wassers, durch welches man auf 20 Fuſs Tiefe jeden Stein auf seinem Grunde erblickt, so wie die deutliche Abspiegelung des diese Bassins umgebenden schauerlich dunklen Hochwaldes. Findlinge und groſse Blöcke von Hornblendegestein und Grünstein, deren plattenförmige Stücke mit einem Hammer daran geschlagen, klingend sind, kommen nicht selten vor, und weiter hin macht Granit und eisenschüssiger Gneis, die in ihren gewöhnlich abwechselnden Lagen verwittert erscheinen, die Hauptgebirgsart des steilen Gebirges aus, welches sich hier bis zu drei tausend Fuſs hoch erheben mag. Nach der Aussage der Landleute soll auf denselben schon Schnee gefallen seyn, der mehrere Stunden lang liegen blieb, auch will man gefrornes Wasser gesehen haben, indessen bedarf dieses einer Bestätigung. Diese Sage muſs man fürs erste noch bezweifeln, Schnee und Eis waren wahrscheinlich nichts anderes als Reif. Der Brasilianer, in der Lebhaftigkeit seiner Unterhaltung, läſst sich sich oft zu hyperbolischen Redensarten hinreiſsen, und nimmt es nicht so genau mit seinen Ausdrücken. Eis habe ich zwar selbst im Jahr 1814 auf einer Erhöhung von 3000 Fuſs gesehen, allein Schnee auf dieser Höhe ist unerhört in dieser südlichen Breite von 23°.

Als höchster Punkt des Gebirges zeichnet sich die Serra do Frade aus, die uns zur Linken blieb, indem dieser Theil, welchen wir erstiegen, die Serra do Matto Grosso genannt wird. Hat man endlich auf einem steilen felsigten kaum für Maulthiere zu erkletternden Fuſspfad den Gebirgsrücken erreicht; so führt der Weg, gegen anderthalb Stunden weit etwas abwärts zu der Fazenda do Lopez, welche an dem Rio Pyray liegt. Dieser Fluſs hat unterhalb der Wohnung dieses Pflanzers einen sehenswerthen Wasserfall, as Caldeiras (Kessel) genannt. Er ist daselbst gegen 70 Schritte breit und die perpendiculaire Höhe der Felsen, über welche er in Absätzen stürzt, gegen 40 Palmen hoch, indem dieselbe ganz die Gestalt eines künstlichen Wehres hat. Bei anhaltendem trocknem Wetter fällt kein Wasser über die Felsen, sondern das wenige existirende drängt sich durch einen zur Seite gelegenen Canal. Die Felsart ist hier ein mürber zum Theil auch fester Glimmerschiefer, oder auch Gneis mit vielen Granaten. Ihre Schichten stehen senkrecht mit einer Richtung in der 4ten und 5ten

Stunde, doch wie aus den Geschieben zu schliefsen ist, müssen dazwischen auch Schichten vorkommen, die aus einem körnigen Quarze mit Magneteisenstein und wie es scheint, kleinen Körnern von gelbem Topas bestehen, ein flafsriges Gemenge, welches als Uebergang eines feinkörnigen Granits, von beinahe sandsteinartigem Ansehen mit eingesprengen Granaten, zu betrachten ist.

Die Felsenschichten des Wasserfalls haben verschiedene treppenartige Absätze, in welche das herabstürzende Wasser grofse und kleine kesselförmige Vertiefungen eingegraben hat, die zum Theil mit Geröllen angefüllt sind. Der gröfste Kessel hat 10 Palmen Durchmesser, ist vollkommen rund und wohl noch einmal so tief. Die kleinsten Löcher sind 3 Palmen tief mit einem Durchmesser von 1½ Zoll ganz denen ähnlich, die man mit bergmännischen Bohrern zu machen pflegt. *)

Von der Fazenda do Lopez bis zur Villa de S. Joaõ do Principe, die in einer Erhöhung von 1534 Fufs über dem Meere liegt, wo sich der Zirkel meiner Beobachtungen über eine Quadratfläche von beinahe hundert Legoas wieder an die Strafse von S. Paulo anschliefst, findet man ebenfalls keine andern Gebirgsarten, als die schon beschriebenen, besonders aber steht der Granit bei der Fazenda da Varge in grofsen Massen an.

Die bishieher beschriebenen Urfelsarten nehmen ihrer Länge nach, nach allen gemachten Beobachtnngen, die grofse Küstenstrecke ein von Bahia an über Porto Seguro nach Rio de Janeiro bis Sa. Catharina, und ihre Breite erstreckt sich bis weit in die Provinz von Minas Geraes, also ungefähr 10 Breitengrade in die Länge und 6 Längengrade in die Breite.

Indem hier im Allgemeinen der Ausdehnung dieser Formation gedacht wird, die sogar noch südlicher am Rio de la Plata (nach Mawe) erscheint und im hohen Norden des südlichen Continents (nach v. Humbold) in der Serra da Parima, soll nun auf derselben auf dem Wege nach S. Paulo weiter fortgeschritten werden.

Bei der Fazenda do Estevaô setzt man über den Rio Pyray (Fischfluſs) einen der vorzüglichsten Tributaire des Rio Paraiba, welcher die Grenzscheide zwsichen der Provinz Rio de Janeiro und der von S. Paulo macht, und seinen Ursprung nicht fern von der Küste und selbst nahe den Quellen des Paraiba bei der Villa du Cunha nimmt, allein diesem den Vorsprung abgewinnt, indem derselbe gerade nach Norden zu seinen Lauf richtet, der Paraiba aber erstlich gegen 1½ Grad westlich flieſst, bei der Aldea das Escadas alsdann plötzlich die Wendung nach O. O. N. nimmt, wodurch das groſse Delta entsteht, welches den Bergkamm einschlieſst, der zwischen der Serra da Mantiqueira und dem Küstengebirge, als Mittelgebirg, sich westlich zieht.

Auf dem rechten Ufer des Pyray, bei der Fazenda do Retiro, findet man Syenit zu Tage stehend mit einem Streichen seiner Schichten in der 2. und 3. Stunde, und nicht fern von dem Rancho de Miranda, der ungefähr eine Legoa näher dem Pyray liegt, trifft man den mit dem Syenit so nah verwandten Hornblendeschiefer mit einem Streichen der Schichten in der 9ten Stunde, also grade in kreuzender Richtung gegen das erstere Gestein. Es entstand hier folglich die gewundene oder fächerartige Lagerung der Gebirgsschichten, die man so oft bei dem Uebergangs-Thonschiefer beobachtet und wodurch in kurzen Erstreckungen völlig entgegengesetzte Streichungslinien der Gebirgsschichten zu entstehen pflegen.

Auf dem linken Ufer des Pyray, der hier in einer

Erhöhung von 1490 Fuſs sein Bette hat, steht Gneis zu Tage mit einer Schichtenrichtung in der 2ten Stunde, auf höheren Punkten aber als öfterer Begleiter der Granitgebilde Brasiliens, Grünstein und Hornblendegestein.

Granit und Gneis, sowie auch Granit-Gneis bleiben bis zum Arrayal do Bananal die Hauptgebirgsart, deren Streichen hier zwischen der 3ten und 4ten Stunde ist, mit einem Einfall der Schichten in ungefähr 30° nach S. O. Der Granit besteht daselbst aus vielem grauen und silberweiſsen Glimmer, weiſsem Quarze und röthlichem Feldspath. Auf einer beträchtlichen Höhe jenseits von Bananal, woselbst der Gneis einen deutlichen Uebergang in Glimmerschiefer macht und in der 3ten Stunde sein Streichen hat, findet man als Findlinge vielen Brauneisenstein mit einem Uebergang in drusigen Glaskopf. Das Niveau dieser Gegenden, auf der die Straſse hinläuft, bleibt sich immer so ziemlich gleich, und wird nur etwas ansteigend in Verhältniſs des Wasserfalles des Rio Paraiba, an dessen Ufern und Fluſsthal der Weg aufwärts führt. Der Arrayal do Bananal liegt 1540 Fuſs Meereshöhe, also nur 50 Fuſs erhabener, als das Bett des Pyray.

Bei der Fazenda von Monchollinho steht ein rother eisenschüssiger Gneis zu Tage, der nicht zu seiner völligen Ausbildung gelangt zu seyn scheint, eben so auch die Auflagerungen des körnigen Quarzgesteins, die als Bergköpfe sich zeigen und eine Art Sandstein bilden. Beigemengter vieler Schörl zeigt deutlich, daſs sie ebenfalls einer krystallinischen Bildung ihr Daseyn verdanken. Gröſsere isolirte Schörlmassen findet man besonders bei Bareiras, eine halbe Stunde weiter von Monchollinho. Die Herrn v. Spix und v. Martius haben auch in der Gegend der Fazenda Formosa, die nicht weit von hier entfernt ist, einen Granit mit großblättrigem sehr eisenschüssigen Glimmer und Gängen von aufgelöstem Rotheisenstein, die in h. 2. unter sehr scharfen Fallwinkeln ihr Streichen haben, so wie dichtes Brauneisenerz und große Massen derben weißen Quarzes gefunden. (S. 1. Th. p. 194.)

Die Fazenda Formosa liegt 1580 Fuß über dem Meere.

Die Straße in diesen Gegenden, die alle Erhöhungen und Vertiefungen durchschneidet, in und zwischen welchen die Znflüsse des Rio Bareiro und Sismarias, die sich in den Paraiba ergießen, statt finden, ist nicht die bequemste und führt oft bergauf bergab, durch tiefe Thäler und über steile Berge, die aber nicht als Wasserscheiden betrachtet werden können, sondern als kleinere Gebirgsäste oder Jöche der Serra do Mar, die sich bis zum Paraiba verlaufen.

Vorherrschend ist noch immer die granitische Urbildung, wie man bei Tagasaba, sowohl dem Rancho als auch dem Ribeiraô bemerken kann, an welchem letzteren Orte indessen eine bis hieher noch nicht beobachtete Veränderung des Gebirggesteins vorkommt, indem der Glimmerschiefer, der hier sehr eisenschüssig ist, einen deutlichen Uebergang in Thonschiefer macht; doch wechselt dieser bald wieder mit Granit und Granitgneis, mit aufgesetzten körnigen Quarzköpfen, die bei dem Sitio von Manoel Gonsalves beobachtet werden; auch nimmt hier schon mehr und mehr die bis hieher sich erstreckende fette und mit Wald bewachsene Dammerde ab, sie wird magerer und trockner, der hohe Wald verliert sich nach und nach, und Grassteppen treten an die Stelle mit ihrer Campos-Vegetation.

Bei dem Sitio do Manoel Joaquim befindet man sich

2050 Fuſs hoch über dem Meere und der hohe Gebirgsrücken der Serra da Mantiqueira ist von hier nur einige Legoas entfernt. Man ist den Ufern der Paraiba hier ganz nahe, die man nun auch wieder verläſst, bis man an sein groſses Knie oder die Kehle kommt, und da dieselben durch mehrere kleine Landstädtchen, Oerter und Fazendas bevölkert sind, so ist ihnen wenigstens das wilde düstere Ansehen benommen, was gewöhnlich die Fluſsufer der unbewohnten Gegenden Brasiliens begleitet. Die vorzüglichsten Orte, deren Höhenlage ich beobachtete, sind Villa de Areas mit 1510 Fuſs über dem Meere, die Fazenda do Manoel Joaquim mit 2050 Fuſs, Villa Lorena 1740 Fuſs, Fazenda do Pedro Leme 1660 Fuſs, Villa Taubatí 1690 Fuſs, Fazenda das Chagas 1680 Fuſs, Villa de Jacarahy 1560 Fuſs.

Zwischen der Villa de Guaratingata und dem Sitio do Tangue zieht sich links ein niederer Bergzug aus Granit bestehend, der hier das Thal des Paraiba, welches wohl gegen 1½ Legoa Breite hat, begrenzt, und weiter hin bei dem Rancho von Taguaçû, dicht an dem Rio Paraiba, steht ein porphyrartiger Granit in Blöcken zu Tage. Die Thalgegenden sind hier ebener, rechts von der hohen Mantiqueira eingeschlossen, der man sich bei Crupatuba bis auf eine Legoa nähert.

Zwischen Nª Sªª da Apparecida und Taipas liegen wieder Blöcke eines ziemlich feinkörnigen röthlichen Granits, dem der Küste und der Gegend von Rio de Janeiro sehr ähnlich; sie sind abgerundet und erinnern (nach v. Spix u. v. Martius Bemerkungen) an die Felsenblöcke in dem Pó-Thale Italiens, auch halten dieselben dafür, daſs das Thal des Paraiba hier mit dem Meere in Verbindung stand und diese Felsen durch gewaltige Einbrüche und

Strömungen in ihre gegenwärtige Gestalt und Lage gebracht wurden. (S. 1. Th. p. 205.) Doch dieser Meinung scheint nicht nur die ohnedem hohe Lage des Flufsbettes des Paraiba, welches gegen 1500 Fufs über dem Meere erhaben liegt, zu widersprechen, sondern auch die beiden gegen dreitausend Fufs hohen Gebirgsrücken, die hier zwischen dem Meere und dem Paraiba-Thale liegen und eine ununterbrochene Wasserscheidung bilden. Weit wahrscheinlicher scheint es, da alles Grundgestein dieser Gegend granitisch ist, dafs diese Blöcke als feste Kerne eines loseren Granits zu betrachten sind, welcher nach und nach durch Wasser hinweggewaschen wurde und diese Blöcke zurückliefs. Durch das Wegwaschen der sie umgebenden loseren Gebirgsart, senkten sie sich vermöge ihrer natürlichen Schwere nach der einen oder der anderen Seite, oder stürzten um und rollten die einen über die andern, so dafs keine mehr in ihrer natürlichen und ursprünglichen Lage blieben.

Bei der Villa de Jacarahy, woselbst man über den Paraiba setzt, ist sein Bett 1560 Fufs über dem Meere erhaben. Man nähert sich hier dem Ende des Bergzuges, welchen das Delta des Flusses zwischen sich eingeschlossen hält und die Gegend wird deshalb auch bergigter. Ein röthlicher Gneis, dessen Streichen in der dritten Stunde, ist hier vorherrschend. Der Weg führt noch bis zum Kirchspiel das Escadas am linken Ufer des Paraiba hinauf, zwischen felsigten Ufern und macht hier einen spitzen Winkel, indem er mit Gewalt die sich hier entgegenströmenden Felsenschichten durchbrochen und seinen Lauf von S. W. nach O. O. N. nahm. Ein Gebirgsarm, der von der Serra da Mantiqueira herabkömmt und sich in den Gebirgszug der Serra do Mar verläuft, setzte seinem ursprünglichen Laufe oder seiner ersten Richtung einen undurchdringlichen Damm entgegen, wodurch die Wasserscheide zwischen dem Paraiba und dem Tieté entstand. Dieses Wasserscheidungsjoch besteht aus Gneis und Glimmerschiefer und auf seiner höchsten Höhe zeigt es einen Uebergang zum Itaeolumit - Quarz, worinnen einiger Schörl erscheint, und gelber und Brauneisenstein kommen darin als Lager vor. Die gröfste Erhabenheit desselben ist jenseit der Fazenda dos Frades und beträgt 2550 Fuſs, sie ist also um tausend Fuſs höher als das Thal des Paraiba und führt den Namen der Serra de Mogì wegen der Nachbarschaft der Villa gleichen Namens, woselbst Granit das Grundgebirge der Gegend ist. Jenseit des Berges kommt man in das ebene und breite Fluſsthal des Rio Tieté, welches bei lange anhaltendem Regen häufigen Ueberschwemmungen unterworfen ist. Ein schwarzer Moorboden überzieht die ganze Niederung und unter demselben liegen beträchtliche Torflager, so daſs bei zunehmender Bevölkerung und dem jetzt schon existirenden Holzmangel der Gegend, diese in Zukunft mit Vortheil benutzt werden können. Der Tieté hat hier ein weit erhabeneres Fluſsbett als der Paraiba, indem ein Unterschied von 780 Fuſs statt findet, weshalb auch an eine Kanalverbindung zwischen beiden Flüssen nicht gedacht werden kann wie Obristl. v. Varnhagen in seinen Nachrichten über die Provinz S. Paulo (S. v. E. Journal v. Bras. 2tes Heft) zu verstehen giebt. Er flieſst bei der Villa de Mogi in einer Höhe von 2330 Fuſs über dem Meere, nimmt seinen Lauf landeinwärts zum Paraná, indem er von Porto Feliz an schiffbar wird, und von da die vorzüglichste Wasserstraſse nach Matto Grosso beginnt.

Hat man eine Strecke Wegs längst dem moorigten Wiesengrunde auf einem erhabenen Damme zurückgelegt und die kleinen Flüsse Tamanduaty und Tayacupeba passirt, so kommt man nicht fern von dem Rancho de Goyó an niedere Hügel, woselbst man nach einem Marsche von mehr denn 60 Legoas Länge zum erstenmale auf jüngere Gebirgsarten stöfst. Bis hieher fand man keine anderen Hauptgebirgsarten als Granit, Granitgneis, Gneisgranit, Gneis, Glimmerschiefer, Syenit, Grünstein und Hornblendegestein, deren Schichten mit einer Hauptstreichungslinie in der 3ten Stunde, abwechselnd ohne eine gewisse Reihenfolge oder bestimmte Regel, nebeneinandergestellt sind, indem sie nach S. O. ihre Hauptneigung haben. Die Hauptrichtung der Strafse ist in der 6ten Stunde nach W. zu, sie durchschneidet also die Schichtungen unter einem Winkel von 45°.

Die jüngern Gebirgsarten dieser Gegend bestehen aus einem röthlichen Sandstein-Conglomerate, welches mit bunten Thonlagen abwechselt. Diese unstreitig jüngste Bildung erstreckt sich weit in der ganzen Umgegend der Stadt S. Paulo, bald tritt ein bunter Thon, bald die Kruste eines mit Brauneisenstein gemengten Sandstein-Conglomerats, welches oft nur einen Zoll dick ist, hervor, dann ist dieses auch wieder ganz frei von Eisenerzen und liegt zwischen einem von Rotheisenoxyd gefärbten Thone, ein gröfstentheils kleinkörniges Gemenge darstellend, welches aus runden und wenig eckigen Geschieben eines weifsen Quarzes mit abgeglätteten Eisensteingeschieben besteht, die durch Eisenoxyd sehr fest mit einander verkittet sind. Unter der obersten Dammerde der Wiesenflur erscheint hie und da eine Lage Raseneisenstein von einigen Fufsen Mächtigkeit.

In unbeträchtlicher Tiefe unter diesen neuesten Lagen erscheint der Granit und Granitgneis als Fortsetzung der Schichtungsreihe der Urgebirgsarten. Zwischen denselben und der Breccie, sagen die Herren v. Spix und v. Martius, kommen mehrere Lager von Steinmark, von ziegel- und bräunlichrother, ockergelber und lavendelblauer Farbe vor, und halten dafür, dafs dieses dieselbe so weit verbreitete Formation der Tapanhoacanga in Minas sey, weil dieses Conglomerat auch hier zuweilen goldhaltig ist (S. 1. Th. p. 231.) [5]) Mawe hingegen sagt (S. 1. Th. p. 120.) *): „Die Breccie ist von ockergelber, rother und brauner Farbe, mit abgerundeten Geschieben, von 3 bis 6 Fufs Mächtigkeit, horizontal gelagert. Unter derselben findet man einen schönen verschiedenartig gefärbten mit Sand gemengten Thon, meistens aber von violetter Farbe. Die weifsen und rothen Thone sind ihrer Natur nach die reinsten."

Unter diesen Thon setzt nun Mawe ein aufgeschwemmtes (?) sehr eisenschüssiges Lager, welches auf einer halb verwitterten Substanz aufsitzen, die Granit zu seyn scheint und worin der Feldspath vorherrschend, das Ganze aber auf festem Gesteine ruhen soll.

Obristl. v. Varnhagen, der mehrere Jahre sich in der Stadt S. Paulo aufgehalten, sagt in seinen Nachrichten (S. v. Eschw. Journal v. Br. 2tes Heft) über diese Gebirgsarten folgendes: „S. Paulo liegt auf einer Anhöhe, die sich 50 bis 100 Fufs über eine grofse morastige Ebene erhebt, welche durch das weite Thal des Tieté-Flusses gebildet wird, und nur an der südlichen Seite hängt die

*) Nach der französischen Uebersetzung seiner Reise in Brasilien.

Erhöhung mit dem kuglichten erhabenern Lande zusammen. Sie ist aus abwechselnden Thon und Lehmschichten gebildet von verschiedenen Farben und wechselt mit Triebsandlagern (?) ab. Man findet diese Lagerungen in folgender Ordnung von Unten nach Oben; und wie man sie am besten bei der Anhöhe von Piques beobachten kann. Das Grundgebirge ist Gneis, darauf liegt eine Art verwitterter Steinkohle (?) dem Torfe ähnlich von 12 Fuſs Mächtigkeit. Diese wird von einem Sandconclomerat von beinahe derselben Höhe bedeckt, nun folgt eine Lage Thon von 10 Fuſs Mächtigkeit, dann ein thonigter Eisenstein 8 Zoll stark und hierauf liegt ordinairer gelber Letten. Das Ausgehende des Gneises findet man an den Ufern des Rio Tamandaty nahe bei der Stadt."

„In den genannten aufgeschwemmten Gebirgslagen, kommt an vielen Orten verwitterter zu Porzellanerde zerfallener Feldspath vor, Tabatinga genannt, welcher zum Weiſsen der Häuser statt des Kalkes benutzt wird, auch vermengt man ihn mit farbigen Thonarten (tagoa) zum Malen der Zimmer."

„In der morastigen Ebene, die sich über eine Legoa um einen Theil der Stadt erstreckt, befinden sich ungeheure Torflager, wovon man aber bisher noch nicht den geringsten Gebrauch gemacht hat."

„In den aufgeschwemmten Schichten, worauf die Stadt liegt, kommt etwas feiner Goldsand vor, der aber die Mühe nicht lohnt, gewonnen zu werden."

„Die Gegend zwischen Süden und Westen um die Stadt herum, besteht aus Schichten rothen Lettens mit Sand abwechselnd, worinnen einige Lagen einer Breccie vorkommen, die aus Sand und thonartigem Eisenstein besteht, und zuweilen ganz in letzteren übergeht. Diese

Lagen haben einige Zolle bis mehrere Fuſse Mächtigkeit. Die Breccie wird zum Straſsenpflaster gebraucht und des Thoneisensteins wegen legte man in der Nachbarschaft vor zweihundert Jahren eine Schmelzhütte darauf an.“

Ich habe hier alle Nachrichten, die über diese Gegend bekannt worden sind, mittheilen zu müssen geglaubt, damit der künftige Forscher sie einer nähern Prüfung unterwerfen könne. Die von Herrn v. Varnhagen scheinen mir die genaueren, nur wegen der verwitterten Steinkohle, wovon er spricht, möchte wohl ein Irrthum statt finden, und in der Folge der Lagerungen fehlt auch der Triebsand, dessen er doch vorher Erwähnung that.

Nach meinen Barometermessungen liegt der Pallast des Gouverneurs in S. Paulo 2472 Fuſs über dem Spiegel des Meeres und die ganze Gegend gehört zu dem wellenförmigen Hochlande jenseit des Küstengebirges, welches mit kleinen Unterschieden ein und dasselbe Niveau beibehält. Z. B. südlich nach der Villa dos Santos hin findet man Ponte Alta 2510 Fuſs und die Serra de Cubataõ, von welcher man von dem Plateau zur Küste hinabsteigt, 2320 Fuſs hoch. Westlich von S. Paulo liegt der Arrayal Cutia 2620 Fuſs und S. Roque 2461 Fuſs erhaben.

Die jüngeren Gebirgsarten auf dem Wege nach Santos erstrecken sich bis zur Brücke dos Meninos Velhos, wo alsdann die Schichten eines verwitterten Gneises beginnen, die man bis Ponte Alta beibehält. Links erscheint daselbst ein felsigter Bergkopf mit groſsen Felsenblöcken, die wahrscheinlich aus Granit bestehen. Etwas weiter von Ponte Alta kommt Itaeolumit-Quarz vor, dessen Lagerungsverhältnisse nicht gut auszumitteln sind, und darauf erscheint ein Grünstein, welcher in Kugelmassen häufig neben der Strafse liegt; links erhebt sich derselbe zu einem niedern Bergrücken, worauf alsdann Hornblendegestein in grofsen Massen zu Tage steht. Der Rio das Pedras hat das Plateau dieser Gegend etwas erniedrigt, wodurch der erwähnte Bergrücken entstanden ist. Sobald man das wagerechte Plateau wieder erreicht, scheint der Itacolumit-Quarz wieder vorherrschend zu seyn. Das Plateau ist sandig und liegt voller weifser fester Quarzbrocken. Die Gebirgsschichten streichen alle in der 3ten oder 4ten Stunde. Am obersten Abhange des von hier sich steil nach dem Meere hinab senkenden Gebirges von Cubataô findet man einen durch Rotheisenoxyd gefärbten mürben Gneis in Thonschiefer den Uebergang machend, alsdann den Berg abwärts kommt man an eine Schicht mürben Syenits, aus dem sich weiter abwärts die Hornblende nach und nach verliert und es erscheint in der Mitte der Serra wieder der mürbe eisenschüssige Gneis mit abwechselnden Uebergängen in rothen mürben Thonschiefer, der sehr zerklüftet ist, und deren Klüfte schwarze Ablösungen zeigen, welche in dem Thonschiefer von Minas Geraes so häufig vorkommen und deren schwarzer Ueberzug aus Manganerz und schwarzem Erdkobalte zu bestehen pflegt. Auch enthält dieser Gneis-Thonschiefer ein ziemlich beträchtliches Lager eines armen Brauneisensteins ebenfalls in einem sehr auflöslichen Zustande. Von hier aus bis zur Küste hinab ist nun der feste Gneis und Granitgneis vorherrschend, so wie er bei Rio de Janeiro und Ilha Grande beschrieben wurde und alle Schichten fallen nach S. O. dem Meere zu.

Mawe sagt von der Serra de Cubataô dafs ihre Gebirgsart Granit zu seyn scheine, so wie auch häufig weicher zerbröckelter eisenhaltiger Sandstein (wahrscheinlich meint er damit den thonigten Gneis). Die kleinste Höhe der Serra schätzt er auf 6000 Fuſs (also um ⅔ zu hoch). und sagt, daſs ihre Oberfläche aus Quarz und Sand bestehe (unbezweifelt der an der Oberfläche zerfallene Itaeolumit-Quarz.)

v. Varnhagen erwähnt dagegen Folgendes: Unten an dem Gebirge bemerkt man Gneis anstehend, der häufig mit Trümmern von Brauneisenstein durchsetzt ist; weiter oben findet man Granit mit groben Gemengtheilen (wahrscheinlich meint derselbe den Syenit), und ganz oben auf der Höhe erscheint Grauwackenschiefer als Lager, und zwischen ihm Thoneisenstein in Nestern (damit kann er nur den in Thonschiefer übergehenden Gneis gemeint haben.)

Die von aller Dammerde entblöſste Felsenküste bei Santos und S. Vicent, zeigen dem Beobachter ganz deutlich wieder die verschiedenen granitischen Schichtungen wie bei Rio de Janeiro und Ilha Grande, und besonders werden diese an dem hohen Berge von Monserat sichtbar, dessen Fuſs sich bis an die Villa erstreckt, wo derselbe vorzüglich aus Granit besteht, welcher sehr viele Hornblende beigemengt enthält, besonders an der Küste von S. Vicent, woselbst dieser zuweilen so überhand nimmt, daſs der Granit nicht nur in Syenit, sondern selbst in Hornblendegestein den Uebergnng macht [6]). Auch scheinen bei Santos Granit oder Granitgneisschichten vorzukommen, welche Zinngraupen enthalten, denn einer der deutschen Arbeiter auf der Eisenhütte von S. Joaõ de Ypanema, zeigte einige kleine Graupen vor, so wie ebenfalls etwas Zinn, welches er daraus geschmolzen, versichernd daſs er die Erze bei Santos aus einem Wassergraben ausgewaschen habe. Verhält sich dieses wirklich so, woran man nicht zu zweifeln Ursache hat; so fehlte also auch in der Reihenfolge dieser so oft abwechselnden geschichteten granitischen Gebirgsmassen nicht der Granite Stanifére, den man doch zu den ältesten Granitarten zu zählen pflegt.

Um die Villa von Santos herum zieht sich eine ausgedehnte sumpfigte Niederung, die ehemals das Meer bedeckte und mitten in derselben tritt ein mächtiges ganz frei stehendes grofses Felsenstück aus Hornstein bestehend von mehreren Lachtern Durchmesser und Höhe hervor, a pedra feitiçeira (Hexenstein) genannt, gleich einem Monumente der Vergangenheit, von dem nicht zu errathen seine Bedeutung, noch von wannen es hieher kam.

Ich kehre nun wieder nach der Stadt S. Paulo zurück, um von da die Richtung des Weges und das Vorkommen der Gebirgsarten auf demselben über Cutia, S. Roque, Villa de Sorocaba bis zu dem berühmten Morro de Arrasoyaba zu verfolgen, welcher 18 Legoas westlich von dieser Stadt entfernt liegt.

Von S. Paulo aus nach Pinheiros hin sind die Gegenden flach hüglicht und ziehen sich links längst dem Rio Tieté hinunter. Auf dem rechten Ufer desselben, ungefähr eine Legoa entfernt erscheint isolirt die Serra de Jaragoá, eine der südlichsten Strahlen der Serra da Mantiqueira, die in früheren Zeiten durch ihren Goldreichthum berühmt war, welcher aber jetzt ganz in Verfall gekommen, so wie fast alle Goldgewinnung dieser Provinz.

Mawe in seiner Reise p. 131. sagt von diesem Gebirge, dafs seine Gebirgsart ein primitiver Granit zu seyn scheine, dem Gneis sich annährend, untermengt mit Amphibole und häufigem Glimmer. Die Oberfläche des Bodens sey roth und sehr eisenschüssig und das Gold finde sich daselbst in den Geschieben, Cascalho genannt, an den

Ufern der Bäche, woselbst grofse Excavationen als Ueberbleibsel jener Arbeiten vorhanden.

v. Spix und v. Martius erwähnen eines eisenschüssigen Sandstein-Gonglomerats, welches an diesem Gebirge vorkomme, worin das Gold in Körnern und Schüppchen erscheine und worauf man Goldwäschereien betrieben habe. (1. B. p. 248.)

v. Varnhagen (v. E. Journal v. Bras. 2. H. p. 250). führt an, dafs er an dem Fufse dieses Berges einen Gang von Brauneisenstein gefunden, der gegen 6 Fufs mächtig sey und dessen Ausgehendes nahe bei der Fazenda von Jaragoá erscheine. Dafs es wohl unbezweifelt sey, dafs das Gold in dem festen Gebirge vorkomme und von da in die Nachbarschaft abgesetzt werde und dafs vielleicht der Brauneisenstein das Muttergestein desselben abgebe.

In wiefern diese Herren richtig beobachteten, lasse ich dahingestellt seyn, da ich dieses Gebirge nicht selbst besuchen konnte; ich lenke deshalb wieder in die Hauptstrafse ein, woselbst eine thonigte Dammerde die niederen Gegenden bedeckt. Auf dem hüglichten Lande des Sitis de Javary tritt ein verwitterter Gneis, so wie auch Thonschiefer hervor und auf demselben lagert ein eisenschüssiger Sandstein, als Produkt neuerer Entstehung. Weiter hin kommen grofse Gneisblöcke zum Vorschein, und bei Cutia ein im Ganzen anstehender fester Gneis mit dem Streichen seiner Schichten in der 2ten Stunde. Sein Begleiter ist ein feinkörniger Granit, der hier unter demselben zu liegen scheint. Das Niveau von Cutia ist nur um 252 Fufs höher als das von S. Paulo. Die flachhüglichten Gegenden werden hier durch zwei niedere Bergreihen unterbrochen, die als Abkömmlinge der hohen Serra da Mantiqueira zu betrachten sind, und deren Felsenriffe in dem Rio Tieté von dessen erstem gewaltsamen Durchbruche zeigen. Den einen Bergrücken überschreitet man zwischen Cutia und S. Roque, den andern zwischen letzterem Orte und Sorocaba und beide verlaufen sich nach und nach südlich in der Hochebene. Die Gebirgsart zwischen Cutia und S. Roque ist Granit, der hie und da mit einem eisenschüssigen Gneis abzuwechseln scheint mit einem Streichen der Schichten in der 3ten Stunde und einer Neigung derselben nach N. W. Findlinge von Kieselschiefer sind nicht selten. Bei S. Roque tritt ein schöner grofskörniger Granit hervor mit rothem Feldspathe, und hie und da mit Nestern von dunklem beinahe schwarzen und bandartig gestreiften Quarze.

v. Spix und v. Martius bemerkten in der Gegend von S. Roque auch einen gelblich grobkörnigen Sandstein, der hie und da mit Schichten von Brauneisenstein abwechselt (p. 249.) so wie auch Findlinge von Rotheisenstein [7]), und glauben, dafs dieser wohl als fortgesetzte Flötzlagerung der Gegend von S. Paulo betrachtet werden könnte.

S. Roque liegt 2461 Fufs über der Meeresfläche, und die erwähnten Bergrücken sind nur um 400 bis 500 Fufs höher.

Nähert man sich von S. Roque aus der zweiten Bergreihe, so verschwinden die Wälder und der höhere Baumwuchs, die Ackerkrume wird magerer und spärlicher und ist an manchen Orten kaum hinreichend die Wurzeln der Campos-Vegetation aufzunehmen und zu nähren. Tiefe Graben, Flufs- und Bachbette durchschneiden die Hochebenen und alles nimmt den Character der Sertois an, wie die von Abaete, Indaia und dem Rio de S. Francisco, wo die Uebergangsbildungen des Thonschiefers vorherrschend sind.

Auch hier tritt ein rother mürber Thonschiefer hervor mit einem Streichen seiner Schichten in der 2ten und 3ten Stunde. Sie stehen zum Theil senkrecht oder auch mit einer starken Neigung nach O. Die höchsten Punkte der Gegenden zeichnen sich durch Sandsteinköpfe aus, eben so wie in der oben genannten Sertoìs, und bei Inhuayba findet der so gewöhnliche Uebergang des Thonschiefers in Grauwackenschiefer statt. Diese Gegenden sind öde und menschenleer, nur erstlich in der Nachbarschaft von Sorocaba entsteht wieder Leben, Gneis und Granit liefern einen fruchtbareren Boden, der Pflanzenwuchs ist üppiger; ein hüglichtes sich weit erstreckendes Campos - Land mit Grasfluren und Waldinseln, in welchem die kleineren Flüsse von Sorocaba, Ypanema und Sarapuû sich vereinigen und dem nahen gröfseren Tieté zuströmen, präsentirt sich von den Höhen herab, mit dem in einer Entfernung von 4 Legoas gelegnen hohen und berühmten Morro de Arrasoyaba.

v. Varnhagen sagt Folgendes über die Gebirgsarten, die in grader Richtung zwischen dem letzt erwähnten Bergrücken und dem Morro de Arrasoyaba liegen: „zuerst an den Granit von Sorocaba legt sich Grünstein, der eine halbe Legoa weit fortsetzt, alsdann kommt Syenit, in dessen Lagern der Rio Sorocaba ungefähr 1 Legoa von dem Flecken einen Wasserfall, Salto de Vuturaty genannt, ungefähr 300 Fufs (?) hoch bildet. Die Lager des Syenits, über welche das Wasser hinabstürzt, machen einen Winkel mit dem Horizont von 45°. An den Syenit legt sich Uebergangsthonschiefer mit Kieselschiefer abwechselnd, an welchen die mächtigen Lager von aschgrauem dichten Kalkstein mit weifsen Kalkspathadern grenzen. Dieser Kalkstein in dünnen Tafeln klingt, wenn man daran schlägt. Seine Lager setzen an beiden Ufern des Sorocaba fort, der sich dem Streichen nach darinnen eingefressen und am rechten Ufer desselben eine grofse Höhle gebildet hat mit vielen Stalactiten, die den Namen Palacio führt. Drusen krystallisirten Kalkspathes mit Kupferkies sind nicht selten in den Kalkspathadern zu finden. Das Streichen dieses Kalksteins ist von N. nach S. und das Einfallen der Schichten nach O., nur an wenigen Stellen findet man auch eine horizontale Lagerung. Man benutzt ihn zum Kalkbrennen und auch zum Zuschlage auf der Eisenhütte, welche 4 Legoas von da entfernt ist. Derselbe Kalkstein findet sich auch bei der Villa Paranahyba zwischengelagert dem Thon und Kieselschiefer, in grofsen Tafeln brechend, von lichteren Farben und ebenfalls mit vielen Kalkspathadern durchzogen.“ (v. E. Journ. v. Bras. 2tes H. p. 253 und 54.)

Die Hochebene, aus welcher sich der Morro de Arrasoyaba oder Guarasoyaba 1088 Fufs hoch erhebt, hat bei der grofsen Eisenhütte von S. Joaõ de Ypanema eine Meereshöhe von 1822 Fufs. Der höchste Gipfel des Gebirges hat also eine Erhöhung von 2910 Fufs. Der Kern dieses isolirten Berges, welcher von N. nach S. gegen drei Legoas Durchmesser hat, besteht aus einem grob und kleinkörnigen Granit mit röthlichem Feldspath, rauchgrauen Quarz und schwarzen Glimmer. In dem grobkörnigen findet man auch vielspäthigen Feldspath, der ihn von dem andern auszeichnet, wenig Quarz so wie dunkelgrünen Glimmer und Magneteisenstein in kleinen Körnecn und gröfseren Brocken. Dieser Granit ist fest und vorzüglich gut zu Mühlsteinen. Das Streichen seiner Schichten ist in der dritten Stunde. An dem Abhange des Gebirges nach der Eisenhütte zu lehnt sich an diesen gröberen Granit ein sehr feinkörniges Gestein, welches mir durch Herrn v. Varnhagen unter der Etiquette Grauwacke zugesendet wurde, nach der Untersuchung des Herrn Bergrath Zinken aber sich als ein feinkörniger Granit auswies, von schmutzig gelber Farbe, und weifs getiegert, aus Feldspath und Quarzkörnchen bestehend, welche durch aufgelösten Feldspath wieder verbunden sind. Hr. Zinken hält denselben für einen jüngeren oder regenerirten Granit. Ich gestehe, dafs ich diesem Gesteine zu wenig Aufmerksamkeit gewidmet, da es mir ebenfalls zur Thonschiefer- oder Grauwackenbildung zu gehören schien, denn zunächst aufgelagert demselben erscheint der Thonschiefer, und diesen begrenzt bis zur Eisenhütte alter Sandstein. Die letzten und obersten Schichten dieses Sandsteins sind oft mergelartig und kleinkörnig mit eingemengten oder gleichsam eingekneteten faustdicken abgerundeten Geschieben von Granit, Gneis, Porphyr, Kiesel und Thonschiefer. Die reinen tieferliegenden Bänke dieses Sandsteins von durchgängig gröberm Korn und ohne beigemengte Geschiebe, worauf die Hüttengebäude liegen, liefern vortreffliche Gestellsteine und haben die Eigenschaft nach ausgestandner Glühhitze im Hohofen und der darauf erfolgenden Erkältung, in meistens fünfseitige Säulen zu zerspringen [8]). Merkwürdig ist, dafs man selbst die säulenförmige Absonderung dieses Gesteins auch auf seiner natürlichen Lagerstätte an demselben bemerkt, wenn die ebenen oder abgerundeten Felsenmassen entblöfst zu Tage stehen und lange Zeit den zerstörenden Wirkungen der Atmosphäre ausgesetzt waren. Man sieht alsdann die Oberfläche zerrissen, und genauer betrachtet bilden diese Risse lauter Polygone, die, wenn man sich ihre Seiten verlängert in die Tiefe denkt, Säulen bilden. Die Verwitterung hat diese Säulendurchschnitte auf der Oberfläche bezeichnet, indem sie auf den Grenzlinien, wo die Säulen aneinanderstoſsen, als weichere weniger dichte Masse, tief wirkte, jedoch erstreckt sich diese Einwirkung nur auf wenige Linien uud tiefer ist keine Spur mehr davon sichtbar. In den Felsenmassen betragen die sichtbaren Durchmesser der Säulen bei wenigen nur einige Zolle, bei den meisten über einen Palmen, nachdem die Steine aber im Feuer geglüht, entstehen sogar säulenförmige Absonderungen, die kaum einen halben Zoll oder noch weniger Durchmesser haben. [9])

Diese Gestellsteinlage des Sandsteins ist zum Theil weiſs oder ein wenig gelblich und mürbe, von zwei Lachtern Mächtigkeit. Unter dieser erscheint ein Lager weiſsen kleinkörnigen und harten Sandsteins, welcher einen besonders guten Baustein abgiebt, aus welchem die Hüttengebäude aufgeführt sind, und noch tiefer erscheint ein noch festeres Lager desselben von aschgrauer Farbe, vorzüglich brauchbar zu Schleiſsteinen.

Da dieser Sandstein besonders in den obersten Schichten sich oft mergelartig zeigt, wie oben schon bemerkt wurde, so findet man ihn zuweilen mit einem kalkigen Sinter überzogen, besonders an feuchten Stellen, Bächen und Höhlungen, woselbst er als Stalaktit herabhängt und zum Kalkbrennen benutzt wird. Er geht auch hie und da ganz in eine Mergelschlucht über und mancher scheint ein Chloritartiges Bindemittel zu haben.

Wer die Bildung dieses Sandsteins in andern Theilen Brasiliens noch nicht beobachtet hat, dem wird es schwer fallen den hier vorkommenden auf den gehörigen Platz zu stellen, der ihm in der Reihenfolge der Gebirgsarten zukömmt, da man ihn zwar auf Urgebirgen und Uebergangsgebirgen aufgelagert findet, aber noch nicht ausgemacht ist, ob er dem benachbarten Kalkstein auf- oder untergelagert erscheint, noch ob er irgendwo von andern jüngern Lagermassen bedeckt ist, so daſs selbst noch zweifelhaft bleibt, ob der erwählte Kalkstein zu dem Uebergangs- oder Alpenkalkstein gezählt werden muſs. Erstlich nach gehörigen Vergleichungen dieser Gebirgsbildungen und ihrer Verhältnisse zu einander in andern Gegenden, besonders dem Fluſsgebiete des Rio de S. Francisco, des Abaeté und Borrachudo in Minas Geraes, wird man einigermaſsen vergewissert, diesen Kalkstein als zur Uebergangsbildung gehörig zu betrachten, so wie den beschriebenen Sandstein zur Formation des Kohlensandsteins, der unmittelbar jener Bildung nachfolgt. [10])

Der Morro de Arrasoyaba liegt ungefähr $\frac{1}{4}$ Stunde südlich von der Eisenhütte und zeigt gröſstentheils pralligte mit dickem Urwalde bewachsene Abhänge, reich an verschiedenen Holzarten als hoher Baumschlag, deren man über 150 Species zählt. An einigen Stellen nur zeigt er sich sanfter erhebend mit eindringenden kleinern Thälern, von welchen das Thal von Furnas das beträchtlichste ist mit einem kleinen daraus hervordringenden Bache, dem der alten Hütte genannt. Der Rücken des Gebirges zeigt zum Theil einige höhere Kuppen, auch findet man einen Sumpf oder Teich auf demselben, Lagoa d'oirada genannt, von welchem mehrere abentheuerliche Sagen von verborgenen Schätzen unter dem Volke in Umlauf sind. Der nordöstlichen Seite des Berges nach der Hütte zu, ist schon Erwähnung geschehen und von der südöstlichen sagt v. Varnhagen, daſs daselbst Grünstein und Hornblendegestein erscheinen mit übergelagertem Sandstein [11]); derselbe lagert nicht nur um das Gebirge herum, sondern erstreckt sich auch westlich über Porto Feliz hinaus, woselbst er als eine 40 bis 60 Fuſs hohe Felsenwand Arara-itaguába genannt (ein Ort, wo die Araras Steine fressen) zu Tage steht.

Der Grünstein, besonders der säulenförmig gestaltete, wird auf der Eisenhütte mit Vortheil zu Wellzapfen-Unterlagen benutzt und die Erfahrung hat gelehrt, daſs diese weit weniger Friction verursachen als eiserne Unterlagen.

In einigen Gegenden um das Gebirge herum erscheinen auch die goldhaltigen angeschwemmten Lager, auf denen vor Zeiten stark gearbeitet wurde; später verdrängte der Ackerbau, vorzüglich die Anpflanzung des Zuckerrohres, den Bergbau.

Nach diesen Bemerkungen über die äuſsere Form des Berges und seiner Gebirgsarten muſs die Aufmerksamkeit auf die Mitte desselben gelenkt werden, woselbst sich die groſse Eisensteinniederlage in dem beinahe kesselförmigen Thale von Furnas befindet, welches seinen krummlaufenden Ausgang, nebst dem darinnen strömenden Bache da Fabrica velha, nach N. O. hat, indem sein oberer Rand wohl eine Legoa in Circumferenz miſst. Die Thalwände sind mit dickem Walde bewachsen, der aus einer fruchtbaren Pflanzenerde sproſst mit untermengtem verwitterten Eisenstein in gröſseren und kleinern eckigten Bruchstücken; diese Bruchstücke magnetischen Eisensteins, unter denen selbst groſse Massen von 10 bis 20 Fuſs Durchmesser vorkommen, liegen entweder unter dieser fetten Pflanzenerde vergraben oder sie sind übereinandergethürmt in wirrigen Haufen. Hie und da ragen aus den Gebüschen und besonders an drei verschiedenen Orten gigantische solide Felsenmassen über 40 Fuſs senkrecht empor, deren Breite nach v. Varnhagen nur gegen 3 Lachtern betragen soll. An der gegenüberstehenden Thalwand will derselbe eben solche Felsenmassen correspondirend gefunden haben, und glaubt sie deshalb als mächtige Eisensteingänge betrachten zu müssen, deren Richtung vollkommen von N. nach S. ist. In derselben Linie durch das Thal hindurch, sollen auch die Bruchstücke der daselbst zertrümmerten Gänge sich vorfinden. Ueber die Richtigkeit dieser Beobachtungen konnte ich nicht urtheilen, weil damals der Boden zu sehr von Hölzern und Gesträuchen bewachsen war, indessen scheint sein eignes Geständnifs dieser Erscheinung von drei Gängen zu widersprechen, denn er sagt, dafs der Eisenstein sowohl im Hängenden als Liegenden in einen mit Eisenstein innig vermengten Quarz übergehe, welcher Granit zum Nachbar habe, der auf hundert Lachtern Breite als Hauptgebirgsmasse diese Eisensteinniederlagerungen von einander trennt. Wahrscheinlicher kommt es mir vor, dafs diese grofsen Eisensteinmassen als dem Granit angehörige Lagerungen oder Stückgebirge betrachtet werden müssen, gleich denen, welche die Herren v. Buch und Hausmann in den Grünstein und Gneisgebirgen Schwedens und Lapplands beobachtet haben, und dieses ist um so mehr anzunehmen da der die Haupteisensteinmassen trennende Granit, selbst in gröfseren und kleineren Brocken, denselben magnetischen Eisenstein beigemengt hat, folglich die gleichzeitige Entstehung des Einen und des Andern nicht in Zweifel gezogen werden kann. Die Zwischenlagerungen von Quarz und innig gemengtem Eisenstein, die v. Varnhagen in das Hängende und Liegende versetzt, ohne dafs diese jedoch eine scharfe Begrenzung mit dem Gebirgsgesteine gewahren lassen, müssen als ein zur Gesammtmasse gehöriges Ganze des Granits betrachtet werden, worinnen der Feldspath und Glimmer fehlen.

Die Herren v. Spix und v. Martius (1 Th. p. 254), denen es hier auf ihren Excursionen wahrscheinlich an einem guten Führer fehlte, glauben, dafs diese Eisensteinniederlage von dem gelben quarzigen Sandsteine mit thonigten Bindemitteln umgeben sey, weil dieser an dem Fufse des Berges so wie bei der Eisenhütte an mehreren Stellen hervortrete. Auf diese irrige Meinung gestützt, zielt auch wahrscheinlich die Bemerkung p. 249. ihrer Reise, dafs das ausgebreitete Vorkommen von Eisen um so auffallender sey, je mehr man aus der Granit in die Sandsteinformation trete. Mit dieser Ansicht, wenn der Eisenstein von Sandstein umgeben und diesem angehörig ist, läfst sich auch nicht gut zusammenreimen, wie alsdann diese sonst so aufmerksamen Beobachter oben über dem Eisensteine auf dem Berge, einen schmutzig lavendelblauen, auf den Ablösungen braungefärbten Urthonschiefer, welcher von O. nach W. streiche, hätten wahrnehmen können.

Mawe nun gar versetzt den Ursprung dieses Eisensteins in den Kalkstein, der doch gegen 4 Legoas davon entfernt bricht. Da er beide, den Eisenstein und den Kalkstein bei der Hütte geschwisterlich neben einander aufgestürzt fand, um gemeinschaftlich verschmolzen zu werden, so glaubte er, dafs sie wahrscheinlich auch zusammenbrechen müfsten.

Mit dem Eisenstein zuweilen gemengt, findet man Steinmark, Calcedon und Bergkrystall, auch ist die sonst dichte Masse hie und da mit Adern von Eisenocker durchzogen. Die Oberfläche der Felsenmassen ist flach oder nur etwas vertieft und grubigt, hie und da auch voller Poren, und der welcher lange Zeit der Verwitterung ausgesetzt war, mit einer Rinde halboxidirten Eisensteins umgeben.

Der Reichthum dieses Eisensteins, der durchgängig 80

bis 90 proc. Eisen enthält, ist so beträchtlich, daſs einzig von den zertrümmerten Bruchstücken die gröſste existirende Eisenhütte über hundert Jahre daran zu schmelzen hätte, bevor man die feststehenden Felsenmassen zu sprengen brauchte.

Ganz oben auf dem Gebirge erscheint ein beträchtliches Lager mit umherliegenden Felsblöcken und Trümmern eines eigenthümlichen Gesteins von schwarz und leberbrauner Farbe; an einigen Massen verläuft sich dieselbe ins Lichtgraue bis zum Weiſsen, in andern ins Gelblichbraune bis ins Schmutziggelbe. Der Bruch desselben ist flachmuschlig, glänzend von Fettglanz. Die Bruchstücke sehr scharfkantig und an den Kanten durchscheinend, sehr fest und schwer zersprengbar. Manche Stücke sind voller gröſserer und kleinerer Drusenlöcher, deren Wände mit bläulichtem Calcedon inkrustirt sind. Je dunkler das Gestein, je mehr Calcedondrusen enthält es eingeschlossen, je lichter aber, desto mehr verlieren sie sich mit dem glatten glasigen Bruch, man glaubt alsdann einen Uebergang zum Hornstein wahrzunehmen. Den ganz dunklen leberbraunen möchte man für Pechstein halten, wenn nicht dagegen seine Festigkeit und sehr schwere Zersprengbarkeit spräche. Die Herren v. Spix und v. Martius nennen es ein poröses Quarzgestein von lichtebrauner Farbe, dessen Höhlungen mit bläulichweiſsem Calcedon von krystallinischer Oberfläche überzogen sind, welches wahrscheinlich in Gängen des Magneteisensteins vorkomme. Daſs es zu den kieseligen Mineralien gehöre und dem Quarze sehr nahe verwandt ist, ist wohl nicht zu bezweiflen, es verdiente aber doch wohl einer näheren Prüfung, besonders die dunklen Abarten, die sich sehr auffallend von dem Quarze unterscheiden.

In wie weit die alten Sagen von einem goldnen Berge

Uvutucavarû, der westlich von S. Paulo liege, auf das Gebirge von Arrasoyaba, wegen seines Eisenreichthums anzuwenden sey, wie einige dieses auslegen wollen, wage ich nicht zu entscheiden.

In der Nachbarschaft des Morro verdient auch eines Feuersteinlagers zwischen dem Flecken Sorocaba und Itapitininga, bei Payol, erwähnt zu werden. v. Varnhagen sagt davon blofs, dafs viele tausend Flintensteine daraus jährlich geschlagen werden, ohne sich weiter über seine Lagerungsverhältnisse einzulassen. Auch ganze Lager von versteinertem Holze sollen daselbst vorkommen, an deren einzelnen Stücken noch die Holzstruktur zu erkennen ist mit einem Uebergang in Feuerstein. Manche Stücke davon sind an dem einen Ende noch halb Holz, an dem andern in Feuerstein umgewandelt. An der Oberfläche sind einige mit einer kreideartigen Kruste überzogen und in dem Innern befinden sich sphäroidische Massen, welche nach Herrn Bergrath Zinkens Meinung vielleicht Wurmlöcher gewesen sind. Die Farben dieses Feuersteins verlaufen sich von dem Schwarzen bis zum Braunen und Lichtgrauen. Durch dieses Lager fliefst ein kleines Gewässer, welches so stark mit aufgelöster Kieselerde geschwängert ist, dafs in kurzer Zeit hineinfallende Blätter und Aestchen, zuerst mit einem Kieselsinter überzogen werden, nach und nach diese aber ganz von der Auflösung durchdrungen werden.

Anmerkungen zum zweiten Abschnitt.

1) In dem Augustheft der Jenaischen Litteraturzeitung des Jahres 1829, Artikel Erdbeschreibung, steht in einer Recension über die v. Feldners Reisen durch mehrere Provinzen Brasiliens, in Hinsicht der Gebirgszüge der Tadel ausgesprochen, dafs der Verfasser, so wie auch mehrere Compendien die Serra do Mar als einen Hauptgebirgszug anführen, der bis Bahia hinreiche, da doch in den Provinzen Espirito Santo und Bahia fünf gröfsere Flüsse mit vielen Nebenflüssen aus dem Innern kämen und in ziemlich grader Richtung dem Meere zuströmten; in diesen Provinzen also offenbar dieser genannte Gebirgszug nichts weiter als der östliche Abhang des dahinter liegenden Hochlandes sey, indem Rezensent sich namentlich auf mein geognostisches Gemälde von Brasilien (Weimar 1822) so wie auf die Charte des Herren v. Spix und v. Martius beruft. In der angeführten kleinen Schrift wird Folgendes gesagt: „Die Linie von Cap Roque bis zur Spitze (Brasiliens) begleitet in mehr oder weniger Entfernung von der Küste, ein Gebirgszug, dessen mittlere Erhöhung ich nach mehreren Beobachtungen, auf 3000 Fufs schätze. Seine höchsten Punkte sind 4000 Fufs und man belegt ihn an mehreren Orten mit dem Namen der Serra do Mar, einer schicklichen Benennung, die durchaus für diesen ganzen Zug eingeführt werden müfste etc. etc.“ Hieraus geht hervor, dafs meine Ansichten mit denen v. Feldnerschen übereinkommen und dafs Rezensent mich mehr dem wahren Sinne als den Worten nach verstanden hat. Auch v. Feldner hat wohl nicht verstanden haben wollen, dafs ein ununterbrochener Gebirgsrücken die Serra do Mar bezeichne und sich bis Bahia hinziehe, sondern will, so wie auch in der kleinen Abhandlung die Meinung ist, ein allgemeines Bergsystem damit darthun, welches die Küste Brasiliens entlang begleitet, bald nahe bald fern, welches sich von der See aus betrachtet als ein zusammenhängender Gebirgszug darstellt, der selbst bis zum Cap Roque hinreicht, von dem linken Ufer des Rio de Francisco nach jenem Cap aber nicht die Höhe erreicht, die er von dem rechten Ufer nach Süden zu hat; überdem ein Gebirgszug, der durch Flüsse und Thäler auf kurze Strecken unterbrochen wurde, kann dadurch nicht

für beendigt angesehen werden, sobald in derselben Richtung immer wieder sich erneuernde Erhöhungen und Berge auftreten, sey es nun dafs diese isolirt stehen oder dafs sie aus Gebirgsjöchen bestehen, die noch aus höheren Gegenden kommen und die Lücken des gedachten Zuges ausfüllen. Um so mehr verdient die Serra do Mar als ein wirklicher Gebirgszug betrachtet zu werden, da die Durchbrüche der gröfsten Flüsse durch diesen Zug nicht zu verkennen sind, z. B. der des Paraiba bei der Aldea da Pedra, nicht fern von S. Fidelis, des Rio Doce bei den Wasserfällen Escadinhas genannt, des Rio Mucuri zwischen den Flüssen Espirito Santo und Caxoeira, des Rio de Jequetinhonha oder Belmonte am Salto Grande, u. s. w. welche deutlich beweisen, dafs ein allgemeiner Zusammenhang unter denselben ehemals statt fand. Rezensent mifst solchen Durchbrüchen wenig Glauben bei und meint dafs dieses erstaunenswerth wäre, wenn es wirklich der Fall seyn sollte. Allerdings erregen sie Erstaunen, sobald man nicht daran denkt, dafs diese grofsen und festen Bergmassen ehemals in einem weicheren Zustande waren, und dafs nur unter dieser Bedingung ohne grofsen Widerstand die Durchbrüche nach der schleunigen Zurückziehung der Gewässer bis zum jetzigen Meere vor sich gehen konnten. Ueberdem sind ja solche Durchbrüche auch nichts seltnes selbst in unserm lieben deutschen Vaterlande, und Rezensent brauchte ja nur den Rhein bei Bingen zu besehen oder die vielen Durchbrüche der Donau zwischen Regensburg und Wien.

Auch in geognostischer Hinsicht verdient dieses Küstengebirge als Ein Zug betrachtet zu werden, da er durchgängig aus den granitischen Gebirgsarten besteht, deren Schichtenrichtung im Ganzen genommen beständig der Hauptrichtung des ganzen Zuges folgt. Indessen von der andern Seite betrachtet hat Rezensent auch nicht Unrecht einen Theil dieses Gebirgszuges als den östlichen Abfall des dahinter liegenden Hochlandes zu betrachten, allein dieses kann nur von demjenigen gelten, welcher nördlich von Ilhios und Bahia zu und noch weiter hin liegt, unbeschadet der Meinung, dafs diese Hochländer und Berge dennoch zunächst dem Höhenzuge der Serra do Mar beigezählt werden können und müssen. Ueber die fortgesetzten Erhöhungen von Bahia bis zu der Mündung des Rio de S. Francisco und von da weiter bis zum Cap Roque, weifs man zu wenig, als dafs sich etwas Bestimmtes darüber sagen liefs, indessen ist wohl nicht zu bezweifeln, dafs auch dieser Strom sich eine Bahn durch mehrere Gebirgszweige, die sich mit dem von Espinhaço weiter südlich im Lande vereinigen, gebrochen hat; der Hauptdurchbruch davon beginnt nach v. Spix und v. Martius Nachrichten, bei dem Porto da Vargem redonda, durch eine Kalksteinkette, zwischen welcher derselbe gegen 12 Legoas Länge eingezwängt, reifsend und tief fortströmt, mehrere Stromschwellen und Fälle macht, wovon die Caxoeira de Paulo Affonso der Ansehnlichste ist. Verhält sich dieses nun wirklich so, was mir auch von mehreren Reisenden in jenen Gegenden bestätigt worden ist, *) so hat auch die Feldnersche Behauptung, dafs die Serra do Espinhaço sich mit der Serra de Hybiapaba vereinige, nichts Unwahrscheinliches, besonders wenn wir auch die Richtung und den Lauf der Itacolumitquarz-Bildung verfolgen, die der Serra do Espinhaço vorzüglich eigen ist, indem man dieselbe längst diesem grofsen Gebirgszuge bis in die Serra de Hybiapaba, ihrer ganzen Länge nach, vorfindet, wovon ich in der Folge Gelegenheit finden werde ein Mehreres zu handeln.

2) In Portugal, bei Mogadouro in der Provinz Tras so Montes fand ich eine ähnliche Lagerung des Itacolumitquarzes, dessen ganze Felsenmassen in parallele Zickzacke, deren Seiten höchstens drei Zoll lang sind, mit stark inclinirten Schichten gelagert waren. Die Entstehung dieser sonderbaren Gestaltung zu erklären, die man auch nicht selten in gröfserem Mafsstabe bei übereinandergelagerten Kohlenflötzen findet, ist wohl für den Geologen eine der am schwersten zu lösenden Aufgaben.

3) Die Herren v. Spix und v. Martius erwähnen ähnlicher Austerbänke in der Gegend von Bahia und bemerken dabei, dafs die Schaalen jetzt noch lebenden Seeconchylien angehören, der Ostrea edulis, einigen Gattungen Tellina und fasciolaria.

4) Die Erfahrung lehrt täglich, dafs ein auf den härtesten Stein unaufhörlich tröpfelndes Wasser mit der Zeit eine Vertiefung in denselben hineinarbeiten kann, wozu natürlich eine geraume Zeit von Jahren gehört. Wie viele tausend Jahre müfsten demnach wohl verflossen seyn, um diese Löcher einzugraben, und besonders da die Hälfte des Jahrs hindurch diese natürliche Bohrarbeit durch die Austrockung des Flufsbettes eingestellt ist. Weniger schwierig die Zeit zu berechnen und diese Räthsel zu lösen, wird man damit zu rechte kommen, wenn man bedenkt, dafs das Sonst

*) Man betrachte die von mir und v. Martius herausgegebene grofse Karte von Ostbrasilien.

von dem Jetzt sehr verschieden war. Wo jetzt völlige Erstarrung und Härte der Gesteinarten, existirten sonst weichere Massen, die nur nach und nach erhärteten und folglich in ihrem weicheren Zustande leicht durchbohrt werden konnten.

5) Ein offenbarer Irrthum, wahrscheinlich durch Verwechselung der gesammelten Mineralien entstanden, findet wohl hier statt, denn unmöglich kann man, weder oryctognostisch noch geognostisch betrachtet, dieses gröfstentheils kleinkörnige Conglomerat in abgerundeten Körnern, welches nur oft einen Zoll mächtig zwischen Thonflötzen liegt, für identisch mit dem Conglomerate oder der Tapanhoacanga in Minas halten, dem nur selten abgerundeter Quarz beigemengt ist und dessen Hauptmasse aus eckigen Bruchstücken von Magneteisenstein, Eisenglanz und Eisenglimmer zusammengesetzt ist, und in mächtigen Lagen blos Urbildungen, bis zu den höchsten Gebirgsrücken hinan, bedeckt.

6) Allen Nachrichten zu Folge, so trägt die ganze Küste von Rio de Janeiro bis Santos und von da, wie man aus Mawe's Berichten urtheilen kann, über S^a. Catharina hinaus bis nach Rio Grande, immer ein und denselben Character der Abwechselungen der granitischen Gebirgsarten, denen auf der Serra de Paraty, in der Nachbarschaft der Villa de S. Luiz ein weifskörniger Urkalkstein eingelagert seyn soll.

7) Die Bemerkung, welche diese Reisenden hierbei machen, dafs überhaupt die Verbreitung des Eisens, wenn auch nur in Trümmern, um so auffallender seyn soll, je weiter man aus der Granit- in die Sandstein-Formation trete, kann wohl nur auf manche Gegenden Europas angewendet werden, doch im Allgemeinen möchte sie wohl nicht richtig und insbesondere aber in Brasilien unstatthaft seyn, da die gröfsten Eisensteinniederlagen daselbst fast ausschliefslich nur den Urgebirgen angehören.

8) Hr. v. Varnhagen will in diesen Sandsteinlagen Versteinerungen gefunden haben, von welchen es sich aber ausgewiesen, dafs dieselben nichts anders als Thonnieren sind.

9) Die Säulenform mancher Gebirgsarten sollte man wohl auf ähnliche Art erklären können wie die Bildung der Kugelgestalten (S. Anm. 1. des erst. Abschn.) Statt dafs bei diesen Centralpunkte der Affinität und Anziehungskräfte existirten, also die ursprüngliche Gestalt dieser Kraft gleichsam ein kleines Kügelchen vorstellte, waren diese Kräfte bei der Säulenbildung auf senkrechtstehende Linien vertheilt, deren Grundgestalt schon die Säulenform war, welche den

Kern der Säule bildeten und um welche herum durch die Anziehungskräfte der Seitenflächen sich die Säule sichtbar bildete. Jede Centrallinie oder Grundgestalt der innern Kraft wirkte so weit seitwärts, als ihre Kraft nicht durch die der nächsten vernichtet wurde, welche näher oder entfernter von einander stehen konnten und also bald Säulen von gröfserem oder kleinern Durchmesser entstanden. Die Einwirkung der Atmosphäre auf den Scheidungsflächen der Säulen, scheint zu beweisen, dafs dieselben, ungeachtet der gröfseren Solidität der ganzen Masse, als die der Kugelbildung, auf ihren Grenzflächen weniger consistent sind und dafs die Anziehungen an Kraft abnehmen, eben so wie bei der Kugelbildung, je mehr sie sich von dem Centro entfernten. Nur durch die gröfsere Ausdehnung einer stark einwirkenden Glühhitze und durch darauf erfolgende Erkältung trennen sich Säulen, die vorher durch das Auge gar nicht zu erkennen sind. In wie weit diese Erklärung auch auf den Säulenbasalt, als vulkanisches Produkt betrachtet (?) anzuwenden ist, lasse ich dahin gestellt seyn.

10) Auch in Portugal, besonders an den Fufsbergen der Serra de Estrella, vom Tajus bei Barquinha an, längst der Thalwand von Thomar und Cabaços nach Espinhal hin, alsdann in dem Thale des Mandego von Coimbra bis Figueira und Buarcos, ferner in dem Thale des Rio Vouga hinab etc. etc. findet man diesen alten Sandstein oder das Rothe-Todtliegende, in allen möglichen Abänderungen seiner Lagerungen und Gemengtheile, vom groben Conglomerate an bis zu dem feinsten Korne, in den festesten Schichten. Seine deutliche Auflagerung auf Uebergangsthonschiefer, die nirgends zu verkennen, und noch mehr die unverkennbare Ueberlagerung des Alpenkalksteins mit denen darübergelagerten jüngeren Gebirgsarten, läfst daselbst den Beobachter nicht im geringsten Zweifel wegen seines relativen Alters.

11) Hr. v. Varnhagen (S. v. E. Journ. v. Bras. 2. H.) spricht auch von Basalt, der in diesen Gegenden vorkommen soll. Die Exemplare, welche mir davon zu Gesicht kamen, sind aber nichts anders als Grünstein, und bis jetzt hat man noch keinen Basalt in Brasilien aufgefunden.

Beschreibung einzelner Gebirgsarten und einfacher Fossilien, welche auf der Reise von Rio de Janeiro nach S. Paulo gesammelt wurden. *)

Aus der Gegend von Rio de Janeiro.

Granit kleinkörniger mit röthligem Feldspathe und schwarzen Glimmer von der Ilha das Cobras.

Granit feinkörniger ohne Feldspath mit edlen Granaten von dem Corcovado.

Granit feinkörniger mit schwarzem Glimmer und grauem Quarze zu gleichen Theilen. Ebendaher.

Granitgneis mit vielem weifsen Feldspathe, sehr grobkörnig und tombackbraunen Glimmer in 6 seitigen Säulen krystallisirt, von Bottafogo.

Granitgneis mit vielem weifsen Feldspathe und eingesprengtem Kupferkies aus den Steinbrüchen des Campo de S^{a}. Anna.

Granitgneis kleinkörnig mit einem eingewachsenen grofsen Schörlkrystall von Vallongo.

Gnanitgneis mit schönem grünen Beryll von Sacco de Alferes.

Granitgneis mit Andalusit in rhombischen Prismen, deren Seitenkanten abgestumpft sind. Ebendaher.

Gneis grobflafsriger mit übermengten Granaten und diese zum Theil krystallisirt von Catumbi.

Feldspath fleischrother mit grünem Turmalin von grasgrüner ins schmaragdgrüne übergehender Farbe, aus den Steinbrüchen von Campo de S^{a}. Anna.

Feldspath als Bruchstück einer 6 Zoll im Durchmesser haltenden 6 seitigen Säule, von Sacco de Alferes.

Syenit feinkörniger, aus einem Gemenge von dichtem Feldspathe und Hornblende bestehend von Andreï.

Hornblendegestein von Vallongo.

Feldsteinporphyr von grünlichgrauer Farbe mit inliegenden rhomboedrischen Stellen von weifsem Feldspathe, worin sich gemeiner Schörl in feinen nadelartigen Krystallen ausgesondert hat, von Lameiraõ auf dem Wege nach S^{a}. Cruz.

---

*) Es wird hier ein für allemal erinnert, dafs die beschriebenen Mineralien in dem Kaiserl. Kabinet zu Rio de Janeiro und in meiner Privatsammlung sich befinden, und letztere zum Theil von Herrn Bergrath Zinken beschrieben wurden. Indessen um diesem Mineralienverzeichnisse keine unnütze Ausdehnung zu geben, habe ich von allen nur die Bemerkungswerthesten ausgehoben.

Granit grobkörniger mit amorphisch eingewachsenem Magneteisenstein (derselbe macht fast die Hälfte des Ganzen aus,) und Topas. Der Topas ist nur in krystallinischen Körnern eingewachsen. Feldspath und Glimmer haben sich fast ganz zurückgezogen, so dafs man diesen Granit als ein Gemenge von Quarz und Magneteisenstein mit eingesprengtem Topase, Glimmer und Feldspath ansehen kann. Der Feldspath ist sehr verwittert. Von der Ilha da Pescaria.

Hornstein-Conglomerat, als Findling. Es ist porphyrartig mit ansitzenden nicht petreficirten Muscheln. Die Hauptmasse ist röthlichgrauer durchschimmernder muschliger Hornstein, in welchem prismatische Massen von undurchsichtigem splittrigen Hornstein und kleine ausgeschiedene Massen einer kreidenartigen Erde sich befinden. Von der Ilha da Pescaria.

Gneis, in Glimmerschiefer übergehend, mit schwarzem Glimmer und gelblichweifsem Quarze. Der Glimmer stark vorwaltend. Ebendaher.

Granit feinkörniger mit stark verwittertem, theils fleischrothen Feldspathe, wenigem Glimmer und einzelnen Krystallen von Magneteisenstein. Quarz und Feldspath sind etwa zu gleichen Theilen darinnen enthalten. Von der Küste von Tacuruçá.

Aus der Gegend von Va. d'Angra dos Reis.

Granit feinkörniger mit schwarzem Glimmer und grofsen Prismen von weifsem Feldspathe. Bei dem Fort do Carmo.

Granit grobkörniger mit derbem Magneteisenstein, ähnlich dem von der Insel Pescaria, jedoch ohne Topas. Quarz und Magneteisenstein sind vorwaltend. Feldspath nur spärlich und Glimmer kaum sichtbar. Von Sapinhatuba.

Granit feinkörniger, fleischroth mit einzelnen schwarzen Glimmerschuppen und wenig Quarz, der Feldspath vorwaltend. Von Cruz das Almas.

Granit kleinkörniger von gleichen Gemengtheilen des Feldspathes und Quarzes ohne Glimmer mit Magneteisenstein. Der Feldspath etwas verwittert und da wo er frisch ist, ist er opalisirend. Ebendaher.

Brauneisenstein, quarziger poröser, mit eingewachsenen Octoedern von Magneteisenstein. Die Poren des Gesteins sind mit Ocher überzogen. Ebendaher.

Aus der Gegend zwischen Angra und S. Joaõ do Principe.

Granit feinkörniger von beinahe sandsteinartigem Ansehen mit eingesprengten Granaten. Er zeigt eine Tendenz zum schiefrigen Gefüge (Granitgneis). Von der Fazenda do Lopez.
Quarz körniger mit Magneteisenstein und wie es scheint kleinen Körnern von Topas; das Ganze in einem Gemenge, welches sich dem Flafsrigen nähert. Der Glimmer fehlt zwar, indessen scheint das Gestein aus dem Granit zu seyn. Ebendaher.

Auf der Strafse nach S. Paulo.

Syenit kleinkörniger und sehr fest. Von den Ufern des Piray.
Grünstein als Uebergang aus dem Syenit. Ebendaher.
Granit porphyrartiger mit röthlichen Feldspathbrocken und weifslich grauem Quarze. Von Taguaçù.

Umgegend der Stadt S. Paulo.

Breccie aus lauter kleinen stark abgerundeten Quarzgerollen bestehend durch Braun- und Gelbeisenstein verbunden mit einigen Goldkörnchen. Aus dem Strafsenpflaster der Stadt S. Paulo.
Brauneisenstein. Von der Serra de Cubataô.
Hornstein von weifslichgrüner Farbe. Von Pedra Feiticeira bei Santos.

Aus der Gegend der Eisenhütte von Ypanema.

Granit grofskörniger. Von Sorocaba.
Granit grobkörniger verwitterter mit viel und ausgezeichnet spätigem Feldspath, wenig Quarz und noch weniger dunkelgrünem Glimmer. Von Morro de Arrasoyaba.
Granit sehr feinkörniger, welcher für Grauwacke galt. Ebendaher.
Kalkstein schiefriger schwärzlichgrauer, von ganz dichtem Gewebe und fast ebenem Bruche. Von Salto de Vuturaty.
Sandstein kleinkörniger, gelblichweifs, nicht sehr fest, welcher als Gestellstein dient. Bei der Eisenhütte.
Holzstein, in Feuerstein übergehend. Die Holztextur ist noch sichtbar. Auswendig ist er mit einer kreidenartigen Kruste überzogen, und es befinden sich daran auch im Innern des Steines sphäroidische Massen, welche vielleicht Wurmlöcher gewesen. Inwendig schwarz. Von Payol.

Magnetischer Eisenstein gemeiner in derben Stücken. Von dem Morro de Arrasoyaba.

Eisenkiesel brauner aus der Nachbarschaft des Magneteisensteins. Ebendaher.

Schwarz und leberbraunes durch alle lichtere Farben übergehendes festes kieselartiges Gestein mit vielen Drusenlöchern in den dunkleren Abarten, deren Wände mit bläuligem Calcedone krystallartig überzogen sind. Der Bruch flachmuschlig starkglänzend, von Fettglanz, dem Pechsteine ähnlich. Die mit lichtern Farben und weniger Drusenlöchern erscheinen als Hornstein. Von der obersten Höhe des Morro de Arrasoyaba.

Dritter Abschnitt.

Querdurchschnitt der Gebirgsschichten von Rio de Janeiro an bis zur Grenze von Goyaz (S. Karte No. 1.)

Die Schlangenlinie, welche der Weg von Rio de Janeiro bis zur Grenze von Goyaz beschreibt, läuft zwischen dem 19° 30′ und 22° 30′ südlicher Breite und durchschneidet in nordwestlicher Richtung die Gebirgsschichten beinahe unter einem rechten Winkel, auf eine Länge von sechs Graden, so daſs man also von ihren Aufeinanderfolgungen eine ziemlich deutliche Ansicht erhält. [1])

Der Gebirge und Gebirgsarten in der Nachbarschaft von Rio de Janeiro habe ich schon gedacht, ich erwähne also gleich des groſsen Bassins, welches sich von Rio an bis zu den Gebirgen der Serra dos Orgaôs und da Estrella hinzieht, gegen 10 bis 12 Legoas lang und 7 bis 8 Legoas breit ist. Den gröſsten Theil dieses groſsen Bassins nimmt die schöne Bay von Rio de Janeiro ein mit einer Ausdehnung von 8 Legoas in die Länge und 4 Legoas in die Breite, der übrige Theil besteht gröſstentheils aus sumpfigten Ebenen mit kleinen abgerundeten Hügeln granitischer Gebirgsarten, die hie und da auch auf Inseln als Felsenköpfe und Blöcke hervorragen; an andern Orten sind diese soliden Massen, theils mit Granitgruſs und Lehmlager, oder mit Moorboden und fetten Thonlagern bedeckt.

Nimmt man den Weg zu Wasser bis Porto de Estrella, so passirt man nahe den gröſsten Inseln der Bay, auf denen ein kleinkörniger Granit zum Vorschein kommt; zwischen moorigten und sumpfigten Niederungen, kleinen Hügeln, und von dem Hauptgebirge herablaufenden Vorbergen fährt man darauf in den dunklen Gewässern des Rio Inhumezim mehrere Meilen weit dem hohen Gebirge zu, und endlich noch zu Lande geht es in einer zum Theil sumpfigten, bei Regenwetter kaum zu passirenden Gegend weiter, zwischen den Hügeln und Vorbergen bis an den Fuſs des 3600 Fuſs hohen Gebirges, der Serra de Estrella.

Die Basis desselben besteht bei der Fazenda von Mandioca, aus einem kleinkörnigen sehr festen Granit von bläulichter Farbe, welche ihm vom Glimmer mitgetheilt wird, Feldspath und Quarz sind graulichweiſs, und weiter oben an dem Gebirge macht er den Uebergang in Gneis. Die Herren v. Spix und v. Martius sagen von dem genannten Granite, daſs er auſserordentliche Aehnlichkeit mit dem des Gebirgszuges von Passau, längst der Grenze Böhmens habe und ich mache besonders hierauf aufmerksam, weil mir unbekannt ist, ob der Passauer Granit nach Herrn v. Humbolds Eintheilung der Urgebirgsarten, zu dem Aelteren gehört oder nicht. Unter den Abänderungen dieses Granits von Rio und Mandioca besteht eine aus vielem röthlichen und lichtgrauen Feldspath, wenig aschgrauem Quarze und vielem schwarzen kleinblättrigen Glimmer. Die andere ist ein grobkörniger Granit mit vorwaltendem graulich und röthlichweiſsen Feldspathe, weiſsem und rauchgrauen Quarze und wenig tombackbraunem Glimmer. Er nähert sich dem sogenannten Schriftgranit, wenn der Feldspath an manchen Stellen einen Perlmutterglanz zeigt. Die schönste Abänderung ist ein Granit mit vielem lichtröthlichen und grauen Feldspathe, kleinkörnigem rauchgrauen Quarze, und einzelnen eingewachsenen gleichwinklichen sechsseitigen Säulen von tombackbraunem Glimmer. (S. v. Spix und v. Mart. I. Th. p. 166.)

Von der Mitte des Gebirges aufwärts erscheint Granitgneis und Gneis, indem der Granit nach und nach ein schiefriges Gefüge annimmt und seine constituirenden Theile sich allmälig ordnen, ohne jedoch daſs man hier wie bei Rio de Janeiro Granaten oder andere zufällige Gemengtheile darin eingewachsen findet; indessen müssen diese doch wohl in manchen Lagern darinnen vorhanden seyn, da der feine Sand der Bäche ganz überfüllt von Granaten und magnetischem Eisensand ist.

Das Gebirge da Estrella erhebt sich steil aus der Niederung mit felsigten Wänden und pyramidalen Vorsprüngen hoher Gebirgskegel, deren schwarzscheinende durch den Wetterwechsel angegriffene Felsenmassen majestätisch aus dem herrlichen Grün hoher schattigter Urwälder hervorragen. Die nordöstliche Seite dieses Gebirgrückens zeigt in gröſserer Menge pyramidale Felsenspitzen, nicht allein an seiner abhängenden Bergwand, sondern selbst auf seinem Rücken, indem die einen sich über die andern erheben, gleichsam wie nebeneinander gestellte Orgelpfeifen, weshalb auch die Hauptbenennung des ganzen Gebirges, Serra dos Orgaôs (Orgelgebirge) entstanden ist. Ein im Zickzack und dennoch steil geführter, nur für Säumthiere zugänglicher unbequem gepflasterter Weg führt bis auf die höchste Höhe durch eine unbedeutende Kehle und man gebraucht bis dahin mehrere Stunden zu der Ersteigung. So ermüdend dieser Weg auch für den Wanderer ist, so lohnend wird aber auch der jedesmalige Rückblick von den Höhen über Wald und Felsen, auf das groſse Wasserbassin mit den vielen freundlichen Inseln, und den weiſsbesegelten Schiffen. In weiter Ferne glänzt die Kaiserstadt am Fuſse des hohen Corcovado und nebenweg wie durch eine Thorfahrt hin, zwischen dem Kegelberg Paó d'Assucar und dem Spitzberg von S^{a}. Cruz, hat man die unendliche Fernsicht ins blaue Meer.

Einige Meilen weiter auf den Höhen jenseit des Rücken des Gebirges bei der Fazenda von Corrego Seco erscheint wieder Granit mit groben Gemengtheilen in groſsen mächtigen Felsenwänden. Granit mit Granitgneis wechseln von hier an mehrmalen bis zu den Ufern des Rio Parayba hinab, und man findet dieselbe Alternation dieser Gebirgsarten, wenn man bis an diesen Fluſs den Landweg von Rio de Janeiro einschlägt, der über Agoacû, Rio das Pedras und die Fazenda do Paû Grande führt. Die Richtung des Wegs von Rio de Janeiro bis zum Rio Parayba, bei dem Registo gleichen Namens, führt beinahe ganz nördlich und durchschneidet die Gebirgsschichten, welche in der 1sten bis 3ten Stunde ihr Streichen haben, in einem sehr scharfen Winkel, daher denn auch die Abwechselungen derselben weit seltner sind. Indessen zeigen selbst die Geschiebe des Rio Piabanha und anderer Nebenbäche von der groſsen Einfachheit aller Gebirge der Nachbarschaft, denn auſser dem Granit, Gneis und Grünstein, findet man darunter nur Feldspathbrocken, Quarz und weniges Hornblendegestein, Granaten und Magneteisenstein nur als feinen Sand. Auch mehrere Meilen östlich an diesem Gebirgszuge in den Gegenden von Canta Gallo oder Neu-Freyburg, verhalten sich die Gebirgsarten beinahe auf dieselbe Art. Mawe sagt davon (1. Th. p. 220.) daſs Granit mit Amphibole und Granaten die Gebirgsart ausmache und setzt hinzu, daſs man daselbst Gold finde welches in dem Cascalho unter der Dammerde liege, erwähnt aber auch eines Kalksteins, der daselbst so wie bei Sta. Rita in groſsen Knoten unter der

Dammerde vorkomme und meint daſs dieses ein ganz moderner Kalkstein seyn müsse, ohne aber weiter einen Grund dafür anzugeben. Wahrscheinlich sind es Lager des Urkalksteins, so wie die in den granitischen Gebirgsarten der Villa da Cunha, deren im vorhergehenden Abschnitte Erwähnung geschehen. Das, was derselbe Reisende p. 222. von einem Kalktuff spricht, der in allen Thälern jener Gegenden als Absetzung ausgetretener Gewässer erscheinen soll, ist gleichfalls so oberflächlich behandelt, daſs man daraus kein Licht über die geognostischen Verhältnisse erhält.

Von Corrego Seco senkt sich nach und nach die gebirgigte Gegend von 2400 Fuſs bis auf 610 Fuſs zum Wasserspiegel des Paraybaflusses hinab. Hornblendegestein, dem Gneise ein oder aufgelagert, trifft man zuerst bei der Fazenda von Antonio Luiz, und nicht fern davon bei den zerstreut liegenden Häusern, welche den Namen Lucas führen. An dem ersten Orte ragt dasselbe in groſsen oblongen Kugeln zu Tage; zum Theil sind dieselben verwittert und zeigen concentrisch-schaalige Ablosungen. Das Streicben der Gebirgsschichten in der Nachbarschaft ist in der 11ten Stunde mit einem Einfall der Schichten nach O. Diese Richtungslinie und Neigung bleibt sich in weiter Erstreckung beinahe immer gleich, z. B. bei Fagundes sieht man eine groſse Gneisbank mit ihrer Schichtenrichtung in der 12ten Stunde und einer östlichen Neigung in 45°, und bei Ribeiraô zeigt ein sehr verwitterter grobkörniger Granit, dessen Feldspath meistens in Porcellanerde zerfallen, dieselbe Richtung.

Die Hornblendegestein-Kugeln bei Lucas gehören einem geschichteten Grünstein an und müssen als ein Uebergang aus diesem Gesteine betrachtet werden, so daſs sie eigentlich auch ein von Hornblende übersättigter Grünstein sind, der sich in festen Kugeln zusammengezogen hat. Der Grünstein, worinnen diese Kugeln liegen, ist dünngeschichtet mit senkrecht stehenden Schichten, die sich mit einem Streichen in der 3ten Stunde dem Gneise anschliefsen. Der geschichtete Grünstein ist feinkörnig und an der Oberfläche stark verwittert, der kuglichte grobkörnig mit concentrisch-schaaligen Ablosungen. Der Geschichtete macht nach und nach den Uebergang in Gneis, die Hornblende verschwindet allmählig und ein goldgelber Glimmer tritt an ihre Stelle. Dieses Verschwinden des einen und der Ersatz desselben durch das andere Mineral erfolgt so unbemerkbar, dafs man erstlich die gänzliche Umwandlung in Gneis an den Ufern des Rio Parayba gewahrt, woselbst er als kleinflafsrig, feinkörnig und zugleich eisenschüssig erscheint mit dem Streichen seiner Schichten in der 4ten Stunde und einem Einfalle derselben nach S. O. Die nackten abgewaschenen Felsenufer erscheinen bandartig gestreift, bald dunkler bald heller, je nachdem mehr oder weniger Glimmer in den dünnen Schichten vorhanden ist, und zwar so stark, dafs es unbegreiflich ist wie Mawe ihn (S. p. 255.) einen mit Thon gemengten eisenschüssigen Granit nennen konnte.

Man setzt nun über den beträchtlichen Rio Parayba, der von der Spitze des Delta, welches er in der Provinz S. Paulo macht, bis hieher einen Lauf von 50 bis 60 Legoas zurücklegt und einen Fall von 1050 Fufs hat. Von hier bis zu seiner Ergiefsung ins Meer hat er noch eine Strecke von ungefähr 30 Legoas zu durchlaufen, mit einem Falle von 600 Fufs. Im Durchschnitte würde also von dieser letzten Station an auf jede Legoa Länge ein senkrechter Wasserfall von 20 Fufs Höhe kommen; die Schwierigkeiten, die sich der Schiffbarmachung dieses Stromes entgegensetzen, besonders aber auch bei der beträchtlichen Breite von mehreren hundert Fuſsen, die derselbe hat, sind deshalb leicht abzuschätzen.

Zwischen diesem Strome und dem kleineren Paraybûna-Fluſs, welcher 5 Legoas weiter nördlich flieſst, drängen sich hohe mit tiefen Thälern durchschnittene Gebirge ein, die aus lauter granitischen Gebilden bestehen, so wie sie bisher beschrieben wurden, gröſstentheils von einer dicken lehmigten Dammerde bedeckt, welche die Ueppigkeit der hier mit voller Pracht strotzenden Urwälder so auſserordentlich befördert. Mawe zählt sieben hohe Berge, die man zwischen diesen Flüssen auf den unbequemsten Wegen zu übersteigen hat, von denen der höchste wohl 3000 Fuſs hoch seyn mag, weshalb Lastthiere diese Strecke auch nicht in einem Tage zurücklegen können.

Grünstein fehlt ebenfalls hier nicht in den abwechselnden Lagern des Granits und Gneises, mit denen er innig verschwistert scheint, und wie man schon eine viertel Stunde weit vom Parayba bemerken kann. Der Gneis erscheint deutlich geschichtet bei Farinha, Granit von grobem Kerne bei Payol mit einem durchsetzenden Quarzgange. Der Gneis am Rio Paraybûna weicht beträchtlich von der gewöhnlichen Streichungslinie der Schichten ab und wendet sich bis in die 6te Stunde mit einer sanfteren Neigung derselben ungefähr in 25° nach S., doch lenkt er bald wieder in die gewöhnliche Richtung der 3ten Stunde ein, so daſs diese Abweichung einzig einer fächerartigen Auseinanderlaufung der Schichten zuzuschreiben ist.

Der Wasserspiegel des Paraybûna ist um 300 Fuſs erhabener als der des Parayba, und da er sich unterhalb des Registo in einer Entfernung von 6 Legoas von da mit dem Parayba vereinigt, so hat seine Strömung bis dahin $3\frac{1}{2}$ Mal mehr Geschwindigkeit als die Strömung des Parayba, und folglich ist seine Schiffbarmachung noch gröſseren Schwierigkeiten unterworfen. Er ist sehr reich an Waschgold, allein die Gewinnung desselben kostspielig und unbequem, denn da man wegen der engen felsigten Ufer sein Bette nicht verändern kann, so ist hier nur die Methode anzuwenden, mittelst an eisernen Reifen befestigten ledernen Säcken den goldhaltigen Cascalho aus der Tiefe des Flusses zu fischen, und verschiedene Unternehmungen darauf hatten immer einen üblen Ausgang, wozu nun freilich auch der Mangel einer guten Administration das Seinige beitragen mochte.

Nicht fern von dem Zollhause von Paraybûna erscheint ein ganz eigenes mächtiges Lager, welches wohl nur als eine Modification des Gneises zu betrachten ist, dessen Gemengtheile aus Quarz, Feldspath und häufigem derben und eingesprengten Strahlsteine bestehen mit weniger brauner Blende. Der Quarz macht den vorwaltenden Bestandtheil aus und ist so wie der Feldspath von schneeweiſser Farbe, der Strahlstein ist von schmutzig zeisiggrüner Farbe und mattem Ansehen.

Mächtige Gebirge erheben sich gleich von den linken Ufern des Paraybûna empor und der Weg führt nordwestlich in mehr oder minderer Entfernung von dem Flusse, theils über die hohen Berge und durch tiefe Querthäler, theils in dem Fluſsthale hinauf bis zu dem beinahe 20 Legoas entfernten Hauptgebirge der Serra da Mantiqueira (ein Theil des groſsen Gebirgszuges der Serra do Espinhaço).

Der wilde düstere Character dieser mit lauter Urwäldern bewachsenen Urgebirge, bleibt sich bis dahin fast immer gleich. Gneis und Granit folgen sich in verschiedenen Abwechselungen und nur hie und da findet man eisenschüssigen körnigen mürben Quarz, den man wohl für Sandstein halten könnte, als Auflagerungen. Z. B. bei Vargem, Mideiros und Aleaida Mor. Bei Vargem stehen seine Schichten senkrecht mit einem Streichen in der 2ten Stunde. An der Oberfläche schiefst er oft zwischen seinen Schichten eine lehmigte Erde ein und ist sehr häufig mit Brauneisenstein durchwachsen. Der Gneis der Nachbarschaft hat sein Streichen in der 4ten Stunde. Bei Roçinha de Simaô Pereira laufen die Schichten des Gneises in der 2ten Stunde und ihr Einfall ist 70° nach O., parallel mit ihnen lagert in schmalen Streifen Manganhaltiger Eisenstein. Etwas weiter von Simaò Pereira erscheint ein grobkörniger Gneis mit grofsen Feldspathbrocken und mit demselben Streichen wie der Vorhergehende, auf welchem auch bei Ribeiraó Negro, Grünstein in Kugeln aufgesetzt ist.

Das körnige Quarzgestein des Morro de Mideiros, der sich über 2000 Fufs erhebt, ist daselbst mit einer dicken lehmigten Dammerde bedeckt, und der Weg darüber so steil, dafs bei schlüpfrigem Wetter die Maulthiere wie von einem russischen Rutschberge hinabgleiten, und um hinauf zu kommen müssen erstlich Vertiefungen eingehackt werden, damit die Thiere darinnen haften können, weshalb die Treiber Gott danken, wenn sie oben sind, und jedesmal ein kleines von Hölzern zusammengebundenes Kreutz in die Erde stecken, damit der Teufel hier sein Spiel nicht treibe. Man erblickt deshalb viele hunderte solcher Kreutze. Von dem Morro de Mideiros steigt man hinab zum Rancho de Marmello in das tiefe Thal des Paraybùna. Felsen von Granit, über welche der reifsende Strom cascadenartig von dem Morro de Marmello herabstürzt, machen die Hauptgebirgsart aus, und von Felsen zu Felsen mufs man den Morro erklimmen, neben sich in tiefen Abgründen den rauschenden Waldstrom mit seinem betäubenden Getöse. Auf der Höhe des Morro erblickt man wieder den deutlichen Uebergang des Granits in Granitgneis und Gneis mit aufsitzenden Felsenmassen eines milchweifsen festen Quarzes. Von hier aus werden die Hochgegenden gewölbter und sanfter und bei der Fazenda von Juiz de Fora breiten sich die Umgebungen des Paraybûna zu einer fruchtbaren, zum Theil bebauten, aber immer wieder von neuem aussprossenden waldigten Ebene aus, die 2000 Fufs über der Meeresfläche erhaben liegt. Die Gewässer haben also von da bis zu dem Registo von Paraybûna, nach einem Laufe von ungefähr 10 Legoas in grader Richtung, einen Fall von mehr denn tausend Fufs und ist demnach an eine Schiffbarmachung bis in diese Gegend gar nicht zu denken. Dicht bei dem Rancho von Juiz de Fora liegt auf Granit ein Quarzlager von blendend weifser Farbe, welches sich an einigen Stellen zum Rosenrothen hinneigt.

Von Juiz de Fora aus wird die Gegend wieder bergigter und man hat in einer Erstreckung des Wegs von $3\frac{1}{2}$ Legoa nicht weniger als 8 Morros zu übersteigen, von welchen der von Alcaida-Mor über alle hervorragt und gewifs nahe an 3000 Fufs hoch ist. Man geniefst von demselben eine weit verbreitete Aussicht über das grofse ununterbrochene Weltmeer bis zu der Serra da Mantiqueira. Der sandsteinartige Quarz erscheint auf seiner höchsten Spitze und zeigt hier eine schiefrige Textur mit vielem Eisenoxyd. Das Streichen seiner Schichten, welche senkrecht stehen, ist in der 2ten Stunde und ganz gleichlaufend mit dem benachbarten Gneis, und scheint mit Gewifsheit angenommen werden zu können, dafs er mit diesem gleichen Ursprungs ist, so wie das Gestein der Insel Pescaria, dessen im zweiten Abschnitte gedacht wurde. Früher war ich darüber anderer Meinung und hielt es für ein neueres Gebilde, und nur erst durch wiederholte Beobachtungen sah ich mich genöthigt, diese abzuändern.

In dem Thale von Entre-Morros stehen Gneisbänke zu Tage, je höher man aber von da steigt, je mehr nähert sich das Gestein dem Syenit, der Glimmer verschwindet nach und nach, und Amphibole tritt an seine Stelle. Auf der Höhe bei der Mühle von Caxoeira gewinnt derselbe so die Ueberhand, daſs er als schöner fester Syenit erscheint, mit einer geringen Beimengung von weiſsem Quarze und Feldspath, welche ihm ein buntes geflecktes Ansehen geben. Die auſserordentliche Festigkeit dieses Syenits in ungeheueren groſsen fast ungeschichteten Felsenmassen würden ihn vorzüglich zu soliden Werken der Bildhauerkunst geschickt machen, denen fürs erste aber der Transport über die unwegsamen Gebirge nach der Seestadt das gröſste Hinderniſs entgegensetzt. In dünnen Platten klingt er, wenn man daran schlägt. Ueber diese Syenitfelsen stürzt sich bei der Mühle ein groſser Waldbach mehr denn 300 Fuſs tief in ein schauerliches waldiges Thal von Felsen zu Felsen hinab zwischen hohen in den Gesteinspalten eingewurzelten Bäumen, und bildet gewiſs einen der schönsten Wasserfälle, besonders wenn der Bach durch anhaltende Regen angeschwollen ist.

Das bei Antonio Moreira vorwaltende Gestein, welches nach der gewöhnlichen Art zu reden, wegen seines vielen Feldspathes, im Zustande einer starken Verwitterung erscheint, läſst wegen seiner Auflösbarkeit und Mürbheit den Beobachter in Zweifel, ob er es zum Granit, zum Gneis oder zum Syenit zählen soll, denn Quarz hat es sehr wenig beigemengt, und Glimmer und Hornblende sind so in einander verschmolzen, dafs sie fast nicht von einander zu unterscheiden sind. Eben so zweifelhaft bleibt dem Forscher das Gestein bei Roçinho de Queiròz, welches wie ein mürber Sandstein aussieht, microscopisch betrachtet, so wie aus geognostischen Gründen, mufs man es aber zur Syenitbildung ordnen. Bei Estive kommt dasselbe Gestein vor, und macht einen vollkommnen Uebergang in Grünstein, der ebenfalls sehr mürbe ist, mit eingeschlossenen festeren Kugeln, die durch Eisenoxyd röthlich gefärbt sind. Die Dammerde dieser Gegenden ist sehr mächtig, lehmigt and eisenschüssig, mit vorkommenden fetten Thonlagen, in dem niederen Flufsthale unfern des Rio Paraybûna, die zu Ziegeln und Backsteinen benutzt werden.

Bei Antonio Moreira befindet man sich in einer Erhöhung von 2135 Fufs über dem Meere.

Ein grofser Syenitfels tritt mitten in der Strafse bei der Fazenda von Azevedo hervor, auch bei Chapes d' Uvas findet man dasselbe als festes Gestein. Schichtung ist nur dann an ihm zu bemerken, wenn weniger Hornblende und mehr Feldspath beigemengt sind. Die Schichtung ist alsdann dünn und das Ganze in einem mürben Zustande [2]), wie an der Westseite von Chapes d' Uvas zu sehen. Das Streichen der Schichten daselbst ist in der 12ten Stunde mit einer Neigung von 15° nach O. Auf diesem Gesteine aufgesetzt erscheint bei Roçinho de Chapes d' Uvas der schon mehrmalen erwähnte körnige eisenschüssige Quarz mit einem Streichen seiner senkrechten Schichten in der 11ten Stunde. Weiter hin den Weg verfolgend sieht man wieder Gneis anstehend mit einer Schichtenrichtung in der 3ten Stunde und 30° Neigung derselben nach S. O., parallel mit dem Streichen des Syenits, der sich daselbst ihm anschliefst.

Die Berge dieser Gegenden sind niedriger und abgerundeter, wahrscheinlich als Folge der gröſstentheils mürben Gebirgsarten, die ursprünglich ohne Bedeckung leicht zerstörbar waren. Das Niveau über dem Meere erhöht sich aber mehr und mehr, so daſs hier in den kalten Monaten Juni und Juli die Nachtfröste oft groſsen Schaden an den Pflanzungen anrichten. Im Jahr 1811, wo ich zum erstenmale durch diese Gegend kam, waren dieselben so heftig gewesen, daſs auſser den Kaffee- und Pisangbäumen und Zuckerrohr, selbst der gröſste Theil der Waldungen gelitten hatte, indem alles Laub daran erfroren und schwarz war, und doch beträgt die Erhöhung über dem Meere, bei der Fazenda von Joaõ Gomes, nicht mehr denn 2670 Fuſs.

Bei Corrego, Cubeça branca, Pinho novo und Pinho velho erscheint das körnige Quarzgestein als Begleiter des Syenits. Bei Corrego enthält es mitunter feste Quarzlager, bei Cubeça bracca ist es wellenförmig gelagert und bei Pinho velho lagert es an dünnschiefrigem mürben Syenit. Man überschreitet in dieser Gegend eine secondaire Wasserscheidungslinie, welche nach S. zu die Gewässer nach dem Paraybùna führt, auf der nördlichen Seite nach dem Rio Pinho, welcher von der Serra da Mantiqueira kommt, den man bei der Fazenda da Mantiqueira durchwadet. Ein weit verbreitetes Lager von festem Hornblendegestein tritt daselbst in mächtigen Felsenmassen hervor, und als Fuſs des hohen Gebirges von Mantiqueira, welches, den Fluſsgeschieben nach zu urtheilen, in diesen Gegenden vorzüglich aus Gneis zu bestehen scheint. Der bequemere Weg über das Gebirge führt längst den Ufern eines Baches hinauf, woselbst groſse Lager aufgeschwemmter Geschiebe vorkommen, bis zu dem Engenho da Viuva, dessen Erhöhung über dem Meere 3160 Fuſs beträgt. Rechts und links wird man von Bergen begleitet, die wohl um 400 bis 500 Fuſs höher seyn können, als das Thal. Schiefriger Syenit mit vieler Hornblende ist das Thalgestein, worauf an tieferen Stellen ein Moorgrund liegt, nachdem man aber vom Engenho aus die Höhe des Hauptgebirgrückens erstiegen, erscheint ein feinkörniger Gneis, und man hat alsdann eine Höhe von 3500 Fuſs erreicht.

Sobald man diesen Rücken des Gebirgs bei Batalha überstiegen hat, verändern sich plötzlich die Umgebungen. Bis hieher führt die Straſse eine Strecke von 50 Legoas Länge beständig durch düstere finstere Urwälder, hie und da nur gelichtet bei den einzeln liegenden Pflanzungen; drückend wirken diese traurigen geschlossenen Umgebungen auf das Gemüth, um so auffallender und überraschender ist es, mit einemmal in lachende, freundliche Grasfluren versetzt zu werden, mit einer weit ausgebreiteten Fernsicht. Ein neuer Hoffnungsstrahl scheint aufzugehen und der Geist schöpft neues Leben. Bei diesen Gefühlen wird es einem erst klar, warum der beständig in Wäldern lebende Wilde selten zur Freude gestimmt und sein Blick fast immer finster ist; ihm blickt ja keine Sonne freundlich entgegen, er sieht weder das groſse Schauspiel des Aufgangs noch des Untergangs derselben, selbst der blaue Himmel und das gestirnte Firmament sind ihm fast unsichtbar, und kein Sonnenstrahl trägt ihm Freude ins Herz, unter dem Schatten der hohen Urbäume. Mir ging es nicht besser, denn so oft ich noch diesen Waldweg passirte, welches wohl einige zwanzigmal geschehen, bemächtigte sich meiner eine solche Melancholie und Düsterkeit des Gemüthes, die unbeschreiblich war, während der 8 bis 10 Tage, die man im Walde ist, und die nicht ehender verschwand, als mit dem Austritte aus demselben in offene Campos-Gegenden (Lianos,

Pampas). Alles wird hier mit einemmal anders, fremde Gestalten im Pflanzen- und Thierreich treten auf, sogar die Menschen scheinen von einer andern Raçe abzustammen, sie haben freundlichere Gesichter und schlankere Figuren; mehr Thätigkeit und Leben, und dieses alles als Folge eines veränderten Bodens und Clima's. Diese große Grenzscheidung verschiedener Naturen erstreckt sich von hier aus nördlich bis in die Provinz Bahia und südlich in die Provinz S. Paulo auf dem Gebirgsrücken hin, den ich den allgemeinen Namen der Serra do Espinhaço (Rückenknochengebirge) auf meiner Karte von Minos Geroes gegeben habe. Oestlich dieser Gebirgskette bis zum Meere lauter Urwald und blos granitische Urgebirge mit einer mächtigen Bedeckung von Dammerde; westlich die ausgedehnten Grassteppen mit ihrer Campos-Vegetation und den häufiger vorkommenden schiefrigen Gesteinarten der Ur- und Uebergangsbildung, mit einer unbedeutenden Bedeckung meistens magerer Ackerkrume, die oft so spärlich vorhanden ist, besonders in den Gegenden, wo der Thonschiefer der Uebergangsbildung vorherrscht, daſs die in der kalten, trocknen Jahreszeit verdorrten Gräser, selbst in der feuchtern Zeit, kaum Wurzeln darinnen schlagen können. Auch die Quellen versiegen alsdann leicht in dem dürren trocknen Boden, die nach Wasser lechzenden Thiere flüchten, selbst Menschen verlassen diese dürren Gegenden, in denen die Sonnenstrahlen von der nackten Oberfläche doppelt heiſs zurückprallen und aufwärts strömen mit heiſser Luft. Hunderte von Staubhosen erheben sich wirbelnd auf den öden abgestorbenen endlosen Flächen, man sehnt sich nach Wald und Schatten, die heiſsen aufsteigenden Strahlungen der Hitze zertheilen jedes Wölkchen, was sich über dem Horizonte hoffnungsvoll für alle lebende Geschöpfe zusammenzieht, die Hoffnung verschwindet aber so schnell wieder als sie entstand. In manchen Gegenden vergehen oft mehrere Jahre, ohne daſs ein Tropfen Regen dieselben erquickt, und der viehzuchttreibende Landmann sieht sich genöthigt, mit dem Rest seiner vor Durst sterbenden Heerden nach andern Gegenden zu wandern. Glücklicherweise paſst diese traurige Schilderung nur auf einen im Vergleich der Ausdehnung Brasiliens sehr geringen Theil des Innern, besonders auf die Sertoîs von Bahia und Pernambuco, wovon meine Freunde v. Spix und v. Martius ein so lebhaftes Gemälde gegeben haben. Zu befürchten aber ist, daſs dieses Uebel, durch die jährliche Anzündung der dürren Grasfluren, um junges Futter hervorzulocken, wodurch nach und nach alles Gesträuch, so wie die wenigen zerstreuten Bäume, vollends zu Grunde gehen, immer weiter um sich greift, wenn ihm nicht durch eine strenge Handhabung der schon deshalb existirenden Gesetze, und durch Aufklärung des Landmannes vorgebeugt wird.

Wendet man sich aber aus diesen traurigen Wüsten in die wasserreicheren, mit stärkerer Dammerde bedeckten Campos-Gegenden, wo jeder Saum der Flüsse und Bäche von einer üppigen Vegetation strotzt, wo inselförmige Waldgruppen, aus grünen, mit Blumen geschmückten wellenförmigen Grasebenen hervortreten, dann erhält man ein freundlicheres Bild, man glaubt in einem Garten zu seyn, und nichts bleibt zu wünschen übrig, als Menschen und Kultur.

Von Batalha bis Borda do Campo, einer groſsen Fazenda, ist das Hauptgebirgsgestein ein weiſser Gneis, dem nur sehr wenig Glimmer beigemengt ist. Sein Streichen ist in der 3ten Stunde mit einer Neigung der Schichten in ungefähr 15° nach S. O. Dem Gneis ein- oder aufgelagert erscheint bei Borda do Campo ein Lager von Tropfstein) welcher hier nicht nur als Baumaterial benutzt wird, sondern man drechselt auch allerhand Gefäfse aus demselben, besonders Kochtöpfe, welche sehr gesucht werden und dauerhaft sind, nur mufs man sich hüten, solche zu nehmen, worinnen hie und da metallischglänzender Schwefelkies eingesprengt ist, welches oft der Fall ist, da diese sogleich über dem Feuer zerspringen.

Ein schönes, muldenförmiges, fruchtbares und zum Theil gut angebautes Thal zieht sich von Borda do Campo bergan bis auf die Höhe von Rancho novo, von wo aus, als einem der höchsten Punkte des Plateau's, welches hier 3570 Fufs hoch über dem Meere liegt, eine der ausgedehntesten Fernsichten gemifst; und die wenige Stunden davon auf der Hochebene gelegene Villa de Barbacena, mit den geweifsten Häufsern und ihrer grofsen Kirche, nimmt sich gar herrlich aus; das an dunkle Wälder und Einöden gewohnte Auge wird doppelt durch diesen unerwarteten Anblick überrascht und entzückt, indem er wieder an eine civilisirte Welt erinnert.

Die Ackerkrume auf diesen Höhen ist spärlich über das Gebirgsgestein verbreitet, welches hier Syenit zu seyn scheint, den man bei Registo Velho im Ganzen anstehend findet. Eckige Quarzstücke bedecken oft die ganze Oberfläche des Bodens und tragen noch mehr zu seiner Unfruchtbarkeit bei. Nicht fern von Barbacena, bevor man von Luiz Ferreira dahin gelangt, findet man auch eine Menge Eisensteingeschiebe und jenseits Barbacena bei dem Rancho das Caveiras einen deutlichen Uebergang des Syenitschiefers (?) in einen thonigten Eisenstein. Auch erblickt man einen feinkörnigen eisenschüssigen Quarz mit Hornblende, der wohl als eine Abänderung des Syenits zu betrachten ist, so wie auch Modificationen von Thon- und

Talkschiefer, als Vorboten der benachbarten Goldformationen.

Von Barbacena aus erstreckt sich besonders nach W. und N. W. ein weit verbreitetes von Graben und Schluften zerrissenes, mit spärlichem Grase und wenigen verkrüppelten Bäumen bewachsenes Hochland, dessen allgemeine Erhöhung gegen 3550 Fuſs beträgt. Austrocknende Winde bestreichen unaufhörlich diese Gegenden, die mit Ausnahme einiger feuchteren Thäler, mit zu den unfruchtbarsten von Minas gehören.

Das Streichen der Schichten des erwähnten talkartigen Thonschiefers, ist in der 8ten Stunde mit einer Neigung von 70° nach N. Eingelagert in demselben findet man jenseit Alberto Dias in der Entfernung von einer Legoa, Magneteisenstein mit schwarzem Manganerz und in der Nachbarschaft von Resacquinho tritt Granit mit besonders vielem verwittertem Feldspathe hervor. Die Oberfläche desselben hat durch die Auswitterung des Feldspathes ein zerfressenes Ansehen erhalten und da desbalb nur der Quarz sichtbar ist, so hält man ihn auf den ersten Blick für ein körniges Quarzgestein. Dieser Granit zieht sich bis über den Morro dos Taipas hinaus und ist gröſstentheils von grobem Korne. Bei Gama lagert auf demselben ein eisenhaltiger Braunstein. Zwischendurch findet man in dieser Granitgegend auch Thonschiefer (bei der Fazenda von Crandahy) in einem mürben auflöslichen Zustande, dem Schieferthone ähnlich, der aber wegen seiner geognostischen Verhältnisse wahrscheinltch dem Urthonschiefer angehört. Sein Streichen ist in der 3ten Stunde.

Auf der Berghöhe der Nachbarschaft von Crandahy stöſst man auf ein wohl hundert Quadrat-Fuſs ausgedehntes Lager, einer thonigtsandigen mageren Dammerde, die voller kleiner röhrenförmiger und ästiger Congregationen einer sandig eisenschüssigen Substanz ist. Manche dieser Zusammensinterungen sind unförmlich, die meisten aber von der Dicke einer Federspule, andere von Fingerdicke, die einen grade, die andern gekrümmt, manche einfach, manche geästelt, einige hohl und andere bestehen aus einer soliden Masse. Ihre gröſste Länge beträgt höchstens 4 Zoll und ihre äuſsere Form ähnelt Bruchstücken von versteinerten Schlingpflanzen oder Corallengewächsen. Sie liegen unordentlich und zerbröckelt in allen Richtungen unter einander in der Dammerde wie eingeknetet, und müssen nicht mit den sogenannten Blitzröhren verwechselt werden, wofür man die Exemplare zu halten geneigt war, welche ich nach Deutschland schickte, da ihre Lagerstätte, so wie auch die Art und Weise, wie sie darinnen zertrümmert vorkommen, schlechterdings nichts ähnliches mit dem Vorkommen der Blitzröhren hat.

Ein gränlichgrauer sehr feinkörniger und fester Sandstein, der wahrscheinlich zur Quarzbildung gehört, steht bei der Fazenda das Pedras in einem Graben zu Tage und weiter hin findet man ein Quarzlager mit eisenhaltigem Brauneisenstein und Graubraunsteinerz.

Bei der Fazenda das Taipas erscheint Granit und bildet zur Rechten dieses Landgutes die höchsten waldigten Bergköpfe dieser Gegend. Der Granit verschwindet oft neben einem dem Sandstein ähnlichen Quarze oder einem Lager milchweiſsen Gesteins, welches dem Weiſsstein nahe kommt. Es ist zum Theil feinkörnig, zum Theil dicht, hat einen splittrigen Bruch, ist an den Kanten durchscheinend und sehr fest, an einigen Orten ist es eisenschüssig und hat eine poröse Oberfläche. Auf der höchsten Höhe von Taipas ist der Granit von grobem Korne. Hier ist auch der Knoten, woselbst sich das ausgedehnte Wasserscheidungsgebirge (Serra dos Vertentes) oder der große Bergäquator, der sich durch ganz Brasilien zieht und die südlichen und nördlichen Gewässer trennt, an die Serra do Espinhaço, dem ersten Bergmeridian des innern Landes, anknüpft. Ist der Bergrücken überschritten, so führt der Weg am nördlichen Abhange des Bergäquators hin, der in diesen Gegenden die Gewässer nördlich zum Rio de S. Francisco und südlich nach dem Rio Grande schickt; erstere finden ihren Ausweg zum Meere im 11ten Grade südlicher Breite und letztere erst im 36ten Grade. Diese große und ausgedehnte Wasserscheidungserhöhung, die sich in grader Richtung auf 25 Grade westlich erstreckt, wovon einige behaupten wollen, daß sie mit den Cordilheiren in Verbindung stehe, dem aber nicht nur die von Herren v. Spix und v. Martius herausgegebene Karte, sondern auch Privatnachrichten, die ich gesammlet, widersprechen, ist nicht sowohl ein eigener Gebirgszug, sondern vielmehr ein ununterbrochener Höhenzug, den durch das Zusammenstoßen, der unter verschiedenen Winkeln von den verschiedenen großen Bergmeridianen ablaufenden Gebirgsarmen und Jöchern entstanden ist, und sich also bald schlangenförmig, bald winklicht in der Hauptrichtung von Osten nach Westen fortzieht. Von diesem Knotenpunkte aus würde man ganz Brasilien in dieser Richtung bis an die Spanische Grenze durchziehen können, ohne einen einzigen Fluß zu passiren.

Diese Erhöhung nebst den damit rechtwinklicht laufenden Bergen, die zu dem Gebirgsmeridiane der Serra do Espinhaço gehören, namentlich die Serra da Boa Morte und der quervorstehende Morro de Deos te Livre, schließen hier ein Bassin ein, welches gegen 6 Legoas lang und

5 Legoas Breite hat, worinnen der goldreiche Rio Paraopeba seinen Ursprung nimmt, und sich allenthalben die goldführenden Formationen zeigen, sowohl in den ursprünglichen Gebirgsarten, als auch in den an- und aufgeschwemmten. Die mittlere Erhöhung dieses Bassins über dem Meere beträgt 2800 bis 3000 Fuſs, und die höchsten dasselbe umgebenden Gebirge sind 1500 bis 2000 Fuſs höher. Der vorzüglichste Goldzug in diesem Bassin erstreckt sich aus der Gegend von Congonhas do Campo durch die bergigte Niederung in der 11ten Stunde bis an das Hauptgebirge zwischen Queluz und Caza branca hindurch, eine Richtung, die besonders durch den Pingenzug abgespülter Berge und tief gegrabener Löcher von den Höhen herab gesehen, bemerkbar wird.

Durchschneidet man in nordwestlicher Richtung das Bassin: so findet man folgende Gebirgsarten, die alle zu den Urgebirgsarten gezählt werden müssen, nebeneinandergestellt: Bei Engenho tritt ein Gestein hervor von schmutziggrüner Farbe, dessen Gemengtheile Hornblende, schwarzer Glimmer, wenig Feldspath, Talk und Chlorit sind. Bald zeigt es eine schiefrige Textur und alsdann ist es sehr mürbe, Talk und Chlorit werden vorherrschend, und man sollte es zu diesen Schieferarten zu zählen geneigt seyn; alsdann findet man es auch eisenschüssig, das Talkartige verliert sich, es wird thonigter, so daſs man es für Thonschiefer halten könnte, dann wieder verliert sich das Schiefrige und feste Massen treten hervor, die einmal für Grünstein, das anderemal für Hornblendegestein anzusehen sind. Alle diese Uebergänge finden so unmerklich statt, daſs keine Grenzlinien zwischen ihnen zu ziehen sind, man weiſs nicht wo die eine Bergart aufhört, noch die andere beginnt. Unbezweifelt gehören sie in die Reihe der Urgebirge und stehen hier zwischen dem Granit von Taipas und dem Gneis, der in weniger Entfernung von der Fazenda do Paraopeba zum Vorschein kommt. Die vorherrschende Gebirgsart des ganzen Bassins ist aber der Thonschiefer der Goldformation, von dem ich früher glaubte dafs er neuerer Entstehung sey. Meine fortgesetzten Beobachtungen haben mich aber überzeugt, dafs er den Urgebirgsarten beigezählt werden mufs. Granit tritt in dieser Niederung zuweilen zwischen diesem Thonschiefer hervor und bei Queluz findet man auf oder in diesem auf- oder eingelagert mächtige Lager oder kleine Bergköpfe eines erdigen Schwarzbraunsteinerzes, an andern Orten grofse Lager von Talkschiefer, Grünstein und Topfstein. Letzterer besonders in der Nachbarschaft von Congonhas do Campo, aus denen grofse Blöcke gewonnen werden, die man zu Bildhauerarbeiten benutzt als Zierrathen für Kirchen.

Ich übergehe hier nun die nördlicher des Bassins angrenzenden Gebirgsarten des Thonschiefers, Itacolumitquarzes und Eisenglimmerschiefers, welche die so reiche und interessante Gruppe der Gebirgsmassen von Villa Rica bilden mit ihren vorzüglichsten Goldniederlagen, um in westlicher Richtung den Durchschnitt der von N. nach S. laufenden Gebirgsschichten, bis an die Grenze von Goyaz darzustellen und zu vollenden.

Von Congonhas do Campo führt die Strafse über den Arrayal Redondo nach denen von Suassuhy und Brumado, durch eine bergigte, unfruchtbare und kahle Hochgegend, die als Fortsetzung des Bergzuges von Boa Morte zu betrachten ist und durch welche der Rio Paraopeba seinen Durchbruch in das zweite Bassin vollbrachte. Diese Fortsetzung des Zuges, der keinen allgemeinen und Hauptgebirgsrücken bildet, so wie auf dem rechten Ufer des Paraopeba an der Serra da Boa Morte, verästelt sich vielmehr nach verschiedenen unregelmäfsigen Richtungen, bis er sich mit der Hauptwasserscheide der Serra dos Vertentes verbindet. Tief eingeschnittene Thäler mit kleinen Flüssen und Bächen z. B. dem Ribeiraô Cuibaba, Rio Brumado, dem Suassuhy, Camapuâm und andern, die alle dem Rio Paraopeba von der linken Seite fächerartig zuströmen, bezeichnen diese Verästelung.

Das Streichen der Gebirgsschichten dieser Gegend ist parallel der fächerartigen Auseinanderlaufung der Bergerhöhungen zwischen den Flüssen, wovon die Serra da Boa Morte als Anhaltspunkt dieses Fächers betrachtet werden kann, folglich abweichend in mehreren Richtungen von der gewöhnlichen Streichungslinie der Schichtungen der Urgebirge dieser Gegenden. Man findet sowohl Gneis als auch Itacolumitquarz und Thonschiefer mit seinen Uebergängen in Talkschiefer, Topfstein und Grünstein mit einem Streichen in der 9tem Stunde, und folglich beinahe rechtwinklicht mit der vorherrschenden Richtung, welches den Forscher übrigens nicht irre leiten mufs, denn durch Zunahme der Schichten an Stärke nach einer gewissen Weltgegend hin, so wie auch durch vermehrte Wiederholungen der Schichten nach dieser hin, mufs durchaus ihre Richtung von der gewöhnlichen abweichend werden. Hat diese Zunahme und Vermehrung der Schichtenstärke ihr Höchstes erreicht; so nimmt sie gewöhnlich auch in dem Mafse wieder ab und gelangt nach und nach zu ihrer Hauptrichtung, die ihr eigen ist. Doch bei diesem Anwachsen und Dickerwerden der Gebirgsschichten ist keineswegs bedingt, dafs jedes Glied der Schichten mehr Ausdehnung erhalte, im Gegentheil manche verästeln sich sogar in schmalere Schichten, manche verschwinden ganz und andere fremde treten dazwischen. Ein anschauliches Beispiel hiervon liegt in diesen Gegenden vor unseren Augen, wenn man die Serra da Boa Morte auf dem rechten Ufer des Rio Paraopeba beobachtet, und alsdann die als Fortsetzung derselben anzusehenden Höhen auf dem linken Ufer. Dorten erscheint das Gebirge mit einem hohen schmalen Bergrücken von 4515 bis 4895 Fuſs Höhe. Es besteht, die Schichten von unten aufwärts gezählt, welche unter einem Winkel von 45° bit 50° nach S. O. einschieſsen, aus Granit, Gneis, rothem mürben Thonschiefer, Itacolumitquarz, Eisenglimmerschiefer und die oberste Bedeckung aus Tapanhoacanga, oder dem in groſser Mächtigkeit als Lager oder Stückgebirge und Bergköpfe auſsitzenden magnetischen Eisenstein und Eisenglanz mit seinen verschiedenen Abänderungen, die ich alle unter dem Namen des Itabirits *) begreiſe (S. geogn. Gemälde v. Bras. Weim. 1822). Die Schichten dieser Gebirgsarten laufen parallel mit dem Gebirgsrücken in der ersten bis zweiten Stunde. Bis zu einer Höhe von 4000 Fuſs, auf dem westlichen pralligten Abhange erscheint Granit und Gneis, für alle übrige Gebirgsarten bleibt also nur eine Gesammt-Mächtigkeit von höchstens 600 bis 900 Fuſs. Der Thonschiefer spielt unter diesen die unbedeutendste Rolle, der Itacolumitquarz die gröſste. Diese Verhältnisse zu einander halten an bis zum Absturze des Gebirges, wo es von dem Paraopebaflusse durchbrochen wurde; die Gegend des linken Ufers dieses Flusses senkt sich bis zu 3000 Fuſs herab, Tapanhoacanga ist ganz

---

*) Der Name von dem hohen Pico de Itabira entlehnt, welcher sich dadurch auszeichnet.

verschwunden, Eisenglimmerschiefer und Itacolumit-Quarz scheinen in grofsen Massen zu fehlen, dagegen tritt aber der an dem hohen Gebirge so unbedeutende Thonschiefer in grofser Verbreitung auf, und hier und da nur Streifen- und Nesterweise durchzieht denselben weniger Itacolumit-Quarz und Eisenglimmerschiefer, und Granit mit Gneis drängen sich bald da bald dort hervor; auch der Talkschiefer spielt keine unbedeutende Rolle zwischen diesen Thonschiefer-Schichten. Durch dieses aufserordentliche Zunehmen der Schichten des Thonschiefers, deren Querdurchschnitt einige Meilen beträgt, mufste endlich eine veränderte Richtung der Gebirgsschichten erfolgen, die hier ihr Maximum erreichte, d. h. sie bildete einen rechten Winkel mit den vorhergehenden Streichen derselben. Dies das Verkennen der Gebirgsarten zwischen Redondo und Brumado. An der Brücke von Brumado erscheint ein feinkörniger Granit anstehend und in seiner Nachbarschaft mag wohl der Itacolumit-Quarz zu einer gröfseren Ausdehnung wieder angewachsen seyn, denn in Brumado wird derselbe in grofsen Platten als ein vortrefflicher Baustein benutzt, wovon mir berichtet wurde, dafs sie aus der Nähe kämen. Diese Platten haben sehr vielen grünen und mehrfach gefärbten Talk beigemengt, wodurch dieselben ein gefälliges marmorirtes Ansehen erhalten. Das Gefüge des Gesteins ist schiefrig, und auf den Ablösungen seidenartig glänzend. Es fühlt sich etwas fettig an, ist milde und läfst sich sehr leicht bearbeiten. Quarz ist ihm wenig beigemengt, und obgleich dem Itacolumit-Quarze zugehörig, so ist es, oryctognostisch betrachtet, eine Felsart, die das Mittel zwischen Thon und Talkschiefer und Seifenstein hält, mit beigemengtem Quarz.

Von Brumado an sind nun die granitischen Urgebirgsarten vorherrschend, die sich weit hin ihrer Breite nach beinahe bis Formiga erstrecken, sich nördlich längst der großen Cordilheira von Espinhaço nach Serro do Frio, und südlich bis in die Provinz S. Paulo erstrecken. In höheren Gegenden zeigen sie hier einen magern Boden, bilden aber die so fruchtbare waldigte Niederung zum zweiten Bassin des Rio Paraopeba gehörig, welche weit und breit in Gegenden, besonders aber die Stadt Ouro Preto (sonst Villa Tica) mit Lebensmitteln versieht.

Bei der Brücke von Brumado, wie schon gesagt, kommt ein feinkörniger Granit zum Vorschein, jenseit der Fazenda da Pedra branca, sowohl kleinkörniger als grobkörniger, und nach allen Richtungen zerklüfteter. Ihn bedecket eine unfruchtbare eisenschüssige lehmigte Dammerde, die mit vielen eckigen eisenschüssigen Quarzbrocken untermengt ist. Man befindet sich hier in einer Höhe von 2915 Fuſs. Zwischen der Fazenda Pedra branca und der Fazenda das Egoas erscheint auf dem Granit ein Bergkopf, dessen Gestein man für Sandstein halten sollte, wahrscheinlich gehört es aber zu den körnig quarzigen primitiven Erzeugnissen, deren ich schon mehrmalen Erwähnung gethan.

In der Fazenda das Egoas ist die Erhöhung über dem Meere 3225 Fuſs, welche man ungefähr als allgemeine der ganzen Umgegend betrachten kann. Gneisfelsen stehen in ihrer Nachbarschaft zu Tage an mit einer Richtung der Schichten in der 3ten Stunde. Der Gneis ist kleinkörnig und scheint ihm viele Hornblende beigemengt zu seyn, die von dem schwarzen Glimmer, den er enthält, oft schwer zu unterscheiden, besonders wenn sie in einem verwitterten Zustande ist, indessen bleibt hierüber kein Zweifel vorhanden, da in weniger Entfernung der Gneis, der als Bergkopf emporragt, ganz in Syenit umgewandelt erscheint; weiter westlicher an der Straſse tritt ein noch höherer Bergkopf hervor, dessen feste Massen zum Theil aus Granit, zum Theil aus Gneis bestehen. Ob die höhern Magneteisensteinberge und Köpfe, die diesem Granit und Gneis wie aufgesetzt erscheinen, als isolirte, diesen Gebirgsarten angehörige Lager zu betrachten sind, oder ob sie als eine Fortsetzung der Eisenstein - Erzeugnisse der nördlicher gelegenen Serra de Ititiaia - açu angesehen werden können, bleibt noch auszumitteln.

Auch in dieser Gegend ist die Ackerkrume dürr und trocken, kaum ein spärliches Gras erzeugend, und tiefe Graben durchschneiden die meistens mürben, oder wenn ich mich so ausdrücken darf, unreifen, lehmigten, eisenschüssigen, dicken Lager granitischer Erden, nach allen Richtungen.

Bei Ponte Alta nähert man sich immer mehr dem südlichen, zur grofsen Wasserscheide gehörigen Gebirgszuge, oder der Serra dos Vertentes, die hier eine der beträchtlichsten Höhen der Gegend, Morro da Carapuça genannt, erreicht. Er ist über tausend Fufs höher, als die Fazenda von Ponte Alta, welche 2889 Fufs Höhe hat, und besteht aus magnetischem Eisenstein und Eisenglanz. Granit aber und Gneis ist die Hauptgebirgsart auf dem Gebirgsrücken hin, an dem längst die Strafse führt. Nach dem Granit findet man den Gneis an einem Bache, in Bänken anstehend, deren Hauptrichtung in der 12ten Stunde ist, mit einem Einfall der Schichten nach W. in ungefähr 45°, dem gewöhnlichen östlichen Einfalle also ganz entgegengesetzt. Die festen Schichten haben oft ein wellenförmig gestreiftes Ansehen und der durch dieselben strömende Bach ist beständig durch Triebsand granitischer Bestandtheile getrübt. Die Bemerkung verdient hier eingeschaltet zu werden, dafs in allen Gegenden Brasiliens, wo sich die mächtigen aufgesetzten Schichten der granitischen mürben Urerden vorfinden die zuweilen eine Mächtigkeit von 50 bis 70 Fuſs haben, in denselben häufig Quellen entstehen, welche hervorsprudeln und den losen Granit-Gruss mit sich fortführen. Durch dieses Wegführen des mürben Grundes fressen sich die Quellen immer tiefer in denselben ein, wodurch die so vielen jähen und tiefen Graben entstehen, die der ganzen Gegend ein zerrissenes Ansehen geben. Diese Graben werden von Jahr zu Jahr gröſser, denn in dem Maaſse, als die Gewässer sich tiefer eingraben, stürzen die Seitenwände nach, der Schutt wird durch das Wasser fortgespült und es entstehen immer wieder neue Einstürze, denen man bis jetzt selbst in den bewohnten Gegenden noch nicht hat Einhalt thun können; so daſs sie oft gefährlich für benachbarte Gebäude werden. *)

Diese unfruchtbaren Granit- und Gneisgegenden mit dem aufgesetzten mürben Lager, erstrecken sich bis über den Arrayal von S. Joaõ Baptista hinaus und enthalten zuweilen aufgesetzte oder hervorstehende Hornblendegestein-Köpfe. Das Streichen der Schichten ist theils in der 11ten, theils in der 12ten Stunde, bald östlich bald westlich einfallend, und die Einförmigkeit dieser Gebirgsarten wird nur durch ein Hornsteinlager von grauen und bunten Farben unterbrochen, welches bei S. Joaõ Baptista dem Gneise eingelagert zu seyn scheint. In seiner Nachbarschaft findet man auch magnetischen Eisenstein als Findling.

Nachdem man die Fazenda do Corrego da Chapada passirt ist, wird fester Gneis immer mehr vorherrschend, abwechselnd mit Syenit, der oft serpentinartig ist, und wovon ersterer auf Bergköpfen als Hornblendegestein umgestaltet ist. Der mit dem Serpentin verwandte Gabbro oder primitive Euphodit erscheint vorzüglich schön mit tombackschillernden Farben auf den krystallisirten Flächen des Bruches, bei der Fazenda do Fradite, woselbst er verschiedene Uebergänge in Syenit, Grünstein und Serpentin macht, in welchen goldhaltige Lager oder Gänge (eine seltne Erscheinung!) vorkommen, die ehemals bearbeitet wurden. Die ganze Cavra oder Gräberei war verlassen und verstürzt, so dafs man über das Vorkommen des Goldes darinnen keinen Aufschlufs erhalten konnte.

Der Morro do Diamante ist der höchste Punkt in dieser Gegend und erhebt sich bis zu 3405 Fufs. Gneis und Syenit sind die Hauptgebirgsarten. Der Gneis bei dem Arrayal de Oliveira ist ganz dem ähnlich aus der Nachbarschaft von Rio de Janeiro, er enthält Schörl und Granaten, eingesprengt und Nesterweise, wie jener, er ändert oft in Granit-Gneis oder in Gneis-Granit um, und zeigt eine aufserordentliche Frischheit im Bruche. Sein Streichen ist in der 8ten Stunde, und diese ganz aufsergewöhnliche Richtung verfolgt man mehrere Meilen weit. In der Nachbarschaft der Villa Tamandua nimmt er die Richtung in der 6ten Stunde und lenkt alsdann nach und nach in die 3te Stunde ein, die Hauptdirection aller Urgebirgsschichten. Ein- oder aufgelagertes Hornblendegestein fehlt auch hier nicht, so wie ebenfalls ein Lager grünlichen und bunten Hornsteins, wie das bei S. Joaô Baptista, aus welchem die Fenster und Thürpfosten der Kirche von Oliveira gehauen sind.

Die allgemeine Erhöhung der Gegend bleibt fast immer dieselbe zwischen 2400 und 2800 Fufs, und nur in dem tiefer gelegenen Flufsthale des Rio de S. Francisco, bei dem Porto de S. Miguel, mag sie um einige hundert Fufs niedriger seyn, denn 18 bis 20 Legoas von da an dem Flusse abwärts, bei dem Porto do Pará, fliefst derselbe noch in einer Höhe von 1895 Fufs, und weiter hinab, wo sich derselbe mit dem Rio das Velhas vereinigt, welches zwei Grade nördlicher statt findet, hat er eine Erhöhung von 1708 Fuſs. Der ganze Fall des Wassers des Rio de S. Francisco von Porto de S. Miguel bis an die Barra do Rio das Velhas beträgt also gegen 500 Fuſs auf die grade Länge von 54 Legoas, also im Durchschnitt für jede Legoa etwas über 9 Fuſs Fall. Von Porto de Pará bis zur Barra do Rio das Velhas beträgt der Fall des Wassers nicht mehr denn 4 Fuſs für jede Legoa, der Hauptfall ist also zwischen S. Miguel und Pará zu suchen. Man ersieht hieraus, wie das Niveau des Fluſsthales sich fast immer gleich bleibt, und wie wenig Hindernisse der Beschiffung dieses groſsen Stromes im Wege stehen, sobald nur die Cataracten von Pirapóza, die ungefähr 30 Fuſs hoch sind, und nahe der Mündung in den Rio das Velhas liegen, mit einem Seitenkanal umgangen werden. Von dem Porto de S. Miguel aufwärts ist die Strömung stärker, weil man den Gebirgen und seinen Quellen sich nähert, die von den benachbarten Höhen der Serra do Canastra kommen. Eine dieser Quellen stürzt sich als beträchtlicher Bach bei der Fazenda da Casca d'Anta mehrere hundert Fuſs hoch aus einem tiefen Einschnitte, einer wohl gegen tausend Fuſs hohen senkrechten Felsenwand dieses Alpengebirgs herab, und bildet einen sehenswerthen Wasserfall. Die beiden am weitesten herkommenden Quellen entspringen ungefähr 18 bis 20 Legoas von Porto de S. Miguel an dem östlichen Abhange des hohen Berg-Plateau's der Campos da Barba de Boda, die eine bei Rolim, die andere in der Nachbarschaft der Fazenda von Jozé Franzisco, welche letztere schon den Namen des Rio de S. Francisco führt, ungeachtet er hier nur noch als kleiner unbeträchtlicher Bach erscheint.

Von dieser hydrographischen Abschweifung kehre ich

zu den geognostischen Beschreibungen der Gegenden zurück. Gneis bleibt die Hauptgebirgsart bis jenseit des grofsen Arrayal von Formiga. Seine Bestandtheile sind die des reinen Gneises, ohne Beimengung von Granaten und Schörl, und ohne Uebergänge in Granit-Gneis, wie bei Oliveira und Rio de Janeiro. Seine Schichtenrichtung ist in der 3ten Stunde, die Neigung derselben nach S. O.

Bei der Fazenda von Corrego Fundo verbergen sich zum erstenmale, auf dieser langen Linie von Rio de Janeiro an, die Urgebirge unter der Uebergangs-Bildung des Thonschiefers, Grauwackenschiefers und Kalksteins etc. Diese Gebirgsarten nehmen hier das Flufsthal des Rio de S. Francisco ein, und ziehen in demselben hinab, mit derselben allgemeinen Richtung der Schichtungen, so wie die Urgebirge; nur die Neigung derselben ist gröfseren Abwechselungen unterworfen, indem sie bald östlich bald westlich, bald horizontal und wellenförmig erscheint. Der Thonschiefer spielt unter den Gebirgsarten in dieser Gegend die Hauptrolle, meistens erscheint er an der Oberfläche in einem mürben Zustande, oft ganz dem Schieferthone ähnlich und ganz dünn geschichtet. Auf diesem gelagert mit horizontalen Bänken, erheben sich die Kalkberge eines grauen dichten Kalksteins, die sich längst den rechten Ufern des Rio de S. Francisco viele Meilen weit hinaberstrecken. Sie beginnen an dem Fufse der Serra de Pinhoy bei der Fazenda de S. Miguel, laufen an dem Flusse gleiches Namens hinab, bilden die Serra do Salitre mit ihren vielen Salpeterhölen, und erscheinen weiter nördlich in derselben Richtung zwischen dem Rio Pará und dem Rio Paraopeba in der grofsen Fazenda do Pompéo. Die Lagen dieses Kalksteins, wie schon gesagt, sind horizontal, theils in dünnern Schichten, theils in dickeren Bänken, bis zu mehreren Fufsen Mächtigkeit, ohne irgend eine Versteinerung. Er ist hellgrau von Farbe, sein Bruch eben und matt, und in dünnen Tafeln klingend, wenn daran geschlagen wird. Diese Kennzeichen unterscheiden ihn merklich von dem Kalkstein der Bleimine von Abacté etc., der unbezweifelt zu der Uebergangsbildung gehört; ob man diesen auch dahin zählen kann, muſs erst noch durch mehrere Beobachtungen bestätigt werden; indessen, es ist wahrscheinlich, denn aller Kalkstein auf dem linken Ufer des Rio de S. Francisco zwischen den Flüssen Marmelada, Indaia, Borrachudo, Tiros und Abacté so wie auf dem rechten Ufer die groſse Kalkstein-Verbreitung der Nachbarschaft von Formigas do Serro, worinnen ebenfalls groſse Salpeterhölen erscheinen, gehören dem Kalkstein der Uebergangsbildung an, und wechseln mit Thonschiefer, den alten Sandstein über sich habend. Bei dem hier vorkommenden Kalkstein, so wie demjenigen in der Fazenda do Pompèo bedarf es noch genauerer Nachforschungen, um Gewiſsheit über sein Alter zu erhalten.

Die Uebergangsbildung dieser Gegend erstreckt sich südlich nur wenige Meilen bis an die groſse Wasserscheidungs-Erhöhung, welche hier nur einen ganz schmalen Isthmus zwischen dem S. Francisco und Rio Grande bildet. Das goldhaltige Gebirge von Pinhoy springt aus dieser Wasserscheide weit in die Fluſsebenen des Rio de S. Francisco hervor und zeichnet sich besonders aus, weil es von dieser Seite betrachtet als ein isolirter hoher Berg erscheint. Die Straſse führt über das Gebirge in die wellenförmige Grasebene des Arrayal von Pinhoy, woselbst der Goldgehalt der Serra, die aus Urthonschiefer und Itacolumit-Quarz zusammengesetzt ist, wahrscheinlich auch in Verbindung mit Eisenglimmerschiefer, in den kleinen Bächen und Flüſschen, so wie an deren Ufer abgesetzt wird, woraus einiges

Gold gewaschen wird. Es ist mir nicht bekannt, ob man auch Arbeiten in dem Gebirge selbst deshalb unternommen hat. Das Streichen der Gebirgsschichten ist parallel mit dem Bergrücken in der 11ten Stunde und das Einfallen derselben nach O.

Hat man die einige Stunden breite Grasebene, in welcher nirgend die Gebirgsart zum Vorschein kommt, durchschnitten, so gelangt man nun zum schmalsten Theile der Erdenge in die Gebirge der Serra da Matta da Corda, von denen die Serra do Canastra die äuſserste südliche Spitze ist, als hohes Alpengebirge mit steilen Felsenwänden sich auszeichnet, und deren Höhe ich zwischen 5 bis 6 tausend Fuſs schätze. Diese Gebirge gehören zu dem groſsen Bergmeridian, welcher das linke Ufer des Rio de S. Francisco begleitet, die groſse Wasserscheide zwischen diesem und dem Rio Tocantino bildet und alsdann in der Provinz Piauhy sich in zwei groſse Aeste zertheilt. Unmittelbar mit der Serra do Canastra hängt die Serra da Marcella und do Urubû zusammen, die zum Theil zwischen den Flüssen Indaiá, Abacté, Sono und Paracotû ausstrahlen, indem diese Ausstrahlungen unter dem allgemeinen Namen der Serra da Matta da Corda begriffen sind. Im Rücken derselben zieht sich aber das Hauptgebirge weiter nördlich unter dem Namen der Serra dos Piloês, da Tiririca, bis zu den Pyrinéos.

Auf dem Isthmus zwischen dem Rio Grande und dem S. Francisco findet die Vereinigung des Bergäquators oder der Serra dos Vertentes mit dem zweiten groſsen Bergmeridiane statt, indem beide zusammenstoſsen, letztere von ihrer westlichen Richtung ganz abweichet, und erst wieder mit der Serra dos Pyrinéos sich westlich von dem Meridiane, der unter dem Namen Chapada de Sa Maria nördlich fortsetzt, trennt. Südlich wurde dieser Bergmeridian von dem

Rio Grande gewaltsam durchbrochen, indem er an dem linken Ufer desselben unter dem Namen der Serra da Franca in die Provinz S. Paulo fortsetzt.

Wilde, unwegsame Gegenden, deren tiefe Felsenthäler dennoch bewohnter, als die freundlichen Campos sind, erstrecken sich hier längst den Ufern des S. Francisco in die steinigten Gebirge. *) Die Hauptgebirgsart ist Itacolumit-Quarz und Thonschiefer. Auch Eisenglanz und Magneteisenstein, als fast unzertrennlicher Begleiter des Itacolumits scheinen nicht zu fehlen, denn in der Fazenda de Jozé Francisco hatte man ein kleines Oefchen gebaut und fabrizirte aus diesen Erzen einiges Eisen, ungefähr auf die Art, wie es die Tartaren zu machen pflegen oder die Neger in Afrika.

Von Jozé Franzisco steigt man immer weiter in den felsigten kahlen Bergthälern aufwärts, an deren Abhängen in den Felsenritzen die hirschgeweihähnliche Velozia beinahe als einzige Pflanze wuchert, und durch ihre schönen blauen Blüthen das Auge einigermaſsen für die wüsten Umgebungen schadlos hält. Links und rechts kommt man an steile Felsenwände und tiefe Abgründe mit rauschenden Gewässern und Wasserstürzen, die ersten Tributaire, welche dem Rio de S. Francisco seinen Ursprung geben. Nach einem Marsche von 4 Stunden gelangt man endlich auf das hohe Plateau der Campos da Barba de Bode, von dessen südlichem Abhange die Gewässer nach dem Rio Grande laufen. Dieses ausgedehnte Plateau mag wohl eine Höhe von 4000 Fuſs haben *) und läuft sich immer mehr ab-

*) Mein Barometer war durch einen Sturz des Maulthiers in den Bergen zerbrochen, ein unersetzlicher Verlust in dieser Gegend, so daſs ich nur die Höhen ungefähr schätzen muſste.

senkend an dem rechten Ufer des Rio Grande hinab, der Hauptrücken aber wurde, wie schon gesagt, von diesem Strome durchbrochen, und setzt in der Provinz S. Paulo weiter fort.

Von dieser Höhe steigt man sanft abwärts in das Thalgebiet des Rio das Velhas. *) Die Gebirgsart ist durchgehends der Itacolumit-Quarz mit dem ihm angehörigen Thonschiefer. Die Schichten stehen oft ganz senkrecht in hohen Felsenwänden empor und haben ein von der gewöhnlichen Richtung der Urgebirge ganz abweichendes Streichen in der 6ten und 7ten Stunde, welches bei dieser Formation indessen nichts Seltnes ist.

An den Ufern des Rio das Velhas bei Dezemboque, dem Hauptorte des Julgado gleichen Namens, findet man Gold in den angeschwemmten Lagern, die aber nur sehr wenig bearbeitet werden, ungeachtet daſs einige Gupiaras (Bearbeitung der angeschwemmten Lager an den Abhängen der Berge) reich seyn sollen. Mangel an Bevölkerung dieser Gegenden, so wie auch der Mangel an Sclaven, vorzüglich aber wohl, weil die Bewohner der Grassteppen mehr Gefallen an der Viehzucht haben, mag wohl der Hauptgrund seyn, daſs man sich hier so wenig mit der Goldgewinnung beschäftigt.

Auf den Campos-Höhen zwischen dem Rio Grande und dem Rio das Velhas bis zum Ribeiraô da Farinha podre hinab, scheint das ganze Terrain der Itacolumit-Quarz-Bildung anzugehören, nur hie und da findet man auf demselben einen röthlichen Sandstein in horizontalen Schichten auf-

*) Dieser Rio das Velhas muſs nicht mit dem anderen beträchtlicheren verwechselt werden, der sich mit dem Rio de S. Francisco vereinigt.

gesetzt, der wohl dem alten Sandsteine zugehört, so wie der von Ypanéma, Borrachudo und den Ufern des Rio de S. Francisco. Von Farinha podre aus werden die Gegenden ebener und dehnen sich in unübersehbare Grasflächen aus mit starker Dammerde, unter welcher die Urgebirgsarten verschwinden und von jüngeren bedeckt sind, wie dieses die Geschiebe in den Bächen und die Ufer des Ribeiraô da Ponte alta, des Corrego de Viadinho etc. auch einige Stellen der Nachbarschaft des Arrayal da Capellinha anzudeuten scheinen, denn nicht nur die Geschiebe zeigen davon, sondern auch ein vollkommen horizontal geschichtetes Gestein in dünnen Lagen tritt daselbst hervor, welches nach allen Richtungen zerklüftet ist, und von denen sich faustgroſse cubische, sowie auch vielseitige Stücken leicht lostrennen. Es hat ein grünlich graues Ansehen, und gleicht diesemnach ganz der Wernerschen Wacke, gehört aber wahrscheinlich den Thonporphyren zu, welches ich aber nicht näher untersuchen konnte, da mir die gesammelten Fossilien aus diesen Gegenden verloren gingen. Auf diesem Gestein aufgesetzt, kommt zuweilen auch ein sandiger Rotheisenstein vor, der wahrscheinlich der secondairen Sandsteinbildung angehört.

Bei der Fähre oder dem Porto do Rio Grande, woselbst die Hauptstraſse von S. Paulo nach Villa Boa in Goyaz, über diesen Strom führt, der hier wohl noch gegen 2000 Fuſs hoch sein Bette hat, endigen meine westlichsten Beobachtungen der Gebirgsarten und es ist daraus hervorgegangen, daſs dieselben zwischen dem 19°, 30′ und 22°, 30′ südlicher Breite und auf 6° westlicher Länge eine Hauptrichtung der Gebirgsschichten zeigen, die zwischen die 2te und 3te Stunde fällt mit einer Hauptneigung derselben nach S. O. Ferner geht daraus hervor, daſs in dieser Erstreckung des Querdurchschnitts der Gebirgsarten, die Urgebirgsarten, Granit, Gneis, Syenit, Grünstein, Thonschiefer und Itacolumitquarz gegen 50 Mal unter einander Hauptabwechselungen machen und als Hauptgebirgsarten hervortreten; ungerechnet die minderbeträchtlichen und unzähligen Wiederholungen und Abwechselungen dieser Gebirgsarten wieder unter sich, so daſs ein und dieselben Gebirgsarten bald als untergeordnet, bald als Hauptgebirgsarten, erscheinen. Unter diesen Hauptabwechselungen wiederholt sich der Granit 11 Mal, der Gneis 16 Mal, der Syenit 7 Mal, der Grünstein 5 Mal, der Thonschiefer 5 Mal, der Itacolumitquarz 4 Mal. Auch die vielen Abänderungen und Uebergänge der Gebirgsarten sind hierbei nicht besonders aufgezählt, und da sie sämmtlich alle durch ihre fast durchgängig starke Inclination der Schichten gleichsam wie nebeneinandergestellt erscheinen, mit einem südöstlichen Einfall, so möchte wohl nach dem gewöhnlichen Systeme der Auflagerungen sehr schwer zu entscheiden seyn, welches der ältere oder jüngere Granit, welches der ältere oder jüngere Gneis etc. etc. Wollte man eine theilweise Umstürzung oder Umkäupelung der Urgebirge von N. W. nach S. O. annehmen, dann müſste man freilich die am nordwestlichsten stehenden Gebirgsarten für die älteren halten, weil sie aus der gröſsten Tiefe empor gehoben wurden; allein, ist dieses wohl von einer Masse denkbar, die über hundert Meilen dick ist, und die vielleicht noch um mehrere hundert Meilen bis an den entgegengesetzten Ocean an Mächtigkeit zunimmt? Welcher groſse Erdspalt müſste dadurch nicht in den Gegenden entstanden seyn, wo die ursprünglich horizontalen Gebirgslagen von einander brachen! oder sollte dieser groſse Spalt vielleicht unter der ausgedehnten Wasserfläche des Stillen-Meeres sich verbergen? — Im Gegensatze aber nun, wenn diese Spaltung und theilweise Umkäupelung nicht statt fand, und die Urgebirge sich gleich anfänglich mit einsenkenden Schichten bildeten und sich neben einander stellten, so wie sie heutzutage erscheinen, wo fangen da die älteren an, wo hören die jüngeren auf? Geht aus dieser Stellung nicht die natürliche Folge hervor, daſs kein Glied älter, keins jünger seyn kann, sondern daſs sie alle gleichzeitig und auf einmal entstehen muſsten? [5])

So sehr der Gebirgsforscher auch alle Hypothesen-Aufstellungen vermeiden sollte, die ihn oft irre leiten und gewöhnlich nicht weiter bringen; so wird er doch unwillkührlich durch das Anschauen gedrängt, seine Gedanken auf die Entstehung der Gebirgsarten zu lenken, und es ist wohl verzeihlich, wenn er sie hie und da ausspricht, besonders wenn sie auf eigne Beobachtungen gegründet sind. Sie führen, wenn auch nicht aufs Klare, wenigstens aber zu einer steigenderen Aufmerksamkeit bei künftigen Forschern, und dieses ist schon Gewinn für die Wissenschaft.

Beschreibung einzelner Gebirgsarten und einfacher Fossilien, welche auf dem Wege von Rio de Janeiro bis an die Grenze von Goyaz gesammelt wurden.

Granit kleinkörniger mit gleichen Gemengtheilen weiſsen Quarzes und Feldspath und stahlgrauen Glimmer. Von der Serra de Estrella.

Granit groſskörniger mit weiſsem Quarz und Feldspath und schwarzem Glimmer. Von Sumidouro.

Granit groſskörniger mit wenig Feldspath und vielem schwarzen und messinggelben Glimmer. Von Pampulha.

Granit kleinkörniger mit sehr wenigem Glimmer und verwittertem Feldspath. Von Payol.

Gneis feinkörniger, gelblich und von gleichen Gemengtheilen. Von dem Morro de Marmello.

Gneis kleinkörniger mit wenig schwarzem Glimmer, gelblichweifsem Feldspath und graulichweifsem Quarz. Von Sumidouro.

Gneis feinkörniger, sehr verwittert, mit goldgelbem Glimmer. Von den Ufern des Rio Parayba.

Gneis sehr feinkörniger mit vielem schwarzen Glimmer. Von Boa Vista da Pampulha.

Gneis grobkörniger und grofsflafsriger. Von Parayhuna.

Gneis feinkörniger mit gleichen Gemengtheilen und halb verwittertem Feldspath. Von dem Morro de Chapeo d'Uvas.

Gneis grofsflafsriger mit bräunlichrothem Feldspathe und schwarzem Glimmer. Von dem Morro do Alcaida Mor.

Gneis kleinkörniger. Von der Serra da Mantiqueira.

Granitgneis mit Granaten und sehr frischem Bruche ganz dem von Rio de Janeiro ähnlich. Von Oliveira.

Syenit mit vieler schwarzer Hornblende, wenig weifsem Feldspathe und Quarz. Von Caxoeira.

Syenit mit gleichartigen Gemengtheilen. Von Cabeças.

Syenit mit verwittertem Feldspathe. Von Queiróz.

Syenit schiefriger, feinkörniger. Von Chapeo d'Uvas und Pinho novo.

Syenit schiefriger mit vielem Quarze. Von Bom retiro.

Syenit schiefriger, kleinkörniger und verwittert. Von Pedro Alves.

Grünstein kleinkörniger, von sehr dunkelgrüner Farbe. Von Lucas nahe dem Rio Parayba.

Grünstein feinkörniger mit wenig Feldspath. Von Alcaida Mor und Simaô Pereira.

Grünsteinkugeln. Von Estive und Ribeiraô de Mathias Barboza.

Quarz in Bergkrystall und Rauchtopas übergehend. Von Alberto dias.

Rosenquarz. Von Juiz de Fora.

Quarz körniger, weifser. Von Boa Vista de Pampulha, als Findling.

Fettquarz in Bergkrystall übergehend. Von Tres irmaôs, als Findling.

Granatgestein. Von Juiz de Fora, als Findling.

Ein Gemenge von Quarz und weifsem Feldspath mit schwarzer Hornblende und brauner krystallisirten Blende. Von Paraybúna als Findling.

Weifsstein, milchweifs, feinkörnig bis zum Dichten, von splittrigem Bruch, durchscheinend an den Kanten und sehr fest; andere Exemplare eisenschüssig und porös. Von der Fazenda das Taipas.

Seifenstein oder Topfstein, erdiger gemeiner von grünlichgrauer Farbe. Bei Barbaçena.

Seifenstein fester feinkörniger, von grünlichweifser Farbe. Von Rancho Novo.

Magneteisenstein mit Schwarzbraunsteinerz. Zwischen Alberto dias und Resacquinho.

Brauneisenstein, derb und eingemengt in einem schmutzigweifsen Quarze mit goldgelbem Glimmer. Von Vargem.

Manganerz, schwarzes, mürbe und zerreiblich. Von Arrayal Redondo.

Manganerz d^{to}. mit Quarz. Von Queluz.

Manganerz d^{to}. feinkörniges mit vielem Quarz. Von Rocinho do Gama.

Manganerz graues, dichtes mit eingewachsenem krystallisirten. Auf dem Wege von Rocinho nach Engenho.

Concretionen gleichsam wie Corallen-Verästelungen, theils hohl, theils compakt. Von der Höhe von Crandahy.

Strahlstein in einem eisenschüssigen talkigten Gestein. Aus der Nachbarschaft von Redondo.

Schwefelkies, verschiedenartig krystallisirt. Von Congonhas do Campo.

Hornstein, von verschiedenen bunten Farben. Aus der Gegend von S. Joaô Baptista.

Kalkstein dichter, grauer, in Tafeln klingend. Aus den Kalkhölen von Formiga.

Anmerkungen zum dritten Abschnitt.

1) Von einem grofsen Theile dieses Weges habe ich in dem 2ten Heft des Journals von Brasilien eine kleine petrographische nebst Durchschnittskarte der Gebirgsarten gegeben, welche letztere auf das gewöhnliche System der auf- und über einander gelagerten Gebirgsarten sich gründete. Granit wird als Grundgebirge aller übrigen angenommen, und tritt unter denselben an den bezeichneten Stellen hervor. Da aber gegenwärtig hinlänglich bewiesen, dafs die hier beschriebenen Gebirgsarten Brasiliens gleichzeitigen Alters sind, nicht übereinander sondern nebeneinander gelagert erscheinen; so möchte wohl eine Profilkarte mit schräg laufenden Parallellinien, zwischen welchen die Gebirgsarten bemerkt sind, mehr der Wahrheit näher kommen, als eine solche, in welcher die Einbildungskraft die verschiedenen Urgebirgsarten in beliebigen Schlangenlinien unter einander fortlaufen läfst, und von denen man eigentlich nichts weiter sieht als das Ausgehende ihrer inclinirten Schichten, wovon man nicht wissen kann ob sie ins Unendliche in die Tiefe fortlaufen, oder ob sie sich verflächen und wieder aufrichten und nochmals senken, denn wer kann die Tiefen durchschauen! Dafs man hie und da Schichten von Urgebirgen sich senken und wieder aufrichten sieht, giebt uns noch keinen hinreichenden Grund von diesen partiellen Erscheinungen auf das ganze Gebäude der Urgebirgsschichten zu schliefsen.

2) Ich gebrauche vorzugsweise für verwittert, den Ausdruck m ü r b e, da es mir nicht wahrscheinlich scheint dafs Verwitterung so tief in die Felsenschichten einzudringen vermögend ist, sondern dafs der mürbe Zustand, wenn die ganze Gebirgsart von dieser Beschaffenheit ist, oder wenigstens ein grofser Theil derselben, vielmehr ursprünglich ist und als ein unvollkommnes unreifes Gebilde betrachtet werden mufs.

3) Sowohl durch Mauern und Pfähle als auch durch Anpflanzung von starkwurzelnden Staudengewächsen und Bäumen, habe ich diesem Uebel in der Kaiserlichen Stuterei von Caxoeira vorzubeugen gesucht, allein vergebens, denn wenn auch einige Zeit dem tieferen Einfressen Grenzen gesetzt wurden, so stürzte nachher durch die Untergrabungen des Wassers

rückwärts ein desto gröſseres Stück Erdreich zusammen und man muſste neue Vorkehrungen treffen.

4) Die Bevölkerung dieser Gegend ist keineswegs ihrer Fruchtbarkeit zuzuschreiben, die gewiſs hier nicht sehr einladend ist, sondern vielmehr der Grenzscheide welche bis zum Jahr 1816 die Provinz Minas von der von Goyaz trennte und hier durch die Gebirge sich erstreckte. Menschen, die in einer oder der andern Provinz von der Justiz verfolgt wurden, siedelten sich auf dieser Grenze an und konnten sich leicht durch die Ueberschreitung derselben von der einen und der anderen Seite sicher stellen. Auch brauchten sie nur den nahen Rio Grande zu überschiffen, um in die Provinz S. Paulo zu flüchten.

5) Die diesem Abschnitte beigefügte petrographische Karte, nebst dem Profildurchschnitte des Terrains und der Gebirgsarten, geben die belehrendsten Ansichten über die nebeneinandergestellten Gebirgsarten.

Vierter Abschnitt.

Terrain der beiden Julgados von S. Domingos de Araxá und Desemboque.

Um das Bild dieser westlichen Gegenden zwischen dem Rio Grande und dem Rio Paranahyba, welche bis zum Jahre 1816 zu der Provinz Goyaz gehörten und die beiden Julgados S. Domingos de Araxá und Desemboque in sich begreifen, etwas vollständiger zu machen, wende ich mich von dem in dem vorhergehenden Abschnitte stehen gebliebenen Punkte, an der Fähre des Rio Grande, in grader Linie nördlich auf der Hauptstraſse nach Goyaz, zu dem Rio Paranahyba, der nunmehrigen Grenze von Minas und Goyaz. [1]) Dieses ganze Zwischenland besteht aus Campos, (Lianos oder Pampas) mit dem üppigsten Graswuchse. Nur in der Nachbarschaft von Bächen und Flüssen findet man die Oberfläche des Bodens hüglicht; in weniger Entfernung davon sind unübersehbare wagerechte Ebenen, gleich der Spiegelfläche des Meeres, oder wie durch Kunst nivellirt, so daſs man Sonnenhöhen darauf beobachten könnte. Diese Ebenen haben zwischen den beiden genannten Flüssen eine Breite von 27 Legoas und sollen sich gegen 70 Legoas westlich bis zu dem Zusammenfluſs beider Flüsse erstrecken. Oestlich, jedoch mit mehr wellenförmigem Boden, erstrecken sie sich ungefähr 30 Legoas bis an den hohen Gebirgszug der Serra da Matta da Corda, und werden von dem Rio das Velhas, dem Quebre Anzol, d'Oirados, Sta. Juliana, und mehreren andern kleineren Flüssen, bewässert, die ihren Ursprung in dem genannten Gebirge nehmen. Sie verhalten sich ganz so, wie die niedern Pampas von Buenos Ayres, ungeachtet sie gegen zweitausend Fuſs hoch über dem Meere erhaben sind, und haben einen Flächeninhalt zwischen den beiden groſsen Flüssen von mehr denn tausend Quadrat-Legoas. Ihre Ausdehnung erstreckt sich aber noch weit jenseits derselben, besonders über den untern Rio Grande oder Paraná, die ausgedehnten Campos de Guarapuába in sich begreifend.

Da die Bevölkerung in diesen Gegenden, die unstreitig zu den schönsten und gesundesten von Brasilien gehören, wo einstens einmal groſse Städte und Flecken blühen werden, bis jetzt sehr gering ist; so wurden die wenigen zersteut-wohnenden Pflanzer, so wie die Reisenden nach Goyaz oft von der Nation der wilden Cayapós, die in diesen Campos Streifzüge machten, überfallen und beraubt; um die Straſse und Ansiedler nun sicher zu stellen, versetzte man aus den Provinzen von Matto Grosso und Goyaz mehrere Indische gezähmte Stämme in diese Gegenden und bauete ihnen längst der Straſse zerstreut-liegende Dörfer, die unter der Herrschaft eines Directors standen, und übertrug ihnen die Vertheidigung gegen die wilden Cayapós. Man wird also nicht wenig überrascht, hier auf einmal sich unter fremde Volksstämme versetzt zu sehen, die nun freilich seit den 50 Jahren, die sie hier schon leben, das Meiste von ihren Eigenthümlichkeiten verloren haben. [2])

Die Ebenen zwischen den beiden Hauptflüssen bestehen gröſstentheils aus Sandstein, den ich für Grauwacke und Grauwackenschiefer hielt, der aber nach näherer Prüfung wohl dem Todtliegenden zugezählt werden muſs, so wie jener auf der östlichen Seite der Bergkette da Matta da Corda, auf den linken Ufern des Rio de S. Francisco. Da die Gegenden nur wenig oder gar nicht durch Wassergraben oder Menschenhände aufgeschlossen sind; so kommen die Gebirgsarten auch nur selten zum Vorschein. Bei der Aldea de Lanhoso und der Fazenda da Tijuco, wo der Boden etwas hüglichter ist, steht unverkennbar der alte Sandstein hervor, aus welchem auch eine Quelle salzigen Wassers (Bebedor) hervorsprudelt. Bei dem Ribeiraô de Uberàva findet man ein in Feuerstein übergehendes Hornsteinlager, dessen Lagerungsverhältnisse nicht auszumitteln waren, jedoch erscheint in der Nachbarschaft Thonschiefer, wahrscheinlich der Uebergangsbildung zugehörig. Bei der Fazenda das Furnas stürzt sich der Ribeiraô gleichen Namens über horizontale Bänke Sandstein, gegen 50 Fuſs hoch herab, und bei der Aldea das Pedras bestehen die benachbarten Hügel aus demselben, dessen Streichen bei etwas inclinirten Schichten an oben genannten Orten, in der 6ten und 7ten Stunde ist. Weit verbreitet scheint auch in diesen Campos der wackenähnliche Thonporphyr zu seyn, den man von Farinha podre an bis nach Capellinha in einer Ausdehnung von 5 Legoas sehr oft zu Tage anstehend findet.

In der Nachbarschaft des Rio Paranahyba treten zuerst wieder Urgebirgsarten hervor, und zwar Gneis mit einem Streichen seiner Schichten in der 8ten Stunde und einem südlichen Einfall derselben. Unmittelbar darauf gelagert findet man bei dem Porto do Paranahyba den Syenit.

Bis hieher verfolgte ich die Andeutung der Gebirgsarten in nördlicher Richtung, jetzt wende ich mich aber südöstlich in der Richtung des Hauptdurchschnitts der Urgebirgsschichten und parallel dem linken Ufer des Rio d' Oirados hinauf, woselbst die Gegenden hüglichter, zum Theil auch wohl bergigt sind.

Bei Verfolgung dieses Weges findet man zuerst auf

der Berghöhe von der Aldea do Rio das Pedras, woselbst der Weg nach Porto Real do Paranahyba abgeht, einen grofskörnigen Granit, und weiter hin an dem Rio Bagagem Glimmerschiefer mit vielem schwarzen Glimmer, und einem Streichen seiner Schichten in der dritten Stunde. Er steht hier in grofsen Felsen in dem Flufsbette zu Tage, und als brausender Wasserfall stürzt sich der Strom von den Felsen in der Nachbarschaft, der unbequemen, und selbst gefährlichen Durchfurt, herab. Bei der Fazenda do Tronco erblickt man Syenit mit derselben Richtung der Schichten. Die Gegenden werden hier unfruchtbarer, und Granitboden tritt bei der Corregо da Cava hervor, welcher auch bei der Fazenda do Felis, und der von Maria Lorenza, sichtbar ist. Von hier aus verschwindet wieder unter der dicken Dammerde und dem üppigen Graswuchse, jede Anzeige von Gebirgsarten, woraus man auf das Grundgebirge schliefsen könnte, und erstlich in der Nachbarschaft des Arrayals von Patrocinio, an den kahlen Bergen der Serra dos d'Oirados, treten jüngere Gebirgsarten hervor, besonders das Rothetodtliegende mit vielen Quarzgeröllen. Ist man über Patrocinio hinaus, so kommt man durch die schönsten Wiesengründe mit Wald bewachsenen Anhöhen, wahre paradiesische Gegenden, worinnen auch mehrere wohlhabende Güterbesitzer sich angesiedelt haben, die besonders Viehzucht treiben. Der Hauptsegen für diesen Bezirk sind die so häufig hervorsprudelnden salzig hepathischen Quellen aus dem genannten alten Sandsteine, der überdem noch an vielen Orten auf der Oberfläche mit Salztheilchen geschwängert ist, die von wilden und zahmen Thieren gierig gesucht und als natürliche Salzlacken so sehr geschätzt werden, besonders da sie zum Gedeihen des Rindviehs ausserordentlich beitragen.

Die Serra do Salitre, Serra Negra und Serra dos Agudes treten als Urgebirge der Thonschiefer- Itacolumit-Quarz- und Glimmerschieferbildung, aus den bergigten und hüglichten Niederungen der Sandsteinformation hervor, und an ihren Füſsen entspringen die hepatisch salzigen Quellen (Bebedores) zwischen dem alten rothen Sandstein, aus groben Brocken zusammengesetzt, und einem darunter gelagerten schwefelkieshaltigen Hornblendegestein, welches wahrscheinlich der Urbildung zugehört. Die untersten, den Quellen zunächstliegenden Lager des Sandsteins sind, wie schon gesagt, sehr grobkörnig und von grauer Farbe; die an der Serra do Salitre sind mit vielen Eisensteinbrocken gemengt, welche sich in denen an der Serra do Agudes bei Araxá nicht vorfinden. Die obersten Lagen dieses Sandsteins werden von unten aufwärts immer feinkörniger und erscheinen auf den höhern Punkten der Hügel, wo die Quellen sind, von so feinem Korne, daſs sie ein dichtes mit Eisenoxyd gefärbtes Quarzgestein zu seyn scheinen. Das darunterliegende Hornblendegestein ist von vielen Quarzadern durchzogen, die Hornblende zum Theil krystallisirt, meistens aber dicht mit beigemengtem Schwefelkies. *)

An der Serra do Salitre, die sich ungefähr 1000 Fuſs hoch aus den niederen Umgebungen erhebt, und als langer Gebirgsarm von der Serra da Matta da Corda herabkommt, ist der Thonschiefer und der Itacolumitquarz vorherrschend. Letzterer bricht ganz oben auf der Serra in groſsen schönen Platten, und sein Streichen ist in der 4ten Stunde. Thonschiefer und Itacolumitquarz machen hier vollkommne Uebergänge der Breite ihrer Schichten nach, wie man nicht sowohl oben auf der Serra als auch an ihrem Fuſse nächst dem Corrego da Caxoeira do Francisco Jozé wahrnimmt, und mehrmalen wechseln diese Gebirgsarten mit einander ab.

Wendet man sich von der Serra do Salitre südlich nach dem ungefähr 12 Legoas davon entfernten Arrayal de S. Domingos de Araxá und der daran gelegenen Serra dos Agudes; so findet man bei der Fazenda do Jazintho Manoel Texeira, Granit von groſsem Korn und an denselben gelagert, Glimmerschiefer als feste Felsenmassen mit rauchgrauem Quarze und silberweiſsem Glimmer; alsdann erscheint aber eine Gebirgsart, deren Grundmasse ein rothbraungefärbter Thonschiefer ist, voller silberweiſsen groſsen Glimmerblättchen, die nach allen Richtungen gleichsam wie eingeknetet darinnen zerstreut liegen. Zuweilen nehmen die Glimmerblättchen so überhand, daſs man dieses Gestein als Glimmerschiefer betrachten muſs, an andern Orten sind sie aber auch wieder so selten, daſs das Gestein dem Thonschiefer zugezählt werden muſs. Wie sich Granit, der feste Glimmerschiefer und diese Gebirgsart in ihren Lagerungen zu einander verhalten, habe ich nicht ergründen können. Die Hauptrichtungen der Schichten des Glimmerschiefers, wie dieses letzten Gesteines, laufen in der 3ten Stunde mit einer Neigung von 20° nach S. O.

An der Serra dos Agudes, die ebenfalls als ein langer, allein weniger hoher Bergarm zu betrachten ist, der von der Serra da Matta da Corda abläuft und sich zwischen dem Rio das Velhas und dem Quebre Anzol hinabzieht, kommt wieder Thonschiefer und Itacolumitquarz vor, so wie auch die dieser Formation zugehörige Bildung des Eisensteins, besonders des magnetischen Eisensteins und Eisenglanzes. Der Fuſs der Serra besteht aus der Sandsteinformation mit den hervorsprudelnden hepatischen Salzquellen. Als Findling erscheint an diesem Bergzuge ein grofs und gradstrahliger Baryt, der wahrscheinlich der Eisensteinformation angehört, so wie der krystallinisch körnige bei dem Arrayal von Antonio Pereira, wofür besonders der rothe anhängende Eisenocher zu sprechen scheint.

Nimmt man den Weg aus der Gegend von Araxá, die, so wie der ganze District, eine der schönsten und fruchtbarsten Brasiliens ist, östlich nach dem hohen Gebirgszuge der Serra da Matta da Corda, wo die Quellen des Rio das Velhas und des Quebre Anzol sind, so findet man zwar anfänglich noch sanfte nnd flache Thäler mit schönem Graswuchse, doch höher hinauf werden die Gegenden wilder und öder, so wie die des Diamantendistricts von Serro do Frio. Thonschiefer und Itacolumitquarz sind vorherrschend, und die westlichen Abhänge so wie das ausgedehnte Plateau des Gebirgsrückens, welches wohl gegen 100 Quadrat-Legoas Flächeninhalt haben mag und zu den höchsten Brasiliens gehört, (S. v. E. Brasilien die Neue Welt. 1. Th. p. 57 und 58.) liegen voller eckigen Quarzgerölle, mitunter trifft man aber auch so wie in Serro, wellenförmige Flächen mit üppigen Gräsern, auf denen Dammhirsche in grofsen Rudeln weiden. Auch das haben diese Hochgegenden besonders mit denen von Serro do Frio gemein, dafs die meisten daran und darauf entspringendeu Gewässer, deren man 25 gröfsere und kleinere Flüsse zählt, Diamantenhaltig sind. Die gröfseren z. B. sind der Rio das Velhas, Quebre Anzol und Paranahyba auf dem westlichen Abhange, dem Rio Grande oder Paraná zuströmend; auf der östlichen Seite der Borrachudo, Indaia, Abacté, S. Antonio und Sono dem Rio de S. Francisco sich einverleibend. Nur darin unterscheiden sich diese Hochländer des grofsen Gebirgszuges, von denen von Serro, vorzüglich, dafs ihre östlichen, zum Theil steilen Abhänge, mit dickem schönen Urwalde bewachsen sind und daher auch der Name Matta da Corda, (Waldwand) welche die flache niedere Gegend des S. Francisco-Stroms wie eine Linie begrenzt. Das grofse Plateau schätze ich zwischen 5 und 6 tausend Fufs Höhe.

Auf dieser Höhe liegt eine Grenzwacht der Provinzen Minas und Goyaz, Caxoeirinha genannt, (jetzt mag dieselbe wegen der neuen Grenzen wohl aufgehoben seyn) von wo aus man, auf einem Wege von 3 Legoa Länge, das hohe Gebirge zwischen dicken Wäldern hinabsteigt zu dem Hauptthale und Flufsgebiete des Rio de S. Francisco. Ein eisenschüssiger Sandstein oder Eisensanderz in Knollen und Geröllen, die den ohnedem ungangbaren steilen Weg bedecken, machen denselben äufserst unbequem, und man wird herzlich froh in die Campos Ebenen zu gelangen, jedoch wünscht man sich auch aus diesen so schnell wie möglich, wegen ihrer Ungesundheit, wieder zu entfernen. Sie liegen beinahe in einem Niveau mit dem Rio de S. Francisco, und alle kleineren Gewässer, die von dem Abhange des Gebirges kommen, schleichen demselben im langsamen Laufe zu und haben ein falbes milchigtes Aussehen. Diesen Gewässern schreibt man die Schuld der vielen intermittirenden Fieber zu, die hier sehr häufig unter den zerstreutwohnenden Menschen grassiren, und in manchen Jahren ganze Familien hinwegraffen. Alle höher gelegenen Gegenden, und wenn sie auch nur eine halbe Stunde von diesen Niederungen entfernt sind, bleiben gröfstentheils von diesem Uebel, dem man in Minas den Namen Maletas giebt, befreit. Die Bewohner der kahlen Flufsufer des Rio de S. Francisco, so wie die der waldigten Ufer des Rio Doçe, sind besonders dieser Krankheit unterworfen, die eins der vorzüglichsten Hindernisse zur Bevölkerung dieser Gegenden ist.

Beschreibunge einiger in diesem Abschnitte vorkommenden Mineralien.

Sandstein, alter, ein kleinkörniges Gemenge von abgerundetem Quarz, Kieselschiefer, Jaspis und Feldspath, mit rothem Eisenoxyd verbunden. Von Furnas.

Glimmerschiefer mit gelblichem Quarz und schwarzem Glimmer. Von dem Rio da Bagagem.

Hornblendegestein, sehr festes, zum Theil krystallisirt mit Schwefelkies und Feldspath. Von Bebedor bei Araxá.

Baryt, grofs und breitstänglich, von gelbgrüner Farbe und breitstrahligt auseinanderlaufend. Von der Serra dos Agudes.

Eisenstein, magnetischer. Ebendaher.

Thonschiefer oder Glimmerschiefer, braunrother mit silberweifsen Glimmerblättchen, die nach allen Richtungen in rother Thonmasse eingeknetet liegen. Von Fazenda do Jazintho Manuel Teixeira.

Anmerkungen zum vierten Abschnitt.

1) Im Jahr 1816 wurde ich beauftragt, die neuen Grenzen zwishen den Provinzen Minas Geraes und Goyaz zu bestimmen, um ein besseres Arondissement dieser Provinzen zu bezwecken. Den Rio Paranahyba, so wie die grade Linie der Strafse nach Goyaz, von dem Rio Grande nach dem Paranahyba, fand ich hierzu am geschicktesten. Minas gewann dadurch einen Flächeninhalt der fast so grofs wie ganz Portugal war. Da eigentlich diese Verrückung der Grenze eine Privatspeculation von mehreren Gewalthabern dieses Districts war, welche die Grenzen noch weiter in die Provinz Goyaz geschoben haben wollten; so hatte ich nicht wenig gegen ihre Ueberredungskraft zu kämpfen und ihre generösen Anerbietungen zurückzuweisen.

2) Folgendes sind die Namen der Indianischen Colonien: Aldea da baixa, Aldea de Uberaba, Aldea de Lanhoco, Tijuco, Corrego de Rocinha, Aldea de S^a. Anna, die gröfste mit Mutterkirche und der Sitz des Directors. Fazenda da Boa Vista, Aldea do Bizaraô, Aldea da Estiva, Aldea das Pedras, die gröfste nach der von S^a. Anna. Die Nationen, welche man hieher versetzte, waren Bororós Carajás, Tapirape's, Cavixis und Xigriabá's, die zusammen eine Bevölkerung von beinahe 900 Seelen haben. Gegenwärtig sind alle miteinander vermischt, so wie auch mit Negern und Mulatten, so dafs sie ihre Muttersprache gröfstentheils vergessen haben und sprechen unter sich ein verdorbenes portugiesisch oder die Lingoa geral der Paulisten. Bei der Ueppigkeit der Grassteppen ist Viehzucht ihre Hauptbeschäftigung. Ackerbau treiben sie nur so viel als die gröfste Noth erfordert. Im Ganzen genommen leben sie elend und unter dem gröfsten Drucke der Directoren, welches gewöhnlich unwissende Unteroffiziere waren. Auch von den portugiesischen Ansiedlern hatten sie zu leiden, sie wurden von diesen verachtet und auf alle mögliche Art übervortheilt. Diesen Uebeln wurde durch meine Vermittlung, seitdem die Colonien unter der Herrschaft von Minas stehen, abgeholfen, und die Abkömmlinge der Wilden haben mich dafür gesegnet. Ob sie noch jetzt dieses Schutzes sich zu erfreuen haben, mufs ich bezweifeln, ihre Widersacher waren zu mächtig, und das jetzige Gouvernement

der Provinzen ist ganz in den Händen der vornehmsten Eingebornen, welche gröfstentheils Privatintressen dem Allgemeinen vorzuziehen pflegen. Das Weitere über diese Colonien S. Bras. die Neue Welt 1 Th.

3) Ueber die Analyse der Wasser, so wie deren Benutzung, ist weitläuftiger in meinem Pluto Brasiliensis, in dem Kapitel über die salzigen Erzeugnisse Brasiliens, gehandelt worden, und weise darauf hin. *)

---

*) Die Herausgabe dieses Werkes, wovon ich glaubte, dafs es früher als das Gegenwärtige erscheinen sollte, ist leider noch nicht erfolgt.

Fünfter Abschnitt.

Verfolgung der Gebirgsschichten in ihrer Längenrichtung von der Eisenhütte De S. Joaõ de Ypanema in der Provinz S. Paulo bis nach Villa Rica oder Ouro Preto in der Provinz Minas Geraes.

Es begreift der zu verfolgende Weg dieser Längenrichtung eine Schlangenlinie, die von dem 23° 30′ südlicher Breite bis zum 19° 50′ nach N. zieht, zwischen dem 1sten und 5ten Grade westlicher Länge von Rio de Janeiro.

Der Gegenden und Gebirgsarten bei S. Joaõ de Ypanema ist schon in dem zweiten Abschnitt Erwähnuug geschehen, ich schreite also gleich vor bis zum Thale des Rio Tieté, auf dessen linken Ufern vorzüglich die Uebergangsbildung des Thonschiefers mit dem darauf gelagerten älteren Sandstein in horizontalen Schichten vorherrschend ist, wie man besonders bei dem Sitio de Jozé Gonzalves und den Ufern des Rio de Sorocaba beobachten kann. Bei Itay findet man auch einen bunten Schieferthon, von dem noch auszumitteln ist, wem er eigentlich zugehört. Diese jüngeren Gebirgsarten haben bei der Villa de Itû einen grobkörnigen Granit zur Unterlage, auf welchem hie und da in grofsen Lagern dichtes Hornblendegestein und Grünstein erscheinen. In der Nachbarschaft der genannten Villa bei Monserat, bildet der Tieté einen beträchtlichen Wasserfall, der gegen 50 Palmen senkrechte Höhe hat, von welcher sich der Strom über Granitfelsen herabstürzt und alsdann wohl noch 20 Palmen tiefer cascadenartig über Felsenbänke hinabrauscht. Der Granit dieser Felsen und Bänke ist theils grofs, theils kleinkörnig, und besteht aus rothbraunem Feldspathe, rauchgelbem Qaarze und wenigem schwarzen Glimmer. Die mächtigen Bänke desselben neigen sich ungefähr in 15° nach S. in das Ufer des Stromes, unter dem Wasserfall aber schiefsen sie mit demselben Winkel nach N. ein; es scheint also als wenn die Schichten hier einen Sattel bilden, den man wegen der Wassermenge nicht genauer beobachten kann. Vertikale Klüfte und Spaltungen durchsetzen die Bänke in der 9ten Stunde, und auf diesem Wege war es der Gewalt des Wassers leichter durch dieselben sich einen Durchbruch zu verschaffen. Der Wasserspiegel unterhalb des Sturzes liegt 1768 Fufs hoch über dem Meere, welches eine unbeträchtliche Höhe ist, in Vergleich mit den grofsen Umwegen, die dieser Flufs zu durchlaufen hat, ehe er in Vermischnng mit den Gewässern des Plata-Stroms, das Meer erreicht, und folglich einer vollkommnen Schiffbarmachung desselben bis zum Stapelplatz Porto Feliz, keine grofsen Hindernisse zu übersteigen sind.

Die Granitbildung mit auf- oder eingelagertem grofskörnigen Grünstein in abgesonderten Lagermassen, so wie auch aufgesetzter körniger Quarz, scheinen die vorherrschenden Gebirgsarten des rechten Ufers des Tieté bis in die Nachbarschaft der Villa de Jundiay (Jundiahy) zu seyn woselbst ein mürber rother Gneis hervortritt.

Von Jundiahy (d. h. Wasser mit kleinen Fischen) welches 2450 Fufs erhaben, nach St. Joaô de Tibaia oder Itibaia, welches 150 Fufs höher liegt, wird die Gegend bergigter, man nähert sich mehr und mehr dem Hauptgebirgszuge der Serra da Mantiqueira, der hier eine ganz westliche Richtung genommen, indem sich mit demselben der Gebirgszug vereinigt, der nordwestlich zwischen den Flüssen Sapucahy und Rio Pardo herabkommt, und als

Abläufer des durch den Rio Grande unterbrochenen Gebirgszuges der Serra da Matta da Corda, zu betrachten ist. Der höchste Punkt dieses Gebirgjoches ist der Morro de Catetûva.

Gneis bleibt auch hier allgemein die Hauptgebirgsart, bald ist er kleinkörnig und sehr fest, bald groſskörnig und mürbe, bald röthlich gefärbt, bald grau und mit vielem schwarzen Glimmer. Sein Hauptstreichen ist in der dritten Stunde, man findet dasselbe aber auch abweichend bis zur 6ten Stunde, nicht fern von der Fazenda das Cap^{m}. Cezar, und in der 1sten Stunde in dem Bairo de Jagoary.

Ein rother, mürber Thonschiefer mit verwittertem Steinmark, vielleicht auch Feldspath, kommt einigemal in dieser Gegend zum Vorschein, besonders in dem Districte, welcher den Namen Capaô führt, wahrscheinlich gehört er dem Gneise zu und ist als ein ihm untergeordnetes Lager zu betrachten.

Bergköpfe von körnigem Quarzgestein sind nicht selten; man findet diese bei Jundiahy, Capaô und Boèno. Einen Grünsteinkopf erblickt man bei Tibaia und an einem Bache bei dieser Villa, dieselbe Eisensteinbreccie der Gegend von S. Paulo, auch auf einer Anhöhe daselbst ein quarziges Braunsteinlager.

Hohe Gebirge, unter denen sich die Serra da Sepetinga und der Felsenkopf des Morro do Lopo oder Loco auszeichnen, indem letzterer, von einer Seite betrachtet, sich als kegelförmiger Gneisberg darstellt, der wohl gegen 3500 Fuſs hoch seyn mag, so wie um die Gebirge herumlaufende Engpässe bezeichnen hier die Grenze der Provinzen S. Paulo und Minas Geraes. Grenzwachten vertheidigen die Ein- und Ausgänge von der einen zu der andern, man erhebt Zölle vou Waaren, und die Pässe werden so streng examinirt, die Reisekoffer so streng untersucht, als wenn man die Grenzen eines fremden Reichs betritt, z. B. von Deutschland nach Frankreich oder von da nach England. Diese schlecht calculirten ökonomisch-politischen Trennungen der Provinzen geben nicht selten Anlafs zu ernsthaften Händeln, so wie zu Unterschleifen, und tragen nicht wenig zu Eifersüchteleien der Gouverneure oder Präsidenten gegen einander bei, wodurch nicht nur vieles Gute gehindert, sondern auch die Erschwerung des freien Handels herbeigeführt, und der Provinzial-Hafs der Bewohner bestärkt wird.

Nur einmal noch findet man den Granit in diesen Gegenden anstehend zwischen der Fazenda von Boa Vista und Jagoary mit aufsetzenden Grünsteinköpfen, auch soll nach v. Spix und v. Martius, hier Syenit in Lagern dem Granit untergeordnet erscheinen, namentlich ehe man den Fufs des Morro do Lopo erreicht. Alsdann aber tritt jenseit des Rio Jacarahy ein sehr grobflafsriger Gneis hervor, mit einem Streichen seiner Schichten in der 3ten Stunde, und da die Hauptrichtung des Wegs ebenfalls in dieser Stunde läuft; so bleibt man so zu sagen immer auf denselben Schichten bis in die Nachbarschaft der Villa da Campanha da Princeza, auf einer Länge von 28 Legoas. Die gewöhnliche Schichtenneigung ist nach S. O. und nur auf der Serra de Ganguaba findet man sie nach N. W. Dieses Gebirge erhebt sich als einer der höchsten Punkte bis zu 3510 Fufs, indem das sie umgebende Hochland sich nirgends unter 2400 Fufs erniedrigt und gröfstentheils wellenförmig hüglicht ist, zwischen zwei Hauptgebirgen fortlaufend. Eine ganz eigene Physiognomie nehmen diese Gegenden durch die vielen Araucarien-Bäume an, die zum Theil allenthalben vereinzelt auf dem sonst von Bäumen und Buschwerk entblöfsten Campos-Boden stehen, oder auch hie und da kleine Wälder bilden, die sich längst der Hauptstrafse hin erstrecken, und von wenig Ausdehnung in die Breite sind. Man sollte deshalb auf die Vermuthung kommen, dafs hier nicht ihr eigentliches Vaterland sey, sondern dafs sie wahrscheinlich von den Paulisten, welche vom ersten Anbeginn ihrer Entdeckungsreisen in die Provinz Minas Geraes, diese Strafse wählten, hieher nach und nach verpflanzt wurden, und dadurch ihren Weg bezeichneten, bis sich späterhin diese Bäume von selbst fortpflanzten und vermehrten.

Diese Gegenden, ungeachtet der Bevölkerung durch ziemlich grofse Dörfer und Landgüter, wodurch die Strafse führt, wie z. B. durch die Arrayaes und Fazendas de Camanducaia, Gambuy, Pantaninho, Mandû, Matta Cachorro, S. Gonçalo, S^a^. Luzia und Villa da Campanha etc. wo die Einwohner gröfstentheils von Rindvieh- und Schweinezucht leben, haben übrigens nichts Angenehmes und Einladendes, denn gröfstentheils sind sie nackt und kahl, dabei uneben und steinigt. Erst zwischen Gambuy und Pantaninho, woselbst nach v. Spix und v. Martius ein röthlicher Granit erscheinen soll, erweitert sich die Gegend mehr zur Linken, und der Gebirgszug dieser Seite erniedrigt sich, um die Gewässer des Rio Mandû zu dem Rio Sapucahy mirim hindurch zu lassen. Letzterer fliefst bei der Fähre 2640 Fufs über dem Meere und strömt dem Rio Grande zu. Einige angenehme Wiesenthäler an seinen Ufern söhnen mit den übrigen öden Umgebungen einigermafsen wieder aus.

Ein Quarzlager mit Schörl und Braunstein in der Gegend von Matta Cachorro, war auf dem ganzen Striche von einigen zwanzig Legoas die einzige Abänderung, die mir in dieser Gneisbildung vorgekommen. Bei S. Vicent kommt man zu den ersten Goldlavras der Provinz Minas Geraes: die verwüstete Oberfläche des Bodens zeigt von diesen Arbeiten. Vorzüglich wühlte man ehemals stark bei dem Arrayal de S. Gonçalo mit beträchtlicher Ausbeute, doch seit Jahren liegen fast alle Arbeiten darnieder, man hat den Rahm abgeschöpft und versteht nun nicht die noch fette Milch zu benutzen.

S. Gonçalo liegt 2820 Fuſs über dem Meere und ist meistens von buschigten Campos umgeben, von denen das Grundgestein ein schmutziggelber Granit ist mit schwarzem Glimmer mit aufgesetzten rothen goldhaltigen Lehmlagern, wahrscheinlich auch dem rothbraunen goldhaltigen Thonschiefer. Von da kommt man in anderthalb Stunden nach dem ehemals so reichen Arrayal de S[a] Luzia, an der Serra gleiches Namens, welches die beträchtlichsten Goldlavras dieser Gegend besitzt. Das Grundgebirge der Serra besteht aus Gneis, und die Fuſsberge, in welchen die Goldgräbereien betrieben werden, bestehen aus dem rothbraunen Urthonschiefer, mit einer lehmigt-thonigten goldhaltigen Dammerde mehrere Lachter hoch bedeckt, indessen lehnt aber auch an diesen Thonschiefer Itacolumitquarz, dem hier vieler Glimmer beigemengt ist, und der verschiedenartig bunt gestreifte Schichten zeigt, weshalb die Herren v. Spix und v. Martius ihn auch für einen Glimmerschiefer hielten. Zwischen diesen Schichten sollen die goldhaltigen Quarzlager vorkommen, deren, so wie mir berichtet, mehrere über einander gelagert sind, von ½ Zoll bis 8 Palmen Mächtigkeit; die Mächtigsten sind aber die Aermsten. Senkrecht werden diese Lager nach allen Richtungen von 1 bis 6 Zoll mächtigen Klüften durchsetzt, deren Ausfüllung ein grüngelblicher, zuweilen goldhaltiger Letten ist; auch das Nebengestein soll durchgängig goldhaltig seyn. Diese wenigen Notitzen über das Vorkommen des

Goldes, deren Richtigkeit ich nicht verbürgen kann, wurden mir mitgetheilt, denn da die Lavras nicht in Arbeit standen, und ich alles verstürzt fand, so konnte ich selbst nicht einmal die Lagerungsfolge der Gebirgsarten gehörig prüfen. Ihr Streichen schien mir in der 6ten Stunde zu seyn, mit einem Einfall nach S. [1])

Die vorzüglichste Lavra daselbst gehört einer Gewerkschaft zu und gab eine beträchtliche Ausbeute, allein Uneinigkeit der Gewerken unter sich, wovon jeder gouverniren will, jeder nur nach Gewinnst trachtet, ohne Opfer zu bringen, haben auch hier störend gewirkt und die Arbeiten in Verfall gebracht. Man sticht und gräbt die mürben Bergarten los, schwemmt dieselben durch daraufstürzende Wasser in grofse Canäle, und verwäscht alsdann den sich in dieselben absetzenden und concentrirten Goldsand und Schlamm. Aus diesem Verfahren geht hervor, dafs die Arbeiten nur oberflächlich betrieben werden können, und nur so tief als der Wassersturz erlaubt; alles was tiefer liegt bleibt unangetastet, weil man es nicht zu gewinnen versteht. [2])

In ungefähr einer Legoa Entfernung von S^a^. Luzia kommt man zu der Lavra da Conquista, die ebenfalls reich gewesen seyn soll, Glimmerschiefer erscheint in der Nachbarschaft. Die Villa da Campanha da Princeza, in deren Umgegend auch viele Lavras sind, ist 2 Legoas von da entfernt.

Es gehört ein längerer Aufenthalt in diesen Gegenden dazu, um ein richtiges Urtheil über die verschiedenen, und besonders über die goldhaltigen Gebirgsarten fällen zu können, und ich gestehe, dafs der meinige zu kurz dazu war, doch schien es mir, und besonders wenn ich andere mir genauer bekannte Gegenden der Goldbildung damit vergleiche, daſs der rothbraune Thonschiefer mit Grünstein so wie der Itacolumitquarz, die vorzüglichsten goldhaltigen Gebirgsarten der Gegenden zwischen S. Gonçalo und der Villa da Campanha sind, in welchen goldhaltige Quarzlager und Gänge mit vielem Schörl und der so reichhaltigen Carvoeira [3]) vorkommen. Diese Gebirgsarten sind gewöhnlich in einem mürben Zustande, und die vorwaltende Schichtenrichtung derselben ist in der 12ten Stunde, jedoch findet man sie auch in der 6ten Stunde, so daſs also eine fächerartige Auseinanderlaufung derselben statt finden muſs. Unter diesen Gebirgsarten erscheinen Granit, Gneis und Glimmerschiefer. Verschieden von diesen meinen Ansichten äuſsern sich die Herren v. Spix und v. Martius, die ebenfalls diese Gegenden im Flug durchzogen, folgendermaſsen: „die Gebirgsart zwischen S. Gonçalo und Villa da Campanha ist Granit, der nicht selten in Gneis übergeht, und dessen Feldspath vorzüglich stark zu Thon verwittert ist, weshalb man daher groſse Strecken in Letten von weiſser oder hellvioletter Farbe ganz aufgelöſst sieht, denn die erste Farbe hat der Feldspath als der gröſste Bestandtheil des hiesigen Gesteins im Allgemeinen, und die letztere erhält er durch Verwitterung allmälig. Der Glimmer ist silberfarbig oder grünlich, die Masse des Quarzes ist hierbei verhältniſsmäſsig geringe, und hie und da setzen goldhaltige Quarzgänge in den verschiedensten Richtungen durch das Gebirge.“ (S. 1. Th. p. 302.) [4])

Bis an die Ufer des Rio Verde findet man die obengenannten mürben Gebirgsarten, von da an aber erscheinen die festen, besonders die des Itacolumitquarzes. Die Goldlavras werden seltener, und man sieht sie nur noch an den Fluſsufern in den aufgeschwemmten Lagern; ein Beweiſs, daſs der Itacolumitquarz dieser Gegenden, zu den sich wiederholenden weniger goldhaltigen Schichten gehört, denn er ist meistens nur da am reichsten an goldhaltigen Lagern, wo er zunächst an den unterliegenden rothen Thonschiefer grenzt, der ihn von dem Granit, Gneis oder Glimmerschiefer trennt, und wo er von dem Eisenglimmerschiefer überdeckt ist. Eisenglimmerschiefer, dieser öftere Begleiter des Itacolumitquarzes, findet sich keiner auf dem ganzen Wege bis in die Nachbarschaft von Congonhas do Campo.

Itacolumitquarz ist die vorherrschende Gebirgsart von dem Rio Verde an bis zur Villa de S. Joaõ del Rey. Das Hauptstreichen seiner Gebirgsschichten ist in der 3ten Stunde mit südöstlichem Einfalle, doch findet man diese auch in der Richtung bis zur 6ten Stunde sich wendend, und mit einer südlichen Neigung. Z. B. an dem Ribeiraõ de Perepitinga, auf der Serra Branca, wo die Schichten den Gebirgsrücken fast quer durchsetzen, ferner bei der Fazenda dos Pinheiros und dem Rio Ingay. Bei Campo bello und in der Nachbarschaft des Rio Cervo, erscheint zur Abwechselung auch einmal wieder Glimmerschiefer. Wie sich dieser zu dem Itacolumitquarz hier verhält, mufs noch ausgefunden werden. In der letzten Gegend enthält er sehr viele Granaten, die als Gerölle von zuweilen faustdicken Dodecaedern im Wege liegen.

Bei Gaspar Soares lagert unmittelbar an den Itacolumitquarz ein grobkörniger Gneis, der auch bei Ponte Nova als mächtige Felsenmassen dem Rio Grande einen Damm vorgesetzt hatte, den er durchbrochen. Granit soll in diesen Gegenden auch nicht fehlen, und die Herren v. Spix und v. Martius haben denselben an der Serra de Capivary beobachtet mit gelblichem Feldspath, schwarzem Glimmer und weifsem Quarz, und zwar immer stark verwittert.

Grünstein mit grofsen Glimmerblättern in Quarznestern erscheint an dem Rio das Mortes. Goldhaltige Quarzlager im Grünstein, besonders demjenigen, welcher der Thonschieferbildung zugehört, sind nichts seltnes in Brasilien; grofsblättrigen Glimmer in dem Quarze des Grünsteins fand ich aber hier zum ersten- und letztenmale.

Das Hochland von der Villa da Campanha an bis nach Joaô del Rey bleibt immer so ziemlich in einem Niveau, nnd die höchsten Berge erheben sich nicht über tausend Fuls über die tiefsten Flufsthäler. Man findet daher die Villa da Campanha 3000 Fuls Meereshöhe, den Arrayal do Rio Verde als tiefsten Punkt 2830 Fuls, Campo Bello 3200′, die gröfste Höhe der Serra Branca 3740 Fuls, das Bett des Rio Ingay 3080′, den Wasserspiegel des Rio Grande bei Ponte Nova 3000′, Vitoria 3570′ und S. Joaô del Rey 2907 Fuls. Diese Hochgegenden sind steril und nur zu Graswuchs geeignet, sie sind bergigt mit tief eingeschnittenen Flufsthälern, die sich bis in die Seiten der östlich, wenige Meilen entfernten hohen Serra da Mantiqueira erstrecken, welche sich von hier aus als ein ödes felsigtes oft zerrissenes Hochgebirge darstellt. Dem allgemeinen traurigen Bilde der Gegenden fehlen aber dennoch nicht manche blumigte Hügel mit blühenden Campos-Gewächsen, so wie auch sanfte fruchtbare Wiesenthäler mit klaren Bächen und Flüssen von buschigten Ufern umgeben.

Das ausgezeichnetste Gebirg dieser Gegenden ist die Serra Branca, durch seine kühnen Umrisse der felsigten Abhänge des Itacolumitquarzes, welchen die Herren v. Spix und v. Martius hier für Glimmerschiefer hielten. Er kommt an diesem Gebirge, über welches die Strafse führt, von allen möglichen Abänderungen der Farbe und des

Gefüges vor, bald weifs, bald bläulich-grünlich und röthlich, bald kleiner, bald grofskörniger, bald dicker, bald dünner geschichtet, je nachdem das feinschuppigte talkigte Bindemittel der Quarzkörnchen mehr oder weniger oxydirt ist und vorherrschend wird, oder vor dem Quarze zurücktritt. [5])

Zur Rechten und Linken, parallel mit dieser Serra, kommen die Gebirgsarme der Serra de Ingahy nnd Capivary von der hohen Mantiqueira, mit einer Richtung von N. O. nach S. W., herab, etwas mehr nach W. abweichend, durch Flüsse und Bäche von einander getrennt, welches die ersten Entstehungen (cabeçeiras) des beträchtlichen Rio Grande sind. Stellenweise haben v. Spix und v. Martius am Fufse der Serra de Capivary auf dem Itacolumitquarze (quarziger Glimmerschiefer oder Quarzschiefer des v. S. und v. M.) einen stark verwitterten Thonschiefer von fleischrother oder grünlicher Farbe, aufgelagert gefunden, (nach meiner Ansicht Talkschiefer mit Chlorit) welcher Granaten enthielt, mit einem südlicheren Streichen als das des Itacolumitquarzes, welcher weifs oder gelblich ist, von feinem körnigen Gefüge, und bald auf Granit, bald auf einem Lillafarbigen Granitgneis, in dem Granaten und schwarzer Schörl vorkommen, aufzuliegen scheint.

Ueber Hügel und Berge kommt man zu dem Rio das Mortes, berüchtigt durch die Ermordung der Paulisten während den Streitigkeiten mit den Europäern, indem diese jene aus Minas vertrieben. (Man sehe hierüber die Geschichte der Entdeckung des Goldes in der Provinz Minas Geraes, in meinem Pluto Brasiliensis.) Auf dem rechten Ufer des Flusses ersteigt man den hohen und steilen Morro de Bom Fim, der einen kahlen breiten Gebirgsrücken hat und aus Itacolumitquarz besteht. Die herrlichste Aussicht geniefst man von demselben in das Thal von S. Joaô del Rey. Diese kleine Villa, wo jetzt ein lebhafter Handelsverkehr statt findet, erhielt ihre Entstehung und späteren Ruf von dem so reichen Goldberge, an dessen Fufs dieselbe liegt. Gemeinhin wird dieser Berg nur Serra de S. Joaô del Rey genannt, indessen führt er auch mehrere Einzelnamen, z. B. nach Norden zu heifst er Morro de Gambá, woselbst die bedeutendsten Lavras waren, nach Osten hin Serra de Samambaio, an dem Fufse Agoa geral bis zur Lavra da Barra vermelha, und v. Spix und v. Martius nennen ihn Serra de Lenheiro, indem sie dabei erwähnen, dafs er aus Gelenkquarz (der Itacolumitquarz) bestehe, mit massigen Stellen von Quarzadern, woraus aus seichten Gruben Gold gewonnen werde. (S. 1. Th. p. 318.) Was den Beobachter einigermafsen in Ungewifsheit setzt, ob die Gebirgsart zu der Itacolumitquarzbildung gehöre, sind die vielen abgerundeten, zum Theil grofsen Quarzgeschiebe, welche in dem Gesteine wie eingeknetet liegen, und besonders in den oberen Lagen so zunehmen, dafs das Ganze mehr einem Sandstand-Conglomerate ähnlich sieht als einer krystallinischen Urbildung. An den Wänden der senkrecht in die Felsen gehauenen tiefen Löcher, woraus man Gold gewonnen, erkennt man deutlich, wie die Quarzgeschiebe in der Tiefe mehr und mehr abnehmen und endlich der reine Itacolumitquarz darsteht. Auch in der Folge, wenn man den Itacolumitquarz einiger Gegenden von Serro do Frio beobachtet hat, worinnen ebenfalls Quarzgeschiebe in der Gebirgsmasse eingeknetet sind, wird man alsdann mehr überzeugt, dafs diese Gebirgsart bei S. Joaô del Rey dem Itacolumitquarz angehört. Die Schichten desselben streichen in der 4ten Stunde, sie stehen meistens senkrecht oder mit einer geringen Neigung nach S. O., und sind in dem Morro de Gambá von tausend Gold- und Arsenikkies-haltigen Quarzgängen und Trümmern durchsetzt, deren Hauptrichtung in der 12ten Stunde läuft, so daſs dieser Bergkopf wegen der Aneinanderhäufung der Gänge und Trümmer eigentlich als ein Stock betrachtet werden kann.

Das ganze Gebirge, welches von O. nach W. in seiner Ausdehnung einige Legoas Länge hat, an dessen östlicher Spitze die Villa de S. Jozé, an der westlichen die Villa de S. Joaõ del Rey liegt, kann nur als ein aus dem Hochlande sich erhebender isolirter Berg angesehen werden, dessen gröſste Höhe wohl kaum 6 bis 800 Fuſs über den beiden Städtchen betragen mag. In dem Thale des Ribeiraõ von S. Joaõ del Rey hinab findet man durchgängig den dem Itacolumitquarz so nahe verwandten Thon und Talkschiefer mit aufgeschwemmten goldreichen Lagern.

Unwissenheit, Armuth, schlechte Administrationen, haben auch hier den Goldbergbau so in Verfall gebracht, daſs das hier existirende Schmelzhaus beinahe nichts mehr zu thun hat, und fast einzig seine Arbeiten auf das wenige Gold beschränkt sind, welches noch aus der Gegend der Villa da Campanha dahin gebracht wird.

Von S. Joaõ del Rey kommt man über ein bergigtes sehr unebenes Hochland, durch einen Raum von 14 Legoas, nach dem Arrayal de Congonhas do Campo, und meistens durch traurige öde Campos-Gegenden, deren Grund und Boden hauptsächlich zu dem Thonschiefer der Urbildung gehört, indessen stöſst man am Rio Crandahy auch auf Gneis, dessen Streichen in der 4ten Stunde, und bei der Fazenda da Matta bedecken denselben die losen mürben granitichen Lager des nicht erhärteten Gneises, welche an einigen Stellen goldhaltig sind. Der feste Gneis unter denselben hat ebenfalls sein Streichen in der 4ten Stunde mit einer Neigung in 60° naah N. W. Nicht fern von der Fazenda d'Olho d'agoa findet man in einer erdigen Schicht dieselben röhrenförmigen und ästigen Verhärtungen, deren in dem dritten Abschnitte auf der Höhe von Crandahy gedacht wurde, welche von hier aus grade gegen O. in ungefähr 10 Legoas Entfernung liegt. Braunsteinlager in dieser Gegend, so wie auch Seifenstein oder Topfstein, erscheinen nicht selten als untergeordnete Lager in dem Urthonschiefer, der hier manche Uebergänge in Talk und Chloritschiefer, in Seifenstein und Grünstein macht. An der Brücke, die über den Rio de Congonhas do Campo führt, ist dieses besonders wahrzunehmen. Das Streichen der Schichten desselben bei letzterem Orte ist in der 9ten Stunde, und Gneis macht hier die Unterlage des Thonschiefers. In den weitläuftigen, ehemals sehr reichen, jetzt aber verwüsteten und gänzlich verlassenen Lavras, welche in den granitischen mürben Lagern betrieben wurden, findet man sehr vielen blendend weifsen verwitterten Feldspath, nicht nur durch die ganze Masse vorwaltend, sondern auch in grofsen Nestern so wie in Gängen, aus der Hauptmasse ausgeschieden. Das Gold wurde durch Abschwemmung der ganzen weichen Masse aus derselben gewonnen; ob es häufiger in den Feldspath-Nestern und Gängen vorkam, habe ich nicht erfahren können. Die Unterlage dieser granitischen weichen Massen ist ein grobkörniger Granit.

Links von Congonhas in Westen und in einer Entfernung von einer Legoa, liegt die hohe Serra da Boa Morte, deren schon in dem dritten Abschnitt Erwähnung geschehen, ein hoher Bergzug von beinahe 5000 Fufs

Höhe, der aus der Gegend von Sabará von N. nach S. zu herabkommt. Congonhas und die benachbarten reichen Lavras de Morro de S. Antonio, so wie auch die von mir erbaute Eisenhütte von Pratta liegen an dem östlichen Fuſse dieses Gebirgs. Der Itacolumitquarz als Hauptgebirgsart mit seinen mächtigen übergelagerten Eisensteinschichten, von Eisenglanz und Eisenglanzschiefer, so wie der darüber liegende Guſs der Eisenstein-Breccie oder Tapanhoacanga, laufen von dem Rücken des Gebirgs bis in die östlichen Seitenthäler herab, und die Abhänge und Thäler sind theils mit Wald bedeckt, theils mit Gras bewachsen. Hie und da sind diese Abhänge steil, an andern Orten machen sie weite Bergvorsprünge mit Verflächungen, auf denen die Tapanhoacanga oder der Itacolumitquarz nackt zu Tage stehen, letzterer mit fast senkrechten Schichten, die mit unzähligen Quarzgängen durchsetzt sind, mit vorwaltendem gemeinen auch glasartigen Tremolit. Das Streichen der Schichten scheint vorzugsweise in der 3ten Stunde zu seyn mit südöstlichem Einfall und das der Gänge ist in der 11ten Stunde.

Die vorspringenden Bergflächen des Itacolumitquarzes mit der Ueberbreitung der Tapanhoacangabildung, bringen nur ein spärliches Gras hervor und verkrüppeltes Buschwerk der Campos-Vegetation, welches an die Sertois des Rio de S. Francisco erinnert, zumal da es hier mitunter an dem Fuſse des Gebirges anmuthige fruchtbare Wiesenthäler und sanfte Abhänge giebt, mit dem Unterschiede, daſs die Gegenden bewohnter sind; man erblickt in kurzen Zwischenräumen mehrere Fazendas und zerstreutliegende Wohnungen, und als gröſste Seltenheit in Brasilien, mit Ausnahme der Provinz Rio Grande, findet man ein mit einer Mauer umgebenes Feld, wo die Pflugschaar die Erde umwühlt, wo künstlicher Dünger und Wässerung angewendet wird, und eine gute Mais- und Bohnenerndte jährlich den Eigenthümer für seine Arbeit belohnt. Diese so seltne Erscheinung, die noch immer keine Nachahmer findet, weil man mit dem Vorurtheil begabt ist, daſs der Camposboden keine Früchte erzeugen könne, findet man bei der Fazenda von Vigia, nicht fern von der obengenannten Eisenhütte, an dem Abhange der Serra da Abucaina, die ein Fortsatz der Serra do Ouro Preto oder Coxoeira ist, und hier mit der Serra da Boa Morte durch niedrige Berge zusammenhängt. Was diese Fazenda besonders bezeichnet, ist ein isolirter malerischer Felsenkopf aus Itacolumitquarz und Eisenglanz bestehend, der den Namen Vigia führt, weil die entlaufenen Neger, die in diesen Gegenden oft in groſsen Banden hausen, auf denselben ihre Späher ausstellen, um die Straſse zu beobachten, welche hier vorbeiführt, und die Reisenden zu berauben.

Die Tapanhoacanga, oder auch schlechtweg von den Mineiros Canga genannt, die in dieser Gegend so weit verbreitet ist, (Negerkopf bedeutend, wegen ihrer oft mit nierenförmigem schwarzen Glaskopfe überzogenen incrustirten Oberfläche) ist eine der merkwürdigsten geognostischen Erscheinungen, deren Bildungstheorie noch lange die Naturforscher beschäftigen wird, da nicht nur ihre Bestandtheile, sondern auch die Art und Weise ihrer Lagerung sich so sehr vor allen bisher bekannten Conglomeraten auszeichnet. Sie besteht durchgehends aus eckigen, sehr selten an den Kanten etwas abgerundeten Bruchstücken, von feinkörnigem, schuppigen magnetischen Eisenglanze, magnetischen Eisenstein, Brocken von Eisenglimmerschiefer und Brauneisenstein, von der Gröſse einiger Linien bis zum Durchmesser von 4, 6, 8 und mehrern Zollen, welche entweder nur durch ein beinahe unbemerkbares eisenschüssiges Cement in allen Richtungen miteinander sehr fest verbunden sind, oder auch das Bindemittel, welches zum Theil aus einem Dichtrotheisenstein besteht und auf der Oberfläche in ochrigen Brauneisenstein umgewandelt ist, umgiebt die Bruchstücke in gröſserer Masse und Consistenz, indem dieses selbst sein Daseyn einem zerriebenen Eisenglanze zu verdanken haben scheint (nach Herrn Bergrath Zinkens Meinung). An andern Orten ist das Bindemittel mürbe und zerreiblich, theils aus rothem, gelben auch braunen Eisenocher bestehend, zuweilen verschieden gefärbte wenige Thonerde enthaltend. Die Kanten der Eisensteinbruchstücke sind alsdann nicht so frisch und etwas angefressen, auch erscheinen in diesem Zustande darinnen mehr zufällige Gemengtheile, z. B. Bruchstücke des Itacolumitquarzes, des Thon- und Talkschiefers, so wie auch Brocken von Gangquarz mit zwischengemengten Talk- oder Chloritschuppen, etwas Steinmark, und besonders Gold in Körnchen und Blättchen. Die ganze Masse ist auf der Oberfläche drusig und löchericht, und diese Höhlungen, nach v. Spix und v. Martius, mit bräunlichrothem Eisenocher angefüllt, oft sind sie aber auch leer mit drusiger Oberfläche. [6]) Zuweilen, doch nur in ganz kurzen Erstreckungen, ist das Bindemittel so überhandnehmeud, daſs die gröſseren eingemengten Brocken daraus verschwinden, und das Ganze einem dünngeschichteten kleinkörnigen Rotheisensteine mit Quarzkörnchen oder einem sehr eisenschüssigen Sandsteine ähnlich sieht, mit vielen beigemengten Glimmerblättchen *). Sowohl da, wo dieses Conglomerat sehr fest ist mit wenigem

---

*) Eben so wie das grobkörnige Conglomerat des Rothentodtliegenden, oft in einen feinkörnigen und dünngeschichteten Sandstein übergeht.

Bindemittel, als auch da, wo das Bindemittel vorherrschend ist, ist es selten goldhaltig, hingegen da, wo die ganze Masse mürbe und brockigt, wenig Eisenglanz und Eisenglimmer, allein mehr Roth- Braun- und Gelbeisenstein enthält, mit zerfressener Oberfläche und von rothen und gelben Eisenerden umgeben, ist es am goldhaltigsten. Es überzieht mit einer Mächtigkeit von 4 bis 12 Fuſs, selten drüber, nicht nur die höchsten Gebirgsrücken, sondern schmiegt sich von da herab den Abhängen an, zieht mit derselben Mächtigkeit durch Thäler und Vertiefungen, und steigt von da wieder über Hügel und Berge und Flächen, eine mantelförmige Kruste oder einen Ueberguſs bildend, der in Meilenweiten Erstreckungen die unterliegenden Urgebirgsbildungen überdeckt, ohne dadurch, wie es gewöhnlich bei andern Conglomeraten zu geschehen pflegt, welche Thäler und Vertiefungen ausfüllen, die ursprünglichen Erhöhungen und Vertiefungen dieser Unterlagen umzustalten oder zu verändern. Diese besondere Gestaltung der Ueberlagernng mit gleicher Mächtigkeit, macht dieses Conglomerat vorzüglich merkwürdig, und möchte wohl keine Vergleichung mit allen in Europa bekannten aushalten. Am gewöhnlichsten überdeckt es unmittelbar den Eisenglimmerschiefer, an vielen Orten aber auch den Thon- und Talkschiefer, so wie den Itacolumit-Quarz; nie habe ich es aber auf dem Granit, Gneis oder Glimmerschiefer gefunden. [7])

An dem letzten und tiefsten Abhange eines Vorsprunges von der Serra da Boa Morte herab, flieſst der kleine goldhaltige Ribeiraó de S. Antonio, und ein Theil dieses Vorsprunges präsentirt sich hier als steiler und wilder Felsenkopf des Itacolumitquarzes; gegen dessen Fuſs herab lehnt sich an denselben ein aschgrauer Thonschiefer, mit demselben Streichen und Fallen der Schichten, so dafs er auf den Itacolumitquarz zu liegen kommt. Die Schichten sind dünn und machen einen Winkel mit dem Horizonte von 60 bis 70°. Je mehr man sich der Breite der Schichten nach von dem Itacolumitquarze entfernt, je mehr verändert sich die Farbe des Thonschiefers, letztere wird nach und nach braunroth, und mit dieser Veränderung der Farbe steht die Veränderung der Mächtigkeit der Schichten in genauer Verbindung. Zunächst dem Itacolumitquarz ist, wie schon gesagt, die Schichtung dünn, wohl gar blättrig, bis dahin, wo sich die Gebirgsart anfängt roth zu färben und nehmen die Schichten an Stärke immer mehr zu, bis in das Thal des Ribeiraô von S. Antonio; hier verschwindet endlich die Schichtung ganz in dem auf dem linken Ufer des Baches sich erhebenden Morro de S. Antonio, merkwürdig durch seine reichen Goldlavras, die hier seit vielen Jahren im Gange sind, und von denen die beträchtlichsten dem Obersten Romoaldo Jozé Monteiro de Barros gehören, einer der aufgeklärtesten Mineiros, welcher auf meine Veranlassung und unter meiner Direction das erste nasse Pochwerk in Brasilien bauen liefs, welches ihm grofse Vortheile brachte. Der Thonschiefer stellt sich in diesem Morro und seinen Umgebungen als eine mürbe fettige ungeschichtete Masse, von rothbrauner Farbe dar, von Ablösungen und schmalen Klüften nach allen Richtungen durchdrungen, nach bestimmten Richtungen aber, die ungefähr in der 11ten Stunde ihre Direction nehmen, von stehenden schmalen Lagern oder Gängen, so wie von Nestern, (panellas) eines eisenschüssigen, zerreiblichen auch derben Quarzes, mit etwas Mangan und gelbem Eisenocher durchsetzt, die beinahe alle goldhaltig sind, und manche sind sehr reich. Diese stehenden goldhaltigen Quarzlager,

Streifen und Nester, deren gröfste Mächtigkeit kaum 1 Palmen beträgt, gewöhnlich aber nur 1 bis 3 Zoll stark sind, laufen parallel neben einander in weiten Erstreckungen fort, sich oft verlierend und wieder ausrichtend; ihre Hauptrichtung ist nach S. hin in der oben erwähnten Stunde, ob gleich an vielen Orten in weiten Distanzen die Arbeiten darauf unterbrochen sind, so erkennt man doch, wie ich beiläufig im dritten Abschnitte schon erwähnte, einen grofsen allgemeinen Zug dieser Goldbildung, den man von den nächsten Höhen herab mit dem Auge auf mehrere Meilen verfolgen kann. Die vorzüglichsten und reichsten Lavras auf diesem Zuge waren die des Morro de S. Antonio, die von Solidade und die zwischen Queluz und Careiras gelegenen, deren Name mir entfallen.

Der Morro de S. Antonio, der seit vielen Jahren durch Wühlungen und Abspülungen mit Wasser bearbeitet wird, zeigt jetzt ein vollkommnes Bild von Zerstörung. Von seinem Gipfel an bis über 150 Palmen Tiefe dringen furchtbare Abgründe und breite Graben in das Herz des Berges; rauschende Wasserströme durch weitherkommende Graben herbeigeführt, stürzen von der Höhe murmelnd und donnernd in die Tiefen hinab, woselbst nackte Neger die weichen Bergmassen losstechen unter Einsturzdrohenden Bergwänden, (mehrere fanden schon hier ihren Tod) und das Losgestochene von dem Wasserstrome in Sammelgräben und Gruben fortgerissen wird, woraus man es verwäscht. Die vielen nach allen Richtungen laufenden Ablösungen der Bergmassen, erleichtern zwar das Losstechen derselben, allein sie machen die Arbeit um so gefährlicher, denn sie sind meistens ganz glatt mit einer glänzenden spieglichten Oberfläche von schwarzem Erdkobalt, oder man findet ihnen auch wohl zerreibliche Quarzkörnchen mit Mangan durchdrungen, aber ohne Goldgehalt beigemengt. Sie lösen sich deshalb sehr leicht los und stürzen unversehens in die Tiefen.

Der genannte mürbe und braunrothe oder auch gelbliche Thonschiefer, welcher der Urbildung angehört, spielt unter den goldhaltigen Formationen der Provinz Minas Geraes, eine der vorzüglichsten Rollen, denn nicht nur seine quarzigen Lagermassen sind goldhaltig, sondern es ist zuweilen selbst die ganze Gebirgsart mit dem allerfeinsten Goldstaub geschwängert, besonders aber in der Nachbarschaft der Lager und Nester, weshalb alsdann auch die Art des Abbaues durch Losspülungen (trabalho de talho aberto) und Auffangen in Sammelgraben (canaes) und Sammelteichen (mondeos) die zweckmäfsigste für diese Gebirgsart ist, um alles Gold zu Gute zu machen. Unbezweifelt ist dieser ungeschichtete oder nur selten geschichtete Thonschiefer von gleichzeitiger Entstehung und von gleichem Alter, mit dem ihm untergelagerten deutlich geschichteten von derselben Farbe, und dem an diesen grenzenden aschgrauen in festen Bänken anstehenden, da man diesen auch wieder übergelagert auf dem rothen mürben und weniger geschichteten findet, mit abwechselnden Lagerungen von Itacolumitquarz, von Eisenglanz und Eisenglimmerschiefer-Bildungen. Auch die verschiedenen Uebergänge von einer Gebirgsart in die andere scheint dieses anzudeuten. Zuweilen findet aber kein Uebergang statt, und die Auf- oder Nebeneinander-Lagerung der genannten Gebirgsarten sind scharf von einander getrennt.

Der aschgraue festere Thonschiefer macht, unter andern, unmerkliche Uebergänge in mächtige Talk- und Zeichenschiefer-Lager; ersterer von silberweifsen, gelblichen, röthlichen, grünlichen und ganz lauchgrünen Farben [8]), letzterer erscheint von dunklen und ganz schwarzen Farben. Diese Lager und Bergmassen kommen meistens an den untern Abhängen der höheren Gebirge und in den Thalgründen zwischen diesen vor, in welchen sie oft beträchtliche zusammenhängende Hügelreihen bilden, unter denen sich besonders die in der Gegend von Capaô und Boa Vista, zwischen Congonhas do Campo und Villa Rica, wegen ihrer einbrechenden Topase, Euklase, Rutil etc. etc., berühmt gemacht haben. Auch der Goldgang mit Chrombley, in körnigem Quarz mit Steinmark, in der Lavra das Goyabeiras bei Congonhas do Campo, macht diese Gebirgsart bemerkungswerth, und es wird an einem andern Orte noch Gelegenheit sich darbieten ihrer weiter zu erwähnen.

Manche Uebergänge des rothbraunen, fast ungeschichteten Thonschiefers, sind eben so merkwürdig. Z. B. die in Grünstein, und zwar nicht in geschichtete Lagerungen, sondern in abgesonderte nesterförmige, körnige und zerreibliche Massen, in denen mitten innen feste unverwüstliche Felsenblöcke liegen, von den Mineiros Cabo Verde genannt. Um den Uebergang des Thonschiefers in diesen Grünstein zu verfolgen, braucht man nur die Abstürze der Bergmassen in den eingerissenen tiefen Graben der Lavras in dem Morro de S. Antonio, zu beobachten, man wird alsdann hie und da finden, daſs der Thonschiefer ganz zerstreut verwitterte Hornblendekörnchen so wie einzelne weiſse Punkte, eben so verwitterten Feldspathes zeigt. Diese beiden Bestandtheile nehmen nach und nach immer mehr überhand in dem Thonschiefer, und dieser verschwindet nach und nach in demselben Verhältnisse als jene zunehmen, bis er endlich ganz verdrängt und an seine Stelle eine zerreibliche körnige Masse von Hornblende und Feldspath getreten ist. Diese Masse wird nach dem Mittelpunkte zu immer consistenter und endlich so fest, daſs sie in unförmlichen abgerundeten Knauern und Blöcken an den steilen Wänden aus der weicheren sie umgebenden Masse herausfallen und dem Mineiro zu Reilsteinen und Pochunterlagen dienen, indem sie sich wegen ihrer Festigkeit so wenig wie das Eisen abnützen. Diese groſsen Grünsteinmassen haben von ihrem ersten Uebergang an einen Durchmesser von 1 bis 3 und mehrern Lachtern und zeigen keine Spur von Gold.

Der andere merkwürdige Uebergang des rothen Thonschiefers in der Nachbarschaft von Congonhas do Campo, an den Ufern des Ribeiraö de S. Antonio, ist der in Seifenstein oder Topfstein. Da ohnedem dieser Thonschiefer fettig anzufühlen ist, so bemerkt man anfänglich nur eine Veränderung in der Farbe, welche heller wird, seine Consistenz nimmt immer mehr und mehr zu, und endlich erscheint derselbe in groſsen ausgedehnten Lagern und Bänken als Seifenstein, welchen man daselbst besonders zu Bildhauerarbeiten benutzt, womit die Kirche von Mattosinho, auf der Höhe von Congonhas, in lebensgroſsen Figuren der 12 Apostel und anderer Heiligen ausgeschmückt ist. [9]) Dieser genannte Uebergang kann, wegen Mangel der Entblöſsung des Terrains, nicht so genau als jener beobachtet werden, und könnte wohl der Fall eintreten, daſs er sich noch etwas anders verhält.

Nicht am unrechten Orte wird es seyn wenn ich hier den obenerwähnten Gang mit Chrombley, wegen seiner Seltenheit und der Aehnlichkeit mit dem Sybirischen, etwas näher beschreibe. Derselbe setzt durch die schon beschriebene Abänderung des aschgrauen Thonschiefers in Talkschiefer, welcher dem Seifensteine, auch Specksteine nahe zu kommen scheint, weshalb ich ihn in meinen früheren Angaben auch so benannte. Richtiger ist es wohl nach Herrn Bergrath Zinkens Meinung, diese Abänderung des Thonschiefers schuppigen Talk zu nennen, da derselbe zunächst dem Gange aus diesem mürben schuppigen Talkgestein von aschgrauer Farbe, bald dunkler bald heller gefärbt, besteht. Am Fuſse des Hügels, worin der genannte Gang streicht, gehen diese Schichten in den rothbraunen mürben Thonschiefer über, welchen meine Freunde v. Spix und v. Martius blos mit dem Namen Thon bezeichneten (1. Th. p. 399.); übrigens ist ihre Beschreibung des Gesteins in den Anmerkungen zum dritten Kapitel völlig übereinstimmend, mit dem Unterschiede daſs sie es Thonschiefer benennen, dem erdigen Talke ähnlich.

Die Gangmasse, welche 4 bis 6 Palmen mächtig ist, besteht aus einem goldhaltigen körnigen zerreiblichen Quarze, theils klein- und feinkörnig, theils auch grobkörnig, einem zusammengebackenen Sande ähnlich, dessen Körner entweder unmittelbar mit einander verbunden oder von erdigem Steinmarke, bald in gröſserer, bald geringerer Quantität als Bindemittel umgeben und eingehüllt sind, eben so wie die Topase und Euklase bei Capaô. Der Quarz so wie das Steinmark sind gröſstentheils blendend weiſs, und Streifen auch Nesterweise verschiedentlich durch Chrom und Eisenoxyd roth, grün, gelb und braun, in allen Nuançen gefärbt. Ablösungen durchsetzen in allen Richtungen diese lose Gangmasse, und auf diesen hauptsächlich erscheinen alsdann die so vorzüglich schönen Drusen der Chrombley-Krystalle, deren Beschreibung hier überflüssig seyn würde, da sie zum Theil aus allen mineralogischen Compendien bekannt sind, diese aber ins besondere ausführlich von den Herren v. Spix und v. Martius, so wie vom Herrn Bergrath Zinken beschrieben wurden. (S. v. E. Nachrichten aus Port. und dessen Colonien von I. C. L. Zinken. Braunschw. 1820.)

Man kann aus diesem Gange ausserordentlich schöne, allein nur sehr zerbrechliche Stufen, mit ausgezeichneten Drusen von Chrombleykrystallen mit Pyromorphit oder Vaugulenit, erhalten. Der künftigen Zerbrechlichkeit vorzubeugen und um sie transportiren zu können, erfordert Zeit, Mühe und Sorgfalt, denn je ausgezeichneter die Stufen mit Krystallen angehäuft sind, je mehr sind sie zum Zerbröckeln geneigt, so dafs man sie aus dem Stollen ganz herausbringt. War man aber so glücklich gewesen, so lege man sie an die Sonne und lasse sie unberührt liegen, bis sie völlig ausgetrocknet sind, und dadurch mehr Zusammenhalt bekommen. Erst nach 14 Tagen, wenn sie nicht durch Regen oder andere Zufalle zerstört worden sind, ist man alsdann im Stande, sie ohne grofse Gefahr, zerbröckelt zu werden, in besondere Schachteln zu verpacken. Der Reisende hat freilich selten Zeit dieses abzuwarten, und mir hat es nie gelingen wollen die benachbarten Bewohner dafür zu interessiren, um für Reisende zu sammlen.

Nördlich, ungefähr in der Entfernung einer Legoa von dem Morro de S. Antonio an dem Fufse der hohen Serra von Boa Morte, welche hier den Namen der Serra de Jozé Pereira führt, liegt die Eisenhütte von Prata, woselbst besonders die so mächtigen Bildungen des magnetischen Eisenglanzes und Eisenglimmers, auf dem Itacolumitquarz gelagert, und in denselben Uebergänge machend, hervortreten, zum Theil überdeckt von der Tapanhoacanga. Diese Eisensteinarten liegen bei der Hütte in Geröllen und eckigen Stücken hoch übereinander aufgeschichtet, und sie allein würden hinreichend seyn, die Hütte, welche mit 8 kleinen Oefen arbeitet, auf mehrere hundert Jahre damit zu versehen [10]). Diese zertrümmerten Bruchstücke haben ihren Ursprung aus der Tapanhoacanga, welche hier die Hügel überdeckt, dessen Bindemittel sich zersetzte und auflöſste, und die losen Bruchstücken zurückließs, denn unter dem Gerölle findet man noch die feste Tapanhoacanga.

Verfolgt man von dem Morro de S. Antonio und der Lavra des Coronell Romoaldo den Weg nach der Stadt Ouro Preto, und zwar über den Arrayal de Solidade, woselbst die oben schon erwähnten beträchtlichen Lavras sind *), so findet man, daſs anfänglich die Gebirgsformationen dieselben sind wie in den Lavras des Morro de S. Antonio, von denen sie eine Fortsetzung sind. Auch das Streichen der Schichten des rothen Thonschiefers mit seinen goldhaltigen parallellaufenden Quarzstreifen in der 10ten und 11ten Stunde, so wie die innenliegenden Uebergänge in Grünstein, sind dieselben. Auf einem langen kahlen Bergrücken hin, wofür man in Minas gewöhnlich den Ausdruck Chapada gebraucht, läuft der Weg über dieselben Gebirgsarten, die sich auch wohl zuweilen in aschgrauen goldleeren Thonschiefer umwandeln, bis zu einer tiefen Gebirgskehle, die von der westlichen Spitze des Morro de Deos te livre und dem gegenüberstehenden Gebirge, welches eine Fortsetzung der hohen Serra do Ouro

---

*) Ich muſs hier ein für allemal erinnern, da das Wort **Lavra** noch sehr oft vorkommen wird, daſs dasselbe jede Art bergmännischen Abbaues bezeichnet, allein nicht in **Bergwerk** übersetzt werden kann, da die Arbeiten oder die Art des Abbaues meistens gar nicht mit denen in Europa bekannten, zu vergleichen sind. Man sehe darüber meinen Pluto Brasiliensis nach.

Preto und Coxoeira ist, eingeschlossen wird. Von hier aus wird die Gegend nun besonders interessant für den Geognosten und Mineralogen. Im tiefen Grunde führt der Weg zwischen hohem Gesträuche und Steinhaufen, bald an den rechten bald linken Ufern eines steinigten Baches, mit großen Halten ausgewaschener Geschiebe von Quarz und Eisensteinen hinauf. Rechts hat man die steilen nackten Felsenwände der hohen Serra de Deos te livre mit ihren silberglänzenden spiegelnden Abhängen, links das durch seinen Eisengehalt dunkelgefärbte, zum Theil waldigte und schon genannte Hochgebirg, aus dessen Schlupfwinkeln nicht selten große Banden von Buschnegern hervorbrechen und dem einsam wandernden Reisenden im Thale gefährlich werden.

Der Morro de Deos te livre hängt östlich durch etwas niedrigere Berge mit der Serra de Ititiaia zusammen, zum Hauptgebirgszuge der Serra do Espinhaço gehörig, und sein höchster Bergrücken hat nur ungefähr 3 Legoas Länge in der Richtung von O. nach W., sich quer und abweichend von dem Hauptzuge in das Hochland drängend, wo er alsdann in der oben angeführten Gebirgskehle plötzlich durch den tiefen Bachgrund sich mit steilem Abhange endigt. Auf seinem Rücken hat er ein schönes Gras-plateau, an manchen Stellen über eine viertel Stunde Breite, und seine höchste Höhe bei dem Wirthshause von Alto do Morro beträgt gegen 5000 Fuſs. Steil erhebt er sich als schroffe Felsenwand aus dem südlich gelegenen Hochlande auf der Seite von Ouro Branco, gegen 2000 Fuſs hoch, weniger steil von der nördlichen Seite aus dem fast eben so tiefen Bergthale, und in Meilenweiten Entfernungen erblickt man ihn von der Straſse von Rio aus in sargförmiger Gestalt. Durchgängig besteht seine Hauptgebirgsart aus Itacolumitquarz, der bald dick- bald dünngeschichtet erscheint, bald sehr grob, bald sehr feinkörnig ist, bald einen bloſsen Quarz darstellt, bald übermengt ist von Talk und Chlorit (?) die selbst ganze Lager zwischen seinen Schichten bilden von verschiedenen Farben und ohne Beimengung von Quarz. In solcher Gestalt erscheinen sie oft an den jähen nördlichen Abhängen, nach welchen hin die Schichten ihren Fall haben, mit spiegelnder glänzender Oberfläche, welche die Sonnenstralen reflectirend zurückwerfen und alsdann mehrere Meilen weit ihren Glanz verbreiten, daher sie denn auch in andern Gegenden oft zu Sagen von silbernen Bergen verleitet haben, deren Silber aber immer bei der Annäherung verschwindet. Das Streichen der Gebirgsschichten ist in der 9ten Stunde und ihre Neigung nach N. O. Quarzadern durchsetzen das Gebirge in allen Richtungen und die Oberfläche liegt oft voller Gerölle derselben Steinart. Am südlichen Fuſse des Gebirges liegt der groſse Arrayal von Ouro branco, der einzige Ort in ganz Brasilien, wo beinahe alle Einwohner in ihren Gehöften den Weinstock pflegen, der dieselben beschattet und vortreffliche Trauben liefert [11]).

Die Herren v. Spix und v. Martius sagen Folgendes über diesen Berg, den sie unrichtigerweise mit dem Namen Morro da Solidade bezeichnen [12]), welches hier zur Vergleichung beigefügt wird.

„Körniges und quarzreicher Glimmerschiefer macht die Grundlage des Morro da Solidade, über demselben liegt in groſser Mächtigkeit ein sehr feiner dem Talkschiefer nahekommender Glimmer, von weiſser, bläulich, gelblich, grünlichgrauer oder bräunlicher Farbe, nach dem verschiedenen Eisengehalte schwärzlich oder gelblich gefärbt. Das Streichen der Gebirgsart ist von S. O. nach N. W. dem

Hauptgebirge entgegengesetzt [13]). Der Glanz, welchen die Lager desselben, die von der Mächtigkeit eines halben Zolles und weniger, bis zu der eines Fuſses, selten drüber, abwechseln, auf den Ablösungen zeigen, giebt diesem Fossil eine ausgezeichnete Schönheit, und wenn die kahlen Theile des Gebirgs von der Sonne beschienen werden, blenden sie das Auge. Mächtige Adern eines weiſsen oder bläulichweiſsen Quarzes von glasartigem Bruche und Glanz, durchsetzen das Gebirge in verschiedenen Richtungen. Auch findet man groſse Massen desselben über die Oberfläche ausgestreut.“ (I. Th. p. 322.) Ferner heiſst es p. 323: „weiſser quarziger Glimmerschiefer macht den Kern der Serra de Ouro Branco aus (dasselbe Gebirge), auf demselben liegen mächtige Lager von buntfarbigem in groſse Platten sich lösenden Glimmer.“

Sowohl mit der Uebersteigung des Morro de Deos te livre *) von Ouro Branco aus, als auch mit dem Eintritt in die oben genannte Gebirgskehle, betritt man eigentlich die vorzüglichsten Gebirgsgegenden von Minas, die sich von hier aus über Villa Rica hinaus erstrecken; Berge reihen sich an Berge, und krumme sich schlängelnde tiefe Thäler trennen die Einen und die Andern. Bald scheinen die Bergrücken ihre Richtung von N. nach S., bald von O. nach W. zu haben, bald erscheinen sie abgerundet, bald ragen sie alpenartig in die Lüfte. Breite Thäler erscheinen

*) Wahrscheinlich hat man diesen Namen gewählt, weil die Ersteigung von Ouro Branco hinauf, besonders ehe noch ein gebahnter Weg existirte, so schwierig war, daſs man jedem Reisenden wünschte: Gott möge dich für diesen Berg behüten. Man nennt ihn auch wohl Serra de Ouro Branco, wegen der Nähe dieses Ortes.

nirgends, nur in tiefen Gründen und Schluften, durch welche klare Gewässer oder durch Goldwaschen getrübte Bäche und Flüsse sich winden, stofsen die felsigten Füfse der Berge zusammen. Hochkuppigte Bergköpfe mit sanften Abhängen und muldenförmigen Vertiefungen füllen wohl auch hier und da die Hauptthäler zwischen den höchsten Gebirgszügen aus, und vollenden das Bild der Verwirrung der Berge und Thäler. Diese scheinbare Verwirrung hört nur dann auf wenn man die höchsten Berge ersteigt, von denen man einen allgemeinen Ueberblick über dieses ganze Berg- und Thalsystem erhält. Der hohe Itacolumi bei Villa Rica, welcher nach meinen Barometermessungen sich 5720 Fufs hoch (Engl.) *), nach v. Spix und v. Martius 4618 Fufs (Franz.), erhebt, und über alle andern Berge mit seinem Felsengipfel hervorragt, gewährt zu diesem Ende den vorzüglichsten Standpunkt, von welchem man als höchsten Stand, ein Panorama überblickt, das nur durch die fernsten Gebirge begrenzt wird. Von hier aus unterscheidet man vorzüglich, dafs der Hauptgebirgszug und die gröfsten Erhöhungen sich von S. nach N. erstrecken und die Cordilheira bilden, die auf meiner Karte unter dem allgemeinen Namen der Serra do Espinhaço aufgeführt ist. Nach N. hin erblickt man längst dem grofsen Zuge das zunächst so ausgezeichnete schroffe Felsengebirge der Serra do Caraça, die beinahe dem Itacolumi an Höhe gleichkommt, dahinter das grofse Eisensteingebirge, die Serra da Rèdade bei Villa Nova da Rainha mit einer Höhe von

---

*) Ich habe meine Messungen zu verschiedenen Zeiten wiederholt und das Resultat von 5720′ ist das Mittel der Differenzen von 4 Beobachtungen. Diese Angabe möchte also wohl die richtigere seyn.

5460 Fuſs. Noch weiter hin die Serra da Lappa und Serra de S. Antonio von fast gleichen Höhen, und in blauer Ferne verschwinden die Gebirge von Serro do Frio, deren höchster Punkt die Serra do Itambé ist, mit einer Erhöhung von 6300 Fuſs (nach v. Sp. und v. Mart.) Nach S. zu sieht man als Fortsetzung des groſsen Gebirgszuges die Felsenberge der Serra de Ititiaia, mit dem anhängenden nach W. ablaufenden Morro de Deos te livre, bis zu der Serra da Mantiqueira. Die Aussicht in das niedere Hochland wird aber durch den genannten Morro begrenzt. — Nach W. und N. dicht unter sich, in einer Tiefe von mehr denn 2000 Fuſs, sieht man in Vogelperspective hinab in die beiden Städte Ouro Preto und Marianna, an dem sich zwischen Felsen krümmenden Ribeiraõ do Ouro Preto oder do Carmo gelegen. Marianna liegt in dem erweiterten Fluſsthale, freundlich mit seinen weiſsen Häusern, groſsen Tempeln, geistlichem Seminario und bischöflichem Palaste in die Augen leuchtend. Ouro Preto (Villa Rica) die Bergstadt, zieht sich lang an dem jähen Abhange des über 4000 Fuſs hohen, durch Goldgräbereien gröſstentheils zerrissenen Gebirges, die Serra do Ouro Preto hin, als Denkmal ehemaliger Opulenz. Die Serra do Ouro Preto zeigt sich von hier aus als groſser Gebirgsarm des Hauptzuges, indem er sich westlich über Caxoeira hinauszieht, und in der Gegend von Congonhas do Campo, wie oben schon gesagt wurde, an den Gebirgszug der Serra da Boa Morte anschlieſst. Dieser Zug, welcher auſser der Benennung, Boa Morte, auch noch unter dem Namen der Serra da Moeda bekannt ist, kommt von Sabará an dem linken Ufer des Rio das Velhas herab, und zeichnet sich besonders durch die hohe Eisensteinkuppe oder Spitzberg, des Pic von Itabira aus, der gleich den Ruinen einer alten Ritterburg sich 4895 Fuſs hoch erhebt.

Die weitere Aussicht nach W. wird durch diese Berge gesperrt.

Zu eigenen Betrachtungen führt nun der Anblick, wenn man sich aus dem westlichen Halbzirkel des Panoramas zu dem östlichen wendet; dorten sieht man nur gereihte kahle, von Waldungen entblöfste, Bergrücken, mit zwischenliegenden kuppigen öden Grassteppen; auf diesem Halbzirkel hingegen ein nur durch die in blauer Ferne sich erhebende Serra da Onça (zur Serra do Mar gehörig) begrenztes, und wie durch Stürme aufgeregtes Waldmeer. Berge häufen sich an Berge, durch steile Abhänge von einander getrennt, in deren Tiefen hunderte von grofsen und kleinen Waldbächen in schlängelnden Strömungen dahinrauschen, und nach tausend Krümmungen und Wendungen, die das Auge nicht zu verfolgen vermag, Tributaire des Rio Doçe und des Rio da Pomba werden [14]). Die höchsten Berge des westlichen Halbzirkels von 4 bis 6 tausend Fufs Höhe, bestehen aus Itacolumitquarz oder Eisensteingebirgen mit ausgedehnten Bergrücken, so wie auch schroffen pralligten und abgerissenen Felsenbergen. Der Urthonschiefer erhebt sich selten bis auf diese Höhen, sondern erscheint in abgerundeten Bergen, Bergrücken und Kuppen, als Ausfüllung zwischen den Hauptgebirgszügen. Granitgneis und Glimmerschiefer treten in diesem Halbzirkel nur an den niedrigsten Punkten des Hochlandes hervor, sich selten über 3000 Fufs erhebend, dagegen auf dem östlichen Halbzirkel, der im Allgemeinen niederer ist, die granitischen Gebirgsarten das ganze bergigte Hochland einnehmen, ohne besondere ausgezeichnete Bergzüge, als die zur Serra do Mar gehörigen, darzustellen.

Beschreibung einzelner Gebirgsarten und einfacher Fossilien, welche auf dem beschriebenen Wege dieses Abschnittes gesammelt wurden.

Granit mit rauchgelbem Quarze, rothbraunem Feldspath und schwarzem Glimmer. Von dem Wasserfall des Tieté bei Monserat.

Thonschiefer, rother, mürber, mit gelblichweifsem verwitterten, eingesprengten Steinmarke, oder Feldspath. Von Bairo de Jagoary.

Grünstein, sehr fester. Von Boa Vista am Rio Jacarahy.

Granaten mit der gewöhnlichen Krystallisation und etwas abgeschliffenen Ecken und Kanten. Die Flächen sind mit Glimmer oder Talk überzogen, wie bei den Staurolithen es gewöhnlich der Fall ist. In Faust- und Nufsgrofsen Krystallen von Campo bello am Rio Verde.

Topase von Rubinrothen bis ins Violet spielenden, von hochgelben bis zu ganz blafsgelben Farben; von gewöhnlichen Krystallisationen, theils lose, theils in Bergkrystall verwachsen. Die Krystalle sind alle abgebrochen, selten mit doppelter Zuspitzung. Von Capaô do Lane und Boa Vista, in der Nachbarschaft von Villa Rica.

Topase eingeknetet in weifsem schuppigtem Steinmarke mit Bergkrystallen. Von Capaô.

Topase als Krystallbruchstücke von weingelber Farbe, eingeknetet in dichten Brauneisenstein mit Schuppen und Stückchen von Eisenglimmer. Da wo die Krystalle sich von der Brauneisensteinmasse ablösen, bilden sich stahlfarbige Spiegelflächen von starkem Metallglanze, und der Krystall ist auf diesen Flächen auf das genauste abgedruckt. Die Bruchstücke der Krystalle sind sehr scharfkantig. Von Saramenha bei Villa Rica.

Topase krystallisirte, eingewachsen in Krystalle von Bergkrystall. Von Capaô do Lane.

Bergkrystalle, krystallisirte, eingewachsen in grofsen Topaskrystallen. Ebendaher.

Euklase*) von verschiedenen Farben, weifs, weifslichgrün, Apfel- und Berggrün sich ins Schmaragdgrüne ziehend, als seltnere Erscheinung weifs und oberflächig Lasurblau, auch wohl inwendig mit lasurblauen Flecken und Wolken;

---

*) Die bisherige Seltenheit dieses Fossiles macht, dafs ich eine weitläuftigere Beschreibung davon geben zu müssen glaubte.

lichtberggrüne ins Seladongrüne übergehende Farben sind auch nicht selten.

Gestalt: In stänglichen Stücken und krystallisirt als geschobenes 4seitiges Prisma mit 4 ungleichseitigen Flächen, und mit zwei grofsen und zwei kleinen zugespitzt. Die Zuspitzungsflächen etwas schief auf die Seitenflächen aufgesetzt und die nach der Richtung einer der scharfen Zuspitzungskanten, abgestumpft. Die beiden Seitenkanten der stumpfen Winkel sind mit 2 Flächen zugeschärft und zwar oft sehr stark. Die Seitenkanten der scharfen Winkel sind ebenfalls zugeschärft und schwach abgestumpft. Die Zuschärfungen und Abstumpfungen sind manchen Modificationen unterworfen, bald breiter, bald schmäler.

Herr Bergrath Zinken sagt Folgendes über einige in meiner Sammlung existirende Krystallisationen. (v. E. Nachr. aus Port. u. dessen Col. von Zinken 1820.)

Farbe: Wasserhell, lichtberggrün ins Seladongrüne.

Krystall: Geschobenes 4seitiges Prisma, an den spitzen Winkeln zugeschärft, den stumpfen an einem Krystalle abgestumpft. Die Winkel sind nach Vergleichung der Zuschärfung 138° 22′ und 41° 38′. Die Krystalle haben das Eigne, dafs sie nur von Einer flachen Seite mit langen Flächen zugespitzt, an der Kehrseite aber, die Seitenflächen bis fast zur Spitze hinaugehen und sich da nur in sehr kleinen Zuspitzungsflächen verlieren. Die eigentliche Zuspitzung scheint mit 4 Flächen zu seyn, welche auf die Seitenflächen aufgesetzt sind und wovon zwei vorwalten. Die Zuspitzungsflächen sind verschiedenartig an den Kanten abgestumpft. Durch die Zuschärfung der Kanten, wodurch die Winkel sehr stumpf werden, erhalten die Seitenflächen ein gebogenes Ansehen. Die Krystalle sind tief gereift und gestreift. Das Gereifte findet sich nur auf den abwechselnden Seitenflächen, da dann die andern glatt sind, bei dem wasserhellen Krystalle. Gestreift sind die Berggrünen."

Die Herren v. Spix und v. Martius bemerken Folgendes über die Krystallisation des Euklases. (1. Th. p. 334.)

„Kryst.: Vierseitiges, geschobenes Prisma mit Seitenknotenwinkeln von 115° und 65° auf die rückwärtsliegende Fläche, am einen Ende abgebrochen, am andern zugeschärft; die Zuschärfungsflächen auf die scharfen Seitenkanten schief aufgesetzt, so dafs die Zuschärfungskanten mit der vordern stumpfen Seitenkante einen Winkel von 133° und die Zuschärfungsflächen miteinander einen Winkel von 106° machen. An der obersten Ecke der Zuschärfung befinden sich noch 4 kleine Flächen, welche eine Art von Zuspitzung machen. Zwei dieser Flächen, welche gegen die hintern Seitenflächen sich neigen, sind glatt; die zwischen diesen und den Zuschärfungsflächen liegenden beiden andern sind deutlich eingekerbt, und bezeugen, so wie bei Topasen, dafs der Krystall aus mehreren kleineren zusammengesetzt sey. Die Seitenflächen sind stark nach der Länge gestreift und gegen die stumpfen Seitenkanten hin gebogen, so dafs der Krystall ein schilfförmiges Ansehen erhält."

Dieses ist, was die genannten Herren über die Krystallisation des Euklases sagen, die bisher wegen der Kleinheit, Unvollkommenheit und Seltenheit der Krystalle nur noch sehr unbestimmt beschrieben war, und ich fahre nun in der Beschreibung folgender Kennzeichen der Euklase weiter fort:

Gröfse der Krystalle: Gröfstentheils klein, zuweilen von mittlerer Gröfse, seltner grofs und sehr grofs. (Ich erhielt zolllange und dicke Bruchstücke eines einzigen Krystalls, welchen man zerschlagen hatte, die zusammen 1½ Pfund wogen), Die Oberfläche der Krystalle ist theils glatt und gradflächig, auch wohl drusig auf einer der Seitenflächen, gröfstentheils aber stark in die Länge gestreift, auch wohl kanellirt und gereift.

Glanz: Aeufserer und Innerer starkglänzend von Glasglanze, auf dem blättrigen Bruche sich zum Perlemutterglanze und dem Irisirenden neigend, auf dem Fasrigen seidenartig glänzend.

Bruch: Der Längenrichtung der Krystalle nach zeigt er einen vollkommnen grofs- und gradblättrigen Bruch, und zwar immer parallel und rechtwinklicht mit den spitzwinklichen Seitenkanten, so dafs diese aus diesem Grunde leicht abbrechen und man selten einen unbeschädigten Krystall findet. Parallel mit den stumpfen Seitenkanten ist der Bruch theils stralig, theils fasrig, gleichlaufend oder auseinanderlaufend, kanellirte Erhöhungen und Vertiefungen bildend. Zuweilen ist dieser Längenbruch auch versteckt blättrig. Der Querbruch der Krystalle, so wie der stänglichen Bruchstücke, ist zum Theil kleinmuschlich, auch wohl uneben und etwas splittrig.

Bruchstücke: Im Grofsen stänglich, im Kleinen blättrig, so dafs, wenn er auch zu dem feinsten Staube zermalmt wird, auch die kleinsten Theilchen aus Blättchen bestehen.

Durchsichtigkeit. Die Wasserhellen vollkommen durchsichtig, die Berggrünen, wegen ihrer rauheren Oberfläche nur halbdurchsichtig, doppelte Strahlenbrechung bemerkt man nur kaum da, wo Facetten solche hervorbringen, aber nicht an parallelen Flächen wie bei dem Doppelspathe.

Härte: Er ritzt den Quarz, Beryll, Turmalin und Topas, aber nicht den Chrysoberyll.

Zersprengbarkeit: Sehr leicht zersprengbar in Blättern zerfallend.

Gefühl: Fühlt sich etwas schwer und kalt an.

Spezifisches Gewicht: Sehr verschieden.

Nach meinen Wägungen:

Ein ganz wasserheller Krystall .	3,680	Bei 16° Reaum. Temperatur des Wassers.
Ein d^{to}.	3,300	
Ein Berggrüner . . .	3,218	
Ein etwas dunkler gefärbter .	3,212	
Ein weifser auf der Oberfläche blau gefärbt . . .	3,541	
Ein schmutziggrüner . . .	3,320	Bei 16½° Reaum.
Ein etwas hellerer . . .	3,400	
Ein weifser	2,833	
Ein hellgrüner . . .	3.680	Bei 14½° Reaum.
Ein d^{to}. mit schwarzen Punkten	3,300	
Ein dunkelblaulichgrüner . .	2,927	Bei 17° Reaum.
Ein weifs- und blaugefleckter .	3,212	

Nach Herrn Zinkens Wägungen:

Ein wasserheller Krystall von 38 Gran	2,947	Bei 16° Reaum.
Ein lichtberggrüner von 34 Gran	3,040	
Ein etwas höherer lichtgrüner von 10 Gran	3,077	

Electrizität: Durch Friction erwärmt zeigt er eine starke Electrizität, und zwar mehr auf dem blättrigen Bruche als in andern Richtungen.

Schmelzung: Vor dem Löthrohre durchglüht, verliert er seine natürliche Farbe und nimmt eine Stahlfarbe an, stärker behandelt wird er undurchsichtig, weifs und zerreiblich. Mit Borax schmelzt er zu einer hellen Glasperle mit neblichten Flecken.

Fundart: Capaô do Lane und Boa Vista zugleich mit den Topasen in Nestern von Quarz und Steinmark. Je eisenschüssiger diese Muttermasse ist, je höher sind bei den Topasen die gelben, bei den Euklasen die grünen Farben.

Bergkrystalle als einzelne Krystalle mit Topasen so wie auch mit Titaneisen und Rutil verwachsen. Aus den Topasgräbereien von Capaô.

Bergkrystalle mit tafelartig - krystallisirtem Eisenglanz und Talke. Ebendaher.

Titan in feinen dünnen schwarzen, aber röthlich durchscheinenden Stängelchen. Ebendaher.

Rutil, als große dreiseitige Prismen und in ausgezeichneten Zwillingskrystallen. Ebendaher.

Eisenglanz, spieglichter, in großen 6seitigen Tafeln, mit vollkommnem Glasbruch. Herr Vauquelin, welchem ich ein Exemplar davon sendete, macht darüber in den Annalen der Chemie und Physik T. XX. Mai 1823 Folgendes bekannt: Analyse d'une espèce de mine de fer du Brésil, de Capaô près de Villa Rica. „Cette Mine est composée de peroxide de fer qui en foit 72 centièmes (Eisenoxyd) et protoxide de fer 28 centièmes (Eisenoxydul) et d'une petite quantité d'acide phosphorique et de Manganeze.

Grauspiefsglanzerz, strahliges. Von Capaô do Lane.

Anmerkungen zum fünften Abschnitt.

1) Die Herren v. Spix und v. Martius erwähnen Folgendes: „Nördlich von Rio Servo (Cerva) und etwa zwei Meilen von Mandú entfernt, zeigten sich die ersten Spuren der Goldwäschereien. Das Gebirge ist ein quarziger, weifser oder weifslichgrauer Glimmerschiefer (Itacolumitquarz), der hie und da ein Streichen von S. W. nach N. O. zeigt, und auf welchem eine bedeutende Masse von dem rothen schweren Lehm liegt (Thonschiefer), aus welchem das Metall geschlemmt wird. Der Glimmerschiefer, in welchem Lager von Quarz mit schwarzem gemeinen Schörl vorkommen, scheint auf Syenit zu liegen, der an einigen Punkten, besonders in tiefen Thälern und Abhängen, losgerissen zu Tage steht."

2) Wer sich näher über die Art und Weise der Goldwäschereien unterrichten will, so wie überhaupt über die in diesen Gegenden existirenden Lavras, den verweise ich auf das besondere Werk: Pluto Brasiliensis.

3) Die Carvoeira ist ein besonderes und ganz eigenes Gestein, welches als Lagermasse vorkommt, und wegen seiner kohlschwarzen Farbe diesen Namen von den Mineiros erhalten hat. In der Folge wird es näher beschrieben werden.

4) Hiernach zu urtheilen, so herrscht eine grofse Verschiedenheit in unseren Meinungen, indessen diese gleicht sich aus, wenn man bedenkt, dafs Reisende nicht grade immer dieselben Stellen sahen, die ein Anderer betrat, und somit kann es leicht seyn, dafs die Herren v. Spix und v. Martius die Goldbildung dieser Gegend in den mürben Granit und Gneiserden fanden, was mir selbst wahrscheinlich ist, dafs diese auch an manchen Orten dieses Districts vorkommen, so wie es in mehreren andern Gegenden der Fall ist, dahingegen ich nur an Orten war, wo die Goldbildung in dem weichen mürben rothen Urthonschiefer mit Itacolumitquarz vorkommt, und wovon künftig ausführlicher gehandelt werden wird.

5) Diese Gebirgsart, die sich von allen bisher bekannten so sehr auszeichnet, hat, da es bis zu ihrer näheren Bekanntschaft an einem schicklichen Namen für dieselbe fehlte, mehrere schwankende Benennungen erhalten. Z. B. Gelenkquarz, biegsamer, auch elastischer Sandstein, Chloritsandstein,

Glimmerschiefer, Quarzschiefer, Itacolumit, und endlich Itacolumitquarz.

6) Die eingemengten Topase, welche die Herren v. Spix und v. Martius hierin gefunden haben, gehören nicht dieser Bildung an, sondern einer Lokalformation des Brauneisensteins, welche in der Nachbarschaft von Villa Rica, bei der Steingutfabrik von Saramenha erscheint, woselbst die Topase in frischen Bruchstücken und Krystallen in aufserordentlicher Menge in einem Brauneisenstein wie eingeknetet liegen, und daraus ausgeklaubt und gewonnen werden. Auch mufs ich aus gegründeten Ursachen bezweifeln, dafs die Diamanten, welche man in dem Brauneisenstein eingewachsen und in Conglomeraten eingemengt gefunden hat, wovon ich selbst mehrere Exemplare besafs, der Tapanhoacangabildung angehört haben, wie diese Reisenden glauben annehmen zu müssen; Letztere unbezweifelt gehören dem weit neueren Conglomerate an, welches man oft in den Flufsthälern von Serro do Frio und in andern Gegenden findet.

7) Die Herren v. Spix und v. Martius halten dieses Conglomerat oder die Tapanhoacanga für eine Flötzbildung, welche der Quadersandsteinformation angehöre (1. Th. p. 350 u. 351). In wie fern dieses gegründet, lasse ich dahingestellt seyn, indessen, da man hier nirgends einen Anhaltungspunkt findet, woraus sich dieses beweisen läfst; so möchten dieser Meinung manche gewichtige Gründe entgegenstehen. 1^{stens}, Es überdeckt blos Urbebirge, und wird nirgends von andern jüngeren Gebirgsarten bedeckt. 2^{tens}, Seine Bestandtheile sind blos aus Urgebirgen genommen, nie zeigt es welche, die jüngeren Gebirgsarten angehört haben. Aus diesen beiden Gründen allein schon scheint hervorzugehen, dafs es mit der Quadersandstein-Bildung nichts zu schaffen hat, sondern dafs es mit mehr Recht in die Bildungszeit der ältesten Conglomerate, der Grauwacke oder des Rothentodliegenden versetzt werden müfste. Die Beispiele von ähnlichen Eisenstein-Conglomeraten, in dem Königreiche Baiern, in jüngeren Flötzgebirgen, worin zugleich auch Wawelit wie bei Villa Rica vorkomme, welche diese Herren anführen, sind kein hinreichender Beweis für ihre Meinung wegen der Identität des Bairischen Eisensteinflötzes mit der Brasilianischen Tapanhoacanga. Ueberdem sind Beweise für Identität der Gebirgsarten, die blos von Handstücken hergenommen sind, wie es gegenwärtig der Fall ist, und wenn diese noch so mannigfaltig waren, ganz unstatthaft bei geognostischen Bestimmungen; denn zwei sich vollkommen ähnliche Fossilien können dennoch Entstehungsperioden gehabt haben, welche Jahrhunderte

oder Jahrtausende von einander liegen. Das relative Alter des Bairischen Eisensteinflötzes ist deutlich durch seine Auf- und Unter'agerungen des Quadersandsteins, des Jura und Muschelkalksteins, ausgesprochen; wonach soll man aber die Zeit der Entstehung der Brasilianischen Tapanhoacanga bestimmen und erkennen, da alle diese Auf- und Unterlagen in Brasilien fehlen? — Dafs Wawelit in dem Braunstein der Tapanhoacanga bei Villa Rica vorkomme, ähnlich dem in dem Eisensteinflötze der Gegend von Amberg, ist noch kein Beweis der Identität, denn der Wawelit in Brasilien kommt aufserdem auch noch in Braunsteinlagern des Urthonschiefers vor, und es ist daher noch eine grofse Frage, ob das Braunsteinlager mit Wawelit bei Villa Rica wirklich der Tapanhoacanga, von der es umgeben ist, angehört, oder dem Urthonschiefer, der unmittelbar die Unterlage des Eisenstein-Conglomerates ausmacht, indem der Braunstein aus diesem nur hervorragt. Vergleicht man überdem noch die Beschreibung der Bairischen Eisensteinflötze, ja selbst die Zusammensetzung ihrer einzelnen Bestandtheile mit den charakteristisch geognostischen und oryctognostischen Kennzeichen der Tapanhoacanga, so leuchtet eine solche Verschiedenheit zwischen beiden hervor, dafs man sich wundern mufs, wie man sie für identisch halten konnte. Dieser kleine Vorwurf trift nicht sowohl meine beiden Freunde, als vorzüglich Herrn Ritter v. Wagner, welchem die Bestimmung der Fossilien anvertraut war.

Der Mineralog Mawe begnügt sich die Tapanhoacanga einmal einen eisenschüssigen Quarz, ein andermal ein eisenschüssiges Conglomerat zu nennen.

8) Manche dieser Abänderungen halte ich für Chloritschiefer, da er ganz mit allen oryctognostischen Kennzeichen eines solchen übereinkommt, auch ist es wohl keinem Zweifel mehr unterworfen, dafs dieser ebenfalls von andern Farben als der gewöhnlichen Lauchgrünen, angetroffen wird. Wo nun aber die Grenzlinie zwischen Talk und Chloritschiefer gezogen werden mufs, so wie zwischen diesen und dem zerreiblichen abfärbenden modificirten Glimmerschiefer, wofür diese Gebirgsart von den Herren v. Spix und v. Martius gehalten wird, mufs ich einsichtsvollern Mineralogen zu entscheiden überlassen. Das Wort modificirt scheint mir indessen hier in einem zu weit ausgedehnten Sinne gebraucht worden zu seyn, und dürfte wohl nur alsdann anwendbar seyn, wenn eine Gebirgsart, durch Einflufs der Atmosphäre, durch Oxydationen, oder durch Aufnahme anderer Bestandtheile aufser den wesentlichen, eine geringe Abänderung erlitten hat.

Sobald eine Gebirgsart in ihrem Wesentlichen so ganz verändert erscheint, dafs sie diejenige gar nicht mehr ist, die sie hätte seyn können, und besonders wenn diese sogenannten Abänderungen oder Modificirungen sich über ganze Terrains und in grofse Tiefen erstrecken, so ist es doch wohl rathsamer ihr einen solchen Namen beizulegen, welcher bezeichnend ausdrückt das was sie ist, und nicht das was sie war oder seyn könnte, besonders wenn man schon Namen hat unter welchem sie bekannt ist, wie hier bei dem Talk und Chloritschiefer wirklich der Fall ist. Eine Gebirgsart für modificirt zu halten, besonders wenn sie in diesem Zustande in grofser Ausdehnung vorkommt, würde sich allenfalls nur dann entschuldigen lassen, in manchen Fällen auch wohl annehmbar seyn, wenn die unverkennbare ursprüngliche Gebirgsart, woraus die Modification entstanden, mit derselben wirklich in Berührung stände, d. h. auf-, unter- oder nebengelagert sich vorfände, allein wo diese von jener durch mehrere Mittelglieder getrennt ist, so wie es hier bei den thonigttalkigen Gebirgsarten der Fall ist, wo Thonschiefer und Itacolumitquarz etc. etc. zwischen dem wahren Glimmerschiefer und dem sogenannten modificirten stehen; so möchte wohl dieses Vorkommen eine gröfsere Beachtung verdienen. Es ist bekannt genug, dafs die elastische Biegsamkeit, der starke fast metallische Glanz, und die Durchsichtigkeit in dünnen Blättchen, die vorzüglichsten characteristischen Kennzeichen des Glimmers sind, und des aus ihm mit Quarz zusammengesetzten Glimmerschiefers, die ihn vorzüglich von dem Talk und Chloritschiefer oryctognostisch unterscheiden; wo diese characteristischen Kennzeichen nun ganz und gar in weit sich erstreckenden Lagerstätten fehlen und ein feinschuppiges, dabei mürbes, abfärbendes, sich fett anfühlendes, dünnschiefriges Gestein, mit Seidenglanz, auftritt, welches in gar keiner Verbindung mit dem ersteren steht, warum soll man dieses für ein Produkt der Modification halten? — Betrachten wir auch die chemischen Analysen des Glimmers, Talkes und Chlorites, so ergiebt sich daraus, ungeachtet dafs die Analysen unter sich selbst in den Quantitäten sehr variiren, dafs selbst dem Glimmer ein beträchtlicher Talkgehalt beigemengt und dafs weder im Talke noch im Chlorite der vorwaltende Bestandtheil Talk ist, wie in den Anmerkungen (v. Sp. u. v. M. 1. Th. p. 352.) man zu behaupten scheint, sondern vielmehr Eisenoxyd oder Kieselerde; dafs selbst in dem erdigen Talke, nach Vauquelin, gar keine Talkerde vorhanden ist, überhaupt aber in keiner der talkigten Gebirgsarten, Talkerden vorherrschend sind. Bei der Bestimmung dieser, so wie überhaupt aller Gebirgsarten, müssen uns daher weniger ihre chemischen Bestandtheile, als vielmehr ihre sichtbaren bekannten nach den äufseren Kennzeichen, ihr Totalhabitus und ihre geognostischen Verhältnisse leiten, denn wollte man denselben jedesmal andere Namen geben, weil man durch chemische Analysen einige Procente mehr oder weniger von einer gewissen Erdart in ihnen gefunden, oder weil diese oder jene untergeordnete in ihnen fehlt; so würde man am Ende fast so viele Namen erfinden müssen als man Exemplare von ein und derselben Gebirgsart zum Analysiren hingiebt, weil keine Analyse vollkommen mit der andern übereinstimmen wird. Auch Herr Bergrath Zinken rühmlichst bekannt unter unseren deutschen Mineralogen, hat unter denen von mir eingesandten Gebirgsarten die Uebergänge des Thonschiefers in Talkschiefer erkannt, so wie auch den schiefrigen Talk, als Gebirgsart aus der Gegend von Villa Rica, von Congonhas do Campo und Serro do Frio, ebenfalls hat er das Vorhandenseyn von Chlorit in dem Itacolumitquarz von Serro do Frio erkannt, indem er zugleich bemerkt, dafs wohl leicht eine Verwechselung des Chlorites mit Talke statt finden könne, da beide Fossilien so nahe verwandt und in ihrem Vorkommen so analog sind. Die Herren v. Spix und v. Martius oder vielmehr Herr Ritter v. Wagner in der angeführten Anmerkung, statuiren aber weder das Eine noch das Andere, und alles soll modificirter Glimmer seyn, weil derselbe keinen vorwaltenden Talk enthalte, und der vermeintliche Chlorit auch kein Chlorit sey, da Vauquelin durch eine Analyse des sogenannten weifsen Chlorites bewiesen, dafs dieses Fossil nicht zum Chlorite gehöre, weil es keinen Talkgehalt enthalte. Ob dieser Schlufs richtig, möchte wohl einem grofsen Zweifel unterworfen seyn. Nach Vauquelin enthält der wahre Chlorit 43 Eisenoxyd, 25 Kiesel, 18 Thon, 8 Talk und 2 Bestandtheile Wasser. Sollte durch Mangel von 8 Procent eines Bestandtheiles einer Gebirgsart, dieselbe so umgeändert werden können, dafs sie deshalb einen andern Namen verdient, und nicht mehr das ist wofür man sie durch alle äufseren Kennzeichen zu halten gezwungen wird? — Ich bin keineswegs so unbescheiden eigensinnig auf meiner Meinung zu beharren und noch weniger die des Herrn Ritter v. Wagner zu verwerfen, sondern meine Absicht geht nur dahin, durch die verschiedenen obwaltenden Meinungen, wegen der mineralogischen und geognostischen Ansichten der Fossilien, auf einen gewissen Abstand beider Wissenschaften, unter sich, hinzudeuten, der gewifs noch nicht so bald gehoben werden wird.

9) Bei der Kirche von Mattosinha, auf der Höhe von Congonhas do Campo, sind die lebensgrofsen Statuen der 12 Apostel aus dieser Gesteinart, so wie auch andere Kirchenzierrathen, aufgestellt, und wenn man bedenkt, dafs der noch lebende Bildhauer, ohne irgend einen Unterricht, sich ganz aus sich selbst bildete, und was noch mehr ist, dafs er als Krüppel ohne Hände geboren ist; so verdienen allerdings diese Bildhauerarbeiten einer Bewunderung, wenn sie auch gleich nicht einen Vergleich mit den Arbeiten unserer mittelmäfsigen Künstler aushalten.

10) Zur Zeit, da die Herren v. Spix und v. Martius diese kleine Anstalt besuchten, existirten nur 4 Schmelzofen, nachgehends wurden diese bis zur Zahl von achten vermehrt, und das Hammerhaus besonders und tiefer angelegt, um den Wassersturz besser zu benutzen.

11) Weiter westlich von Ouro Branco an dem Fufse der steilsten Felsenwand lebte in philosophischer Ruhe, der im Jahr 1816 verstorbene Botaniker Velozo (nicht der Mönch Velozo, der ebenfalls Botaniker war und in Rio de Janeiro einige Jahre früher starb), sich auf eine nützliche Art mit Chemie und Ackerbau beschäftigend, besonders aber mit der Schaafzucht und Fortpflanzung des Kermes. Aus der Wolle seiner Schaafe liefs er, durch seine Sclaven, Tücher weben und apretiren, und gab ihnen dauerhafte Farben, so dafs sie den Vergleich mit guten Europäischen Tüchern aushielten, manche auch so fein wie Cachimire waren. Zur Färbung der Tücher gebrauchte er lauter Brasilianische Färbestoffe, die er in den verschiedensten Pflanzen entdeckt hatte, und zum Walken derselben bediente er sich der feinen fettig anfühlenden Erde, die in der Topasgräbereien von Capaô so gewöhnlich in grofsen Lagern vorkommt, und die aus der Zersetzung oder nicht völligen Ausbildung des talkigen Nebengesteins, entstanden zu seyn scheint. Da derselbe sehr eigensinnig und eifersüchtig auf seine Entdeckungen war, so theilte er dieselben Niemanden mit, und aus seinen hinterlassenen Papieren, wozu er den Commentar im Kopfe hatte, war nichts zu schöpfen. Mit seinem Tode gingen also auch die Entdeckungen, welche für die Industrie und Handel so nützlich hätten seyn können, aus Eigensinn wieder verloren.

12) Ein Irrthum, wozu Reisende in Brasilien leicht verleitet werden können, denn wenn man nach dem Namen eines Gebirges oder auch wohl eines kleinen Flusses fragt, so legt

der Gefragte ihm gewöhnlich an der Stelle wo man hindeutet, oder wo man sich befindet, den Namen einer der Stelle zunächst liegenden Fazenda oder Ortes bei. Selten geschieht es daher, dafs ein ausgedehntes Gebirge oder kleiner Flufs einen allgemeinen Namen hat, oder wenn es diesen auch hat, so ist er weniger bekannt und bleibt dem Reisenden deshalb unbekannt.

13) Der Gebirgsrücken des Morro do Deos te livre hat seine Richtung in der 6ten Stunde und die Schichten laufen in der 9ten Stunde, folglich sind sie nicht ganz dem ersteren entgegengesetzt.

14) Schon in dem dritten Abschnitte, bei dem Uebertritt aus dem Walde in die Campos auf dem Wege von Rio de Janeiro in die Provinz Minas, machte ich auf diese auffallende bergigte Walderscheinung aufmerksam; diese von dem Gipfel des Itacolumi, präsentirt sich nun erst recht anschaulich im Grofsen und mit einem allgemeinen Ueberblick, und man kann sich nicht die Frage entwehren, was war die Ursache, warum die östlichen Gegenden der hohen Gebirgskette sich mit einer fruchtbaren mächtigen Dammerde bedeckten, in welcher die hohen dicken Urwälder Wurzel fafsten, dahingegen die westlichen gröfstentheils mager und entblöfst blieben? — Unstreitig trugen zu diesem Unterschiede die Grundgebirge viel bei, und diese Meinung gewinnt gröfsere Wahrscheinlichkeit, da durchgehends von dieser Grenzscheide der Vegetation, die Gebirgsarten nach Osten zu bis zum Meere hin zu den granatischen Gebirgsarten gehören, die sich an der Oberfläche leicht zersetzen und fruchtbar werden, die nach Westen hin aber meistens aus den schiefrigen zusammengesetzt sind, die einen sandigen oder mageren Thonboden zurücklassen. Doch, dieser Grund ist noch nicht befriedigend, denn man trifft in den Camposgegenden auch viele meilenweite Erstreckungen granitischer Gebirgsarten, die einen eben so unfruchtbaren Boden über sich haben als die schiefrigen, und anderntheils findet man auch schiefrige Gebirgsarten in grofsen Erstreckungen, die einen fruchtbaren Boden haben, z. B. der östliche Abhang des grofsen Gebirgszuges der Serra da Matta da Corde, indem der westliche kahl und unfruchtbar erscheint. Es mufs also wohl noch eine andere Ursache mitgewirkt haben, und sollte diese wohl nicht in den grofsen Strömungen der Gewässer gesucht werden können, welche in manchen Gegenden die Dammerde zusammenführte, in andern abspülte? So weit meine Beobachtungen in Brasilien reichen, möchte ich wohl den Schlufs daraus ziehen, dafs die Strömungen von O. nach W. ihre

Richtungen nehmen, unabhängig von der jetzigen Strömung der Flüsse, denn im Allgemeinen findet man daselbst an den östlichen Abhängen der Gebirge mehr Dammerde und Vegetation als an den westlichen, so wie jene auch weit sanfter ansteigend sind als diese; dorten wurden sie angespült und fanden Widerstand, um weiter fortgerissen zu werden; hier wurden sie fortgerissen durch den Abfall des Wassers nach Westen, und alsdann an dem zweiten Bergmeridian wieder abgesetzt. Zur Bestätigung dieser meiner Beobachtungen würde zu wünschen seyn, dafs man auch in andern Gegenden des Amerikanischen Continents auf diese Erscheinung aufmerksam seyn möchte.

Sechster Abschnitt.

Geognostische Notizen aus der Nachbarschaft von Villa Rica, so wie auch aus der gebirgigten Waldgegend nach S. O. hin bis zum Presidio von S. Joaõ Baptista.

(Man sehe darüber die Karte im 1sten Theile des Journals von Brasilien. Weimar 1818., so wie die beigefügte der Lavra de Passagem No. II.)

Villa Rica oder die Stadt Ouro Preto, der Sitz der ehemaligen Gouverneure und der jetzigen Präsidenten der Provinz Minas Geraes liegt längst dem steilen Bergabhange der Serra do Ouro Preto, an dessen Fuſse der vor mehr denn hundert Jahren so reich gewesene Ribeiraõ do Ouro Preto im engen Thale flieſst, welches von der genannten Serra und dem noch höheren Itacolumi-Gebirge eingeschlossen ist. Das Gebirge von Ouro Preto, welches unter verschiedenen Namen in der Geschichte der Goldbergwerke glänzt, z. B. Morro de Villa Rica, do Velozo, de S. Sebastiaõ, de S. Antonio, da S^{a}. Anna u. s. w. nimmt seine Richtung von O. nach W. parallel mit dem Lauf der Gebirgsschichten, welche unter einem Winkel von 45° bis 50° südlich in das Thal hinabstürzen und jenseit des Wildbaches unter den aufliegenden Gebirgsschichten der sich steil erhebenden Fuſsberge des hohen Itacolumi, verlieren. Ein deutliches Bild der aufeinander oder nebeneinander gelagerten Gebirgsarten, woraus diese Berggegend zusammengesetzt ist, habe ich erst nur durch jahrelange Beobachtungen erlangen können, indem ich nicht nur nach allen Richtungen die Berge und Thäler durchstreift, Tagebaue, Rinsalen und Schluften untersucht, sondern auch von den vielen hundert Stollen, die in das Gebirge durch die goldhaltigen Gebirgsarten getrieben, eine Menge befahren und die alten Abbaue durchkrochen habe. Die Resultate dieser meiner Beobachtungen sind folgende:

Die Basis oder der mächtigere Kern der Serra do Ouro Preto nach der westlichen Seite oder nach Caxoeira zu, ist Gneis, nach der östlichen Seite oder nach der Stadt Marianna hin, Glimmerschiefer. Wie diese beiden Gebirgsarten sich in diesem Gebirge zu einander verhalten, bleibt dem Auge verborgen. Unmittelbar auf denselben ruht mit einer Mächtigkeit von 4 bis 6 Lachtern, der rothbraune mürbe nicht goldhaltige Urthonschiefer; auf diesen folgen nun die übereinander gelagerten goldhaltigen Gebirgsarten; der Itacolumitquarz mit seinen goldhaltigen Quarz- und Carvoeira-Lagern, so wie den vielen ihn durchsetzenden goldhaltigen Quarzgängen, mit einer sehr abwechselnden Mächtigkeit des ganzen Gebirgslagers. Zuweilen beträgt diese nicht über 3 oder 4 Lachtern, an andern Orten ist sie gar nicht zu ergründen. Auf diesem der Eisenglimmerschiefer von 6 bis 10 Lachtern Mächtigkeit mit seinen goldhaltigen Quarzschichten und der ihn bis in den Thalgrund überdeckenden Tapanhoacanga. Mit Ausnahme der Tapanhoacanga schiefsen diese Gebirgsschichten, wie schon erwähnt, unter die nicht goldhaltigen Gebirgsschichten der Erhebungen des rechten Ufers des Baches von Ouro Preto. Unmittelbar an den Eisenglimmerschiefer stofsen die dem aschgrauen Thonschiefer angehörigen talkigen Gebirgsarten, die zum Theil auch mit runden Hügeln das Thal von Villa Rica ausfüllen, und fester in grofsen Platten brechender, mit starkem Einfallwinkel anstehender, aschgrauer, alsdann in braunrothen mürben übergehender Thonschiefer erhebt sich steil aus dem tief eingeschnittenen Thale bis zu der Bergfläche des Campo de Saramenha, woselbst ein Ueberguſs der Tapanhoacanga denselben bis beinahe an den Fuſs des Hauptgebirges überdeckt. Steigt man von da bei der Pulverfabrik zu einem Bergthale hinab, so stöſst man an dem Abhange auf ein Lager von Urkalkstein, der dem Glimmerschiefer anzugehören scheint, welcher an dem tiefsten Punkte des Thales zum Vorschein kommt, und an diesen lehnt abermals an dem aufsteigenden Abhange ein fester dunkler Thonschiefer, mit einem mächtigen Lager von goldgelbem und metallisch glänzenden Schwefelkies. Je höher man von hier steigt, je veränderlicher wird die Farbe des Thonschiefers, bis sie endlich wieder braunroth ist. Jetzt an dem steilsten Abhange liegt auf diesem Thonschiefer, von Villa Rica aus, die zweite Lagerung des Itacolumitquarzes von groſser Mächtigkeit, alsdann eine grasigte Bergebene auf sich habend, auf der am Fuſse des letzten und höchsten Bergkopfes wieder die braunrothe Thonschieferbildung von keiner beträchtlichen Erstreckung zum Vorschein kommt, und auf dieser sitzt nun als dritte Belagerung des Itacolumitquarzes, der hohe Felsenkopf Itacolumi (Sohn des Steins).

Der Itacolumitquarz in seiner ersten goldhaltigen Lagerung ist feinkörnig und dünngeschichtet bis zu Blättchen der dünnsten Pappe und dabei biegsam in allen Graden, je nach der Stärke der losgetrennten Schichten und der Zusammensetzung seiner Bestandtheile. Je weiter er aber durch Zwischenglieder durch Eisenglimmerschiefer, Thonschiefer u. s. w. von diesen ersten Lagerungen getrennte wiederholende Lagerungen bildet, desto grobkörniger erscheint er in groſsmächtigen, beinahe ungeschichteten Bänken, ohne goldhaltige Gänge und Lager, d. h. ohne solche, die man bis jetzt eines Abbaues würdig gehalten hätte; denn daſs einiges Gold daninnen vorkommt, beweisen die goldhaltigen Bäche, welche darinneu entspringen. Diese merkwürdige Gebirgsart, von deren groſsen Erstreckung man früherhin keine Idee hatte, war bis zu meinen ersten Bekanntmachungen von den Mineralogen blos unter dem Namen von elastischem oder biegsamen Sandsteine, auch Gelenkquarz bekannt, ohne daſs man etwas von ihren geognostischen Verhältnissen wuſste, und ich behielt anfänglich, wegen seiner wirklich groſsen Aehnlichkeit mit manchem Sandsteine, und weil es an einem passenderen Namen noch fehlte, den Namen Sandstein bei. Späterhin, nachdem ich immer mehr Aufklärungen über die geognostischen Verhältnisse der brasilianitchen Gebirgsarten erhielt, erkannte ich mehr und mehr den Unterschied des Itacomulitquarzes, von allen bisher bekannten Gebirgsarten, und um dieselbe näher zu bezeichnen, gab ich ihr in meinem geognostischen Gemälde den Namen Itacolumit, von dem höchsten Gebirge in Minas, welches aus dieser Gebirgsart besteht. Da nun aber Quarz den Hauptbestandtheil ausmacht, und Herr v. Humboldt in seinem essai sur le gisement des Roches, ihn zu den Quarzfelsarten zählt; so möchte wohl Itacolumitquarz der bezeichnendste Name seyn, den Herr v. Humboldt auch schon dafür gebraucht hat. Daſs diese Gebirgsart einen besondern Character haben muſs, bezeichnen schon die vielen schwankenden Benennungen, die sie erhalten hat, wie z. B. biegsamer oder elastischer Sandstein, Gelenkquarz, Chloritsandstein, Glimmerschiefer, Quarzfels, Quarzschiefer, Itacolumit und endlich Itacolumitquarz, wobei es wahrscheinlich sein Bewenden haben wird, und ich werde mich bemühen, sie so deutlich wie möglich zu beschreiben: Quarz in körniger Gestalt, wie schon gesagt, ist der Hauptbestandtheil dieser Gebirgsart, und die Körnchen sind durch ein feinschuppiges, seidenartig glänzendes, wenn in gröfserer Anhäufung vorhanden, sich fettanfühlendes Bindemittel mit einander verbunden. Dieses Bindemittel ist in manchen Schichten zuweilen so sparsam beigemengt, dafs es ganz zu fehlen scheint, und das Gestein einem dichten oder kleinkörnigen festen Quarze nahe kommt. Je häufiger das Bindemittel darin vorkommt, je dünnschiefriger ist das Gestein, und es nimmt zuweilen so überhand, besonders auf den Absonderungsflächen der Schichten, dafs der Quarz ganz daraus verschwindet. Diese verschiedenen Abänderungen dieser Gebirgsart von dem Grobkörnigen in dicken Bänken bis zum Feinkörnigen Dünngeschichteten, characterisiren sie vorzüglich, indem sie sich ungefähr so verhalten wie die Uebergänge des Granits zum Gneise und von diesem bis zum dünnblättrigen Glimmerschiefer. Die Farbe des Itacolumitquarzes hängt von der des Bindemittels ab, welches von silberweifser, blaulichter, gelblichter, grünlicher und röthlicher Farbe, durch alle Nuancen hindurch, erscheint. Woraus dieses Bindemittel oder beigemengte Fossil eigentlich besteht, darüber walten noch verschiedene Meinungen ob. Nach der Meinigen besteht es aus Talk und Chloritblättchen. Herr Bergrath Zinken erkennt es ebenfalls als solche; jedoch hält er dafür, dafs Chlorit wohl oft mit Talk verwechselt worden sey (v. E. Nachricht. aus Port. und dessen Col. v. Zinken 1820); dahingegen die Herren v. Spix und v. Martius behaupten, dafs der vermeintliche Talk blos ein modificirter Glimmer, und Chlorit sich in keinem einzigen Exemplare vorfinde. *) In wieweit es

*) Man thue hierüber einen Rückblick in den fünften Abschnitt auf die 8te Anmerkung.

hiermit seine Richtigkeit hat, wage ich nicht zu entscheiden, doch mufs ich hierbei bemerken, dafs die Behauptung in der Anmerkung (1. Th. p. 352) nicht übereinstimmend mit dem ist, was meine Freunde p. 758 des 2ten Theils der Reise sagen: „In noch gröfserer Ausdehnung steht ein bisweilen in Glimmerschiefer übergehender Thonschiefer zu Tage, welcher von N. nach S. streicht, und unter einem Winkel von etwa 40° nach O. einfällt. Er erscheint bald von dunkelgrüner Farbe, von fast blättrigem Gefüge und Krystalle von Magneteisenstein eingesprengt enthaltend; bald ist er von blafsfleischrother oder bläulicher Farbe, mit eingewachsenen gröfseren oder kleineren Parthien von Chloritblättchen etc.“

Dafs hier von dem Itacolumitquarze mit seinen Uebergängen in Thon und Talkschiefer oder auch umgekehrt von diesen in ersteren die Rede ist, geht auch aus allen andern dabei angeführten Nebenumständen unbezweifelt hervor, mithin wird hier die Existenz des Chlorits in demselben zugestanden, welche in der obigen Anmerkung verworfen wurde, mit der Bedeutung, dafs der Chlorit wohl untergeordnete Lager, so wie einen Bestandtheil der Gänge und Erzlagerstätten in Glimmerschiefer, aber keinen unmittelbaren Bestandtheil desselben ausmacht. —

Es ist nicht zu läugnen, dafs der Itacolumitquarz viel Aehnlichkeit mit manchem in der alten Welt bekannten Glimmerschiefer hat, besonders wenn ihm sichtbare metallischglänzende Glimmerblättchen, neben dem seidenartig glänzenden Talk oder Chlorit beigemengt sind, wie es zuweilen auf den Ablösungen zu geschehen pflegt; allein nach meinen vielfältigen an hundert Orten gemachten Beobachtungen habe ich die Gewifsheit erlangt, dafs keine Verwechselung mit dem wahren Glimmerschiefer statt finden kann, so bald man nur auf seine geognostischen Verhältnisse aufmerksam ist. Diese sind vorzüglich folgende: Er ist stets von den unterliegenden Gebirgsarten, sey es Granit, wie an der Serra da Boa Morte, sey es Gneis, wie an der Serra da Caxoeira, oder Glimmerschiefer, wie in der Lavra da Passagem, durch rothbraunen mürben Urthonschiefer scharf getrennt. Er ist goldhaltig nicht nur auf Gängen und Lagern, sondern wahrscheinlich auch durch das ganze Gestein; ein Goldgehalt, welchen der ächte Glimmerschiefer Brasiliens bis jetzt noch nicht aufgewiesen hat. Ferner seine Uebergänge in Thonschiefer und in die mürben talkigen Gebirgslager, so wie auch die in magnetischen Eisenglanz und den sehr häufig übergelagerten Eisenglimmerschiefer, der nie weder den Granit noch Gneis noch den wahren Glimmerschiefer unmittelbar überdeckt, sondern immer nur dem Itacolumitquarz oder dem Thonschiefer aufgelagert ist. Die zunächst dem Granit, Gneis oder Glimmerschiefer aufgelagerten und durch Thonschiefer getrennten Itacolumitquarzschichten, sind immer die reichhaltigsten an Gold in Quarzlagern und Gängen, und zwar allenthalben in Minas Geraes, besonders aber an dem Gebirge von Villa Rica, woselbst sich vorzugsweise das schwarze goldhaltige Lager auszeichnet, welches unter dem Namen der Carvoeira bekannt ist. *) Dieses Lager trennt die oberste Schicht des rothen Thonschiefers von der untersten des Itacolumitquarzes mit einer Mächtigkeit von 1 Palmen bis zu mehreren Lachtern, und besteht, wo es sehr mächtig ist, wie z. B. in manchen Lavras bei Villa Rica und in

*) Will man noch Mehreres über den Itacolumitquarz nachlesen, so verweise ich zum Theil auf mein geognostisches Gemälde, so wie auch auf die Beschreibung von Herrn Zinken.

der Lavra da Passagem aus einem eisenschüssigen sehr festen, auch bröcklichen goldhaltigen Quarzgestein, mit Nestern und Streifen von Arsenikkies, Spiesglanz, Braunstein, Nickelblüthe, Schwefelkies und Carvoeira. Wenn das Lager sich verschmälert, so verschwindet der Quarz und die Carvoeira steht alsdann allein da. Man findet sie zum Theil als sehr festes Gestein, jedoch öfterer in einem mürben Zustande gleich einer kohlichten aufgelösten Substanz, die sich zwischen den Fingern zerreiben läfst und stark abfärbend ist, daher denn auch ihr Name Carvoeira (Kohlenort). Sie macht vollkommne Uebergänge aus der festen in die erdige Masse und ist hie und da mit Arsenikkies durchsprengt, welcher zuweilen die Gestalt von grofsen Gerstenkörnern hat, wodurch die Bruchstücke ein gesprenkeltes Ansehen erhalten. In der festen Carvoeira unterscheidet man sehr deutlich, theils mit blofsen theils mit bewaffneten Augen, dafs die ganze Masse aus kleinen Schörlkrystallen zusammengesetzt zu seyn scheint, und in manchen Exemplaren sieht man gröfsere schöne Turmaline von grüner Farbe, die sich wohl so sehr in den kleinsten Krystallen anhäufen, dafs die ganze Masse statt der schwarzen Farbe eine dunkelgrüne fast schwarzgrüne erhält. Ich glaubte daher diese schwarze oder schwarzgrüne Masse als ein Schörlgestein betrachten zu müssen. Ob durch Zersetzung oder durch die Nicht-Ausbildung der Schörl- und Turmelinkrystalle die erdige dunkle Masse entstanden, oder ob bei dieser Mangan vorwaltend wird, bedarf wohl noch einer nähern Untersuchung. Die Herren v. Spix und v. Martius fanden in diesem goldhaltigen Gesteine, aufser den obengenannten Gemengtheilen, schmale Schichten von Brauneisenstein (Caco der Mineiros), Quarz in abgerundeten Körnern, und in kleinen Höhlungen silberweifsen Talk, Perlglimmer von smaragdgrüner Farbe, so wie auch graulich-weiße Appatite in niedrigen sechsseitigen Säulen. Je weniger Mächtigkeit dieses Lager hat, je reichhaltiger pflegt sein Goldgehalt zu seyn; am reichsten aber ist es, wo häufiger grauer, körniger mit Eisenoxyd untermengter Arsenikkies in Nestern vorkommt, die oft eine Ausdehnung von mehreren Fußen haben. Wo spieglichter silberglänzender Arsenikkies erscheint, ist es weniger goldhaltig. Auch erscheint die Carvoeira ausgezeichnet reich da, wo sie mürbe, schieſrig, dunkelschwarz und von geringer Mächtigkeit erscheint mit ockergelben Nesterchen von Eisenoxyd. Das sichtbare Gold darinnen in Blättchen, Körnern und zuweilen in Krystallen nimmt sich gar herrlich auf dem schwarzen Grunde aus, und steigert die Begierde der Mineiros, ihm oft auf die unsinnigste Art nachzugraben, keinen Blick in die Zukunft werfend, um ihre Unternehmung für diese zu sichern.

Die Gänge, welche den Itacolumitquarz durchsetzen, sind an dem Morro das Lages bei Villa Rica besonders in die Augen fallend, da die übergelagerten Gebirgsmassen des Eisenglimmerschiefers und der Tapanhoacanga durch die bergmännischen Arbeiten daselbst davon abgeschlemmt sind. Sie streichen in verschiednen Richtungen, kreutzen, schaaren und rammlen sich, drängen sich auch wohl so dichte zusammen, daß sie Stöcken ähnlich sind und vereinigen sich mit dem Quarz- und Carvoeira-Lager in der Tiefe, wie man in vielen alten Gruben beobachten kann, welche Erscheinung darauf hinzudeuten scheint, daß sie gleichen Ursprungs mit diesem sind. Sie setzen weder in die unterliegende Gebirgsart des rothen Thonschiefers noch in die darauf sitzende des Eisenglimmerschiefers, und ihre Gangmassen sind meistens reiner sehr fester Quarz mit spärlichem Goldgehalte. Ihre Mächtigkeit steigt von 1 Zoll bis über 1 Lachter. Sie setzen senkrecht nieder oder sind auch wohl nur wenig nach der einen oder andern Seite inclinirt. Da wo der Quarz an Festigkeit abnimmt auch wohl eisenschüssig und körnig wird, nimmt der Goldgehalt zu. Die meisten Gänge sind mit dem Nebengestein verwachsen, einige mächtigere haben aber auch wohl auf einer oder der andern Seite einen schmalen oft sehr goldreichen sandigen Lettenbesteg von 1 bis 3 Zoll Stärke. Es ist mir nicht bekannt, daſs man diesen Besteg zu beiden Seiten eines Ganges gefunden. Schörlkrystalle, grüne Turmaline und Carvoeira, auſserordentlich schöner Perlglimmer, und Arsenikkies finden sich auf diesen Gängen eingesprengt und auch Nesterweise.

Durch die gänzliche Absonderung der Gänge von dem auf- und unterliegenden Gebirgsgestein, sollte man wohl verleitet werden können, dieses erste Glied der Itacolumit-Quarzbildung für ganz independent von den Auf- und Unterlagerungen zu betrachten, und es für jünger als den Thonschiefer und für älter als den Eisenglimmerschiefer zu halten, von dem es auch in seinen Lagerungen scharf getrennt ist; dem aber alle übrigen geognostischen Verhältnisse, besonders wenn man seine öfteren Wiederholungen mit diesen Gebirgsarten beobachtet, widersprechen. Auch die Erscheinung, daſs die Gänge in genauer Verbindung mit dem unterliegenden Quarz- und Carvoeira-Lager sind, und mit demselben gleichsam als eine Masse auftreten, spricht dagegen. Sie beweiſst, daſs Lager und Gangmassen gleichzeitig mit der Gebirgsmasse entstanden, daſs sie sich von dieser ausschieden und nicht in die unter- oder übergelagerten Gebirgsarten fortsetzten, weil in diesen nicht dieselben Kräfte der Ausscheidung zusammenwirkten oder der Stoff dazu fehlte. Auch keine Spaltungs-Ausfüllung fand statt, weil sonst dieselbe in das gleichzeitig entstandene Hangende oder Liegende hätte fortsetzen müssen. (Man sehe über diese meine Ansichten die Anmerkungen in dem ersten Abschnitte nach).

Itacolumitquarz macht nicht nur den Hauptbestandtheil der Serra do Ouro Preto auf dem linken Ufer des Ribeiraô gleichen Namens bis in die Nachbarschaft der Stadt Marianna aus, sondern bildet auch die Fortsetzung des hohen Itacolumi zur Rechten des Ribeiraô über die Stadt Marianna hinaus, denselben bedecket an beiden südlichen Abhängen dieser Bergzüge, der Eisenglimmerschiefer, eine Gebirgsart, die wegen ihrer großen Verbreitung und beträchtlichen Goldreichthum sich eben so merkwürdig gemacht hat wie der Itacolumitquarz. Sie besteht aus einer Zusammensetzung von körnigem Quarz, Eisenglimmer und Eisenglanz in isolirten oder zusammenhängenden Blättchen, so wie der Glimmer in dem Glimmerschiefer, indem in seinem schiefrigen Gefüge bald der eine oder der andere Bestandtheil vorherrschend ist. Der Quarz ist zuweilen ganz ausgeschieden und liegt alsdann in bandartigen Streifen zwischen den dünnen Schichten des Eisenglimmers und Eisenglanzes, oder er fehlt auch durchgängig und das Ganze stellt eine schiefrige dünngeschichtete Eisensteinmasse dar. An einigen Orten ist der Quarz bröcklich und sandig, so daſs er an der Oberfläche der Felsen leicht herausfällt und diese alsdann ein löcherigtes zerfressenes Ansehen erhalten, an andern Orten ist er mit dem Eisenglimmer so innig verwachsen, einen dichten Quarz bildend, daſs er als schwer zu sprengende Felsenbänke darsteht. Der Eisenglimmerschiefer lehnt sowohl an den Itacolumitquarz als auch an den aschgrauen Thonschiefer und muſs so wie diese zu den Urgebirgsarten gezählt werden, indem er zwischen denselben mit einer Mächtigkeit von 6 bis 10 Lachtern stark eingelagert ist und oft viele Meilen weit mit denselben fortzieht [1]). Er macht sowohl Uebergänge in Itacolumitquarz, als auch in Thonschiefer und in die kalkigen Gebirgsarten, scheint aber nur alsdann goldhaltig zu seyn, wenn seine Lagerungen an die des besonders goldhaltigen Itacolumitquarzes stoſsen. Als untergeordnete Lager sind ihm vorzüglich goldhaltige Brauneisenstein- und Quarzlager einverleibt. Die Brauneisensteinlager sind oft 4 bis 10 Fuſs mächtig, nicht so die Quarzlager, die selten über 10 Zoll Mächtigkeit haben, meistens sind es nur Streifen von einigen Zollen Stärke, die alsdann aber am goldreichsten sind. Man findet oft mehrere solcher schmalen Streifen übereinander; nicht selten ist das Gold aber auch streifenweise selbst mit dem Eisenglimmer und Eisenglanze verwachsen, so wie durch die ganze Masse vertheilt wie in den Lavras von Cocaes und Cattas-Altas.

Aus dem tiefen und engen Felsenthale von Villa Rica kommt man nach 2 Stunden zurückgelegten Weges in das erweiterte kesselförmige Thal der Stadt Marianna, und wendet sich von hier gleich rechts zu den Vorbergen des Itacolumi, welche man zu ersteigen hat. Diese Vorberge bestehen aus Thonschiefer mit seinen untergeordneten Lagern von Talk und Chloritschiefer, so wie auch aus Lagerungen von Eisenglimmerschiefer. Erstere Bergarten sind meistens von bläulicher und aschgrauer Farbe mit vielen oktaedrischen Krystallen von Magneteisenstein, die zum Theil herausgewittert sind und diesem mürben Gestein ein zerfressenes löcherichtes Ansehen geben. Die Herren v. Spix und v. Martius (p. 357 1. Thl.) halten das Gestein dieser Fuſsberge, auſser dem Eisenglimmerschiefer, für einen bröcklichen und körnigen Glimmerschiefer mit zerstreuten

Lagern und Nestern von Glimmer, in welchen Granaten und Magneteisenstein-Octaeder eingewachsen sind (Andere mögen diese verschiedenen Meinungen berichtigen). Noch ehe man den höchsten Rücken des Gebirges erreicht, kömmt man zu mächtigen Felsenbänken des Itacolumitquarzes, der hier auf den genannten Gebirgsarten ruht und von weit gröberem Korne erscheint, als der Itacolumitquarz der Serra do Ouro Preto. Die höchste Höhe des Gebirges, über welches die Straſse führt, beträgt hier 3651 Fuſs und erhebt sich 1261 Fuſs über die Stadt Marianna. Hat man den Rücken des Gebirgs überschritten, so findet man den Itacolumitquarz in Eisenglimmerschiefer übergehend und diesen hie und da von der Tapanhoacanga überzogen. Die Gebirgsschichten fallen alle nach S. O. ein. Von hier aus führt der Weg nun bergab und ursprünglich waren diese Gegenden mit Wald bewachsen, zu der östlich sich erstreckenden Waldregion gehörig, die aber viele Meilen tief durch die barbarische Landcultur in eine kühle mit Farrenkräutern überzogene Wüste verwandelt ist. In der Nachbarschaft von einigen Häusern, welche den Namen Ourives führen, kommt man auf einen eisenschüssigen Thonschiefer von gelblichbrauner Farbe, welcher Nester und Lager von goldreichem Quarze enthält. Ihn bedeckt eine mehrere Fuſs mächtige Lage einer rothen lehmigten fetten Dammerde oder rothen Thones, unter welcher angeschwemmte eckige Quarz- und Eisensteingeschiebe mit anderem Gruss auf dem Gebirgsgesteine aufsitzen, die einen beträchtlichen Goldgehalt enthalten, sowohl als Staubgold, als auch in Körnern und Blättchen. Besonders viel krystallisirtes Gold findet sich darunter und zuweilen derbe abgerundete Stücken von mehreren Lothen Gewicht. Das Gold an und in diesen Bergen wird durch Abschwemmungen gewonnen, und da mehrere beträchtliche Lavras in diesen Gegenden waren, welche zu ihren Arbeiten Wasser bedurften; so findet man allenthalben an den Bergabhängen viele parallel übereinandergezogene Wassergraben, wovon viele drei, vier, auch mehrere Meilen weit hergeleitet sind. Die Gebirgsarten streichen hier in der 10ten Stunde.

Sobald man von diesen höheren Gebirgsabhängen in die tieferen Thäler kommt, verschwinden die Goldformationen und mit ihnen auch die Lavras auf ursprünglichen Lagerstätten, dagegen treten aber die Abbaue der aufgeschwemmten an den Bach- und Flufsadern auf, denen hier die granitischen Gebirgsarten zur Unterlage dienen. Die Thäler des Rio Mainarde, Bacalhâo und Piranga, lauter Tributaire des Rio Doçe, geben in diesen Gegenden die gröfste Ausbeute. Bei der Fazenda dos Crystaes kommt unter den granitischen Gebirgsarten des östlichen Abhanges der grofsen Gebirgskette, zum erstenmal ein grofskörniger Gneis zum Vorschein von feinem Korne mit aufgeschwemmtem goldhaltigen Cascalho. Sein Streichen bei Campo Alegre, welches zwischen dunklen Wäldern den Namen mit der That führt (heiteres Feld), beobachtet man in der 10ten Stunde; einige Meilen weiter an dem Rio Piranga in der 12ten Stunde. Zwischen diesen Gneisarten verschiedener Richtung findet man bei dem Arrayal do Pinheiro goldreichen Eisenglimmerschiefer, auf diesem die talkigten Auflagerungen; ob Thonschiefer oder Itacolumitquarz hier dem Eisenglimmerschiefer erst untergelagert sind, habe ich nicht ausmitteln können. Ein Lager Seifenstein erscheint auch hier auf dem Gneis, wie bei Borda do Camp (s. 3. Abschnitt). Granit steht neben dem Gneis am Rio Bacalhâo, und alsdann erscheint Glimmerschiefer an der Mündung dieses Flusses mit dem Piranga, der ein Streichen in der 12ten

Stunde und Gneis zum Nachbar hat. Der Glimmerschiefer enthält nur wenig Quarz und der Glimmer ist von silberweißser Farbe, dabei so kurzschuppig und die Schuppen so unbiegsam spitz und scharf zulaufend, daſs man sich leicht an denselben verwundet, besonders da er übrigens mürbe und bröcklicht ist.

Der Rio Piranga, den man bei dem Arrayal de S^{a}. Anna dos Ferros passirt, ist einer der vorzüglichsten Arme, welcher, nachdem er den Ribeiraõ do Carmo aufgenommen, den Namen Rio Doçe annimmt. Bei S^{a}. Anna dos Ferros flieſst er in einer Erhöhung von 1805 Fuſs über der Meeresfläche, und ungeachtet er erst gegen 2 Grade nach N. seine Richtung nimmt, alsdann sich nach O. wendet, und alsdann in S. O. seinen Ausfluſs ins Meer findet, und also auf eine kurze Distanz zum Meere einen weiten Umweg nimmt, wodurch die Schiffbarmachung erleichtert werden müſste, so bleibt sie dennoch immer sehr vielen Schwierigkeiten unterworfen. Der ganze Lauf bis zum Meere beträgt gegen 50 Legoas, auf jede Legoa würde demnach ein Fall von 36 Fuſs kommen. Die Geschwindigkeit, oder Strömung des Wassers auf dieser inclinirten Fläche, würde allein schon hinreichend seyn, die Beschiffung stromaufwärts sehr zu erschweren. Derselben gesellen sich aber noch die Felsenriffe und Wasserstürze bei, deren einige zwanzig bis zur Mündung vorkommen sollen, unter welchen die Escadinhas, auf der Grenze von Minas und Porto Seguro, die beträchtlichsten sind.

Auch auf den rechten Ufern des Rio Piranga findet man den Glimmerschiefer mit demselben Streichen in der 12ten Stunde und einem östlichen Einfall der Schichten. Er macht die Hauptgebirgsart der Gegend längst dem Rio Turbo hinauf bis in die Nachbarschaft der Capelle von S^{a}.

Reta am Fufse der Serra de S. Geraldo, woselbst man sich 2085 Fufs über dem Meere befindet. Die Serra de S. Geraldo erhebt sich von dieser Seite kaum 326 Fufs höher, ist also 2411 Fufs hoch, fällt aber jenseits bis in die grofse kesselförmige Niederung des Bassins des Rio Xipoto 661 Fufs tief *). Der nordwestliche Abhang besteht aus dem kleinkörnigen Gneise und Granitgneise, welcher der Serra do Mar so eigenthümlich ist mit aufgelagertem Hornblendegestein. Das Streichen dieser Gebirgsschichten ist in der 2ten Stunde mit beinahe senkrechten Schichten. Mächtige Quarzgänge mit einem Streichen in derselben Stunde, allein die Gebirgsschichten nach einem entgegengesetzten Einfall durchsetzend, findet man an vielen Orten dieser Serra. Am südöstlichen Abhange der Serra, auf welchem ein steiler Weg dem Fallenden der Gebirgsschichten nach hinabführt, beobachtet man Syenit in einem mürben Zustande. Je tiefer man auf diesen Schichten hinabkommt, je mehr verliert sich die Hornblende darin und wird durch Quarz und Glimmer vertreten, bis sie endlich ganz verschwindet und der reine Gneis und Granitgneis wieder dastehen, auf denen am Fufse des Berges grofse ungeheure abgerundete Blöcke und Felsenmassen von Hornblendegestein ruhen, und weiter in der Ebene hin am Corrego do Cacté stehen horizontalgeschichtete Hornblendegesteinfelsen an, über welche dieser Bach stürzt.

Die Serra de S. Geraldo, weiter südlich Serra de S. Jozé genannt, mufs als ein Absprösling der Serra da Onça und der damit verbundenen Serra dos Arrependidas betrachtet werden, welcher in verschiedenen Krümmungen mit der

*) Man sehe hier die dem Journal von Brasilien 1tes Heft, beigefügte Karte im Profil. Weimar 1818.

Serra da Mantiqueira zusammenhängt und Nebenäste ausschickt, welche die mehrere Meilen weit sich erstreckende kesselförmige Niederung einschliefst, worin der Rio Xipotó dos Coroatos, den ausschliefslichen District der Indier Coroatos bewässert, und sich alsdann durch eine Gebirgskehle hin in den Rio Pomba ergiefst. Diese Niederung oder Bassin von 40 Quadrat Legoas Flächeninhalt bis zu der Serra da Onça hin, besteht durchgehends aus Gneis und Granitgneis mit allen Characteren des Vorkommens wie an der Serra do Mar, öfterer Hornblendegestein in Lagern und Gängen einschliefsend. Das Streichen der Schichten ist am gewöhnlichsten in der 2ten Stunde mit senkrechtem Stande. Der beträchtlichste Quarzgang, welchen ich in dieser Gebirgsart fand, streicht bei der Fazenda von Sapé in der 8ten Stunde. Dafs diese ganzen Gegenden keine andern Gebirgsarten in sich einschliefsen, davon zeigt hinlänglich die grofse Einfachheit der Flufs- und Bachgeschiebe, unter denen man schlechterdings keine andern findet, als Gneis und Granitgneis, Hornblendegestein, festen Gangquarz und Feldspathbrocken. Der feinere Flufssand besteht aus weifsen, gelblichen und rosenrothen Quarzkörnchen, aus rothen und gelben Granaten, so wie auch magnetischem Eisensand; allein durchaus findet man keine Spur von Gold darinnen, welches der beste Beweis ist, dafs alle diese Gebirgsarten goldleer sind.

Ungeachtet der einzelnen sehr häufigen Abweichungen der Streichungslinien der Gebirgsarten, die zwischen der 11ten und 3ten Stunde fallen, wie schon mehrmalen erwähnt; so bleibt doch der Parallelismus unter ihnen auch auf dieser Durchschnittslinie der Gebirgsschichten, von Villa Rica an, bis nach dem Presidium von S. Joaô Baptista, immer der nämliche. Dieses wird dem Beobachter um so klarer, je mehr er Vergleichungen unter weit entfernten Gegenden anzustellen Gelegenheit hat, und besonders wenn er dazu eine gute Karte zu Hülfe nehmen kann, oder in Ermangelung derselben, so wie ich es zu thun genöthigt war, seine Beobachtungen der geographischen Lage der Gegenden und der Gebirgsarten selbst aufträgt. Um diesen Parallelismus immer anschaulicher zu machen, kehre ich zur Stadt Marianna zurück, um von da die östliche Richtung des Laufs des Ribeiraô do Carmo zu verfolgen bis an seine Vereinigung mit dem Rio Goalaxo und von da weiter nach Norden.

Beschreibung einzelner Gebirgsarten und einfacher Fossilien, welche in den beschriebenen Gegenden dieses Abschnitts gefunden werden.

Itacolumitquarz,[1] biegsamer. Von dem Morro das Lages.
Itacolumitquarz, unbiegsamer. Ebendaher.
Itacolumitquarz, grofskörniger. Von dem hohen Itacolumi.
Itacolumitquarz, in Kalkschiefer übergehend. Vom Morro das Lages.
Eisenglimmerschiefer, aus Quarz und körnigblättrigem Eisenglanz in flassrigem Gemenge. Morro de S. Sebastiaô.
Eisenglimmerschiefer, aus Quarz und schuppigem Eisenglanze in körnigschiefrigem Gemenge. Ebendaher.
Eisenglimmerschiefer, aus Quarz und schuppigem Eisenglanz in vollkommen schiefrigem Gemenge. Ebendaher.
Eisenglimmerschiefer, aus Quarz und feinen Schuppen von Eisenglimmer in körnigschiefrigem Gefüge. Tres Cruzes bei Villa Rica.
Eisenglimmerschiefer, aus Quarz und Eisenglimmer in schiefrigem Gefüge und bandartig gestreift. Lavra da Passagem bei Marianna.
Tapanhoacanga, goldhaltige mit Brocken von Eisenglanz, roth und gelbem Eisenstein, und rothem eisenhaltigem Bindemittel. Von Antonio Dias in V^{a}. Rica.
Wawelit, in grofsen nierenförmigen knolligen Stücken. Auf dem Bruche von grüngelblicher Farbe. Der Bruch aus-

einanderlaufend fafsrig. Aus einem erdigen Schwarzbraunsteinlager, welches unter der Tapanhoacanga hervorsteht bei der Pulverfabrik von V^{a}. Rica. (Verdient einer nähern Untersuchung.)

Amianth, hellbrauner von dem Morro de S. Francisco de Paula in V^{a}. Rica.

Talk, schiefriger mit sternförmigen Hölungen. Von Marianna.

Syenit. Von der Serra de S. Geraldo.

Rosenquarz, aufserordentlich schöner. Aus dem Districte der Indier Coroatos.

Anmerkung zum sechsten Abschnitt.

1) Betrachten wir so viele andere Gebirgsarten von weit geringerer Erstreckung, als der Eisenglimmerschiefer in Brasilien sich darstellt, z. B. den Serpentin, den Gabbro, den in Europa vorkommenden Quarzfels, den Urkalkstein, den Weifsstein, den Topssfels und die verschiedenen Trapparten, die man alle als besondere Gebirgsarten aufgestellt hat; so glaube ich, dafs der Eisenglimmerschiefer mit eben so viel und vielleicht mit gröfserem Rechte unter dieselben aufgenommen werden kann. Ich trug deshalb kein Bedenken ihn als solche aufzuführen, und ungeachtet der Mifsbilligung des Herrn Ritter v. Wagner (Anmerkungen in v. Sp. u. v. M. Reisen p. 351) so lange bei meiner Ansicht zu beharren, bis ich durch triftigere Gründe eines Bessern belehrt werde. In der genannten Anmerkung wird gesagt: „Eben so wenig als die Tapanhoacanga, halten wir v. E. Eisenglimmerschiefer für eine selbstständige Gebirgsart,“ und werden dabei einige Beispiele angeführt, wo Eisenglimmer im Granite die Stelle des Glimmers vertritt, ohne dafs es irgend einem Geognosten eingefallen sey, ihn für eine eigne Gebirgsart zu halten, indem er Lager und zum Theil Stückgebirge bilde, die dem Granit angehören, und als demselben untergeordnet zu betrachten seyen. Im Grunde ist es gleichgültig ob der Eine eine bestimmt-beschriebene Felsart für eine besondere Gebirgsart hält, oder der Andere für eine untergeordnete Lagermasse, da die Wissenschaft durch solche, ich möchte sagen unnütze Streitfragen, eigentlich nichts gewinnt, denn es kommt nur darauf an, welchen Begriff wir mit den Worten **selbstständige Gebirgsart** verbinden. Wenn eine

Felsart unabhängig von einer andern in meilenweiten Erstreckungen über Berge und durch Thäler, sich mit einer grofsen Mächtigkeit fortzieht, bald sich an diese, bald an jene Gebirgsart anschliefst; so zeigt dieses nach meinen Ansichten von ihrer Selbstständigkeit; da ich nun gezeigt habe, dafs der Eisenglimmerschiefer sich bald dem Thonschiefer, bald dem Itacolumitquarze, bald den talkigen Gebirgsarten in grofser Ausdehnung und beträchtlicher Mächtigkeit, die wohl noch gröfser als die angegebene seyn kann, anschliefst; so glaube ich dafs nach diesen Begriffen der Eisenglimmerschiefer als Solche betrachtet werden kann.

Siebenter Abschnitt.

Nachrichten über die Gebirgs-Bildungen von der Stadt Marianna aus, östlich in die gebirgigten waldigen Gegenden des Sertaõ do Rio Doçe, von da nördlich nach dem Diamanten-District von Serro do Frio bis zu dem Arrayal de Formiga. *)

(S. die Profildurchschnitte No. III.)

Der Ribeiraõ do Carmo setzt von Marianna aus seinen Lauf östlich fort zwischen hohen Gebirgsarmen, die am rechten Ufer von denen des Itacolumi gebildet werden, auf dem linken Ufer von denen der Serra do Cazaça, die sich zwischen dem Rio Goalaxo und dem Carmo nach Osten zu hinabdrängen. Nicht fern von Marianna, bevor man zur Ponte Alta kommt, schliessen beide Gebirgsarme den Fluss in ein enges Thal ein, und hemmen seinen Lauf durch ein Felsenriff, der beide Gebirgsarme mit einander vereinigt. Dieser Riff, über welchen das Wasser als beträchtlicher Wasserfall hinabstürzt, war die Hauptursache der Verschlämmung des kesselförmigen Thales von Marianna, wodurch dieses in eine anmuthige Ebene umgewandelt wurde. Die Losspülungen von den Bergen von Villa Rica und Marianna durch die Wühlungen nach Gold, füllten in diesem Thale nach und nach alle Unebenheiten

*) Meine geognostisch mineralogischen Beobachtungen auf der gewöhnlichen Strasse von Villa Rica nach Serro do Frio sollen in Anmerkungen zu den Beobachtungen der Hrn. v. Spix. u. v. Martius beigefügt werden.

aus, da sie an dem Felsenriff einen Widerstand fanden, große Schätze wurden darunter vergraben, und die Aufschwemmungen sollen über hundert Fuſs Höhe haben. Man macht sich immer Hoffnung, daſs durch Wegsprengung dieser Felsen diese überschütteten Reichthümer noch einstens zu Tage gefördert werden können.

Der Kern beider Gebirgsarme ist Itacolumitquarz, mit angelehntem rothen mürben Thonschiefer wie bei der Congonhas do Campo, worinnen auch hier die vorzüglichsten Lavras betrieben wurden, besonders die von S. Sebastiaô am linken Ufer des Carmo, die nun aber fast alle verlassen sind. Thonschiefer und Talkschiefer mit eingemengten Eisenstein-Octaedern, findet man besonders bei Ponte Alta, nebst eingelagertem Seifenstein am Corrego Grande bei der Brücke von S. Gonçalo. Bei S. Caetano erscheint Itacolumitquarz mit einem Streichen seiner Schichten in der 11ten, weiter bei Crasto in der 12ten Stunde, und an denselben lehnt in der Nachbarschaft von Furquim Eisenglimmerschiefer und Talkschiefer mit einem Streichen in der 6ten Stunde und 60° Fall nach S. Der Morro de Furquim ist in seinen Lagerungsverhältnissen der verschiedenen Gebirgsarten und seinen Goldlagerstätten, ganz das Ebenbild von dem von Villa Rica, auch ist der ganze Berg so durchlöchert von bergmännischen Arbeiten, wie jener, indem man hier die reichsten Anbrüche gefunden, doch auch diese haben durch die unsinnige Art des Abbaues ihr Ende erreicht, nur wenig wird darinnen gearbeitet und der große Arrayal de Furquim mit seinen benachbarten Bergen, gibt jetzt nur noch ein Bild der Armuth und der Zerstörung. Merkwürdig ist auf den goldhaltigen Lagern das Vorkommen von Wiſsmuthtellurit in 6seitigen krystallisirten Tafeln; das wie und wo, verdiente eine genauere Untersuchung, so wie auch das Fossil selbst.

Nachdem man von Turquim aus einen Berg überstiegen, betritt man die granitischen Gebirgsarten; zuerst Granit mit wenigem Schörl, alsdann bei der Fazenda de Cubanca, Gneis mit Lagern von Seifenstein und mächtigen Quarzfelsen, die einem darunter liegenden Syenit anzugehören scheinen. Diese Gebirgsarten erscheinen also auch hier auf ein und derselben Linie wie in der Gegend des Rio Piranga, und weiter südlich an der Serra da Mantiqueira bis nach S. Paulo hinab, innerhalb des ersten Längengrades von Rio de Janeiro, und längst dem östlichen Abhange der Cordilheira do Espinhaço.

Der äuſserste Punkt, den ich auf diesem Wege in östlicher Richtung erreichte, war der Arrayal de S. Jozé, an dem Zusammenflusse des Rio Goalaxo mit dem Ribeiraõ do Carmo. Der Lauf des letzteren ist hier über dem Niveau des Meeres 1117 Fuſs zwischen Gneisfelsen, und da sich derselbe nicht weit von hier mit dem Piranga vereinigt, und den Namen Rio Doçe annimmt; so müssen die beträchtlichsten Wasserfälle des Piranga zwischen S^a^. Anna dos Ferros und der Vereinigung (Barra) desselben mit dem Ribeiraõ do Carmo liegen, da von jenem bis zu diesem Orte ein Höhen-Unterschied von 700 Fuſs statt findet.

Der Ribeiraõ do Carmo war von jeher einer der Goldergiebigsten in Minas, welcher von seinen Quellen bei Villa Rica, bis zur Vereinigung mit dem Piranga, viele Millionen Gold geliefert hat. Gegenwärtig ist er aber so ausgebaut, daſs er fast einzig nur noch der Gegenstand der Bearbeitung armer Faiscadores (unbemittelte arme Leute, die sich mit Goldwaschen nähren) ist, oder der Cascalho virgem (die goldhaltigen Urgeschiebe, auch Jungferngeschiebe,) liegt so tief unter dem wilden Cascalho (cascalho bravo) verschlemmt, 30 bis 50 und mehrere Palmen tief, daſs seine Gewinnung sehr schwierig und kostbar wird. Die einzige noch etwas bedeutende Lavra an den Ufern dieses Flusses ist die bei der Fazenda do Crasto, der Familie des Grafen Linhares zugehörig. Die wilden Geschiebe bedecken daselbst die Urgeschiebe auf 30 Palmen Höhe, und letztere sind von einer Mächtigkeit von 2 bis 5 Palmen, und am reichhaltigsten, wo sie am wenigsten mächtig sind. Die Arbeit ist wegen der andringenden Wasser unter dem Niveau des Fluſsbettes sehr schwierig, so daſs man hier mit 100 Sclaven, die aber auch einen groſsen Theil des Jahrs sich mit Ackerbau beschäftigen, kaum dreitausend Cruzados Gold gewinnt.

Von dem Arrayal de S. Jozé wende ich mich nun in nördlicher Richtung, parallel mit der Hauptstraſse, die von Villa Rica nach Tijuco führt, und ungefähr 10 Legoas westlicher an die groſse Cordilheira sich anschlieſst, durch die wilden und waldigten Gegenden der Menschenfressenden Botecudos, nach der Villa do Principe. Auf die Einförmigkeit der Gebirgsformationen bis in diese Gegenden kann man im Voraus schlieſsen, da man in dieser Richtung nur selten von der Streichungslinie der Gebirgsschichten abweichet, überdem der durchaus dick bewachsene waldigte Boden und das nur selten aufgeschlossene Terrain stehen als groſse Hindernisse der sorgfältigen Beobachtung der Gebirgsarten entgegen. Die wenigen Orte, wo das Gebirgsgestein sichtbar wurde, waren zwischen S. Jozé und Paulo Moreira, woselbst Syenit erscheint, so wie auch bei der Fazenda da Barra und der Fazenda dos Agoas Frias am Rio Peixe. Weiter nördlich, Gneis bei der Fazenda das Cobras bis zum Arrayal da Prata. Bei der

Fazenda de Joaô Gomes ist derselbe sehr dünnschiefrig, mit vollkommen horizontalen Bänken. Aufser den gewöhnlichen Gemengtheilen ist ihm etwas Hornblende beigemengt, und auf dem Bergrücken dieser Gegend findet man Hornblendegestein auf demselben aufgesetzt. Die kleinen Bäche dieser Gegend, welche aus dem Hochgebirge zur Linken kommen, sind etwas goldhaltig und als Geschiebe findet man in denselben sowohl derben als krystallisirten Schörl.

Die Strafse oder vielmehr der Fufssteig, welcher durch diese Wildnisse von einem Pflanzer zum andern führt, kann als Grenzscheide des tiefsten Barbarismus und der Civilisation betrachtet werden. Rechts am Wege die finstern Wälder der Anthropophagen, links die gelichteten Pflanzungen neuer Ansiedler, die nicht selten den Anfällen und Zerstörungen, dem Raube und Morde der einbrechenden Wilden ausgesetzt sind. Zu ihrer Schutzwehr hat man einige Abtheilungen leichter Truppen aufgestellt, die beständig diese Grenzen von einer Hauptwacht zur andern, patroulliren müssen.[1]) Die Gegenden sind bergigt und finster mit dicken Urwäldern überdeckt, in denen der Wilde sein unheimliches Wesen treibt, und im versteckten Hinderhalte auf Beute lauert, gleichviel ob auf Menschen oder Thiere, die beide ihm zur Nahrung dienen. In ewiger Angst schleicht der Pflanzer bewaffnet an seine Arbeit, vorahnend das traurige Geschick, welches ihm die nächste Stunde bringen kann; überwiegend ist aber die Aussicht einer ergiebigen Erndte, die ihm dreihundertfaltige Früchte bringt. Mifstrauisch blickt der Wanderer zur Rechten und Linken in den hochstämmigen Wald, um den lauernden Feind früher zu erspähen, als ein abgeschossener Pfeil ihn erreicht, blos sorgenfrei und furchtlos schreitet der im dicken baumwollenen Panzerhemde gekleidete barfufse Soldat einher, zum Schutz der Pflanzer und der Reisenden. Unter solchen Verhältnissen mit der gehörigen Seelenruhe naturhistorische Beobachtungen zu machen, ist beinahe eine Aufgabe der Unmöglichkeit. Nur flüchtige Bemerkungen kann man allenfalls machen, denn man fühlt sich beengt und gedrückt durch das Dunkel der Wälder, besonders an trüben Tagen, und durch die beständige Aufmerksamkeit auf lauernde Menschenfresser, man eilt nur immer vorwärts, um zu dem etwas sicherern Nachtquartier zu gelangen.[2])

Die Berge dieser Gegenden sind nicht hoch, und erreichen kaum die Höhe der niedrigsten Hochlandes der westlichen Länder der Cordilheira von Espinhaço. Als höchster Berg zeichnet sich bei der Fazenda von Bom Successo die Serra da Sella aus, die aus zwei sattelförmigen Berghöhen besteht, daher denn auch ihr Name. Das Gebirgsgestein ist Gneis, auf welchem man zuweilen Schörl in grofsen derben Stücken als Findlinge findet. Bei der Fazenda do Quartelmestre, jenseit des Ribeiraô da Prata, kommt man auf einen Bergrücken, der ganz aus Hornblendegestein besteht, und der Gneis darunter ist oft Granit-Gneis, welcher bei der Fazenda do Manoel Caetano einen Uebergang in Syenit macht, dieser alsdann in Grünstein, und endlich verschwinden Feldspath und Quarz und ein einfaches Hornblendegestein bilden die oberen Lagen. Eine halbe Stunde weiter von der letztgenannten Fazenda, tritt bei der Fazenda von Joaô Gonsalvez, Glimmerschiefer mit silberweifsem Glimmer hervor, alsdann erscheint wieder Syenit bei der Fazenda von Jozé Rodrigues, und Gneis, da wo sich der Ribeiraô da Prata in den Rio de S^a^. Barbara ergiefst.

In dem Rio de S^a. Barbara arbeitete man vor Zeiten aufserordentlich viel auf Gold, indem er unstreitig einer der reichsten Flüsse der Provinz war, und selbst jetzt noch ist. In der Gegend des Arrayal de S. Jozé, und besonders der benachbarten Fazenda da Figueira, woselbst der Rio 1761 Fufs hoch sein Bette hat, war derselbe am ergiebigsten.

Von S. Jozé wendeten wir uns noch weiter links aus den dicken Wäldern an dem Rio Peixe hinauf nach dem Arrayal do Itabira do Matto Dentro, nicht nur um daselbst die noch jetzt so reichen Goldlavras zu sehen, sondern auch um daselbst der Eisenfabrikation aufzuhelfen, welche hier zu entstehen anfing, (im Jahr 1811). Indem wir also diesen Weg verfolgen, der sich wieder dem grofsen Gebirgszuge nähert, betritt man bei der Fazenda das Laranjeiras, Glimmerschiefer, alsdann Syenit und abermals die Uebergänge in Grünstein und Hornblendegestein, alsdann Gneis in grofsen Felsenwänden mit horizontalen Schichten, woran Thonschiefer und Itacolumitquarz mit seinem verwandten Eisenglimmerschiefer gelagert ist. Wie diese Gebirgsarten aber eigentlich in ihren Lagerungsverhältnissen auf einander folgen, ist bei dem so sehr bewachsenen und mit Dammerde bedeckten Boden nicht gut auszumitteln, und ihre Erscheinungen hier und da geben nicht eher eine klarere Idee, als erst nach dem Entwurfe einer bildlichen Darstellung durch eine Karte. Bald führt der Weg am linken, bald am rechten Ufer des Rio Peixe hinauf, bald passirt man ihn über schlechte hölzerne Brücken, bald mufs man ihn durchwaden, bis man endlich bei seinen ersten Quellen nach dem Arrayal de Itabira kommt, welches 2217 Fufs hoch liegt.

In dem Pluto Brasiliensis habe ich besonders der Goldlavras von Itabira, so wie der Eisenfabrikation daselbst Erwähnung gethan, und hier bringe ich nur so viel in Erinnerung, daſs die auf oder nebeneinander geschichteten goldhaltigen Gebirgsarten ganz dieselben sind, wie bei Villa Rica, daſs aber hier vorzüglich die Erscheinung des gediegenen Eisens in der Tapanhoacanga - Bildung bemerkt zu werden verdient. Die Tapanhoacanga überdeckt auch hier den goldhaltigen Eisenglimmerschiefer, und ist ebenfalls goldhaltig. Zerschlägt man einzelne Brocken dieses Conglomerats, so bemerkt man an manchen, besonders an denen, die nicht sehr fest sind, und ein rothes oder gelbliches Eisenoxyd zum Bindemittel haben, daſs einzelne Stückchen, ungeachtet daſs sie durch den Schlag geritzt und getrennt wurden, dennoch aneinanderhängen bleiben, und sich bewegen lassen ohne abzufallen. Hierdurch aufmerksam gemacht, fand ich, daſs durch kleine dünne Metallblättchen dieser Zusammenhang verursacht wurde, die sich nach genauerem Untersuchen als reine metallisch zähe Eisenblättchen verhielten. Ich lieſs nun mehrere Stücken ganz zerpulvern, und auf dem Sichertroge durch Wasser die Erden abschlämmen, wodurch ich eine ziemliche Portion dieser Blättchen erhielt, die ich im Feuer zusammenschweiſsen, und daraus einen dünnen Nagel schmieden lieſs; ein Versuch, wodurch die Zähigkeit des besten Eisens sich erprobte. Den Goldwäschern in den benachbarten Bächen war die Erscheinung dieser Eisenblättchen nichts Neues, da dieselben bei ihren Arbeiten immer zuletzt mit dem Golde in der Batea zurück blieben, allein sie ignorirten ihren Ursprung. Ob diese Blättchen, die höchstens eine Länge von 3 Linien haben, im Allgemeinen aber kaum $\frac{1}{3}$ Linie messen, und so dünn wie das feinste Papier sind, aus den älteren Gebirgsarten abstammen, woraus die Tapanhoacanga abstammt, oder ob bei der Erzeugung des Bindemittels der Tapanhoacanga, welches die Brocken und Bröckchen in sich einwickelte, ein chemischer Procefs vor sich ging, wodurch das Eisen sich metallisch darstellte, mufs noch ergründet werden, jedoch scheint mir dieses wahrscheinlicher, da man nach meinen späteren sorgfältigern Untersuchungen und Nachforschungen nirgends noch solche Blättchen in den Goldlavras gefunden hat, wo keine Tapanhoacanga existirt.

Von Itabira aus, wendeten wir uns wieder rechts in die Wildnisse des Rio Tangue hinab, längst dem kleinen Rio Giraô hin, welcher zu ersterem führt. Man verläfst auf diesem Wege bald wieder die Goldformationen und tritt in die granitischen Gebirgsbildungen. Zuerst stöfst man bei der Fazenda do Bom Successo auf Gneis, alsdann bei Gravatá auf Glimmerschiefer mit silberweifsem Glimmer und weifsem Quarze, welches ganz dieselben nach Norden zu laufenden Schichten sind, deren bei Laranjeiros Erwähnung geschah. Dieser Glimmerschiefer scheint die Hauptgebirgsart der Gegend zu seyn; denn man findet ihn bei der Fazenda de Antonio Ferreira, und bei S^a. Maria wieder, wo auch Hornblendegestein und Grünstein in Kugeln mit demselben vorkommt, bis zu den Ufern des Rio Tangue, woselbst das Streichen der Schichten desselben in die 6te Stunde fällt. Grad vor sich in N. hat man hier den über die andern Berge sich erhebenden Morro Escuro, dessen Bergrücken von W. nach O. seine Richtung nimmt. In der Nachbarschaft und zwischen den Fazendas da Onca und Boms Ares passirt man den Rio Tangue, auf welchem schon hie und da Canoas schiffen können, und links von der Fazenda de Corrego Alto bleibt der Morro Escuro. Indem man von hier an den Rio Tangue immer zur Rechten behält, ist man so ziemlich vor den Angriffen der Wilden auf diesem Wege gesichert. Seit dem Jahre 1810 haben sich auch wieder viele Ansiedler, welche durch die Grausamkeit der Botecudos vertrieben worden waren, indem sie alle Fazendas zerstörten, und die Menschen ermordeten, hier niedergelassen, theils vergessend das erlittene Unglück, theils vertrauend auf den Schutz der seitdem hier stationirten Soldaten.

Bei Sª. Anna dos Ferros, einem kleinem Orte von wenigen Häusern, welcher 1401 Fuſs über der Meeresfläche liegt, und nicht mit dem gleichnamigen an dem Rio Piranga verwechselt werden muſs, kommt man an den Rio S. Antonio, dem dritten Haupttributair des Rio Doçe. Die Gebirgsart daselbst ist Gneis mit einem Streichen seiner Schichten in der 6ten Stunde und einem nördlichen Einfall derselben in ungefähr 15°.

Da in diesen Gegenden und Wildnissen die meisten zerstörenden Einfälle der Botecudos statt fanden, auch von hier aus vorzüglich die Beschiffung des Rio Doçe bezweckt werden sollte, so hatte man mehrere Soldatenquartiere an dem Rio S. Antonio hinab errichtet, zum Schutze der Pflanzer und zur Hülfe der Schiffer; über deren Zustand zu berichten, war ich besonders beauftragt, ich besuchte also das 8 Legoas am Flusse hinabgelegene Quartier von Cubas. Bei dem Porto do Manoel Rodrigues setzten wir auf das linke Ufer des Rio de S. Antonio in einem kleinen schwankenden Canot, welches wir an dem Ufer angebunden fanden. Die Pferde und Maulthiere schwammen neben her. Zwölfmal muſsten wir diese gefährliche Fahrt wiederholen, ehe alles Gepäck hinüber geschifft war, wodurch wir uns so sehr verspäteten, daſs wir erst in tiefer Nacht durch dicke Wälder endlich in einer Maispflanzung anlangten, woselbst wir zu einer kleinen Strohhütte kamen, in welcher wir den Eigenthümer der Pflanzung mit mehreren bewaffneten Negern und einigen wachsamen Hunden vorfanden. Noch vor wenigen Wochen hatten die Wilden einen arbeitenden Neger hier getödtet, und vor den Augen des Herren verzehrt, der sich indessen versteckt hielt, und die Grausamkeiten mit ansehen konnte. Diese Erzählung war keineswegs geeignet, einen angenehmen Eindruck auf uns zu machen, und ich entsinne mich nie eine schauerlichere Nacht verlebt zu haben als diese. Eine furchtbare Stille und Ruhe herrschte im dunklen durch tausende von funkelnden Leuchtkäfern belebten Walde, die nur dann und wann durch die traurig und sehnsuchtartig klingenden Töne des Izabelé oder dem gellenden Geschrei eines im Schlafe gestörten Affen, unterbrochen wurde; von Zeit zu Zeit liefs sich auch das haarsträubende katzenartige Knurren der Unzen vernehmen, mehrmals schlugen die Hunde an, man sprang auf zu den Waffen, man horchte und stand fertig zur Vertheidigung, so lange die Hunde lärmten, und nur dann nahm man seine alten Plätze ein um das hell lodernde Feuer, welches in unserer Mitte brannte, wenn diese wedelnd und beruhigt zurückkamen. Aufser denen hier an die beständige Gefahr gewöhnten sorglosen Negern, schlofs niemand die Augen, der Wirth erzählte von den Menschenfressern und der todtbringenden Surucucû-Schlange, die in diesen Wäldern sehr häufig seyn soll, sich nach dem Feuer zieht, die Menschen dabei angreift, und in der Wuth sich selbst verbrennt. Mit Sehnsucht erwartete jedweder den anbrechenden Tag, und jede Minute schien sich zu einer Stunde zu verlängern, bis endlich der so lang Ersehnte plötzlich da war. Kein Hoffnungsstrahl der Morgenröthe kündete ihn vorher in den dicken Wäldern an, selbst keine Dämmerung ging voran (wie überhaupt nicht in den Tropenländern), und kein periodisches Erwachen oder Schlafengehen der Thiere, wie in Ländern aufserhalb der Wendekreise, wo während der langen Morgendämmerung die nachtwandernden und auf Nahrung ausgehenden Thiere Zeit zum Rückzuge in ihre Schlupfwinkel gewinnen, wo erst hier und dort ein kleiner Vogel erwacht, und durch Zwitschern die andern erweckt, wo selbst der Mensch sich noch lange zwischen Wachen und Träumen auf seinem Lager dehnt und reckt, bis das Morgenroth ihn ermuntert. Hier geht das Erwachen der ganzen Natur in einer Minute vor sich. Schwärme buntgefiederter Papageien, ohne erst ihre Federn zu putzen, ziehen gleich schreiend von ihrem Nachtquartier nach den Pflanzungen, die Affen erwachen zankend und lärmend, der Brüllaffe murmelt in sonderbaren Tönen, die wie ein Gebet klingen, die Capivaris baden sich mit hustenden Stimmen in dem nahen Strome, die Capoeiras gurgeln ihr Morgenlied, die geschwätzigen Guachos kriechen aus ihren langen Beutelnestern, und streichen ihre Federn glatt, in hohen Baumspitzen erschallt der metallisch klingende Ton des Uraponga oder Ferrador, wilde Enten, Reiher und langschnabligte Wasser- und Ufervögel streichen hin und her über dem benebelten Strome, allerhand fremdartige Stimmen von sich gebend, und nur die Unze und andere katzenartige Thiere schleichen schweigend ihren Schlupfwinkeln zu, wenn andere Thiere sich des neuen Tags erfreuen.

Dieses Bild der nächtlichen Schauder und des fröhlichen Erwachens, wozu meine Feder viel zu schwach ist, um es gehörig auszumalen, wird nie aus meinem

Gedächtnisse verwischt werden, man wird mir es deshalb zu Gute halten, dafs ich es hier mit eingeschaltet.

Im Quartel de Cubas angekommen, woselbst wir uns zwei Tage aufhielten, waren daselbst weder mineralogische, noch geognostische Beobachtungen zu machen, weil die dicke Dammerde das Gebirgsgestein allenthalben bedeckte, und nur an auf einigen Stellen im Flusse anstehenden Felsen, war Granit-Gneis nicht zu verkennen; selbst seine Bestandtheile genauer zu untersuchen, so wie auch die Flufsgeschiebe, war beinahe eine Unmöglichkeit, wegen der Myriaden von kleinen Mosquitos, welche Gesicht und Hände sogleich bedeckten, und dicke schmerzende Geschwülste verursachten, wenn man sie nicht beständig abwehrte, oder sich in Rauch einhüllte, der allein nur schützend war.

Die Höhe des Wassersspiegels des Rio de S. Antonio war daselbst 1165 Fufs, also beinahe dieselbe wie der Ribeiraô do Carmo, bei dem Arrayal de S. Jozé, eine Höhe, die auf den kurzen Raum von ungefähr 4 Graden, welche der Flufs bis zum Meere hin durchläuft, sehr beträchtlich ist, indem auf jede Legoa ein Fall von mehr denn 16 Fufs statt findet, und es müfsten demnach wenigstens 35 Schleufsen errichtet werden, um eine bequeme Wasserfahrt zu erhalten.

Aus Mangel an Provisionen in dem Soldatenquartier, konnten wir unsere Reise am Flusse abwärts, nach den andern Aufsenwachten nicht weiter fortsetzen, und waren genöthigt nach S^a. Anna dos Ferros wieder zurückzukehren, um von da an den Rio Guanhaês zu kommen. [3]) Dieser Flufs ergiefst sich nicht fern von Cubas in den S. Antonio, allein um seine Ufer zu erreichen, mufsten wir wegen der Ungangbarkeit eines neuen durchgehauenen Wegs durch die dicken Wälder, einen Umweg von 16 Legoas machen, und dreimal über den S. Antonio übersetzen. In dieser ganzen Erstreckung wurde auch nicht Einmal das Gebirgsgestein sichtbar; erst in der Nachbarschaft des Rio Guanhaês kam Gneis und Granit-Gneis zum Vorschein, wie der von Cubas mit Lagern von Hornblendegestein. Da der Weg sich nordwestlich an dem Rio Guanhaês hinaufwindet, und sich dem Hauptgebirgszuge wieder nähert, so erheben sich nach und nach die Gegenden wieder. Die Fazendas, Queiros und Bizarraô liegen in einer Höhe von 1901 und 1881 Fufs über dem Meere. Das Gebirgsgestein ist Gneis und nur erst bei der Facenda do Bom Successo, an den Quellen des Ribeiraô de Cadonga, erscheint die Itacolumitquarz-Bildung mit Eisenglimmerschiefer. In dem naheliegenden Bergthale, woselbst auch die Tapanhoacanga vorkommt, hat der genannte Ribeiraô goldhaltigen Cascalho abgesetzt, wovon viel Wesens gemacht wurde, indessen da dieser Bach eigentlich nur eine schmale Rinnsaale ist, so ist die Verbreitung des Cascalho unbeträchtlich, und kann nur geringen Gewinn versprechen. Wichtiger können aber die benachbarten Berge werden, woraus das Gold losgespült wird, aber nur dann erst, wenn man hier mehr vor den Anfällen der Botecudas gesichert seyn wird, wozu alle Hoffnung vorhanden ist, da sich hier immer mehr neue Ansiedler niederlassen, deren Anzahl sich im Jahr 1811 schon auf 3 tausend belief, und die in 390 Fazendas vertheilt seyn sollen.

Die Reihenfolge der goldhaltigen Gebirgsarten ist hier ganz dieselbe, wie bei Villa Rica, und das Streichen der beinahe senkrechten Schichten in der 2ten Stunde mit einem östlichen Einfall. Eine kleine Gewerkschaft von 6 Theilhabern arbeitete hier mit 60 Sclaven, alle klagten aber über beständige Disharmonieen, denn ein Jeder will befehlen, Jeder will es besser verstehen, und Jeder glaubt sich von dem Andern übervortheilt, weshalb solche Gewerkschaften selten lange bestehen, und gewöhnlich ein so trauriges Ende nehmen, daſs sie den Ruin einer Lavra mit sich führen.

Auch hier findet man mit dem Eisenglimmerschiefer, zuweilen als dünnen dendritischen Ueberzug, einen bräunlichgelben Holzasbest, wie in mehreren Gegenden von Minas. Das Gold dieser Lavra kommt theils als feiner goldgelber Staub vor, theils in gröblichen Körnern von röthlicher Farbe.

Diese Gegenden zu besuchen, dazu verleitete mich besonders ein Gerücht von unterirdischem Donner und Geräusch, welches von Zeit zu Zeit in einem gewissen Berge, die Serra do Pinto genannt, gehört werden sollte, so wie auch Feuer und Rauch, die man nach einem solchen Geräusche auf dem Berge gesehen haben wollte. Dieses Gerücht war sogar bis nach Rio de Janeiro vor den König gekommen, und ich erhielt von dem Staatsminister Grafen Linhares, welcher einen Vulkan vermuthete, den Auftrag denselben zu untersuchen. Schon die vielen widersprechenden Aussagen der benachbarten Bewohner, wovon keiner selbst etwas gehört noch gesehen, alle aber gläubig waren, da einer dem andern es erzählte, niemand aber wuſste von wem die Erzählung zuerst ausgegangen. Alles dieses überzeugte mich schon, daſs das Ganze ein Volksmährchen sey; allein um dem Auftrage genug zu thun, erkletterten wir den von der sogenannten Villa da Cabeçeira de Candonga eine halbe Stunde entfernten steilen Berg, unter Begleitung eines Führers, in einer trocknen Wasserschluft hinauf, in welcher alle Gebirgsschichten sichtbar waren. Nicht selten mufsten wir einer dem andern Hülfe leisten, um die steilen Felsen hinanzuklimmen, oder auf festgewurzelten starken Schlingpflanzen hinaufsteigen, um auf die Felsenbänke zu kommen. Bis zu der Mitte des Berges bestanden diese aus Gneis, und je höher wir stiegen, je mehr widerlegten die Gebirgsarten das Gerücht; es zeigten sich nun Felsenstücke von Itacolumitquarz, die Dammerde wurde mächtiger, und verdeckte die unterliegenden Steinschichten an dem sanfteren Abhange; nachdem wir aber das höchste Plateau erreicht, fanden wir einen Uebergufs von Tapanhoacanga, in dessen Rissen und löcherigten Vertiefungen verkrüppelte Sträucher wucherten. Nirgends war ein feuerspeiender Krater sichtbar, dahingegen fanden wir Spuren von Feuer und mehrere ausgebrannte Kohlstetten, die wahrscheinlich von den Wilden oder von entlaufenen Negern herrühren mochten, da sich sonst niemand aus der Gegend auf diesen verrufenen Berg hinanwagte. Der vermeintliche Vulkan war hiermit zu Nichte gemacht, und das gesehene Feuer erklärt, nur die Wahrheit des gehörten unterirdischen Donners bleibt noch zu prüfen übrig. Dafs solche Phänomene in Granitgebirgen statt finden, ist schon von mehreren gelehrten Reisenden bestätigt worden. *)

Dieser Berg, welcher gleichsam isolirt dasteht, und nicht durch einen allgemeinen Gebirgsrücken mit andern zusammenhängt, mag ungefähr 3000 Fufs hoch seyn, indem sein Rücken ganz in demselben Niveau liegt, wie die westlich gelegene Serra do Quilombo, die ich zu messen Gelegenheit hatte.

Die allgemeine Richtung der Gebirgsrücken dieser Gegenden, ist von N. nach S. an dem Rio Guanhaês hinab, an dessen Ufern uns fast beständig der Weg bald zur Rechten, bald zur Linken hinaufführte, bald näher, bald entfernter, durch dunkle Thäler und über hohe Bergköpfe. Das Grundgebirge der ganzen Gegend ist Gneis, und die oberste Kruste Tapanhoacanga; was dazwischen liegt, ist dem Auge verborgen, wahrscheinlich aber die Goldformationen. Lager von Seifenstein kommen nicht selten auf dem Gneise vor.

Bei der Fazenda do Quartelmester erscheint Glimmerschiefer, der oft sehr sandig und quarzig ist, und den man wohl mit dem Itacolumitquarze verwechseln könnte, da er auch z. B. bei der Fazenda do Malacahete, Uebergänge in Talkschiefer macht, sich aber in seinen übrigen Lagerungsverhältnissen geognostisch von dem Itacolumitquarz unterscheidet. Je mehr man sich dem hohen Gebirgszuge westlich nähert, je höher werden die Gegenden, und die vielen, meistens verlassenen Goldlavras in den Thälern beweisen, daſs man die östlichen granitischen Gebirgsarten verlassen, und sich nun wieder in den Regionen der Goldbildungen befindet. Die Wälder verschwinden nach und nach, und die kahlen Berge der Nachbarschaft von Villa do Principe treten hervor mit den vorherrschenden Formationen des Itacolumitquarzes, Eisenglimmerschiefers, Thonschiefers und Talkschiefers. Seifenstein fehlt auch hier nicht als Begleiter des Thonschiefers. Die Schichten dieser Gebirgsarten haben hier ihr Streichen in der 3ten Stunde, mit einer Neigung nach S. O.

Die Villa do Principe liegt in einer Meereshöhe von 3085 Fuſs, und noch 3000 Fuſs höher ragt in der Nachbarschaft der kahle Bergkopf der Serra do Itambé hervor. Man ist hier auf einmal aus den üppigen Urwäldern in die sterilen, steinigten Gebirge von Serro do Frio versetzt, ein haupt-characteristiches Merkmal des Diamantendistricts, der wenige Meilen von Villa do Principe bei Milho Verde beginnt. Itacolumitquarz tritt fast allenthalben in nackten Felsen hervor, Thäler und Berge bildend, mit Grasplateaus, die während der feuchten Jahreszeit zwar ein freundliches Ansehen gewähren, in den dürren Monaten aber auch um so öder und wüster sich darstellen. Milho Verde, woselbst das erste Diamantendetachement von dieser Seite aus sein Standquartier hat, liegt auf einer Höhe 3471 Fuſs Meereshöhe, unten im Bachthale erblickt man die erste Diamantenwäscherei, und auf dem Wege nach Tijuco bei dem Arrayal do Vao, kommt man an die zweite mit einer Menge Strohhäusern, den Wohnungen der Officianten und der Neger, die einen sonderbaren und fremdartigen Anblick gewähren, der an die Abbildungen afrikanischer Craal's erinnert. Itacolumitquarz ist auch hier die Hauptgebirgsart, und die Oberfläche liegt voller eckiger Quarzgerölle. Auf dem Itacolumitquarze kommt zuweilen ein Sandstein - Conglomerat vor, mit groſsen runden Quarzgeschieben; zwischen den Schichten dieses Conglomerats und des Itacolumitquarzes liegen dünne Schichten eines Thonschiefers, der sich dem Talkschiefer nähert. Nachdem man den Ribeiraô do Inferno passirt ist, kommt man in einem engen Thale zwischen Felsenwände, deren Gestein einer grobkörnigen Grauwacke gleicht mit eingekneteten Quarzbrocken, gerade so wie die Felsart der Serra de S. Joaô del Rei; über denselben steigt der Itacolumitquarz in grotesken Felsen empor, und man erkennt, daſs Alles zu ein und derselben Bildung gehört. Die Serra do Mel scheint der höchste Punkt dieses Bergplateaus zu seyn, welches sich bis zu 3745 Fuſs hoch erhebt. An derselben erscheint aschgrauer Thonschiefer mit einem Streichen der Schichten in der 12ten Stunde, und dasselbe Streichen hat auch der benachbarte Itacolumitquarz mit einer Neigung der Schichten nach O. Man geniefst von hieraus eine der verbreitetsten Ansichten über das kahle felsigte Hochland des Diamantendistricts, die einen äufserst traurigen Eindruck macht, alles ist öde und menschenleer, nirgends Cultur, selbst das Thierreich scheint hier in der trocknen Zeit wie ausgestorben, und nur das in der Ferne mit seinen weifsen Häusern glänzende Tijuco, erinnert an eine civilisirte Welt in dieser Wüste. Weiter hin kommt man noch einmal in das Thal des Ribeirað do Inferno, und passirt denselben über eine Brücke. Das Grauwackenähnliche Gestein steht hier abermals in grofsen Felsenmassen empor, und ruht daselbst auf Thon und Talkschiefer, welche ihr Streichen in der 12ten Stunde haben. Die oft sonderbar gebildeten Felsengruppen, woraus die Einbildungskraft sich die abentheuerlichsten Bilder schaffen kann, und an welchen zuweilen die deutlichste Structur der Schichten zu erkennen, zeigen alle die verschiedenen Uebergänge des Korns, so wie der Farbe des Itacolumitquarzes, vom blendend weifsem, feinkörnigen, dünngeschichteten und biegsamen, bis zum ganz groben Korne, und bis zur aschgrauen mit eingemengten Quarzbrocken, oder auch bis zur festen dichten Quarzmasse. Der feinkörnige weifse und röthliche ist am weitesten verbreitet, und zerfällt sehr leicht an der Oberfläche, weshalb diese auch ein zerfressenes Ansehen hat, und die so sonderbar gestalteten Felsensäulen, Spitzen und gekrümmten höckrigten Massen bildet, die wie Monumente der Vergangenheit dastehen. Bei Vâo sind diese Felsengruppen in einer Thalebene am auffallendsten. Der graue grobkörnige Itacolumitquarz ist von wenigerer Verbreitung, man findet ihn zwar auch in Thälern, besonders aber bildet er die auf den Bergebenen aufgesetzten höheren Köpfe. An dem Ribeirað do Inferno gewahrt man zwischen diesen beiden Abänderungen des Itacolumitquarzes, ein verschiedenes Streichen der Schichten; die des feinkörigen haben ihre Richtung in der 12ten Stunde, die des grauen und grobkörnigen, in der 3ten Stunde, woraus man wohl auf eine verschiedene Bildungsperiode schliefsen könnte, so dafs der graue als eine wirkliche Grauwacke zu betrachten wäre, allein die sichtbaren Uebergänge von einer zur andern widersprechen diesem, und die verschiedenen Streichungslinien müssen als eine Verdrehung der Schichten angesehen werden. Häufige Quarzadern durchsetzen oft den Itacolumitquarz in allen Richtungen, und wahrscheinlich sind dieselben goldhaltig, denn nicht nur alle Bach- und Flufsbette der Gegenden sind goldreich, sondern auch der Sandgrufs unter der meistens spärlichen Dammerde auf den hohen Bergplateaus, der zuweilen eine reichliche Ausbeute giebt.

Tijuco, der Sitz der Diamanten-Administration, liegt auf einer von dem Ribeiraô do Inferno und dem kleinen Rio de S. Francisco begrenzten Hochebene, in welcher zunächst dem Orte die Thon- und Talkschieferbildungen vorzuherrschen scheinen. Auf den Klüften dieses Thonschiefers findet man, so wie bei Villa Rica und Congonhas do Campo, schwarzen Erdkobalt mit Mangan, und als seltnes Fossil erscheinen in dem Rio de S. Francisco abgerollte Geschiebe von Spodumen, der eine aufserordentlich schöne blaue Farbe hat. Sie wurden von Herrn Bergrath Zinken untersucht, und derselbe schlug vor, sie körnige oder edle Spodumene zu nennen, ersteres wegen ihrer Textur, letzteres wegen ihrer gröfseren Durchsichtigkeit und vorzüglich schönen Farbe; die Herren v. Spix und v. Martius scheinen dieselben für Lazulith genommen zu haben. Ihr Ursprung ist unbekannt, indessen können sie keiner andern Gebirgsart angehören, als dem Itacolumitquarze, dem Thon oder Talkschiefer.

Tijuco liegt in einer Höhe von 3715 Fuſs über der Meeresfläche, folglich in einem Niveau von Villa Rica, und können diese beiden ansehnlichsten Orte als die höchstgelegensten in Brasilien betrachtet werden, auf ein und derselben Bergkette, der Cordilheira do Espinhaço zugehörig. Auf dem Plateau und den Hochbergen von Tijuco, die auch wohl die Serra do Serro do Frio genannt werden, entspringen viele gröſsere und kleinere Flüsse, die theils zu dem Ursprunge des Rio de Jequetinhonha, dem vorzüglichsten der Diamantenflüsse beitragen, theils aber auch durchgängig Diamantenreich dem Rio das Velhas zuströmen, oder Diamantenleer nach dem Rio Doçe hinlaufen. Diese Erfahrung von Diamantenfülle in den einen Gewässern, und Diamantenleere in den andern, scheint mir einen der vorzüglichsten Fingerzeige über die ursprünglichen Lagerstätten der Diamanten zu geben, worüber man bisher keine Gewiſsheit erlangt, sondern nur Vermuthungen aufgestellt hat. Da Camara, der einzige philosophische Gelehrte und Geolog, welcher der Diamanten-Administration viele Jahre hindurch vorstand, und Gelegenheit hatte, die gründlichsten Erfahrungen und Beobachtungen zu machen, hält dafür, daſs die ursprüngliche Lagerstätte der Diamanten gar nicht mehr existire, und daſs sie wahrscheinlich eine Kruste Quarz gewesen sey, die zertrümmert wurde, und ihre Reste in den Thälern und Fluſsbetten absetzte, so wie auch in den Geröllen der Berghöhen, und führt als Beweiſs ein Beispiel an, einen Diamanten auf Quarz aufgewachsen, gefunden zu haben. Meine Freunde v. Spix und v. Martius, treten dieser Meinung zum Theil bei, halten aber dafür, da man in der noch existirenden

Quarzkruste nie Diamanten gefunden, dafs man ihre Existenz wohl auf alle Quarzgänge des Itacolumitquarzes ausdehnen müsse, besonders da ein und dieselbe Formation dieser Gebirgsart, welche in einer Länge von mehr als 12 Graden, den Hauptstock der Gebirge im Brasilianischen Continent bilde, an mehreren Orten und unter ähnlichen Verhältnissen, den ihr untergeordneten Diamant erscheinen lasse, indem man weder in den Granit und Gneisgebirgen der Küste (Serra do Mar), noch in den Kalk- und Sandsteinbildungen des Innern eine Spur jenes edlen Steines finde. Meine Meinung über das Muttergestein der Brasilianischen Diamanten, welcher diese Herren nicht beistimmen, habe ich ziemlich ausführlich in der kleinen schon mehrmals angeführten Schrift „Geognostisches Gemälde von Brasilien" ausgesprochen, und verweise auf dieselbe. Indem ich den Brauneisenstein der Itabirit-Bildung, oder des Eisenglimmerschiefers, keinesweges aber den Itacolumitquarz, oder die Tapanhoacanga, oder eine andere Conglomerat-Bildung für die ursprüngliche Lagerstätte der Diamanten halte, füge ich hier noch hinzu, dafs der Brauneisenstein im Eisenglimmerschiefer oft den Uebergang in Jaspis macht, folglich die so häufig vorkommenden, und die Diamanten begleitenden Jaspisgeschiebe in den Flüssen der Provinz Matto Grosso, so wie auch in den Flüssen Abacté, Indaia etc. der Provinz Minas, aus dieser Bildung herrühren können, wenn dieselbe gegenwärtig in diesen Districten auch nicht so häufig vorkommt, als in andern. Da Camara stellt nur ein einziges Beispiel auf, wo ein Diamant auf Quarz aufgewachsen erschien, ich hingegen führe vier Exemplare an, in welchen Diamanten in Brauneisenstein eingewachsen sind, von denen Herr Heuland in London drei besitzt, und eins Herr

Dr. Schüch in Brasilien, in denen unleugbar Diamanten nicht auf- sondern eingewachsen sind, unter andern dasjenige Exemplar, welches ein mehrere Zolle im Durchmesser haltender reiner Brauneisenstein ist, mit einer kleinen Druse eines grünen Fossils, welches wahrscheinlich aus arseniksaurem Eisen besteht, worinnen mitten innen ein unverkennbarer Diamant sitzt. Diese Stücken sind durchaus keine Conglomerate, wie die Herren v. Spix und v. Martius zu glauben scheinen, sondern einfache Fossilien, und müssen nicht mit jenen verwechselt werden, worinnen Diamanten eingemengt sind, deren ich ganz besonders gedacht habe, denn ein Conglomerat, wie diese Herren auch ganz richtig bemerken, kann nie als Muttergestein betrachtet werden.

Ich sagte oben, dafs die Diamantenhaltigen und Diamantenleeren Gewässer, die aus dem Diamantendistricte kommen, einen vorzüglichen Fingerzeig über ihren Ursprung abgeben, und werde hier versuchen, dieses deutlicher auseinanderzusetzen: Betrachtet man die allgemeine Schichtenrichtung der Itacolumitquarz-Bildung mit ihren gleichzeitigen Thon, Talk und Eisenglimmerschiefer-Bildungen als Hauptstock des grofsen Gebirgszuges; so findet man, dafs dieselben ihre Schichtenrichtungen vorzüglich von N. O. nach S. W. nehmen, mit einer Hauptneigung nach S. O. Ferner findet man nach dieser Weltgegend hin eine sanftere Abdachung der Gebirgsabhänge, welche nach der verschiedenen Neigung der Schichten bedingt ist; an der entgegengesetzten Seite nach N. W. hingegen stellen die Gebirge meistens steile felsigte Abstürze dar, an welchen alle über-, auf- oder nebeneinandergelagerten Gebirgsarten zu erkennen sind. Jene Seite will ich die vordere nennen, diese die Rückseite der Gebirge. Würden die Diamanten in den oberen Schichten des Itacolumitquarzes, des Thon- oder Talkschiefers, des Eisenglimmerschiefers oder Itabirits vorkommen, so würde die natürliche Folge davon seyn, daſs alle Flüsse, welche auf der vorderen Seite des Gebirges des Diamantendistricts ihren Ursprung haben und nach dem Rio Doçe hinströmen, wo nicht reicher, doch wohl eben so Diamantenhaltig seyn müſsten wie diejenigen, die im Rücken der Gebirge entspringen, ja es würde sogar wahrscheinlich seyn, daſs diese alsdann so Diamantenleer wären, wie gegenwärtig die Bäche und Flüsse der vorderen Seite. Es folgt hieraus natürlicherweise, daſs die Lagerstätte der Diamanten nicht in den oberen Schichten der genannten Gebirgsarten gesucht werden muſs, sondern in tiefer-gelegenen, die auf der vorderen Seite wegen der Ueberlagerungen nie oder wohl nur äuſserst selten zum Vorschein kommen können, ihre Lagerungen können nach dieser Seite nicht zerrissen, folglich die darinnen vorkommenden Diamanten auch nicht in die Thäler und Fluſsbette oder Bergplateaus abgesetzt werden. Betrachten wir nun die steilen Rückseiten der Gebirge, wo selbst die tiefsten Schichten zu Tage anstehen, wo von unten bis oben durch alle Schichten hindurch sich Felsenmassen lostrennen durch Einwürkungen der Atmosphäre, durch das leichtere Eindringen von Feuchtigkeiten und abermalige Austrocknungen zwischen den emporstehenden Gebirgschichten; so wird es erklärlich, weshalb in denen auf der Rückseite entspringenden Gewässern sich die Diamanten vorfinden, dahingegen die auf der Vorderseite entstehenden, davon frei sind. Die Herren v. Spix und Martius beobachteten zwar ganz richtig, daſs die Eisensteinbildungen in dem Diamantendistricte nicht so häufig sind wie in andern Gegenden, und daſs deshalb die Diamanten derselben nicht angehören könnten, indessen ist es doch factisch, dafs die Eisensteinbildung nicht ganz aus dem Diamantendistricte ausgeschlossen ist, und eine auf Erfahrung gegründete Thatsache ist es, dafs vorzüglich gute Kennzeichen für eine gröfsere zu erwartende Ausbeute in den Flüssen von Serro do Frio die Frequenz von Eisensteingeschieben sind, besonders des braunen, rothen und Magneteisensteins mit hellen durchsichtigen Quarzgeröllen, so wie in den Flüssen von Matto-Grosso, denen von Indaia und Abacté die Geschiebe von braunem sehr eisenhaltigen Jaspis oder jaspisartigem Brauneisenstein. Die Eisenstein-Geschiebe sind vollkommen abgerundet und schwarz von aufsen, so dafs sie wohl mit lydischem Stein zu verwechseln sind, der übrigens auch unter denselben vorzukommen pflegt, jedoch seltner, und die kleinen schwarzen Steinchen, welche man Bohnen zu nennen pflegt, bestehen gewöhnlich aus den genannten Eisensteinen und nicht immer aus lydischem Stein. Diese Erscheinungen und Erfahrungen, verbunden mit den angeführten Beispielen, der in Brauneisenstein eingewachsenen Diamanten, scheinen meiner Meinung mehr Gewicht zu geben, dafs die Diamanten Brasiliens ehen der Eisensteinbildung ihr Daseyn verdanken, als jeder andern Formation, und zwar einer Eisensteinbildung, die der grofsen Itacolumitquarz-Bildung untergeordnet ist. Aufser den genannten Geschieben kommen mit den Diamanten noch folgende vor, und zwar alle in einem abgerundeten Zustande: Quarz, Itacolumitquarz, Thon- und Talkschiefer, Eisenglanz und Eisenglimmer, Chalcedon, Kyanit, Chrysoberylle, Berylle, Anathase, weifse und blaue Topase, Spinelle, Corunde, Granaten, Spadumene und Titan.

Ueber die Gewinnung der Diamanten, so wie auch über die Flüsse, Bäche und Thäler, worinnen die Arbeiten betrieben werden, habe ich ausführlich in meiner Schrift „Pluto Brasiliensis" gehandelt, auch haben die Herren v. Spix und Martius, so wie auch Mawe darüber sich genugsam ausgesprochen; ich übergehe also diesen Gegenstand und wende mich hier nur noch zu einigen geologischen Fragen, die Abänderungen des Itacolumitquarzes in das grauwackenähnliche Gestein mit abgerundeten Quarzgeschieben betreffend, welche man zwischen Milho Verde und Tijuco, bei Bandeirinha und nach v. Sp. und v. M. selbst auf der höchsten Kuppe des Itambé findet, und worinnen diese Geschiebe von der Gröfse eines Sperlings- bis zu der eines Hühnerei's vorkommen, so wie in dem Itacolumitquarze des Morro de S. Joaô del Rey. Wenn die Formation des Itacolumitquarzes eine krystallinisch-chemische Bildung ist, wie und auf was für eine Art kamen diese vollkommen abgerundeten Geschiebe dazwischen? Schwammen diese als ältere Erzeugnisse in der Auflösung? Ferner, wenn diese Abänderung des Itacolumitquarzes gleichzeitiger Entstehung mit allen auf- unter- und nebengelagerten Urgebirgsarten ist, wie man durch die Anschauung anzunehmen gezwungen wird, woher und aus was für einer Bildung konnten diese Geschiebe genommen seyn? Dieses sind Fragen, die eben so schwer zu beantworten sind und noch manchen Geologen beschäftigen werden, als die Fragen, wie kamen die abgerundeten Quarzgerölle in die Schichten des Urthonschiefers in der Lavra von Catta Preta bei Inficionado, oder wodurch wurde die Abrundung der Diamanten bewirkt. [5])

Die Hochebene von Tijuco hat mehrere Meilen Flächeninhalt und wird nur durch einige wenige tiefe Thaleinschnitte unterbrochen. Nach Bandeirinha und Caxoeira hin erstrekt sie sich am weitesten fast immer in einem

Niveau, welches vorzüglich das von Milho Verde ist. Itacolumitquarz ist die vorherrschende Gebirgsart. Bei Bandeirinha ragen davon hohe Felsenköpfe empor mit einem Streichen der Schichten in der 12ten Stunde und einem Einfall derselben nach O. in 45°. Hie und da findet man auf dieser Gebirgsart, die mit Thon- und Talkschiefer zuweilen wechselt, Thoneisensteinlager aufgesetzt, so wie auch die Abänderung des Itacolumitquarzes in das grauwackenartige Gestein. In dem Ribeiraõ do Caxoeira, der bei dem Orte gleichen Namens einige malerische Wasserfälle bildet, existirten sonst mehrere Diamantenwäschereien, die man aber jetzt eingestellt hatte. Nachdem man Caxoeira passirt hat, kommt man auf der Bergebene zwischen Felsengruppen des Itacolumitquarzes, in welchen zur Linken des Wegs eine kleine Höle ist, aus der man Salpeter gewonnen haben soll. Den Itacolumitquarz findet man in dieser Höle von zerreiblichem feinen weifsen Korne bis zum dichten und festen mit Eisenoxyd gefärbten und aus diesem bis zum Eisenkiesel übergehend. Die merkwürdigste Erscheinung in dieser Höle ist das Vorkommen von Asphalt, welcher die Ausfüllung vieler schmalen Klüfte ausmacht, so wie auch als Ueberzug der Wände auftritt. Das gröfste Stück, welches ich davon erhalten konnte, hatte einen Zoll im Durchmesser.

Kommt man von diesen Höhen in das Thal des Corrego de Palmital herab, so erscheinen unter und mit der Dammerde ein schwarzer kohlenstoffhaltiger Grund von beträchtlicher Mächtigkeit, von welchem man wohl auf die Gegenwart eines Kohlenflötzes schliefsen könnte, wenn nicht die hier allenthalben vorherrschende Urbildung dem Geognosten den Standpunkt anzeigte, von welchem er dieses Lager zu betrachten.

Bis zur Brücke von Andrequecê erscheinen sanfte Hügel und Thäler, und vor der Brücke von Paraûna, wo dieser Fluſs einen groſsen Wasserfall bildet, erscheint Talk und Chloritschiefer nebst einem Braunsteinlager.

Der Arrayal da Paraûna liegt auf einem Hügel in der Mitte eines kesselförmigen Thales 3171 Fuſs hoch über dem Meere, und war ehemals wegen der benachbarten Diamantenwäschereien, so wie auch seiner vielen Goldlavras sehr wohlhabend; erstere verlegte man nach Pouro alto, und letztere gingen nach und nach zu Grunde. Der Morro da Formaçaô, nordwestlich eine halbe Stunde von Paraûna, ist besonders reich an Gold, und verdiente ernstlich bearbeitet zu werden. Die Gebirgsart ist Itacolumitquarz in Begleitung mit Eisenglanz, welcher sein Streichen in der 12ten Stunde und nach O. in 50° sein Einfallen hat. Viele Quarzgänge durchsetzen ihn in derselben Richtung aber mit einem entgegengesetzten Einfall, d. h. nach W. zu. Der Quarz dieser Gänge ist durchgängig goldhaltig, da er aber sehr fest ist; so finden sich wenige Liebhaber, welche Arbeiten darauf zu unternehmen wagen.

Von dem Orte Paraûna wende ich mich nun nach N. W. an dem gold- und diamantenreichen Rio Paraûna hinab, welchen zu beiden Seiten kahle felsigte Itacolumitquarz-Berge begleiten, zum Diamantendistricte gehörig, deren Schichtenrichtung in der 10ten Stunde ihre Direction nimmt. Nachdem man über den groſsen Ribeiraô d'Arèa gegangen, werden die Berge flacher, das Hauptgebirge bleibt zur Rechten und man befindet sich an seinem westlichen Abfall, woselbst Granit zum Vorschein kommt, mit der Eigenthümlichkeit, daſs ihm auſser seinen ordinairen Gemengtheilen auch noch kleinschuppiger Talk beigemengt ist. Die Erscheinung des Granits hier correspondirt völlig mit der Reihenfolge der Gebirgschichten des Querdurchschnitts, deren im dritten Abschnitte gedacht wurde, und welche in die Gegend von Congonhas do Campo und der Serra da Boa Morte fällt. Es ist auch dieselbe Granitschichten-Richtung, die immer westlich längst der groſsen Serra in südlicher Ausdehnung bis in die Provinz S. Paulo sich hinabzieht, nebst den verwandten Gneisbildungen. Unter den Bergen der Nachbarschaft zeichnen sich hier besonders die Serra de Galheira und der Morro da Picada aus. Bei der Fazenda de Palmital do Coelho macht der Granit die unmittelbare Unterlage der goldhaltigen Erden, in denen Lavras de Crupiara getrieben werden. Man befindet sich hier noch immer in demselben Niveau von Paraûna, allein die Gegenden sind flacher und weniger felsigt. Sie werden von dem goldreichen Ribeiraô de Palmital bewässert, an dessen Ufern der Weg aufwärts führt, und von wo aus man die zu dem Diamantendistricte gehörige Serra de Abucaina ersteigt, deren Hauptgebirgsart wieder der Itacolumitquarz ist mit einem Streichen seiner Schichten in der 9ten Stunde und einem nordöstlichen Einfall. Auf demselben erscheint auf der Serra do Gomez ein Bergkopf von Hornblendegestein, dessen Schichten in der 12ten Stunde ihre Richtung nehmen mit einer Neigung nach O. Dieses Vorkommen des Hornblendegesteins auf Itacolumitquarz ist äuſserst selten und nur da zu finden, wo die granitische Bildung in der Nähe ist; es giebt diese Erscheinung aber einen neuen Beweiſs für die gleichzeitige Entstehung des Itacolumitquarzes mit dem Granit oder Gneise, denn das Hornblendegestein ist, wie wir schon in dem vorhergehenden Abschnitte gesehen haben, so nahe mit den granitischen Bildungen verschwistert, daſs man keine zweite Zeitperiode seiner Entstehung annehmen kann; da es sich nun aber ebenfalls in der Itacolumitquarz - Bildung vorfindet; so ist die gleichzeitige Bildung des einen und des andern Gesteins eine natürliche Folge. Die Serra do Gomez hat eine Höhe von 3885 Fuſs mit einer kahlen Oberfläche, auf welcher man oft abgesonderte Quarzlager und vielen Brauneisenstein als Findlinge sieht. Wo die eigentliche Lagerstätte dieses Brauneisensteins ist oder war, ist noch auszumitteln, wenigstens habe ich in dieser Gegend nirgends die so gewöhnlichen Eisensteinbildungen bemerkt. Es erinnert aber diese mysteriöse Erscheinung wieder an die Diamanten, welche man in Brauneisenstein verwachsen gefunden hat.

Von der Serra do Gomez führt der Weg in einem schönen Höhenthale zwischen Felsenbergen und auf Hochebenen hin zu dem Morro da Piccada, woselbst vor mehreren Jahren ein Diamanten - Wachthaus stand. Der Boden auf dieser Hochebene ist fett, zum Theil feucht, moorigt und hat fürtrefflichen Wiesenwachs. Entblöſst zwar von allem Gebüsch und Bäumen, die bald durch Cultur ersetzt werden könnten, würden diese idyllischen Gegenden bald zu den schönsten und fruchtbarsten Landstrichen umzuschaffen seyn, statt daſs sie jetzt ein Bild der Oede und Menschenleere geben. Theils das Vorurtheil der Brasilianer in den Campos nichts pflanzen zu können, weil die Pflanzungen ohne Dünger, wovon sie nichts wissen, nicht so wie in dem Waldboden gedeihen, vorzüglich aber auch das Verbot der Ansiedlungen in dem Diamantendistricte, macht, daſs diese schönen frischen Höhen mit krystallhellen Quellen, so ganz von Menschen entblöſst sind, sonst würde doch wohl ein oder der Andere, der Viehzucht wegen sich hier niedergelassen haben, um die schönen Weiden zu benutzen, allein auch diese spenden vergebens ihre nährenden Kräuter.

Die höchste Erhöhung dieser Hochebene über dem Corrego do Morinho beträgt 4135 Fuſs über dem Meere. Hornblendegestein findet man auch hier bei dem Itacolumitquarze, mit einem Streichen in der 12ten Stunde, in welcher Beziehung aber, ob ein- oder aufgelagert, war nicht zu erkennen. Rechts von diesem Hochlande zieht sich nach N. in groſser Ausdehnung ein hoher Gebirgsarm, der sich nach und nach zu verlieren scheint.

Aus dieser schönen Gegend kommt man nun an den Rio Pardo Pequeno in einem Felsenthale hinauf zu dem Soldatenquartier do Rio Pardo, welches in einer Höhe von 3825 Fuſs liegt. Zwei Cavallerie-Soldaten und zwei Pedestres lagen hier zur Bewachung der Diamanten-Gewässer der Nachbarschaft, worunter der Rio Pardo als gröſster und reichster Bergstrom sich auszeichnet.

Der ganze zurückgelegte Weg von Paraûna bis hieher, führt gleichsam an dem westlichen Rande des groſsen Gebirgszuges hin, erst tiefer an seinem Fuſse, wo die Granitbildung vorherrschend ist, alsdann an dem höheren Abhange, wo der Itacomulitquarz beginnt und zu den höchsten Bergen ansteigt.

Von dem Quartel diamantino wendeten wir uns nun einige Meilen westlich von der groſsen Serra do Serro do Frio (dieses der allgemeine Name) abwärts zu den Thälern des Fluſsgebietes des Rio das Velhas. Zunächst führt der Fuſssteig noch über Bergebenen, die mit schönem Wiesengras oder mit kurzem Gesträuche (campos serrados) bewachsen sind, und von vielen kleinen Bächen bewässert werden, dem Reacho das Varas, Reacho Fundo, Corrego das Contagems do Rebello und andern, die mit klaren Wassern über Itacolumit- und andere Felsenmassen sich die Abhänge des Gebirges hinabstürzen. Nachdem man den äuſsersten Abhang in einer Höhe von 2845 Fuſs erreicht hat, verschwindet die Itacolumitquarz-Bildung, und man stöſst auf einen mürben körnigen Kalk-Mergel mit einer Schichtenrichtung zwar parallel mit dem Itacolumitquarz, allein mit einem entgegengesetzten Einfalle nach Westen. Thonschiefer und Kalkschiefer treten ebenfalls an diesem Abhange hie und da hervor; es war uns indessen nicht möglich die Lagerungsverhältnisse dieser verschiedenen Gebirgsarten miteinander auszumitteln. Das mergelartige Kalkgestein erscheint bald als Sand- bald als Thonmergel, und ich hielt es für eine Lokalbildung, allein die Herren v. Spix und v. Martius haben gezeigt, daſs dasselbe auch in groſser Ausdehnung weiter nach N. am Rio de S. Francisco hinunter vorkomme.

Immer tiefer kommt man zu dem gröſseren Fluſsthale des Rio Pardo Grande hinab, welcher nach und nach durch alle die von Felsen zu Felsen herabstürzenden kleineren Gewässer zu einem beträchtlichen Flusse angewachsen, den man bei der Fazenda da Canna brava durchwaden muſs. Er nimmt alsdann noch den Rio Pardo pequeno auf und strömt dem Rio das Velhas zu. Wegen seines strengen Falles von dem Gebirge herab, welcher auf einer Länge von 5¾ Legoas, über 2000 Fuſs hoch beträgt, führt er eine groſse Menge Gold und diamantenhaltiger Geschiebe mit sich.

Von Canna brava, welches in einer Erhöhung von 1787 Fuſs liegt, nimmt der Weg nun wieder eine ganz nördliche Richtung in einem muldenförmigen flachen Thale an dem Fuſse der Gebirgskette hin, indem zur Linken ein niederer Bergzug dieses Thal begleitet. Der Reacho da Porteira, Reacho dos Ovos, Reacho de S. Roque und Corrego das Lages, die alle ven dem hohen Gebirge herabkommen, vereinigen sich nach und nach und durchströmen das Thal nördlich bis zum grofsen Reacho d'Arèa, der als sehenswerther Wasserfall von dem felsigten Gebirge Cascadenartig herabstürzt. In diesem Thale erscheint zum erstenmal die Bildung des Uebergangsthonschiefers mit einem Streichen der Schichten in der 2ten Stunde, und bei Corrego das Lages steht ein mergelartiger Kalkstein zu Tage. Links verliert sich der niedere Bergzug, der aus Sandstein zu bestehen scheint, und auch das hohe Bergjoch rechts, welches in das niedere Land hineintritt, hat sein Ende erreicht; in weiter Ferne nach N. zu erblickt man aber immer noch die Fortsetzung des Hauptgebirgzuges, so wie auch die Thalöffnung zwischen dem erwähnten Gebirgsjoche und dem Hauptzuge, aus welcher der Rio Preto hervorströmt.

Die Aussicht von dem Reacho do Matto über die flachen Grundsteppen und Campos Serrados, die von dem hohen Gebirge begleitet werden, dehnt sich grenzenlos nach N. und W. aus, und hier beginnen die eigentlichen Campos Geraes mit ihrer eigenthümlichen Vegetation. Der Amerikanische Straufs weidet hier in ganzen Heerden und übt einen wohlthätigen Einflufs auf die Verminderung der in diesen Gegenden so productiven giftigen Schlangen und Otterngezüchte.

Von Canna brava aus kamen wir nach einem Tagemarsche von $6\frac{1}{2}$ Legoa an den Rio Preto, der sich weiterhin mit dem Rio Curumatahy vereinigt und als beträchtlicher Flufs, sich nach einem Laufe von 10 Legoas mit dem Rio das Velhas vereinigt. In $\frac{3}{4}$ Legoas Entfernung von der Durchfurt des Rio Preto, gelangt man an den kleinen Arrayal de Curumatahy. Das Niveau dieser sich weit erstreckenden flachen Gegenden beträgt 1885 Fufs Meereshöhe und liegt kaum hundert Fufs höher als der Wasserspiegel des Rio das Velhas bei der Vereinigung mit dem Rio de S. Francisco.

In diesem flachen Lande kommt ein Sandstein zum Vorschein, der wahrscheinlich dem ältesten der secundairen Bildung angehört, wovon ein eisenschüssiger Uebergangsthonschiefer die Grundlage ausmacht, und auf dessen Oberfläche viele Quarzgerölle angetroffen werden, namentlich bei dem Reacho das Varras. Ein dichter Kalkstein, der zuerst bei der Besitzung des Jozé Manoel hervortritt, und in der 12ten Stunde seine Schichtenrichtung hat, und von hier aus sich über Catonio hinaus verbreitet, erinnert nebst den andern genannten Gebirgsarten, an die Formationen der Sertoês von Abacté und Indaia, so daſs man diese und jene für ganz identisch halten muſs, wovon weiterhin gehandelt werden wird.

Bei Catonio, einer der gröſsten Fazendas dieser Gegenden, erhöht sich das flache Land bis zu 2255 Fuſs. 4 Legoas weiter nördlich bei Canna brava, ist es 2075 Fuſs hoch, noch 4¼ Legoa weiter bei Limoeiro 2045 Fuſs, und bei S. Eloi, 3½ Legoa von der letzten Pflanzung 2205 Fuſs. Man sieht hieraus, wie man beinahe immer in ein und demselben Niveau bleibt, ohne auf zwischenliegende Berge zu stoſsen. Selten findet man deshalb die Gebirgsarten aufgeschlossen, und zu Tage hervortretend. Dem Boden, und der spärlichen Dammerde nach zu urtheilen, scheint der Uebergangsthonschiefer am meisten verbreitet zu seyn und vorzuherrschen, nebst dem dichten ihm verwandten Kalkstein, und dem übergelagerten älteren Sandstein oder Rothentodtliegenden. Bei Catonio ragt der Kalkstein in Zacken und unförmlichen Massen aus der Dammerde in den Grasfluren hervor. Zwischen Canna brava und Limoeiro erscheint eisenschüssiger Thonschiefer mit der Schichtenrichtung in der 12ten Stunde, und links am Wege wird man von Sandsteinhügeln begleitet. Bei S. Eloi tritt ebenfalls Thonschiefer hervor, der etwas mergelartig ist, und das Streichen der senkrechten Schichten ist dasselbe.

Obgleich diese Gegenden noch von manchen größeren und kleineren Bächen bewässert werden, die in der östlichen Bergkette meistens ihren Ursprung haben, so werden doch die Klagen über Austrocknung des Bodens, wegen Mangel an Regen immer häufiger, denn selbst diese fließenden Gewässer verdunsten und verschwinden bei lange anhaltender Dürre in diesen Flächen, das Gras verwelkt, die Büsche, und die wenigen verkrüppelten Bäume, die so manchfache wohlschmeckende, und dem durch die brennenden Sonnenstrahlen ermüdeten Wanderer, kühlende und labende Früchte liefern, verdorren. Das Sengen und Brennen um neues Gras für die Heerden hervorzulocken, vermehrem dieses Uebel noch mehr, die Leiter der Feuchtigkeit werden dadurch nach und nach vertilgt, die sengenden Sonnenstrahlen und aushagernden Winde, die ungehindert über einen mageren, mit spärlicher Dammerde bedeckten Boden die Fluren bestreichen, vernichten mit der Zeit alle Vegetation, trocknen Bäche und Quellen aus, und machen die Gegenden unfähig zu jeder Cultur. Schon jetzt erscheinen die traurigen Folgen; tagelang kann man diese Steppen durchziehen, ohne nur auf ein einziges Stück Rindvieh zu stoßen, und noch weniger auf einen Menschen.

Zwei Legoas von der großen Fazenda von S. Eloi, kommt man an den kleinen Arrayal do Bom fim, am Rio Gavemipamm, und von da über die Serra dos Viados, welche eine Fortsetzung der Serra dos Correntes ist, die als ein Arm der Serra da Matta da Corda zu betrachten, welcher als Felsenriff den Rio de S. Francisco durchsetzt, und als solcher den grofsen Wasserfall von Pirapóra bildet, wodurch der Zusammenhang bewirkt wird, da dieser als ein Durchbruch des grofsen Stromes betrachtet werden kann. Die Serra dos Viados schickt einen Arm aus nach dem Hauptgebirge der Serra do Espinhaço, und einen andern, der zwischen dem Rio Verde und dem S. Francisco hinunterläuft. Von der Fazenda dos Viados, und dem Corrego gleiches Namens an, ersteigt man diese Serra, an welcher man den Uebergangsthonschiefer, in der 3ten Stunde streichend findet. In einer Erhöhung von 2775 Fufs wird derselbe mergelartig, und noch höher, in einer Erhöhung von 3245 Fufs, findet man die Oberfläche des Bodens mit einer Menge eisenschüssigen Sandstein-Knollen und Geröllen bedeckt und übersäet, namentlich bei der Wohnung des Manoel Nunes. Auf dem höchsten Bergrücken, welcher 3835 Fufs erhaben ist, streicht der Thonschiefer parallel mit dem Rücken des Gebirgs in der 2ten Stunde, und hat eine Neigung nach S. O. Von hier führt der Weg an dem entgegengesetzten Bergabhange hinab zu dem 1630 Fufs tiefer gelegenen Arrayal de Formigas.

Die benachbarten Gegenden von Formigas scheinen vorzüglich der Uebergangs-Kalkstein-Formation anzugehören, in welcher man hier viele Kalkschollen und Höhlen antrifft, mit Salpeter geschwängerten Erden, wovon ich bei Gelegenheit der Erwähnung der salzigen Erzeugnisse Brasiliens, in dem Pluto Brasiliensis, weitläuftiger gehandelt habe. Die vorzüglichsten Höhlen liegen an der Serra do Bento Soares, welche 2645 Fufs hoch ist, und die gröfste derselben ist die Lappa Grande. Ihr Eingang ist in einem 300 Fuſs tiefer gelegenen Thale, mit groſsen Felsenblöcken umgeben, die auch an vielen Orten des Berges nackt und zerrissen hervorstehen, mit ungeheuern oft mannsdicken stachligten Cactus bewachsen, die aus den Spalten der Felsen herauswuchern. Der Kalkstein dieser Felsen ist dicht und von grauer Farbe, seine mächtigen Bänke sind bald horizontal, bald sind sie nach O. geneigt, und ihre Schichten haben alsdann die Richtung in der 11ten Stunde. Der Kalkstein in den Höhlen ist ganz dunkelblau, beinahe schwarz und mit vielen spiegelnden schwarzen Kalkspathadern durchzogen.

Das Portal dieser Höhle ist majestätisch, flach gewölbt mit einer Spannung von hundert Palmen, und über funfzig Palmen Höhe. Mit derselben Höhe und Ausdehnung dringt dieses Gewölbe auf beträchtliche Erstreckung in das Innere des Felsens, einen weitläuftigen hellen Salon bildend, dessen man sich als Fabrikgebäude zur Auslaugung der aus dieser Höhle gewonnenen Salpetererden, und zur Versiedung der Lauge bediente. Weiter in den Berg hinein, verzweigt sich dieser Salon in mehrere weitführende schmälere Gänge, die sich bald verengern, bald wieder zu groſsen Räumen erweitern, und von manchen hat man ihr Ende noch nicht erreicht. Der Boden dieser Höhlen ist mit einer mehrere Fuſs mächtigen lehmigten Erde bedeckt, und von Salzen durchdrungen, zu deren Erzeugung wohl nicht wenig die Excremente der hierin zu vielen Tausenden sich aufhaltenden Fledermäuſse beitragen mögen. Auch Thierknochen längst ausgestorbener Geschlechter, finden sich vergraben in den erdigen Anhäufungen im Innern der Höhlen, welche nach dem Urtheile der Herrn v. Spix und v. Martius einem Megalonix angehören sollen. Aufser diesen Knochen älterer Thierarten, finden sich auch viele aus neuerer Zeit von Tapiren, Coatis und Unzen, die hier ihr Grab fanden.

Beschreibung einiger in diesem Abschnitte erwähnter Fossilien.

Schwarzer Schörl, derb und in grosfen Krystallen zusammengehäuft. Aus der Nachbarschaft des Arrayal da Prata.

Feldspath, grüner, von sehr lebhafter Farbe, angeschliffen, hat wahrscheinlich den Wilden als Zierrath gedient. Aus dem Sertaò do Rio Doçe.

Manganerz, schwarz und körnig, zuweilen abfärbend. Mehrere Exemplare von Itabira do Matto dentro, so wie auch auf dem Wege von Tijuco nach dem Serviço do Monteiro gefunden.

Schwarzer Erdkobalt als Ueberzug auf Thonschiefer, theils mit spiegelnden Flächen, theils mit körniger, drusiger Oberfläche, zum Theil fest, zum Theil abfärbend. Von dem Morro da Tijuco.

Edler Spodumen (nach Herrn Bergraths Zinken). Dieses Fossil ist dunkel Berlinerblau, derb, kleinkörnig abgesondert und deshalb leicht zu trennen.

Der Längenbruch ist blättrig, von dreifachem Durchgange, wovon aber nur zwei, nehmlich der Längenbruch und einer, welcher einen sehr stumpfen Winkel gegen den Längenbruch macht, vollkommen deutlich und glänzend sind; der dritte Durchgang, welcher einen schiefen Winkel im Querbruche gegen den Längenbruch macht, ist weniger deutlich und matt.

Die beiden Hauptdurchgänge sind starkglänzend von einem Fettglanze, welcher sich dem Perlmutterglanze nähert. Der Querbruch ist kleinmuschlig von Glasglanze.

Die Bruchstücke sind unbestimmt eckig nicht sonderlich scharfkantig, zuweilen scheibenförmig mit abgeschärften Endflächen, so dafs sie oft splittrig erscheinen und durchscheinend.

Das Glas ritzt es stark. Funken giebt es nicht am Stahle und wird von dem Bergkrystall geritzt.

Spezifisches Gewicht 2,90.

Vor dem Löthrohre bläht es sich nach der Richtung des Blätterdurchganges sogleich auf, verliert die Farbe und zerfällt sehr leicht zu einem graulich gelben Pulver.

An einigen Stücken des Fossils ist es mit dünnen Lagen körnigen Quarzes durchwachsen.

Dafs es nicht zu der Art Spodumene gehört, die zu Utön und in Tirol vorkommt, ist augenscheinlich; es bildet eine neue Art, welche man vorschlagen könnte, körnigen oder edlen Spodumen zu nennen, ersteres seiner Textur, letzteres seiner gröfseren Durchsichtigkeit und vorzüglichern Farbe wegen. Das gegen Hauy's Wägung des Spodumens, etwas geringere spez. Gewicht, ist wohl in der körnigen Textur, und darin zu suchen, dafs sich das Fossil nicht völlig rein von dem anhängenden Quarz scheiden liefs.

Herr Hofrath Hausmann in Göttingen sagt folgendes in einem Briefe an mich über dieses Fossil:

„Das schöne blaue Fossil von Tijuco aus Serro do Frio in Minas Geraes scheint in den wesentlichen Merkmalen mit einem Minerale übereinzustimmen, welches Gieseke aus Grönland mitbrachte, und welchem er den Namen Saphirin beilegte. Nach einer Analyse von Stromayer enthält dieser Saphirin.

Alaunerde . . .	63,106
Kieselerde . . .	14,507
Talkerde . . .	16,848
Kalk	0,379
Eisenoxydul . . .	3,924
Manganoxyd . . .	0,528
Verlust durchs Glühen .	0,492
	99,781

Dieser Körper steht mithin dem Spinell am nächsten. Diese Verwandtschaft scheint bei dem Brasilianischen Fossile durch die Krystallisation besonders bewährt zu werden. Ich erhielt durch v. Olfors ein Pröbchen, woran sich ein reguläres Octaeder befindet.“

Schwarzer Kalkspath in grofsen, schönen, glänzenden Handstücken aus den Kalkhöhlen von Formigas.

Anmerkungen zum siebenten Abschnitte.

1) Leicht kann man diese Truppen mit allem Fug und Recht nennen, denn sobald kein Feind zu fürchten ist, gehen sie blos mit einem Hemde und baumwollenen Beinkleidern einher, eine kurze blaue Jacke mit rothen Aufschlägen über die Achseln gehängt, eine lederne Mütze auf dem Kopfe und dabei barfufs. Eine Musquete und ein Messer sind ihre Waffen, eine lederne Tasche ihr Munitions- und Provisions-Magazin. Nur wenn sie bestimmt wissen, dafs der Feind in der Nähe ist, oder wenn sie einen Angriff auf ihn durch Ueberrumpelung machen wollen, ziehen sie das dicke baumwollene Panzerhemd an, durch welches kein Pfeil dringt. Sie formiren ein Corps von 700 Mann, welches aber nie vollzählig ist und sind in 7 Divisionen getheilt, wovon jede von einem Fähndrich kommandirt wird, und deren jeder sein besonderes Hauptquartier hat, von wo aus die Aufsenwachten längst dem Aufenthalte der Wilden hin, die eine Linie von 50 Legoas und drüber beträgt, besetzt werden. Dieses Corps, welches unter der Oberinspection des Militair-Gouverneurs in Villa Rica steht und von der Junta da civilisaçaô dos Indios vorzüglich abhängig ist, hat übrigens keine Spur militairischer Disciplin. Selten wird es wegen seiner Entfernung und Zerstreuung gehörig inspicirt; ihre Kommandanten bekümmern sich auch wenig darum, was die Soldaten machen, lassen sich aber um desto mehr angelegen seyn, ihre eigenen Vortheile zu berücksichtigen, indem sie sich Güter anbauen, die neuen Ansiedler oft drücken, diejenigen aber begünstigen, von denen sie Gewinnst ziehen. Sie nehmen Soldaten an und verabschieden andere; ihre einzuliefernden Listen um den Sold für die Soldaten zu erheben, sind gewöhnlich vollzählig, ob die Menschen aber auch wirklich existiren, ist so leicht nicht ausfindig zu machen. Dieses Corps kostet dem Staate jährlich gegen 30 Contos de Reis oder 50 tausend Reichsthaler und existirt nun schon seit dem Jahre 1808, ohne dafs man irgend einen sich davon versprochenen Vortheil erhalten hätte, denn weder sind durch dasselbe gangbare Strafsen durch die Wildnisse eröffnet, noch Flüsse schiffbar gemacht worden, noch sind die Anpflanzer hinlänglich dadurch vor den Wilden ge-

schützt; drei der vorzüglichsten Zwecke, welche man durch dieses Corps zu erreichen sich vorgesetzt hatte.

2) Die Pflanzer, welche sich in diesen Gegenden und Wildnissen niederlassen, sind gewöhnlich herabgekommene Gutsbesitzer oder Mineiros, die mit einem kleinen Rest Sclaven ihren alten Aufenthalt, wo sie weder etwas zu gewinnen noch zu verlieren haben, verlassen und hieher flüchten, um dem fruchtbaren Boden, den sie erhalten und 10 Jahre lang ohne alle Abgaben benutzen können, das Mark auszusaugen. Sie fangen hier ihre Wirthschaft von neuem an und halten so lange Stand, bis die 10 Jahre verflossen sind, oder bis sie auch diesen ergiebigen Boden in eine unfruchtbare Steppe verwandelt haben, alsdann suchen sie sich wieder eine andere Gegend aus. Man ertheilt ihnen unentgeldlich einen Bezirk von $\frac{1}{2}$ Legoa Länge und $\frac{1}{4}$ Legoa Breite zu, welches man eine Sismaria nennt, bei welcher Ertheilung, die durch die Kommandanten der Divisionen gemacht wird, sie oft gedrückt oder begünstigt werden, je nachdem sie sich die Bereitwilligkeit des Kommandanten erkauft haben. Die Wohnungen dieser Menschen sind gröſstentheils erbärmlich, jedoch für den Reisenden eine willkommne Erscheinung und bei der groſsen Gastfreundschaft, womit er aufgenommen wird, immer ein bequemerer und sichrer Aufenthalt, als im Walde zu liegen.

3) Die Soldatenquartiere bestehen aus mehreren kleinen, mit Palm- und Schilfstroh bedeckten Lehmhütten, um welche herum man in der Entfernung eines Büchsenschusses den Wald gefällt hat, damit kein Wilder nahe heranschleichen kann. Auf diesem Boden machen die Soldaten auch ihre kleinen Pflanzungen von Mais, Bohnen und Bananen, ihre Trägheit ist aber meistens so groſs, daſs sie oft dieses unterlassen, und es für bequemer halten, sich nach den nächsten oft 5 und 8 Legoas entfernten Fazendas zu begeben und dorten auf Kosten der Besitzer zu leben, die gerne Alles hergeben, um geschützter zu seyn und um Gesellschaft zu haben, denn diese Menschen arbeiten nicht. In den Quartieren, auſser dem Hauptquartiere, findet man deshalb selten mehr als 4 bis 6 Soldaten, die so lange sich in ihren Hangmatten schaukeln, bis sie genöthigt sind auszuwandern um neue Lebensmittel herbeizuschaffen, und eine solche Ausflucht benennt man alsdann mit dem beschönigten Ausdrucke: patrouilliren gehen, um die Wilden auszuspüren. Gleich den Soldaten thun die Kommandanten es ihnen noch zuvor, ihr Hauptquartier zu verlassen und einem Unteroffizier oder selbst einem vertrauten Soldaten ihre Stelle zu übergeben, indem ihre Patrouillen die Richtungen

nach ihren 8 — 10, ja bis 15 und mehreren Legoas entfernten Besitzungen nehmen, und daselbst den gröfsten Theil des Jahrs zubringen und sich nicht weiter um ihr Kommando bekümmern. Werden nun irgend einmal im Jahre Offiziere von dem Kavallerie-Regiment ausgeschickt, um die Divisionen zu inspiciren; so erhalten sie sogleich durch Vertraute Nachrichten davon und begeben sich alsdann auf ihren Posten. Von diesen Inspectoren, die zum Theil Verwandte oder Bekannte sind, haben sie wenig zu befürchten, denn da der Kommandant zu tractiren gezwungen ist, weil man sonst in den Wildnissen nichts haben würde, so wird es mit der Untersuchung, ob auch alle auf der Liste bezeichneten Soldaten wirklich existiren, nicht so genau genommen. Oft trägt es sich auch zu, dafs die Inspectoren sich gar nicht in die Wildnisse hineinwagen, sondern sie bleiben in einem guten Standquartier auf der Grenze und schicken einige Soldaten dahin, die ihnen alsdann Bericht erstatten müssen. Durch diese Methode entstehen eine Menge Lügenberichte von der Civilisation der Indier, von Schiffbarmachung der Flüsse und von Eröffnung der Strafsen, denen Glauben beigemessen wird und die selbst in die Zeitungen eingerückt werden. Meine unvermuthete Erscheinung in diesen Wäldern gab mir Gelegenheit, die Dinge von einer ganz andern Seite zu betrachten; ich überzeugte mich durch eigene Ansicht und hätte dem Gouvernement durch meinen Reisebericht die Augen öffnen können, und sprach auch vorläufig darüber in einem Particular-Brief an den damaligen ersten Staatsminister, von dem ich aber zu meinem grofsen Erstaunen die merkwürdige Antwort erhielt, dafs ich diesen Gegenstand nicht berühren sollte. Späterhin, nachdem ich alle Verhältnisse besser kennen gelernt, sah ich ein, dafs ich viele Familien in Villa Rica, den Gouverneur und selbst den Minister compromitirt und mir zu Feinden gemacht haben würde, wenn ich deshalb einen Bericht eingesendet hätte.

4) Im Königreich Angola ist ein Gebirge, die Serra dos gemidos genannt (Seufzergebirge) welches Töne wie Seufzer von sich geben soll und daher den bezeichnenden Namen führt.

5) Gewöhnlich schreibt man die Abrundung der Geschiebe ihrer Friction bei dem Rollen über andere Steine hin zu und besonders wenn sie durch fliefsende Gewässer nach grofsen Entfernungen geführt werden, was auch täglich die Erfahrung lehrt. Sollten aber nicht Ausnahmen statt finden und sich vollkommen abgerundete Gestalten einfacher, sowie auch zusammengesetzter Fossilien bilden können, gleich dem Kugel-Granit, Basalt, Grünstein etc. ohne dafs dabei eine Ab-

schleifung statt gefunden hätte und besonders wenn man diese auf Lagerstätten chemischer, krystallinischer oder nichtkrystallinischer Bildung findet, wo man sich nicht erklären kann, wie sie dazwischen gekommen sind? — Der abgerundete Diamant, der härteste aller Steine, der nur vermöge eines andern Diamanten abgeschliffen werden kann, erzeugt, ungeachtet er nur als Gerölle unter andern Flufsgeschieben gefunden wird, einen ähnlichen Zweifel wegen seiner Abrundung. Welche Zusammenhäufung von Diamanten müfste nicht statt gefunden, wie dick müfsten sie nicht aufeinander gelegen haben, welchen Raum müfsten sie nicht durchlaufen haben, wenn eine solche Abreibung und Abrundung hätte zu Stande gebracht werden sollen? und doch ist ihr Vorkommen nur einzeln und selten, ja selbst von ihrem Entstehungsort können sie nicht weit entfernt und fortgeführt worden seyn, da man sie nicht nur in den ersten Anfangsquellen der Flüsse und in kleinen Rinsalen an den Bergen findet, sondern auch auf Berg-Plateaus, wo nie eine Strömung von Gewässern vorhanden war. Es scheint demnach wahrscheinlicher, dafs ihre ursprüngliche Gestalt gleich bei ihrer Entstehung sich abgerundet bildete, so wie auch Hauy vermuthet, da die Convexität seiner Krystall-Flächen schon darauf hindeutet, keineswegs aber durch Abschleifung in diesen Zustand kommen konnten, wie da Camara glaubt und dessen Glauben die *Hrn.* v. Spix und v. Martius beizutreten scheinen; denn wenn die Diamanten sich im rohen Zustande auch leichter angreifen, (v. Sp. u. v. M. pag. 439 u. 440.) so kann dieses doch nur durch andere Diamanten geschehen, nie hat man sie aber noch in solcher Menge beisammen gefunden, gleich den abgerollten Flufskieseln, wodurch diese Behauptung einige Wahrscheinlichkeit erhalten könnte.

Achter Abschnitt.

Durchschnitt der Gebirgsarten in südwestlicher Richtung von Formigas auf das linke Ufer des Rio de S. Franzisco, bis zum Bleibergwerke von Abacté.

Auf dieser ganzen Linie, die ungefähr eine Erstreckung von 50 Legoas hat, herrscht eine grofse Einförmigkeit in dem Vorkommen der verschiedenen Gebirgsbildungen, indem sich diese blos auf Thonschiefer der Uebergangbildung, Uebergangkalkstein und das Rothetodtliegende, fast einzig beschränken, Gebirgsarten, die in dem oberen Flufsgebiete des Rio de Francisco vorzüglich vorzuherrschen scheinen.

Den Thonschiefer findet man zuerst wieder, nachdem man den Rio Formigas passirt ist, und die Abläufer der Berge ersteigt, die als Arme von der Serra dos Viados oder Correntes herabkommen. Hat man aber deren Höhen erreicht, so begegnet man wieder Kalksteinfelsen, und am Fufse dieser niedrigen Berge verflächen sich die Gegenden wieder, indem die Dammerde mit Gras und Sträuchern bewachsen, auf Meilenweiten Erstreckungen die darunter vorkommenden Gebirgsarten verbirgt. Erst bei der Fazenda dos Tres irmaôs, welche 2735 Fufs hoch liegt, ein Niveau, welches die ganze Umgegend zu haben scheint, erscheinen auf der Oberfläche des Bodens grofse Brocken eines eisenschüssigen Sandstein-Conglomerats, welche wahrscheinlich dem Rothentodtliegenden angehören. Weiter hin ¼ Stunde Wegs kommt Kalkstein vor, der in Platten klingend ist, alsdann aber wieder Thonschiefer; schlechterdings war aber nicht auszumitteln, in welchen Lagerungs-Verhältnissen diese Gebirgsarten zueinander stehen. Bei dem Corrego das Lages, und zwei Legoas weiter am Corrego do Barreiro do Matto fand ich ihr Streichen in der 1ten Stunde.

Bei der Fazenda da Agoa Boa befanden wir uns in einer Erhöhung von 2915 Fuſs, und an dem Reacho das pedras trafen wir auf horizontale Thonschieferlager, welche treppenartig den Bach durchsetzen, und wegen ihrer Zerklüftungen, 3 bis 4 Zoll dicke, groſse und schöne viereckige Platten liefern, so wie bei dem gewöhnlichen Dachschiefer es zu geschehen pflegt. Auch bei der Fazenda da Chapoda, findet man denselben Thonschiefer in einer Erhöhung von 2455 Fuſs. Einige Legoas von dieser Fazenda, kommt man in das schöne Thal des Rio Jequetahy, bei der Fazenda dos Correntes, welche 1601 Fuſs erhaben liegt, [1]) in deren Nachbarschaft dieser Fluſs, in Vereinigung mit dem Rio dos Correntes, die Serra dos Correntes durchbrochen hat, und ungefähr 4 Legoas unterhalb der Barra do Rio das Velhas in den S. Francisco fällt. Die schönsten wellenförmigen Ebenen mit einer furchtbaren Ackerkrume, worauf Wiesenwachs, Campos Serrados und Wäldchen sich ausdehnen, verbreiten sich von hieraus bis zu den Ufern des S. Francisco. Nur Menschen fehlen darinnen, um sie durch Cultur und Industrie zu beleben.

Nicht fern von der Fazenda de Jequetahy passirten wir den Rio Jequetahy, dessen Bett hier 1675 Fuſs hoch liegt, und jenseits der Fazenda das Caraibas, erstiegen wir eine Anhöhe, und ein ausgedehntes Plateau von 2325 Fuſs Höhe. An dem Abhange dieser Anhöhe findet man Thonschiefer, dessen Schichten ihre Richtung in der 12ten Stunde nehmen, und einen westlichen Einfall haben. Gegen zwei Legoas weit erstreckt sich die Hochebene bis zu dem Arrayal da Porteira, an dem Zusammenflusse des Rio das Velhas mit dem Rio de S. Francisco, und ist gegen 600 Fuſs über deren Wasserspiegel erhaben. Mit Ausnahme einiger Sandsteinköpfe, die aus dieser Ebene emporragen, und die ganz mit denen auf dem linken Ufer des S. Francisco analog sind, erblickt man keine andere Gebirgsart. Ganz eigen, groſs und weitumfassend ist die Aussicht von dieser Höhe über das groſse Thal, und dem breiten Strome auf und abwärts, so wie nach den sonderbar gestalteten pyramidalen und sargartigen Bergformen auf dem linken Ufer des Flusses, die der alten Sandsteinbildung angehören.

Bei dem Arrayal da Porteira findet die Vereinigung der beiden groſsen Ströme, dem Rio das Velhas mit dem S. Francisco statt. Der Rio das Velhas, obgleich unbedeutender als der andere, kommt in gerader Linie von S. in einem breiten Thale herab, und der S. Francisco fällt beinahe unter einem rechten Winkel in denselben. Ersterer ist ungefähr 200 Schritte breit, der andere wohl über 300, und nachdem sich beide Gewässer vereinigt, erscheint der Strom mit einer Breite von 600 bis 800 Schritten. Das Wasser des Rio das Velhas ist lehmigt und trübe, man erkennt an denselben, daſs sie aus den Gold- und Diamantendistricten kommen, wo beständig alle flieſsende Wasser durch die Arbeiten getrübt werden, dahingegen die bläulich-grünen hellen Gewässer des S. Francisco, meistens aus goldleeren Gegenden kommen. Der Rio Paraopèba ist der einzige Fluſs, der ihm trübe Gewässer zuführt, diese verlieren sich aber in der groſsen Massermenge. Diese hellen und trüben Wasser des Stromes laufen viele Meilen weit geschwisterlich neben einander fort, so wie die Rhein- und Main-Gewässer, bis sie endlich ineinander verschmelzen. Das Thal des Rio das Velhas, ist auf mehrere Meilen den Strom hinauf, einige Meilen breit, und erscheint von der Anhöhe von Porteira herab betrachtet, wie ein mit Obstbäumen angebautes Thal einiger Rheingegenden; leider in der Nähe betrachtet, hört die Täuschung auf, und die Obstbäume verwandeln sich in wildes Gesträuch, und in die verkrüppelten Baumarten der Campos-Vegetation, die unsern deutschen Aepfel- und Birnbäumen an Gestalt ähnlich sind, und wovon auch manche wirklich herrliche Früchte geben. Das Thal des Rio de S. Francisco ist enger von Bergreihen eingeschlossen, und gestattet keine weite Aussicht. Die Serra do Trinchete macht die Spitze des Bergzuges, der zwischen dem Rio das Velhas, und dem S. Francisco hinunter läuft, und verschliefst die weitere Ansicht des Thales. Beide Flüsse sind stromaufwärts mit grofsen Canots schiffbar, und noch zweckmäfsiger würden grofse flache Fahrzeuge dazu angewendet werden können; auf dem Rio das Velhas bis zu einer Distanz von 45 Legoas, bis beinahe zur Villa de Sabará, auf dem Rio de S. Francisco von der Caxoeira da Pirapóra an, über 50 Legoas bis zum Porto de S. Miguel hinauf. Schiffbare Nebenflüsse in den Rio das Velhas stromaufwärts giebt es keine, dahingegen hat der Rio de S. Francisco, deren einige aufzuweisen; *) auf dem rechten Ufer der Paraopèba, auf dem Linken der Rio Indaia und Abacté. Von dem Zusammenflusse beider Ströme abwärts, findet eine ununterbrochene Schifffahrt von beinahe 200 Legoas, bis zu dem

*) Ich verstehe hier unter schiffbaren Flüssen solche, die wenigstens mit Canots befahren werden können.

grofsen Wasserfall von Paulo Affonso statt, welcher ungefähr 60 Legoas von der Mündung ins Meer entfernt seyn soll, und bis unter den Wasserfall gehen gröfsere Barken. Man ersieht hieraus, wie wichtig dieser Strom in Zukunft für den Binnenhandel der Provinzen Pernambuco, Bahia und Minas Geraes werden kann, wenn erstlich die Bevölkerung mehr zugenommen haben wird, und wie vorzüglich für Minas Geraes, der Arrayal da Porteira, so wie der eine halbe Stunde weiter abwärts gelegene Arrayal da Manga, zu einem der wichtigsten Stapelplätze sich vereinigen und anwachsen werden. Selbst gegenwärtig herrscht schon einiger Verkehr an diesen Orten, wegen des Salzhandels aus den Salzsteppen, der Provinz Bahia und Pernambuco, welche an diesem Strome hinab, zu beiden Seiten desselben, angetroffen werden. [2])

Der mittlerere Barometerstand in dem Arrayal da Manga, ungefähr 60 Fufs über dem damaligen Wasserspiegel des Rio de S. Francisco, ergab aus 22, in Zeit von 4 Tagen angestellten Beobachtungen, einen Quecksilberstand von 28,''417 Engl., welches eine Erhöhung über dem Meere von 1705 Fufs giebt. [3])

Von dem Arrayal da Manga verfolgten wir unsere Reiseroute in ganz westlicher Richtung, 8 Legoas weit bis zur Fazenda de S. Joaô das Gaitas. Die Ueberfahrt und der Transport unserer Bagage über den breiten Strom, in kleinen Canots, war beschwerlich, verzögernd, zugleich anstrengend und gefährlich für die Maulthiere und Pferde, welche neben den Canots herschwimmen mufsten, und da derselben über 30 Stück waren, wovon nur höchstens drei auf einmal an den Halftern gehalten, übergeführt werden konnten, so dauerte dieses Uebersetzen über 4 Stunden, wobei eins der besten Maulthiere ertrank.

Jenseits angelangt, gerade um die Mittagsstunde, auf einer mit zerstreuten niedern Büschen bewachsenen Sandwüste, glaubten wir nicht fern von den Pyramiden Egyptens zu seyn. *) Die Sonnenstrahlen brannten fürchterlich auf dem losen tiefen Sande. Im Schatten eines Busches zeigte das Therm. 108° Fahr., und auf dem Sande in der Sonne stieg es bis zu 135°. Erst nach einem Marsche von einer Stunde kamen wir aus diesem heifsen Sandmeere auf festeren Grund und Boden, mit Bäumen und Sträuchern bewachsen. *)

Die Ermüdung der Thiere und Menschen war zu grofs, als dafs wir hätten weiter als bis zur Fazenda da Piropóra reisen können, auch wünschten wir in deren Nachbarschaft den grofsen Wasserfall des S. Francisco zu sehen, welcher eine Legoa weiter den Strom aufwärts liegt. Ein grofses Felsenriff horizontaler Sandsteinbänke der Formation des Rothentodtliegenden, durchsetzt daselbst quer den hier wohl gegen zweitausend Schritte breiten Strom. Die Bänke sind von 1 bis 4 Palmen Mächtigkeit, und treppenartig steigen sie in breiten Stufen bis zur höchsten Höhe, die ungefähr 30 Fufs senkrechte Höhe haben mag. Die Entfernung des ersten Absturzes des Wassers bis zum letzten, beträgt ungefähr einige hundert Schritte. Cascadenartig stürzt sich der Strom über diese breiten Treppenstufen, hie und da hat er sich auch wohl tief in die Bänke eingefressen, tiefe aber unschiffbare Canäle bildend; inselförmig ragen zwischen ihnen groteske Felsenmassen hervor, von Reihern und andern fischfangenden Vögeln belebt.

*) Den Preusischen Legations - Secretair Herrn v. Olfers (vorzüglich Zoolog), Herrn Sellow (Botaniker), und den Ingenieur - Kapitain Penna, mein Adjutant, hatte ich das Vergnügen zu meinen Begleitern zu haben.

Das Getöse der herabstürzenden Wassermasse ist betäubend, und wird mit der Richtung des Windes auf mehrere Stunden weit gehört, besonders wenn der Strom hoch angeschwollen, die gegen 40 Fufs hohen Ufer übertritt, und alles mit sich fortreifsend, den unaufhaltbaren Sturz thut. Der niedere Wasserstand während der trocknen Jahreszeit erlaubt, dafs man an manchen Stellen von Felsen zu Felsen springen, und sich eine grofse Strecke weit trocknen Fufses zwischen die schäumenden Wasserstürze begeben kann. [5]) An den Sandsteinbänken bemerkt man eine schwache westliche Neigung, und das Streichen derselben in der 12ten Stunde.

Von der Fazenda da Pirapóra erhebt sich der Boden nach und nach, je weiter man sich von dem Flufsufer entfernt, und man ersteigt die Serra da Porteira, indem man theils durch Grasfluren, theils durch Campos Serrados kommt. Das Gebirgesgstein ist auch hier der genannte ältere Sandstein in horizontalen Bänken, und mit einer geringen Neigung nach Westen, jedoch mehr Eisenoxyd enthaltend, und in einem mürberen Zustande als derjenige an dem Wasserfalle. Der Bergzug der Serra da Porteira, erhebt sich nur einige hundert Fufs über den Rio de S. Francisco, und im Ganzen 2193 Fufs über den Meeresspiegel. Von hier gelangt man nun in weniger Entfernung an die 50 bis 70 Fufs höher hervorragenden sonderbar gestalteten Sandsteinkuppen und Berge, deren ich schon früher Erwähnung that. Unter denselben zeichnet sich besonders der Itacolumi und der Genepàpo aus. Da der Sandstein dieser Kuppen und den Riesengräbern ähnlichen Bergformen, sehr mürbe ist, so sind ihre Abhänge oft steil, abschüssig und zerfressen. Zwischen diesen aufgesetzten isolirten Erhöhungen sind ausgedehnte Wiesenflächen mit sumpfigten Niederungen, in denen die Fächerpalme in ihrer gröfsten Ueppigkeit prangt, mit goldgelben traubenartigen Früchten beladen, welche Schwärmen von buntgefiederten Aras und Papageien zur Nahrung dienen. Die anhaltende Dürre auf diesem Sandsteinboden hatte die meisten Quellen vertrocknet, Thiere und Menschen lechzten nach Wasser, welches wir nur spärlich auf einer Wiese unter Palmen hervorquellend fanden, und sich in einer von uns gegrabenen Vertiefung sammelte. [6]) Erst in der Nähe der Fazenda von S. Joaô das Gaitas fanden wir, nach einem zurückgelegten Wege von 7 Legoas, wieder Ueberflufs an Wasser. In der Nähe dieser Fazenda macht der Ribeiraô das Gaitas einen sehenswerthen Wasserfall. Gegen 150 Palmen tief stürzt er sich senkrecht in einer Breite von 180 Palmen in ein tiefes Felsenthal über Sandsteinfelsen hinab. Die obersten Lagen dieses alten Sandsteins sind roth gefärbt, die unteren haben hellere Farben und ein kleineres Korn.

In diesen Gegenden beginnt der Diamantendistrict der Sertois do Rio Sono mit seinen Nebenarmen, welche alle Diamantenhaltig sind. In dem Ribeiraô das Gaitas sind Quarzgerölle fast ausschliefslich die einzigen Geschiebe.

Das Niveau dieser Gegenden ist fast immer dasselbe und hält sich zwischen 2100 und 2600 Fufs, von hier an bis zu der Bleimine von Abacté, die noch einige 30 Legoas entfernt ist. Das ganze Terrain ist bald vollkommen eben, bald wellenförmig hüglicht, mit aufgesetzten runden Kuppen und langgezogenen Berghöhen. Sandstein herrscht fast durchgängig in diesen Gegenden und steht in allen Rinnsaalen, Flufs- und Bachbetten zu Tage an, bald mehr, bald weniger durch Eisenoxyd roth gefärbt, bald in fester, bald in mürber Gestalt, bald dünn, bald dick geschichtet, zu grofs, als dafs sich nicht immer von Neuem Liebhaber finden sollten, die sich ungeachtet des Verbotes hie und da häuslich niederlassen. Die Unzweckmäfsigkeit dieses Verbotes, welches in der Absicht gegeben worden ist, um die verborgenen kostbaren Steinchen desto besser bewachen zu können, leuchtet zu sehr in die Augen, als dafs man darüber schweigen könnte, denn es ist doch wohl eine schon längst ausgemachte Wahrheit, dafs Grimpeiros (Menschen, die heimlicherweise in den Diamantenflüssen ihre Arbeiten treiben) nur in grofsen Banden diese Arbeiten unternehmen können, und dafs diese in bewohnten und bevölkerten Gegenden leichter verrathen werden, als in grofsen Einöden, worinnen die wachthabenden Soldaten von Monat zu Monat nur einmal die Ronde machen. Es ist ferner ausgemacht, dafs eine ansäfsige Familie sich nie unterstehen wird, eine Arbeit auf Diamanten zu unternehmen, weil der Verrath unausbleiblich und ihr Unglück gewifs seyn würde, überdem wenige Personen auch gar nichts in den Flüssen ausrichten können. *)

Wir legten von S. Joaõ das Gaitas eine Strecke von $6\frac{1}{2}$ Legoa zurück, ohne eine Wohnung oder einen Menschen zu sehen bis zu der Fazenda da Onça, die 2169 Fufs hoch liegt. Sandstein war das Gebirgsgestein. Auf diesem fanden wir nachher zwischen Onça und der Ansiedlung von Sa. Rita, welche $5\frac{1}{2}$ Legoa weiter liegt, am Corrego da Extrema, viele kleinere und gröfsere zerstreut liegende Sandsteinkugeln mit concentrisch-schaaligen Ablosungen, indem diese mit einer schieferthonähnlichen bläulich- und röthlichgefärbten dünnen Masse überzogen sind. Nicht fern davon ragten aus der allgemeinen Ebene auch wieder kegelförmige Kuppen und Hügel in Sarggestalten empor von ungefähr 50 Fufs Höhe, deren Spitzen und zu grofs als dafs sich nicht immer von Neuem Liebhaber finden sollten, die sich ungeachtet des Verbotes hie und da häuslich niederlassen. Die Unzweckmäfsigkeit dieses Verbotes, welches in der Absicht gegeben worden ist, um die verborgenen kostbaren Steinchen desto besser bewachen zu können, leuchtet zu sehr in die Augen, als dafs man darüber schweigen könnte, denn es ist doch wohl eine schon längst ausgemachte Wahrheit, dafs Grimpeiros (Menschen, die heimlicherweise in den Diamantenflüssen ihre Arbeiten treiben) nur in grofsen Banden diese Arbeiten unternehmen können, und dafs diese in bewohnten und bevölkerten Gegenden leichter verrathen werden, als in grofsen Einöden, worinnen die wachthabenden Soldaten von Monat zu Monat nur einmal die Ronde machen. Es ist ferner ausgemacht, dafs eine ansäfsige Familie sich nie unterstehen wird, eine Arbeit auf Diamanten zu unternehmen, weil der Verrath unausbleiblich und ihr Unglück gewifs seyn würde, überdem wenige Personen auch gar nichts in den Flüssen ausrichten können. [7])

Wir legten von S. Joaõ das Gaitas eine Strecke von 6½ Legoa zurück, ohne eine Wohnung oder einen Menschen zu sehen bis zu der Fazenda da Onça, die 2169 Fufs hoch liegt. Sandstein war das Gebirgsgestein. Auf diesem fanden wir nachher zwischen Onça und der Ansiedlung von Sa. Rita, welche 5½ Legoa weiter liegt, am Corrego da Extrema, viele kleinere und gröfsere zerstreut liegende Sandsteinkugeln mit concentrisch-schaaligen Ablosungen indem diese mit einer schieferthonähnlichen bläulich- und röthlichgefärbten dünnen Masse überzogen sind. Nicht fern davon ragten aus der allgemeinen Ebene auch wieder kegelförmige Kuppen und Hügel in Sarggestalten empor von ungefähr 50 Fufs Höhe, deren Spitzen und

Rücken mit einander in einem Niveau liegen. An dem großen Ribeiraõ dos Bareiros haben die Sandsteinbänke, über welche dieser Bach herabstürzt, eine Mächtigkeit von 1 bis 2 Fuſs, und nicht fern davon findet man statt der Sandsteinlager, einen Schieferthon, mit eingekneteten Sandsteinbrocken, auch Geschiebe von Thonporphyr und Granit.

Ein hoher Berg, den man zu übersteigen hat, besteht hauptsächlich aus Uebergangsthonschiefer, an welchen sich der Sandstein anlehnt. Das Streichen desselben ist in der 11ten Stunde mit einem westlichen Einfall der Schichten. Hat man den Bergrücken überschritten und ist zu der Tapéra und Roça de S^{a}. Rita gelangt, welche 3025 Fuſs hoch liegt; so erscheint ein niederer Bergrücken aus braunrothem dichten splittrigen Kalkstein, der parallel mit dem Thonschiefer seine Schichtenrichtung in der 11ten Stunde hat, und von vielen Kalkspathadern durchzogen ist. Er scheint mir ganz zu der Bildung des Uebergangskalksteins zu gehören, wie der von Formigas und der von der Bleimine von Abacté, den ich weiter hin näher beschreiben werde.

Auf dem Kalksteine findet man große abgerissene Blöcke von Itacolumitquarz mit seinem verwandten, oft sehr reichen Eisenglimmerschiefer, die höchst wahrscheinlich von den benachbarten höheren Bergen herabkamen, und folglich daraus bestehen müssen.

Zwei Legoas weiter von S^{a}. Rita liegt das Hauptquartier des Diamanten-Detachements des Rio de S. Antonio, in einer auſserordentlich-schönen Grasebene mit inselförmigen dichtbewachsenen Wäldchen. Das Niveau dieser Ebene ist 2235 Fuſs über dem Meere erhaben, und geeignet, hundertfältige Früchte zu geben; die wenigen Bewohner aber, welche hier geduldet werden und von der Gunst der Commandanten abhängig sind, leben in der größten, doch nicht drückenden Armuth, da sie nicht von der Noth erzeugt, sondern eine freiwillig erwählte ist. Denn die Menschen, bei der Leichtigkeit sich ihre nothdürftige tägliche Nahrung zu erzielen, kennen keine größere Glückseligkeit, als sich tagelang in ihren Hangmatten zu schaukeln und mit Geschwätz die Zeit hinzubringen. Ueberfluß findet man nie bei ihnen und dennoch den besten Willen alles herzugeben; mit alle diesem guten Willen konnte aber doch nicht so viel für unsere zahlreiche Caravane herbeigeschafft werden, daß wir unsere Reise hätten fortsetzen können, sondern wir mußten hier einige Tage verweilen, bis die ausgeschickten Soldaten aus großen Entfernungen neue Provisionen herbeigeschafft hatten.

Der Rio de S. Antonio, Rio das Almas und Rio do Sono, die sich vereinigen, und unter dem Namen des Letzteren in den Rio de Paracatû sich ergießen, sind die vorzüglichsten Diamantenflüsse dieser Gegend, die ihren Ursprung zwischen den Gebirgsästen der Serra da Matta da Corda nehmen, und wahrscheinlich von dorten aus die Diamanten herabführen. Diese genannten Flüsse waren von jeher den Angriffen der Grimpeiros vorzüglich ausgesetzt, nicht nur wegen ihrer großen Einöden, durch welche sie fließen, sondern weil auch hier oft Commandanten waren, die mit den Grimpeiros einverstanden gewesen seyn sollen.

Von dem Hauptquartier über S. Antonio do Monte und S^{a}. Anna aus werden die Gegenden bergigter, weil man den Gebirgsarm überschreitet, der von der Serra da Matta da Corda herabkommt und als Felsenriff an dem Wasserfalle von Pirapóra den Rio de S. Francisco durchsetzt, indessen die größte Höhe dieses Arms beträgt wohl nicht über 3000 Fuß, und der höchste Sandsteinkopf, welchen wir überstiegen, betrug kaum 2695 Fuß Meereshöhe.

Seine Schichten liegen vollkommen horizontal, und sind meistens sehr schmal und mürbe an der Oberfläche, und von kleinem Korne. Zwei feste uud mächtigere Schichten in gewissen Distanzen von einander ganz parallel getrennt, sind an den Abhängen der Berge als härtere Massen hervortretend, indem die mürberen Schichten sowohl darüber als darunter verwittert und eingefressen erscheinen.

Bei der Fazenda do Roma nähert man sich auf 2 Legoas dem Rio Abacté, der zur Linken fliefst und höhere waldigte mit Urbäumen bewachsene Berge, die den östlichen Abhang der Serra da Matta da Corda bilden, drängen sich näher zu diesem Flusse herab. Eine Menge grofser und kleiner Bäche kommen aus den Thalgründen und durchschneiden mit tiefen Graben die üppigen Campos und buschigten Serrados, welche die linken Ufer des Flusses begleiten. Auf dem rechten Ufer desselben erscheinen als isolirte Berge die Serra de Canastraô und Serra das Aràras. Unter den vielen Bächen, die aus dem Gebirge kommen, ist der Ribeiraô de Andrade einer der beträchtlichsten, der vorzüglich wegen seines in den Geschieben und dem Sande enthaltenen Platins bemerkt zu werden verdient, welches man darinnen in abgerundeten Körnern selbst von der Gröfse einer kleinen Bohne findet, da es gewöhnlich in Brasilien nur als feiner Sand oder in Blättchen, und höchstens von der Gröfse eines Hirsenkorns oder einer Linse gefunden wird. Das specifische Gewicht eines dieser gröfsten Stückchen aus dem Ribeiraô de Andrada fand ich bei einer Temperatur von 15° R. = 14,600. Wahrscheinlich kommt dieses Platin so wie die Diamanten in diesen Bächen aus den höheren Gebirgen der Itacolumitquarz-Bildung. Merkwürdig ist aber, dafs alle diese Gewässer des östlichen

Abhanges der Serra da Matta da Corda keine Spur von Gold zeigen.

Von der Fazenda do Roma kommt man nach einem Marsche von 7 Legoas zu der Fazenda von Jozé Ferreira, die nur eine halbe Stunde von dem Rio Abacté entfernt und in einer Erhöhung von 2519 Fuſs liegt, lauter unerlaubte und durch die Zeit verjährte Ansiedlungen, die man, ohne ungerecht zu seyn, nun nicht vernichten kann. Von hier aus läuft der Weg noch einige Stunden weit zwischen dem Waldrande und den Ufern des Abacté in einer wellenförmigen Campos-Gegend hin, in welcher Uebergangsthonschiefer die herrschende Gebirgsart ist, alsdann wendet er sich in den dicken Urwald in mehr oder weniger Entfernung von dem Ribeiraô da Galena, in einer von mir in gerader Linie durchhauenen Richtung, zu der 2¾ Legoas entfernten Bleimine, indem man auf diesem Wege noch zwei groſse Ribeiroês, den Inesperado und den Cedro durchschneidet, die sich beide mit dem Ribeiraô da Galena vereinigen.

Die Geschichte dieses von mir angefangenen und nach meiner Abreise von Brasilien wieder verlassenen Bergwerkes, welches in diesen Gegenden gewöhnlich nur unter dem Namen O Chumbo (das Blei) bekannt ist, habe ich ausführlich in dem Pluto Brasiliensis abgehandelt, und muſs auf diese verweisen, wer etwas mehr darüber zu wissen wünscht; hier also nur das, was zur Kenntniſs der Gebirgsarten und der des Vorkommens des Bleies gehört. Die Hauptgebirgsarten der waldigten niedern Gegenden sind Thonschiefer und Kalkstein der Uebergangbildung, die der höheren anstoſsenden Berge und Kuppen der schon erwähnte ältere Sandstein. In dem Thale des Ribeiraô da Galena tritt der Kalkstein unter der Dammerde in zackigten ungeschichteten Felsenmassen hervor, und denselben durchsetzen mit einer geringen Neigung nach O. ein schmales Lager oder sehr flachfallender silberhaltiger Bleigang in der 11ten Stunde, von der Mächtigkeit eines Palmen, bald drüber bald drunter, in Begleitung mit Kalkspath. Das Bleierz besteht aus Bleiglanz und Bleischweif, und mit ihm zugleich erscheint hie und da Fahlerz, Kupfergrün, Zinkblende, Weifsbleierz, Bleivitriol, auch grüne und rothe Bleierden. An den Ufern des Baches erschien der Gang ausgewaschen und grofse Centnerschwere Bleiglanzklumpen, welche zur Entdeckung führten, lagen lose an dem Ufer. Fette Dammerde, bald nur von geringer, bald aber von einigen Lachtern Mächtigkeit, bedeckt den Kalkstein, wo er nicht als Felsenspitze darunter hervorragt, je nachdem seine unebene Oberfläche sich erhebt oder senkt, indem diese Senkungen und Löcher zum Theil auch mit grofsen abgerundeten Knollen eines Sandeisensteins angefüllt und mit Dammerde umgeben sind. Aeufserst merkwürdig ist diese unebene oft zackigte Oberfläche dieses Kalksteins, wenn man sie von Dammerde durch Abräumungen entblöfst. Man erblickt alsdann bald muldenförmige Vertiefungen oder unergründliche in die Tiefe gehende und mit Erde angefüllte Löcher, auch lange, tiefe und krumme Canäle, dann stöfst man auf kuppenförmige Erhöhungen, auf Spitzen und Zacken mit ausgewaschenen und abgeglätteten Seitenflächen oder tiefen Aushölungen. Gedenkt man sich diesen Kalkstein auf grofse Erstreckung von aller Dammerde befreit, so würde die ganze Oberfläche wie ein aufgeregtes plötzlich erstarrtes Meer erscheinen. Die aufserordentliche Festigkeit dieses Kalksteins, verbunden mit der Abglättung und Auswaschung der Oberfläche in so verschiedener Gestaltung, läfst vermuthen, dafs diese Auswaschung in die

Periode fällt, wo die Gewässer abliefsen, und dieses Gestein noch nicht seine völlige Festigkeit erhalten hatte, denn wie viele tausend Jahre müfsten darauf verwendet worden seyn, wenn diese Auswaschung hätte statt finden sollen, nachdem das Gestein völlig erhärtet war.

Ungefähr einige hundert Schritte den Bach aufwärts, findet man den Thonschiefer in dünnen horizontalen und mürben Schichten auf dem Kalksteine gelagert, zuweilen ganz einem Schieferthone ähnlich von graugrünlicher, auch röthlicher Farbe, und auf demselben formirt der ältere Sandstein die Anhöhen und Kuppen der Nachbarschaft. Dieser Sandstein liegt ebenfalls mit horizontalen Schichtungen und seine untersten Lagen sind gelblichweifs und grobkörniger als die oberen, und vorzüglich gut zu Gestellsteinen. Die oberen Lagen sind sehr eisenschüssig und zuweilen ganz in Sandeisenstein übergehend, welchen ein magerer Boden mit Campos-Vegetation bedeckt.

Dafs der genannte Kalkstein zur Uebergangsbildung gehört, bleibt keinem Zweifel mehr unterworfen, denn unmittelbar bei der Bleimine finden wir ihn, wie schon gesagt, unter dem Thonschiefer und dem Rothentodtliegenden, und einige Legoas davon an dem Morro do Triste und den Ufern des Rio Fulda finden wir ihn auf festem Thonschiefer und Grauwackenschiefer zum Theil aufgelagert, zum Theil senkrecht nebeneinandergelagert; das Ganze ist aber immer wieder mit dem alten Sandstein bedeckt.

Die Meereshöhe bei der Bleimine beträgt 2525 Fufs, und obgleich die Gegenden auf viele Meilen in die Rundung sehr bergicht sind, mit tief eingeschnittenen Flufsthälern, so findet man doch diese letztern fast durchgängig in einem Niveau liegend. Die Temperatur dieser Gegenden ist sehr gemäſsigt, die Wasser sehr hell und die Luft gesund, der Boden fruchtbar für Ackerbau und Viehzucht, so daſs er sich vorzüglich zu Ansiedlungen schickt.[7])

Beschreibung einiger in diesem Abschnitte vorkommender Mineralien.

Sandstein, älterer (Rothetodtliegende), ein gleichförmiges kleinkörniges Gemenge von Quarzkörnern, Kieselschiefer, Jaspis etc. durch rothes Eisenoxyd verbunden; von dem Wasserfall von Pirapóra.

Sandstein, älterer (Weiſsetodtliegende), grobkörnig aus Quarzbrocken, Jaspis, Kieselschiefer mit einem thonigten Bindemittel. Von dem Wasserfall des Ribeiraô das Gaitas.

Kalkstein, dichter, mit groſsmuschlichtem und splittrigen Bruche, von graulichweiſser und verschiedentlich röthlich und bräunlich gefleckten Farben. Von der Bleimine von Abacté.

Kalkstein mit Kalkspathadern. Ebendaher.

Kalkstein mit Bleiglanz. Ebendaher.

Kalkspath, in verschiedenen gewöhnlichen Krystallisationen mit wenigem Spatheisenstein. Ebendaher.

Kalkspath, mit rother, grüner und gelber Bleierde, so wie auch Bleivitriol. Ebendaher.

Bleiglanz, derber und spieglichter. Ebendaher.

Bleischweif. Ebendaher.

Braune und gelbe Blende in Kalkspath. Ebendaher.

Rothkupfererz, mit Ueberzug von grünem Kupfererz. Ebendaher.

Kupferkies in Kalkspath. Ebendaher.

Bleiglanz, mit Braunspath und Bergkrystall. Ebendaher.

Brauneisenstein und sandiger Rotheisenstein als isolirte Massen gefunden. Ebendaher.

Anmerkungen zum achten Abschnitt.

1) Nach den Barometermessungen würde die Fazenda dos Correntes um 100 Fuſs tiefer als der Wasserspiegel des S. Francisco bei dem Arrayal da Manga liegen, welches wohl der Fall seyn könnte, wenn der S. Francisco bis zur Mündung des Jequetahy groſse Wasserfälle bildete, da dieses aber durchaus nicht der Fall ist, sondern derselbe bis dahin einen sanften Fall hat; so ist entweder ein Versehen bei der Beobachtung vorgegangen, oder eine plötzliche Veränderung in der Atmosphäre wodurch wenigstens ein Irrthum von 100 Fuſs in der Berechnung entstanden. Daſs der Irrthum nicht in der Beobachtung liegt, sondern vielmehr in dem höheren Barometerstande, ergiebt sich aus der fernern Beobachtung, weiter an dem Flusse abwärts, wo wir sein Bette um 74 Fuſs alsdann höher finden, indem es 1675 Fuſs hoch liegt.

2) Diese innere Schiffahrt ist noch in ihrer gröſsten Kindheit, man hat weder Segelbote noch Barken, sondern der Transport des Salzes geschieht entweder in einzelnen Canots, oder mehrere Canots werden zusammen verbunden und mit überlegten Bretern zu einem einzigen Fahrzeuge umgestaltet, welchem man den Namen Jangada giebt. Mit Rudern und Stangen hilft man sich stromaufwärts fort. Eine einzelne Canoa ladet gegen 300 Säckchen Salz, jedes zu 24 Pfund, eine Jangada ladet deren gegen 1500. Kommt man endlich nach vieler Mühe und Arbeit in dem Arrayal da Manga an; so verkauft man Schiff und Ladung, und kehrt zu Lande nach der Heimath zurück, oft mit beträchtlichem Gewinn, noch öfterer aber wird das ganze Kapital im Karten- und Würfelspiel verloren, welches leidenschaftlich hier getrieben wird, oder sonst auf eine schlechte Art durchgebracht, da die Moral an diesen Ortschaften auf der niedersten Stufe steht; alle Laster sind hier an der Tagesordnung, und Mordthaten nichts seltnes.

3) In diesen Tagen von dem 3ten bis 7ten November 1818 hatten wir täglich Gewitter und Regen, abwechselnd mit stechenden Sonnenblicken. Der niedrigste Stand des Barometers war am 6ten Nov. 28″,300 bei 82° Temperatur (Fahr.) Abends 7 Uhr bei heiterem Himmel. Der höchste

Stand am 3ten Nov. Abends 8 Uhr bei 79° Wärme und bewölktem Himmel, betrug 28'',500. Barometrische Ebbe und Fluth war bemerkbar, jedoch nicht so regelmäfsig wie an andern Orten. In den Frühstunden zeigte das Thermometer bis gegen 9 Uhr hin zwischen 76 und 79°. Von 10 bis Abends 8 Uhr abwechselnd 80° bis 90° (21 bis 26° R.). Die Temperatur des Wassers des Rio das Velhas betrug abwechselnd 85 bis 87°. Die Ausdünstung desselben ist also aufserordentlich stark, und mufs der Gesundheit nachtheilig seyn, wozu noch die Ausdünstungen der unterhalb dem Arrayal existirenden stehenden Gewässer kommen, welche bösartige kalte Fieber erzeugen. Durch Canäle könnte diesem Uebel abgeholfen werden, woran aber wegen der schwachen Bevölkerung noch so bald nicht gedacht werden kann.

4) Einem deutschen schwarzen Pudel, welchen wir bei uns hatten, war die Hitze so unausstehlich, dafs er unter jedem Busche Schatten suchte, und sich grofse Strecken von dem Wege entfernte, um diesen zu finden, bis er endlich von einer solchen Seitenexcursion bellend und winselnd mit schwankendem Kreutze zurückgelaufen kam, wie blind und taub vor uns vorbei nach einem Gehölze zu rannte, und daselbst nach wenigen Minuten verschied. War dieser schleunige Tod Effect des Sonnenstichs oder einer giftigen Schlange, dies zu untersuchen gebrach es an Zeit.

5) Die Eröffnung eines Seiten - Canals von ungefähr $\frac{1}{4}$ Stunde Länge, mit angebrachten Schleufsen, würde keinen grofsen Schwierigkeiten unterworfen seyn, um eine ununterbrochene Schiffahrt zu erhalten. Aber auch hieran ist noch nicht zu denken, und es würde schon viel gethan seyn, wenn man ober- und unterhalb des Wasserfalls Magazine anlegte, und für einen wohlfeilen Transport der halben Stunde Wegs zu Lande Sorge trüge.

6) Auf einer dieser herrlichen Palmenwiesen schlugen wir unser Lager auf; ein heiterer Abend und kühle mondhelle Nacht folgte auf eine brennende Tageshitze, und wer nie in Tropenländern eine Nacht unter freiem gestirnten Himmel unter Fächerpalmen zubrachte, kann sich auch keine Idee von der feierlichen Ruhe der Natur, den balsamischen Lüften und dem Glanz der Gestirne machen.

7) Der eigentliche Grund dieser Ungereimtheiten, ist einzig in dem Privatinteresse zu suchen, welches die vorzüglichsten Familien der Provinz mit einander verbindet, weil sie von einer solchen Verfassung, theils direct, theils indirect Vortheil ziehen. Die Wahrheit wird also nie durchdringen.

Neunter Abschnitt.

Gebirgsarten, die man auf dem Wege von der Bleimine von Abacté bis Villa Rica vorfindet.

Von Chumbo aus betrachten wir nun wieder die Gebirgsarten in südöstlicher Richtung zurück bis Villa Rica, eine Richtung, in welcher die Gebirgsschichten mehr oder weniger rechtwinklich durchschnitten werden. Kehren wir bis vor den Wald zurück, welcher die schönen Campos der Ufer des Rio Fulda, dem nördlichen Arme des Abacté, begrenzt; so finden wir vorzüglich den Uebergangsthonschiefer vorherrschend. Er ist meistens von aschgrauer auch grünlichgrauer Farbe, so wie auch oft röthlich gefärbt, meistens dünn geschichtet, mürbe und hin und wieder mit beigemengten Glimmerblättchen. Der Rio Abacté theilt sich hinaufwärts in zwei Arme, wovon ich den einen die Fulda, den andern die Werra nannte, da sie noch keine Namen hatten, zum Andenken an mein Vaterland. Der Fundort des gröfsten Diamanten, welchen die Krone Portugal besitzt, war in dieser Gegend unterhalb der Vereinigung beider Flüsse. Sowohl die Fulda als die Werra fliefsen bei ihrer Fähre in einer Höhe von 2230 Fufs über dem Meere, haben also einen Fall von 522 Fufs bis zu der Barra do Rio das Velhas, die ungefähr 40 Legoas entfernt ist, welches gegen 13 Fufs auf jede Legoa beträgt; da sie sich aber von ihrer Vereinigung an, schon ungefähr in 18 Legoas Entfernung, mit dem Rio de S. Francisco vereinigen, dieser hingegen nur von dem Porto de Pará herab bis zur Barra do Rio das Velhas, einen

Fall von 4 Fuſs für jede Legoa hat; so muſs der Fall des Abacté bis zum S. Francisco weit beträchtlicher seyn, und wenigstens 20 Fuſs für jede Legoa betragen, weshalb auch die Schiffarth in kleinen Canots in der trocknen Jahreszeit gar nicht ausführbar ist, indessen bei hohem Wasserstande gelangt man ohne viele Schwierigkeiten bis zur Vereinigung der Werra und Fulda von dem S. Francisco aus. Auf diesem Wege bekamen dann auch die Grimpeiros, so wie die Königl. Diamanten - Administration, welche im Jahre 1805 bis 1808 hier existirte, ihre Zufuhr an Lebensmitteln.

Die Landspitze, die sich zwischen beiden Flüssen bis zu ihrer Vereinigung hinabzieht, endigt mit einem hohen Berge, dem Morro do Triste, welcher wohl 600 bis 800 Fuſs sich über den beiden Fluſsbetten erhebt. Die Fuſsberge desselben bestehen aus Thonschiefer, der als festes Gestein in den Fluſsbetten zu Tage ansteht, in Verbindung mit Kiesel und Grauwackenschiefer. Weiter an dem Berge aufwärts an der Nordseite erscheint in einem tiefen Graben derselbe Kalkstein der Bleimine, welcher von dünngeschichtetem Thonschiefer wieder bedeckt ist, und der höchste Gipfel des Berges besteht aus horizontal geschichtetem Sandstein. Der Thonschiefer hat sein Streichen in der 12ten Stunde, bald mit senkrechten, bald nach O. und W. geneigten, oft auch horizontalen Schichten. Der Kalkstein scheint in diesen Gegenden gröſstentheils tief unter dem Thonschiefer verborgen zu seyn, da er nur Stellenweise hie und da in Thälern oder tiefen Graben hervorblickt in weit von einander entlegenen Punkten, deren Richtung man gegen 20 Legoas weit bis zum Arrayal das Dores südlich und fast parallel mit der allgemeinen Schichtenrichtung, verfolgen kann. In der Fazenda da Assumçaõ, an den Ufern des Rio Werra, steht der Thonschiefer in senkrechten Schichten neben dem Kalkstein, so daſs daselbst schlechterdings nicht zu unterscheiden, welches das aufgelagerte, welches das untergelagerte Gestein ist; fährt man aber eine halbe Legoa weit den Fluſs aufwärts, so erkennt man die Unterteufung des Thonschiefers unter dem Kalksteine. Es bleibt also keinem Zweifel mehr unterworfen, da wir den Thonschiefer sowohl über als unter diesem Kalksteine gefunden, daſs er nach Herrn v. Humboldt's Klassifizirung der Gebirgsarten zu der dritten Reihenfolge der Uebergangsgebirge gehört.

Der tiefer gelegene Thonschiefer hat gewöhnlich sehr stark geneigte, auch senkrechte Schichten, die als Felsenriffe an mehren Orten die Flüsse Abacté, Werra, Fulda, Indaia und Borrachudo quer durchsetzen, und kleine Wasserfälle verursachen, welche in der trocknen Jahreszeit die Beschiffung derselben hindern. Die Farbe dieses Thonschiefers ist schwarzblau, dabei ist er sehr fest mit zwischenstehenden Schichten von Kieselschiefer und Grauwackenschiefer mit Glimmerblättchen. Der Thonschiefer auf den höheren Punkten abgerundeter Berge und Bergplateau's, ist dünngeschichtet, meistens eisenschüssig und mürbe, oft wie Schieferthon, zuweilen mergelartig und mit salzigen Auswitterungen stellenweise überzogen, die sogenannten Bareiros oder natürlichen Salzlecken, und auf diesem erscheint der ältere Sandstein oder das Rothetodtliegende in Kuppen und Bergreihen, doch am Rio Borrachudo macht dieses auch den gröſsten Theil der Thalausfüllung aus. Die vorzüglichsten Bergkuppen, Plateau's und Bergreihen, die sich in diesen Campos-Gegenden besonders auszeichnen und in groſsen Entfernungen gesehen werden, sind: der Morro do Triste zwischen der Werra und Fulda, der Morro do Touzinho, zwischen dem Ribeirað do Inferno und dem Tiros, zwei hohe Plateau's, die Serra de Jacû und Alcasûs, zwischen dem Tiros und Borrachudo, die Serra da Bibocca, zwischen dem Borrachudo und Rio Indaia, und der Morro de Capazette oder da Capellinha, auf dem Bergzuge zwischen dem Indaia und dem Rio Marmelada. Alle diese Haupterhöhungen halten sich in einem Niveau zwischen 2900 und 3100 Fuſs, und haben zu ihren Seiten tiefe und steil eingegrabene Thäler, in welchen die genannten Flüsse, welche alle Diamantenhaltig sind, (mit Ausnahme des Marmelada) ihren Lauf nehmen. Die schönsten Grasfluren verbreiten sich auf den Höhen nach allen Seiten hin, so weit das Auge reicht, und die höchsten Punkte, wo der Boden magerer ist, sind mit Gestrüpp, niederm Stauchwerk und verkrüppelten Bäumen bewachsen, (Campos Serrados), die Abhänge der tiefen engen Fluſsthäler aber mit dem dichtesten Urwalde und hohen Bäumen.

In Hinsicht der Auflagerung des Sandsteins auf Thonschiefer, ist besonders das Thal des Borrachudo belehrend. An den Ufern dieses Flusses ist diese Auflagerung deutlich wahrzunehmen; die Schichten des Thonschiefers haben daselbst eine Richtung in der 12ten Stunde und einen westlichen Einfall, und unmittelbar darüber ruht der Sandstein in horizontalen Bänken, die gröſstentheils dünn geschichtet, sehr eisenschüssig und kleinkörnig sind. Dieses Thal, von den nächsten Höhen herab betrachtet, welches zum Theil sehr sanfte Abhänge hat, erscheint wie eine ausgetrocknete Meeresbucht mit vielen Landungen, Nebenbuchten und Inselgruppen. Soweit man dieses Thal überschauen kann, welches mehrere Meilen beträgt, erblickt man ringsum zu beiden Seiten desselben an allen Abhängen, in ungefähr $\frac{2}{3}$ der Erhöhung derselben, einen völlig wasserrechten Felsenvorsprung, von der Mächtigkeit eines Lachters, etwas mehr oder weniger, aus einem sehr festen quarzigen und dabei sehr eisenschüssigen Sandstein mit Nestern und Adern, auch Drusen von Schwarz- und Brauneisenstein, auch wohl mit vielen holen Blasenräumen. Unmittelbar unter dieser vollkommen horizontalen festen Felsenbank sind die Abhänge schroff, die Bank unterwaschen, und auf dem sanfteren Boden in gröfserer Tiefe erblickt man eine Menge Trümmer von dem darüber hervorragenden festen Lager. Ueber diesem Lager erheben sich die Berge als letztes Drittel der Höhe, in sanft abgerundetem mit herrlichem Grase bewachsenen Bergkuppen und langgezogenen anmuthigen Hügeln. Bei dem Anblicke dieses Thales drängt sich der Gedanke hervor, dafs die feste Bank lange Zeit hindurch das Niveau des Wasserstandes war, über welches die Kuppen als Inseln hervorragten; die Wasser senkten sich allmälig, und der Strom grub sich immer tiefer in das weichere Gestein und unterwusch die feste Bank; diese ihrer Stützen beraubt, stürzte nach und nach zusammen, daher die vielen Trümmer derselben auf tieferen Punkten. Es würde nicht uninteressant seyn, den Ausflufs des Borrachudo in den S. Francisco zu untersuchen, ob sich daselbst Spuren eines gewaltsamen Durchbruches finden. Unter den Trümmern der genannten Bank finden sich auch Gerölle Sandsteins von nierenförmiger Gestalt, die ganz mit Schwarzeisenstein überzogen sind, und andere ganz runde mit Brauneisenstein inkrustirte, die, wenn man sie zerschlägt, einen hohlen drusigen mit Bergkrystallen und wenigem Calcedon angefüllten Raum haben, und in einigen anderen Trümmerstücken findet man kleine Punkte und Nester von fasrigem weifsen Zeolith. (?)

Das Bett des Rio Indaia liegt beinahe um 100 Fufs

tiefer, als das der Werra und Fulda, es enthält eine grösere Wassermenge als jene beide Flüsse zusammengenommen, weshalb es auch zur Regenzeit leichter zu beschiffen ist. Zu der Zeit der Diamantengewinnung wurden hier die Arbeiten am stärksten betrieben, und noch damals an der Fähre dos Pintores existirten eine Menge leer stehender kleiner Häuser, so wie auch lange Gebäude, worunter der Cascalho verwaschen wurde, die uns oft ein willkommnes Nachtquartier gewährten. Als geognostisch merkwürdig verdient bemerkt zu werden, daſs die Diamanten in den Flüssen dieser Gegenden, worüber ich in dem Pluto Brasiliensis weitläuftiger gehandelt habe, nicht so durchgängig verbreitet sind, wie in den Flüssen von Serro do Frio. Groſse Strecken weit kann man die Geschiebe der Fluſsbette durchsuchen, ohne einen einzigen Stein zu finden, alsdann kommt man aber auch wieder an Stellen, wo sie häufiger zusammenliegen, wie in Serro. Diese ganz eigene Erscheinung, die wohl von manchen Zufälligkeiten abhängen konnte, rührte überdem wohl hauptsächlich von einer periodischen Zerstörung des Muttergesteins her, welches vielleicht nur hie und da isolirte, oft unterbrochene Lager bildete, und deren Existenz weit oben in dem höheren Gebirge der Serra da Matta da Corda gesucht werden muſs. Die Ungewiſsheit des Vorkommens der Diamanten in den Flüssen, die Unzufriedenheit der Administratoren, so wie der Neger in einem öden Sertaô zu wohnen, besonders aber Intriguen, waren der Hauptgrund, weshalb diese Arbeiten, welche 3 Jahre lang betrieben worden waren, zum gröſsten Schaden für die Regierung wieder eingestellt wurden. Der einzige Vortheil, der für die Gegend dadurch entstanden, war die Ansiedlung mehrerer Pflanzer, welche man duldete, um die Administration mit Lebensmitteln zu versehen, und welche bei der von mir eröffneten Bleimine grofse Dienste leisteten. [1])

Von Pintores aus überschreitet man den hohen Bergrücken, worauf der spitze Morro de Capazette sitzt, von dem eine weite Aussicht sich über die niederen, ebenen Gegenden des Rio de S. Francisco aufwärts und jenseits über 20 Legoas weit bis zu den Bergen von Pitangui erstreckt. Man trifft zum letztenmal hier auf diesem Wege den so oft erwähnten Sandstein, die obersten Lagen roth und eisenschüssig, die untersten ganz weifs von kleinem Korne. Von da herab kommt man über schöne sanfte Campos zu der Fazenda von S^{a}. Anna, und nicht fern davon an den Rio Marmelade, mit seinen langsam fliefsenden, milchfarbenen und Fieber erzeugenden Gewässern. Von hieraus durchzieht man 110 Legoas weit, ein wellenförmiges hüglichtes Land, in welchem nirgends die Gebirgsart unter den Grasfluren und Serradas hervorblickt. Die Gegenden sind nur spärlich bewohnt und gröfstentheils von unbedeutenden armen Ansiedlern, wovon dennoch jeder viele Meilen grofse Besitzungen hat. Erst an den Ufern des S. Francisco bei dem Porto do Pará treten Felsen von Thonschiefer und Grauwackenschiefer hervor und ich bezweifle nicht, dafs die ganze durchzogene Niederung dieselben Gebirgsarten unter sich verbirgt, sowohl auf den linken als rechten Ufern dieses Flusses. Erstlich in der grofsen Fazenda von Pompèo findet man in dem wellenförmigen hüglichen niederen Lande eine um einige hundert Fufs höhere Bergkette, aus derselben Art Kalkstein wie jener der Hölenberge der Serra do Salitre und der Salpeterfabrik von Bem Vista. Ob ich gleich dafür halte, dafs dieser Kalkstein ebenfalls der Uebergangsbildung angehört, so wie aller bisher beschriebene; so steigen doch zuweilen einige Zweifel deshalb auf, wenn man eine oryktognostische Vergleichung zwischen beiden anstellt. Der beschriebene Uebergangs- oder schwarze Kalkstein ist meistens dickgeschichtet, mit geneigten Schichten auch wohl ungeschichtet, sehr dicht und fest mit flachmuschligem und splittrigen Bruche, weifsgrau, oft buntgefleckt und mit vielen Kalkspatadern, hingegen dieser Kalkstein ist horizontal, und oft ganz dünngeschichtet in klingenden Platten sich spaltend, von aschgrauer Farbe, nicht durchgängig so fest wie jener, auch nicht so dicht, sondern körniger, sein Bruch mehr uneben als flachmuschlich. Bis jetzt hat man ihn auch nur auf dem Thonschiefer aufliegend gefunden. An manchen Bergköpfen und Bergrücken findet man ihn oft sehr zertrümmert in losen übereinander gestürzten Felsenmassen und Bruchstücken.

Von der Fazenda de Pompèo aus, welche 1965 Fufs hoch liegt, eine Höhe, die als die mittlere für die flachen Umgegenden auf viele Meilen weit anzunehmen ist, kann man auf zwei verschiedenen Wegen nach dem Arrayal das Bicas kommen, welcher ungefähr 15 Legoas davon entfernt ist; der eine Weg führt über die Villa de Pitangui um den südlichen Abhang eines Gebirgs, und der andere um den nördlichen, so dafs beide Wege dieses Gebirge vollkommen umgehen. Nachdem man erstlich noch einige Meilen weit von dem Stammsitze Pompèo die schönen Grasfluren der 150 Quadratlegoas grofsen Fazenda, mit ihren sanften Hügeln und kleinen mit tausenden von Wasservögeln bedeckten Landseen, die auch der grofsen Boa-Schlange zum Aufenthalte dienen, durchzogen, theilen sich die Wege an der nordwestlichen Spitze des isolirten Gebirges, welches sich hier zwischen dem Rio Pará und Paraopèba gebildet hat, und hier treten zum erstenmale wieder Urgebirgsarten hervor. In der grasigen Ebene der Nachbarschaft des Gebirges tritt noch hie und da Thonschiefer mit Quarznestern und Lagern hervor; ob dieser schon der Urbildung angehört, bleibt zweifelhaft. Wählt man den Weg über S. Joanico, so bleibt das Gebirge zur Rechten, und man bestreicht beständig den Fuſs des Gebirges, welcher aus Granit besteht. Oben auf der Höhe desselben soll Eisenstein vorkommen, und man war Willens bei S. Joanico eine kleine Eisenhütte anzulegen, zu deren Erbauung mein Gutachten gesucht wurde. Dieses Vorkommen des Eisensteins auf dem Gebirge läſst vermuthen, daſs es aus denselben Lagerungsfolgen der Gebirgsarten zusammengesetzt ist, wie die Serra da Boa Morte, Serra da Caxoeira und mehrere andere. Die Länge des Hauptrückens desselben beträgt gegen 10 Legoas, und der südöstliche Fuſs endigt zwischen dem Arrayal das Bicas und dem von Matheus Leme. Von dieser Seite betrachtet, erscheint es nur als ein hoher fast kegelförmiger und oben abgerundeter freistehender Berg, welchem man den Namen des Morro de Matheus Leme beigelegt hat, von der entgegengesetzten Seite aber ist es unter dem Namen der Serra de Pitangui bekannt. Die Vermuthung der Zusammensetzung der Gebirgsarten an dieser Serra wird zur Gewiſsheit, wenn man die rechte Seite derselben und den Weg über die Villa Pitangui nimmt. Aus der Ebene von Pompèo erhebt sich das Gebirge nach und nach von dem Corrego do Manuel Luiz an, und es erscheint der Itacolumitquarz mit einem Streichen seiner Schichten in der 9ten Stunde und einem nordöstlichen Einfalle derselben. Hat man ungefähr die mittlere Höhe des Berges erreicht, so senkt sich der Weg zur Villa de Pitangui hinab, und ein eisenschüssiger rother Thonschiefer, so wie der von Congonhas do Campo und der Lavra da

Passagem bei Marianna treten hervor mit vielen schwarzen Punkten von Manganerz, die als herausgefallene mandelartige Kerne häufig im Wege liegen. Der untere Theil der Villa hat 2187 Fuſs Meereshöhe und die höchste Erhabenheit des Gebirges mag sich wohl 1000 Fuſs darüber erheben. Eisenglimmerschiefer, Roth- und Magneteisenstein, die sich so häufig als Findlinge an dem Fuſse des Berges finden, lassen vermuthen, daſs sie als Gebirgsarten auf den höheren Punkten hervortreten, auch die vielen Goldlavras am untern Abhange und dem Fuſse des Gebirges lassen auf die gewöhnlich existirenden Goldformationen schlieſsen, wie die bei Villa Rica. Ob man hoch an dem Gebirge mit Minen gearbeitet hat, ist mir nicht bekannt, und nur am Fuſse wurden einige Gupiáras betrieben. Vorzüglich reich war der Rio de S. Joaô, der nicht weit von der Villa sich in den Rio Pará ergieſst, und woselbst im Anfange der Goldentdeckungen so groſse Streitigkeiten vorfielen, die in einen kleinen Bürgerkrieg ausarteten. Bei dem jetzigen Verfall der Goldlavras haben sich die Einwohner von Pitangui mehr dem Handel ergeben, vorzüglich mit baumwollenen Zeugen, wodurch sie sich in gröſseren Wohlstand versetzt haben, als mit ihren reichen Goldlavras. Mehrere Sachkundige wollen indessen behaupten, daſs mit Anwendung groſser Mittel noch auſserordentliche Goldschätze aus dem Rio de S. Joaô zu gewinnen seyn würden.

Von Pitangui führt der Weg längst dem Gebirge und dem Rio de S. Jaoô hin, woselbst man allenthalben Spuren verlassener Lavras findet. Oft erblickt man Thonschiefer mit Quarznestern und Lagern, der Quarz ist dunkel oder auch ganz schwarz gefärbt, und zuweilen kommt man auf Kieselschiefer von blaulichter Farbe, der in rothem Thonschiefer nesterweise liegt; auch Grünsteinlager findet man in diesem Thonschiefer, so wie er in der Nachbarschaft von Congonhas do Campo gefunden wird, bei dem Arrayal da Onça. Dieser Ort liegt an dem Ribeiraô gleiches Namens 2390 Fuſs hoch, und der Bach ist ebenfalls goldhaltig. An der Barra da Onça steht ein Felsen von festem quarzigen Thonschiefer zu Tage, und bei der Ponte do Fialho ein Grünsteinlager. Nachdem man den Rio das Guardas passirt ist, kommt man über einen Vorsprung des Hauptgebirgs, auf welchem man den Itacolumitquarz und den Thonschiefer in seinen gewöhnlichen Lagerungsfolgen antrifft, am jenseitigen Abhange hat er groſskörnigen Granit mit schwarzem Glimmer zur Unterlage. In der Nähe des groſsen Arrayals von Patafuſo, welcher 2595 Fuſs erhaben liegt, lagert unmittelbar auf dem Granite der Thonschiefer. Ueber Berge und durch Thäler führt der Weg von Patafuſo nach dem groſsen Arrayal de Matheus Leme, indem das Hauptgebirge, welches von dieser Seite betrachtet, als ein isolirter Bergkopf dasteht, bei der Fazenda von Fanego endigt. Granit und Thonschiefer sind hier die Hauptgebirgsarten und Grünsteinlager mit vieler Hornblende auf Granit, treten als untergeordnet bei der Fazenda da Matta hervor. Zwischen der Fazenda do Fanego und Matheus Leme kommt man noch über einen kleinen Bergrücken, von welchem man zur Rechten einen nackten Granitberg erblikt, auf dem Rücken selbst aber erscheint der in Talkschiefer übergehende Thonschiefer, wie man ihn oft in den Gegenden von Villa Rica findet.

Matheus Leme liegt an dem kleinen Flusse gleiches Namens, der querüber nach N. flieſst, sich in den Rio Paraopeba ergieſst, und den Fuſs des Morro de Matheus Leme bespült. Von hier aus bis zur der 4 Legoas entfernten Fazenda von Faroſſa, welche 2472 Fuſs Meereshöhe hat, und in demselben Niveau von Matheus Leme liegt, ist Thonschiefer die Hauptgebirgsart, die Gegend besteht übrigens aus einem sehr unebenen meistens unfruchtbaren steinigten Boden. Viele verlassene Lavras de Gupiára findet man in der Nachbarschaft des Arrayals das Bicas, in einem mehrere Lachtern mächtigen angeschwemmten Lehmlager, so wie von hier aus an dem ganzen Fluſsufer des Paraopèba hinab, an welchem hin die Straſse führt. Als Geschiebe finden sich sehr häufig in diesen Gegenden Kieselschiefer (lydischer Stein) und Hornstein; man sollte deshalb Bedenken tragen den Thonschiefer zu dem Aelteren zu zählen. Das Streichen dieser Gebirgsart ist in der 10ten Stunde mit einem nordöstlichen Einfall der Schichten, und gerade entgegengesetzt der Richtung des Gebirgszuges, der als groſser Gebirgsast von dem Hauptgebirge von Coral del Rey nach S. W. herabläuft. Ungefähr in einer halben Stunde von Faroſſa kommt man in das enge Gebirgsthor, Funil genannt, woselbst der Paraopeba den Durchbruch des Bassins zwischen diesem Gebirgsaste und der Serra da Moèda, auf gewaltsame Weise bewerkstelligt hat, indem das feste Gebirge hier quer durchbrochen wurde. Die Schichten der Gebirgsmassen laufen hier parallel mit denen des Gebirgsrückens in der 3ten Stunde, und stürzen unter einem Winkel von mehr denn 60° nach N. W. ein, ganzentgegengesetzt dem vorerwähnten Thonschiefer, so daſs es also wahrscheinlich ist, daſs dieser der Uebergangsbildung angehört, indem der hohe Gebirgsarm aus Urgebirgsarten besteht, aus Itacolumitquarz, aus Eisenglanz und Eisenglimmerschiefer. Auf dem rechten Ufer des Flusses führt das Gebirge den Namen Serra dos Tres irmaôs (der drei Brüder), wegen drei auf seinem Rücken hervorragender Bergkuppen, die in groſsen

Fernen sichtbar sind; auf dem linken Ufer erhebt sich die Fortsetzung auf dem tiefen Engpasse zu grotesken felsigten weit höheren Bergmassen, welche unter dem Namen der Serra de Itiaiaçû bekannt sind. Diese schroffen Felsengipfel, die sich über 4000 Fuſs erheben, bestehen wahrscheinlich ganz aus Eisenglanz und Magneteisenstein, dem sogenannten Itabirit, wie man aus denen am Fuſse aufgethürmten herabgestürzten Bruchstücken schlieſsen muſs. Das westliche Einfallen der Schichten dieses hohen Gebirges der Urbildung ist bemerkungswerth, weil es als einziges Beispiel mir bisher in Minas Geraes vorgekommen ist, und eine solche dem gewöhnlichen Einfall entgegengesetzte Richtung nur meistens in den Niederungen, zwischen den hohen Gebirgszügen, statt zu finden pflegt. Dieses Gebirge war einer der Hauptdämme des Rio Paraopeba, der hier als groſser Binnensee zwischen der Serra da Moèda, Boa Morte und der Wasserscheide des Rio Grande eingeschlossen war, und endlich an dieser schwächsten und am wenigsten Widerstandleistenden Seite, durchbrach. Der Durchbruch muſste durch dieses enge Bergthor gewaltsam seyn, denn davon zeigen noch hinlänglich die querdurchgerissenen Felsenwände, die sich besonders am rechten Ufer ganz steil erheben, von den Ufern des Flusses an, welcher dieselben schäumend bespült und fortwährend Zerstörungen verursacht. Ob dieser Durchbruch aber entstand, nachdem dis Bergmassen schon völlig erhärtet waren, möchte wohl zu bezweifeln seyn; denn in diesem Zustande würde doch wohl der feste Bergwall von Eisenstein dem gröſsten Drucke des Wassers zu widerstehen im Stande gewesen seyn.

Nachdem man den Funil (Trichter) passirt, der nur höchstens 3 bis 4 hundert Schritte lang ist; so kommt man in das Bassin, welches zwischen den hohen Gebirgszügen der Serra da Moèda und dem genannten Gebirgsarme liegt, und eine Breite von beinahe 7 Legoas hat, in geradem Durchschnitte bis zur Fazenda das tres Barras am Fuſse der Serra da Moèda. Die Gebirgsart in diesem groſsen Kessel ist Granit, Granitgneis, gröſstentheils aber Gneis, der an dem Rio Brumado grobkörnig erscheint mit einer Schichtenrichtung zwischen der 1sten und 2ten Stunde und einem westlichen Einfall. Das Niveau dieser Bassins-Niederung ungeachtet ihrer unebenen und bergichten Oberfläche bleibt sich im Ganzen gleich, so daſs die Fazenda das tres Barras und der zwischen liegende P^te^. de Almoreimas mit der von Faroſſa in ein und derselben Höhe liegen, d. h. 2472 Fuſs; die höchsten Höhen, z. B. die Kapelle von Aranha sind ungefähr 100 bis 150 Fuſs erhabener. Auch hier findet man längst dem Paraopèba hinab verlassene Goldlavras, und unter dem Fluſssande sowohl als auch den aufgeschwemmten Lehmlagern der Ufer, in welchen die Lavras betrieben wurden, einigen wenigen Zinnsand, welcher bei dem Goldwaschen zuletzt mit dem Golde in der Waschschüssel oder dem Waschheerde bleibt, und seinen Ursprung in dem verwitterten Gneise der Nachbarschaft, wahrscheinlich aber auch in dem Granite hat. Er kommt nur als ganz feiner Sand vor, und dieses läſst vermuthen, daſs er nur als zufälliges Gemengtheil den Gebirgsarten eingesprengt ist, und daſs er nicht als Gangort vorkommt.

Von der Fazenda das tres Barras ersteigt man nach und nach die hohe Serra da Moèda. [2]) Der Fuſs derselben besteht aus Gneis, der hier sein Streichen in der 3ten Stunde hat, und noch ein westliches Einfallen der Schichten zeigt. In einer Höhe von 3437 Fuſs kommt man auf einen Grünsteinkopf, der diesem Gneise angehört und ein Quarzgang mit vielem Schörl durchsetzt daselbst den Gneis in der 9ten Stunde. Etwas weiter vorwärts in derselben Höhe, beginnt ein glimmerigter Thonschiefer zu erscheinen, und die Neigung der Schichten, nachdem sie ganz senkrecht standen, fängt an sich östlich zu wenden. In 3695 Fuſs Höhe erscheint nach einer kurzen Entfernung von dem Punkte der Beobachtung des Thonschiefers, der Itacolumitquarz und die Schichtenrichtung hat sich Fecherartig bis zur 9ten Stunde herumgewendet. Der Einfall derselben ist nach N. O., und auf einem Querdurchschnitte derselben von $\frac{1}{8}$ Legoa, wechselt der Thonschiefer mit dem Itacolumitquarze nicht weniger als 5 mal, indem die Schichtenrichtung in die 12te Stunde einlenkt mit ungefähr 60° Fall nach O. Beinahe auf der höchsten Höhe des Bergplateau's, welches über eine halbe Legoa breit ist, wird dasselbe von dem Eisenstein-Conglomerate oder der Tapanhoacanga auf einer groſsen Erstreckung überdeckt. Auf der höchsten Höhe, welche 4770 Fuſs miſst, tritt der Eisenglimmerschiefer hervor. Auf demselben führt der Weg eine Strecke weit bergab, darauf erscheint Thonschiefer, der sich über 1000 Fuſs tief bis zum Corrego dos Paulistas hinabsenkt. Die Schichten des Thonschiefers laufen in der 12ten Stunde mit östlichem Falle, und sind hie und da von der Tapanhoacanga überdeckt. Ganz unten an dem genannten Corrego steht ein Felsenkopf von körnigem gelblich grauen und quarzigen Kalkstein empor, ganz dem ähnlich, welcher in der Nachbarschaft von Villa Rica und von Antonio Pereira erscheint, und als Urfels betrachtet werden muſs. Ist dieser Kalkstein dem Urthonschiefer eingelagert, was wahrscheinlich ist, oder sitzt er in gröſserer Tiefe auf anderen Urgebirgsarten auf, was ebenfalls der Fall seyn kann, solches muſs erst noch ausgemittelt werden. Eben so steil wie man zu dem Corrego dos Paulistas hinabstieg, eben so steil geht es auch wieder anderthalb Stunden bergauf auf Thonschiefer und Itacolumitquarz, bis zu dem höchsten Punkte dieses Gebirgszuges, dem Rio de Itabira, welcher mit einer Höhe von 4895 Fuſs gleich einer alten Burg-Ruine, gegen 150 Fuſs über den Bergrücken hervorragt. Dieser Felsenberg besteht einzig und allein aus ganz reinem Magneteisenstein und Eisenglanz. Wegen den steil in die Luft ragenden Felsenmassen, wovon ungeheure Blöcke sich losgerissen, und in groſsen zertrümmerten Massen an dem Fuſse des Berges aufgethürmt haben, kann man seinen höchsten Gipfel nicht ersteigen. Die in ihrer natürlichen Stellung sich befindenden Eisensteinmassen stehen beinahe senkrecht mit einer Richtung der 2ten und 3ten Stunde. Bemerkungswerth ist, daſs ungeachtet der starken sowohl attractorischen als retractorischen Kraft dieses Eisensteins in allen seinen einzelnen Theilen, dennoch die Wirkung davon auf die Magnetnadel schon in einer Entfernung ven $1\frac{1}{2}$ Palmen von den groſsen Felsenmassen ganz verloren geht, da doch manche Basaltmassen, die ich beobachtete, z. B. auf der Serra de Montachique in Portugal, diese Wirkungen auf mehrere Schritte Entfernung sich noch fortäuſsern. Ich fand hier, so wie auch an den Eisensteinmassen der Serra da Piedade, daſs, wenn man längst einer glatten Felsenwand ganz langsam mit dem Compasse an denselben hinfährt, und zwar denselben dicht an das Gestein angehalten, in den Entfernungen von 2 zu 2, 3 zu 3, auch 4 zu 4 Zollen sich die Pole beständig ändern und abwechseln, sowohl in horizontaler als vertikaler Richtung, dahingegen die magnetischen Pole in den säulenförmigen Basaltmassen von Montachique mehrere Fuſs weit auseinanderliegen. Jene Eisensteinmassen sind also in lauter kleine magnetische Würfel oder Polygone getheilt, deren Durchmesser nur einige Zolle beträgt, der Durchmesser dieser beträgt dahingegen mehrere Fuſse. Es ist bekannt, daſs jeder Magneteisenstein in gewöhnlichen Handstücken seine verschiedenen Pole hat, und wenn man diese Stücken zerschlägt, jedes besondere Bruchstück ebenfalls wieder seine Pole zeigt, es ist mir aber nicht bekannt, ob die an den groſsen Felsenmassen reihenweise nebeneinander liegenden entgegengesetzten Pole schon beobachtet worden sind, und es scheint mir deshalb hier nicht am unrechten Orte das zu wiederholen, was ich in meinem geognostischen Gemälde von Brasilien darüber bekannt machte.

„Alle Felsenmassen des Itabirits [3]) zeigen mehr oder weniger Einwirkung auf die Magnetnadel, und das Auffallendste hierbei ist die Polarität und das Wechseln derselben auf allen Flächen. Z. B. der groſsen cubischen Felsenwände von 2 zu 2, 3 zu 3, auch von 4 zu 4 Zoll Entfernung, sowohl in horizontaler als vertikaler Richtung. Eine solche cubische Felsenmasse ist also einem aus vielen Würfeln zusammengesetzten Magnete zu vergleichen, dessen Würfel 2 bis 4 Zoll Durchmesser haben müssen, wobei aber zu bewundern, daſs ihre magnetische Kraft sich nicht weiter erstreckt, als höchstens die Entfernung beträgt, wovon das Quadrat des Durchmessers des Würfels, in dessen Nähe man die Nadel bringt, das Maaſs ist. Jeder Würfel wirkt also für sich, und die natürliche Zusammenstellung, die man eigentlich wie einen künstlich zusammengestellten Magneten betrachten muſs, bringt aber weder gröſsere Wirkung noch Verstärkung der magnetischen Kraft hervor. Dieses bei den regelmäſsig geformten groſsen cubischen Massen; bei unregelmäſsig gestalteten groſsen vielseitigen Felsenmassen findet hingegen die sonderbare Erscheinung statt, dafs auf jedweder Fläche die Pole eben so wie bei den vorhergehenden wechseln, folglich je vielseitiger eine solche Masse ist, desto mehr polarische Achsen sind vorhanden, die sich unter den mannigfaltigsten Winkeln durchkreuzen. Diese nämliche Erscheinung hat Herr Bergrath Zinken auch an denen von mir übersendeten Handstücken beobachtet.“

In anderthalb Stunden Zeit kommt man theils über Itacolumitquarz, theils über Thonschiefer, zu dem über 2 tausend Fufs tiefer, am Ribeiraô do Corrego Seco, gelegenen Arrayal de Itabira, welches 2839 Fufs Meereshöhe hat, und wovon der darüber gelegene Pic seinen Namen führt. Hier befindet man sich nun in dem Bassin und Flufsgebiete des Rio das Velhas, welches von diesem Gebirgszuge und dem der Serra da Caxoeira, und dem Massengebirge von Caraça eingeschlossen ist, indem die ersteren beiden eine Niederung von 3 Legoas Durchmesser zwischen sich einschliefsen, und woselbst nun wieder die Granit- und Gneisbildungen vorherrschend sind, so wie auf der westlichen Seite der Serra da Moëda. Besonders zeigen sich aber in der Gegend des Arrayals da Caxoeira die mürben, viele Lachtern mächtigen, durch Graben zerrissenen Graniterdenschichten, mit vielen grofsblättrigen silberweifsen Glimmerblättern und grofsen Schörlkrystallen.

Das Bassin dieser Gegend liegt etwas erhabener als das vorhererwähnte, und erzeugt die üppigsten Grasfluren, hie und da auch einigen fetten Waldboden. Der Arrayal da Caxoeira liegt in einer Höhe von 3405 Fufs, und sobald man den Rio dos Taboês von da aus passirt hat, ersteigt man das Gebirge von Caxoeira. Bis zu der Höhe von 4135 Fufs, bei dem einzeln stehenden Hause, Henriques genannt, erhebt sich der Gneis, alsdann beginnt ein schmales

Lager von rothbraunem mürben Thonschiefer, worauf alsdann Itacolumitquarz in mächtigen Bänken lagert. Das Streichen dieser Gebirgslager ist zwischen der 10ten und 11ten Stunde und ihr Einfall nach Osten in 45 bis 50°. Der Weg führt nun über eine Legoa weit oben an dem westlichen steilen Abhange des Gebirges hin, und endlich durch eine tiefe Kehle, die 4695 Meereshöhe hat, und woselbst die Schichten des Eisenglimmerschiefers am östlichen Abhange beginnen, über den Gebirgsrücken in das Thal von Villa Rica an dem östlichen Abhange der Serra hinab.

Beschreibung einiger auf diesem Wege gesammelten Fossilien.

Sandstein, als nierenförmige Kugeln, welche hohl sind, und Bergkrystalldrusen mit Chalcedon eingeschlossen enthalten. Von der Serra de Joaô.

Sandstein, sehr eisenschüssig, dicht mit eingesprengtem fasrigen Zeolith. Ebendaher.

Jaspis, brauner, röthlicher und gelber in bunten Farben als Geschiebe aus dem Rio Abacté und Indaia.

Kieselschiefer, schwarzblauer, aus dem Rio Indaia.

Manganerz, schwarzes, in kleinen Geröllen in Gestalt von Mandeln. Von der Serra de Pitangui.

Magneteisenstein. Von dem Pico de Itabira.

Magnetischer Eisenglanz, dicht und metallisch glänzend. Ebendaher.

Schörl, schwarzer, in grofsen losen Krystallen als dreiseitige Prismas. Aus den Campos von Caxoeira.

Schwefelkies, als Geschiebe in cubischen Krystallen, wovon der gröfste 27 Cubikzoll hat. Von Pitangui.

Anmerkungen zum neunten Abschnitt.

1) Von der Bleimine bis zur Fazenda de S^n^. Anna, welches auf dem nächsten von mir eröffneten Wege 17¼ Legoas beträgt, wozu man gewöhnlich 4 Tage gebrauchte, um sie zurückzulegen, existirte während meinen ersten Reisen dahin nicht eine einzige Niederlassung, und man war genöthigt im Freien zu campiren. Ich liefs daher auf den bequemsten Stationen einige Hütten errichten zum nächtlichen Schutze, und späterhin bewirkte ich, dafs einige vermögende Soldaten, die ich als Ordonanz bei mir hatte, sich daselbst mit ihren Familien ansiedelten. Dem Einen wies ich die Landspitze zwischen der Werra und Fulda an, dem Andern das rechte Ufer der Werra, und so entstanden hier in kurzer Zeit viehzuchttreibende Landgüter, mit allen Bequemlichkeiten für Reisende. Auch stationirte Soldaten in den Zwischenräumen waren zur Erleichterung der Ueberfahrten über die Flüsse angestellt worden.

2) Ich habe schon früher erwähnt, dafs dieses Gebirge das linke Ufer des Rio das Velhas begleitet, keineswegs aber als eine ausgezeichnete grofse Gebirgskette angesehen werden mufs, da sich dieselbe sowohl südlich als nördlich in die Hochebenen verliert, und nur seitwärts nach Osten durch ablaufende Gebirgsarme mit dem Hauptgebirge der Serra do Espinhaço in Verbindung steht. Es bleibt aber immer bemerkungswerth, nicht nur wegen seiner Höhe, sondern dafs selbst auf den höchsten Erhabenheiten und Plateau's desselben, reiche Goldlavras betrieben wurden, unter welchen eine, o Buraco da Monica genannt, wegen ihres Reichthums sich besonders ausgezeichnet hat, in welcher auch ein weifses silberartig glänzendes Erz, sowohl in grofsen derben Stücken als auch eingesprengt in Quarz erscheint, wahrscheinlich auf einem Quarzgange oder Lager, welches ich für metallisches Tellur hielt. Da die Entdeckung desselben durch Herrn Dr. Schüch, welcher dasselbe auf den Goldhalder fand, in der letzten Zeit meines Aufenthaltes in Brasilien geschah; so mangelte mir die Gelegenheit dasselbe genauer zu untersuchen. Auch verdient bemerkt zu werden, dafs die Tapanhoacanga bis zu einer Höhe von 4800 Fufs an manchen Orten den Gebirgsrücken, gleichsam wie einen

Uebergufs überzieht, besonders den schon oft erwähnten südlichen Theil, welcher unter dem Namen der Serra da Boa Morte bekannt ist. Der beinahe gleichförmig höchste Gebirgsrücken zieht sich von N. nach S. und hat ungefähr eine Länge von 18 Legoas, von da aus erniedrigt sich alsdann derselbe zum Hochlande hinab. Itacolumitquarz, Eisenglimmerschiefer und Tapanhoacanga sind die Hauptgebirgsarten des hohen Theils dieses Gebirges, mit hervorstehenden Kuppen von Magneteisenstein und Eisenglanz.

3) Ich ertheilte in meinem geognostischen Gemälde den Namen Itabirit den in so großen Felsenmassen anstehenden zusammengesetzten Eisensteinbildungen, die oft mehrere hundert Fufs Mächtigkeit haben, ja sogar über tausend Fufs ansteigen, wie z. B. an der Serra da Piedade bei Villa Nova da Rainha und die aus Eisenglimmer, blättrigem meistens dichten Eisenglanze, magnetischem Eisenstein, wenigem Quarze und Eisenkiesel zusammengesetzt sind, und gröfstentheils ein körnig schiefriges Gefüge haben, oft sind sie aber auch ganz dicht und die Uebergänge von einem zum andern sind so unbemerkbar, dafs das Ganze nur eine einzige Masse auszumachen scheint. Vorzüglich wegen dieser ihrer Zusammensetzung der verschiedenen Eisensteinarten, und ihrer genauen Verbindung mit einander, so wie zur Vermeidung der jedesmaligen näheren und weitläuftigen Beschreibung derselben, da in ihnen noch überdem als zufällige Gemengtheile, Gold, Talk, Chlorit und Strahlstein erscheinen, auch Uebergänge in Eisenglimmerschiefer, Itacolumitquarz, Brauneisenstein, seltner in Jaspis wahrzunehmen sind, umfafste ich dieses ganze Gebilde mit dem Namen des Itabirits, weil der hohe Pic von Itabira sich dadurch besonders auszeichnet. Vorzugsweise ist er auf dem Itacolumitquarz aufgelagert, indessen findet man ihn auch auf dem Thonschiefer und er gehört unstreitig der Urbildung an. Kommt er geschichtet vor, so ist seine Schichtung deutlich und parallel mit der Hauptgebirgsart, die ihn begrenzt, er zeigt alsdann ein schiefriges Gefüge, ragt er aber in unförmlichen mächtigen ungeschichteten Felsenmassen empor, so sind seine Bestandtheile feinkörnig oder auch dicht, und alsdann gleichen diese Felsenmassen den Auflagerungen des Urtrapps, indem sie als hohe groteske Felsen in Massen isolirt, emporstehen oder auch Bergkämme bilden, deren Fufs mit losgebrochenen scharfkantigen Trümmern dieses Gesteins umgeben ist. Wie schon gesagt, um die öfteren Beschreibungen dieser zusammengesetzten Eisensteinberge zu umgehen,

gab ich ihnen den dieselben auszeichnenden Namen, Itabirit. Will man ihn als selbstständige Gebirgsart gelten lassen, oder als der Itacolumitquarz-Bildung untergeordnet, dieses lasse ich dahin gestellt seyn. Er kommt freilich nicht in so ausgedehnten Erstreckungen vor wie der Eisenglimmerschiefer, welchem man die Ehre einer besondern Gebirgsart ebenfalls nicht gönnt, allein er hält noch immer die Parallele mit mehreren Gebirgsarten aus, die man als Solche anerkannt hat.

Zehnter Abschnitt.

Interessante mineralogisch - geognostische Reise in den District von Sabará und Villa nova da Rainha.

(S. die Karte und das Profil Nr. IV.)

Es giebt unstreitig für den Geognosten so wie für den Mineralogen und Bergmann keine interessanteren Gegenden, als die, welche man auf einer Excursion von einigen 30 Legoas in der Rundung von Villa Rica aus über Caza branca, oder über Antonio Pereira und Capanema nach Rio das Pedras, und von da nach Sabará, machen kann, indem man alsdann den Rückweg über Villa nova da Rainha, Catas Altas und die Stadt Marianna wählt. In diesem kleinen Bezirk von einigen 60 Quadratlegoas Flächeninhalt liegen nicht nur die höchsten Gebirgserhebungen Brasiliens, zu denen der Itacolumi bei Villa Rica, die Serra do Caraça bei Catas Altas und Inficionado, und die Serra da Piedade bei Villa nova da Rainha gehören, und die zu ersteigen sich wohl der Mühe lohnt, sondern man findet auf dieser Tour auch beinahe alle in Minas vorkommenden Formationen der Goldbildung und alle möglichen eingeführten Arten bergmännischer Arbeiten, Wäschereien und Aufbereitungsarten, so daſs derjenige, dem besonders um die Kenntniſs dieser drei Gegenstände zu thun ist, eine vollkommne Befriedigung finden wird, ohne entferntere Reisen deshalb unternehmen zu brauchen.

Die in dieser Circumferenz zwischenliegenden Gegenden können eigentlich als ein mit Thälern nach allen Seiten durchschnittenes Massengebirge betrachtet werden, zur großen Gebirgskette der Serra do Espinhaço gehörig, die sich gleichsam wie durch knolligte Auswüchse hier in die Breite ausdehnt. Obgleich auf diesen Bergmassen keine ausgezeichnete und bestimmte Richtung eines Hauptgebirgrückens emporragt, da die einen Erhöhungen ihre Richtung von O. nach W., die andern von N. nach S. und noch andere nach den Diagonalen der vier Weltgegenden nehmen, so zieht sich doch die Hauptwasserscheidungs-Erhöhung der Serra do Espinhaço hindurch, von deren westlichem Abhang alle Gewässer dem Rio de S. Francisco zuströmen, die von dem östlichen aber zu dem Flußgebiete des Rio Doçe gehören. Die beiden Ausgangspunkte dieser Wasserscheide aus dem Massengebirge sind in S. die Serra do Ouro Preto bei Villa Rica, in N. die Serra de S. Joaô, zwischen Montalvaô und S. Joaô. Wählt man den Weg über Caza branca, so übersteigt man die Serra da Caxoeira, welches die Fortsetzung der Serra do Ouro Preto ist, deren in dem vorhergehenden Abschnitte Erwähnung geschehen. Bevor man aber dahin kommt, muſs erst noch der Gebirgsarten in dem Thale von Villa Rica gedacht werden. Thonschiefer und Talkschiefer treten hierin vorzugsweise auf den tiefsten Punkten hervor, Ersterer theils als feste graue Felsenmassen, theils aber auch als verschiedentlich gefärbtes mürbes Gestein, aus welchem die ihm untergeordneten Lager von Talk- und Chloritschiefer vom schwarzen Zeichenschiefer an bis zu silberweiſsen Farben, so wie den grünlichen des Chloritschiefers, als Kuppen und abgerundete Bergköpfe emporstehen, und muldenförmige Vertiefungen mit tief eingerissenen Graben zwischen sich haben. Die Hügel und Graben um Cabeças und Padre Faria sind in dieser Hinsicht die belehrendsten. Nachdem man bei Cabecas, dem westlichen Ende von Villa Rica, den Bach von Passa-Dez passirt hat, führt der Weg längst dem hohen Gebirge von Ouro Preto immer bergan auf abgerundeten kleinen Vorbergen, bis man sich endlich beinahe an dem Rücken des Gebirgs befindet, von wo aus man die letzte Höhe übersteigt, und nun auf der entgegengesetzten Seite den Weg fortsetzt. Ehe man zu dem letzten Gipfel kommt, betritt man fortwährend den mürben Thon- und Talkschiefer, welchen die Herren v. Spix und Martius für einen modificirten Glimmer halten. Hie und da enthalten sie viele Nester und Adern eines zertrümmerten Quarzes und mancher, besonders der Talkschiefer von silberweifser Farbe, ist oft voll von kleinen microscopischen Krystallen, welche Schörlkrystalle zu seyn scheinen, anderer von dunklen Farben, besonders der zeichenschieferartige enthält sternförmige und cubische Eindrücke, die wahrscheinlich durch ausgewitterte Kiese entstanden sind, und in den kleinen Hölungen der Abdrücke findet man zuweilen gediegen Gold in kleinen Körnern und zarten Schuppen. Auch enthält der grünliche Talk- oder Chloritschiefer bei der an dem Berge gelegenen Kirche von S. Francisco de Paula, Kyanit in Nestern.

Da diese Gebirgsart, welches dieselbe ist, worinnen bei Capaô und Boa Vista die Topase und Euklase, bei Congonhas do Campo der Gang des rothen Bleierzes, bei Caldeiroês die rothen und grünen Kupfererze vorkommen, von Mawe einmal für wirklichen Glimmerschiefer, ein andermal für Thonschiefer, von den Herren von Spix und von Martius für einen modificirten Glimmer, von mir aber für einen in Talk- auch in Chloritschiefer übergehenden Thonschiefer und Itacolumitquarz gehalten wird; so geht aus diesen getheilten Ansichten und Meinungen hervor, dafs diese

Gebirgsart einen ganz besondern Character haben muſs, weshalb sie von dem Einen bald für dieses, von dem Andern bald für jenes angesehen wird, je nachdem sie sich den Reisenden in ihrer Verschiedenartigkeit darstellte. Nur dem länger in diesen Gegenden sich aufhaltenden Beobachter kann es gelingen, den Haupttypus der Gesammtformationen ausfindig zu machen; wo der bloſse Durchreisende nur durch den ersten Eindruck verleitet, trennt oder zusammensetzt, läſst sich jener nicht mehr irre führen. Die vielen oft wiederholten Beobachtungen und Vergleichungen, die er zu machen Gelegenheit hat, führen ihn weit sicherer zum Ziele das Wahre auszufinden, als die nur oberflächlichen eines Reisenden, der nicht lange Zeit an einem Orte verweilen kann. Da ich nun in diesem ersten Falle bin, so theile ich hierüber ausführlich meine Beobachtungen mit und überlasse sie dem Urtheile der Geognosten.

Diese talkschieferartige Gebirgsart, möge sie nun modificirter Glimmer- oder Thonschiefer heiſsen, lehnt sich entweder an den Eisenglimmerschiefer, oder den Itacolumitquarz oder den Thonschiefer, und es bleibt nur noch auszumitteln, ob sie auch tief zwischen den Lagerungen dieser Gebirgsarten niedersetzt, da sie dasselbe Streichen und denselben Einfallwinkel der Schichten mit den angrenzenden genannten Gebirgsarten hat. Z. B. bei Cabeças in Villa Rica stehen diese weichen Gebirgsarten zwischen dem Eisenglimmerschiefer und dem festen Thonschiefer der Serra do Ouro Preto und den Bergen von Saramenha, und bilden daselbst die hügelförmige Ausfüllung des Thals von Passa Dez bis zum Engpaſs, wo sich dieser Bach mit dem Ribeiraõ de Saramenha vereinigt, und woselbst der Urthonschiefer in hohen Felsenbergen hervortritt mit demselben allgemeinen Fallen und Streichen der Gebirgsschichten der

Nachbarschaft; bei Capaô do Lane und Boa Vista stehen sie entweder zwischen Eisenglimmerschiefer und Thonschiefer, oder auch ganz zwischen Thonschiefer, die niedrigen Berge und Hügel bildend, worinnen die Topase und Euklase erscheinen; bei Antonio Pereira haben sie ihren Stand im tiefen Thale zwischen Urkalkstein und Itacolumitquarz, und sind sehr goldreich auf Lagern; die Fortsetzung der Serra da Caxoeira auf den Höhen von Capaô über Chiqueiro d'Allemaô hinaus bis beinahe zur Eisenhütte von Prata zeigt vorzugsweise diese Gebirgsart mit untergeordneten sandigen Lagern, so wie auch mit untergeordneten Lagern von groſsspieglichtem Eisenglanz, Quarz- und Eisenglimmerschiefer; bei der Eisenhütte von Morro do Pilar macht sie einen vollkommnen Uebergang aus schwarzem Zeichenschiefer in schiefrigen Eisenglanz. Auf diese Art stellt sie sich dem Geognosten im Groſsen dar und meistens in einem sehr mürben Zustande, der auf groſse Erstreckungen oft ganz in einen erdigen übergeht, einen vollkommnen erdigen Talk darstellt oder auch eine Art Walkererde. Dem Mineralogen erscheint sie unter Gestaltungen, wovon Herr Bergrath Zinken folgende Beschreibungen giebt, die derselbe von Exemplaren in meiner kleinen Sammlung gegeben hat.

Thonschiefer in Talkschiefer den Uebergang machend und dadurch dem Zeichenschiefer nahe kommend, am Fuſse von Villa Rica. — Dies ist eine sehr merkwürdige Gebirgsart: sie ist talkartig schimmernd, schiefrig, dunkelaschgrau, vollkommen schreibend; auf dem Bruche verhält sie sich ganz wie milder Zeichenschiefer, indem sie eben so feinblättrig und späneInd auf dem Längenbruch und matt auf dem Querbruche erscheint. Sie läſst sich leicht schneiden, aber schwer spalten, da sie nicht grad -, sondern krummschiefrig ist, sie ist mit ganz dünnen Lagen von goldgelbem schuppigen Talke überzogen. Das merkwürdigste ist dabei, daſs sie eine groſse Menge sternförmiger Eindrücke enthält, welche gröſstentheils mit gelbem Eisenocker angefüllt sind. Diese sternförmigen Eindrücke bestehen aus 5 bis 6 Rhomben, an welchen die beiden rhomboidalen Flächen nach ihrer längsten Diagonale zugeschärft sind, theils verzogen, theils unregelmäſsig, theils ziemlich regelmäſsig, nach innen zur Hälfte durcheinandergewachsen und dadurch einen 5 oder 6strahligen Stern bildend. Die Entstehung scheinen diese Eindrücke sternförmig durcheinander gewachsenen drei Rhomben des gemeinen Bitterspathes (Hausmann) oder Rautenspathes (Steffens) zu verdanken, welcher nachher aufgelöst ist. Die Hölungen sind mit einer Lage von blättrigem Talke ausgefüllt, jedoch nicht alle Flächen der Krystalleindrücke, sondern gewöhnlich Paar um Paar.

Schiefriger Talk vom Morro de S. Francisco de Paula in Villa Rica. Schmaragdgrün ins Spangrüne; auf dem Striche weiſs; glänzend ins Wenigglänzende, vom Wachsglanz in den Perlmutterglanz übergehend, an den Kanten durchscheinend. Bruch gebogen schiefrig, Bruchstücke scheibenförmig, stark zusammenhängend, so daſs man sie nach Aufhebung der stärksten Coharenz zerreiſsen kann, und sie das splittrige Ansehen von gespäneltem Holze haben. Er ist weich, so daſs er Eindrücke des Nagels annimmt, milde, nicht sonderlich schwer zerspringbar, fühlt sich kalt und etwas fettig an, und hat ein Gewicht von 2,745. Vor dem Löthrohre schmelzt er für sich zum weiſsen Email. Dieser schiefrige Talk scheint mitten innen zu stehen zwischen gemeinem und schiefrigen oder verhärteten Talke. Uebrigens enthält dieser Talkschiefer in höchst microscopischen Theilen Magneteisenstein oder magnetischen Eisenglanz eingesprengt.

Schiefriger Talk aus Serro do Frio. Er ist stellenweis gelblich, weiſs und grau ins Bleigraue, wolckig gemischt. Er ist auf dem Striche an den grauen Stellen grau, an den weiſsen weiſs, bei letzteren giebt er kein Pulver, sondern kleine Schüppchen vor der Feile. Er ist glänzend ins Wenigglänzende wie der Vorige, an den Kanten unbedeutend durchscheinend. Auf dem Bruche zeigt er eine besondere Anneigung zum Schuppigen. Unter dem Microscope erkennt man, daſs die grauen Stellen von eingemengtem Eisenglanze herrühren; (daher auch an manchen Orten seine vollkommne Umwandlung und Uebergang in Eisenglanz). Vor dem Löthrohre flieſst er zu weiſsem Email an den weiſsen Stellen, an den grauen schmilzt er zu einer schwarzen, dem Magnet etwas folgsamen Schlacke.

Talk mit Eisenglimmer in schiefrigem Gemenge von Sabará. Diese merkwürdige Gebirgsart hat eine eigenthümliche Bildung. Sie ist aus Eisenglimmer und Talk so innig verbunden, daſs sie ganz homogen zu seyn scheint, und nur erst unter der Loupe ihre Natur offenbart. Mit bewaffnetem Auge erkennt man freilich, dafs sie aus Eisenglimmerschüppchen und Talk im innigsten Gemenge bestehe, so daſs sie davon ein feingetiegertes Ansehen erhält. (Diese Art macht den Uebergang des Eisenglimmerschiefers in Talkschiefer.)

Schuppiger Talk von der Lavra das Goyabeiras bei Congonhas do Campo. Von grünlich blauer und gelber Farbe, weich, fast zerreiblich, feinschuppig, von schiefriger Textur, ganz durchwebt mit 6eckigen prismatischen Hölungen, theils mit Eisenoxyd, theils mit Rothbleierz ausgefüllt. Die prismatischen Hölungen sind wahrscheinlich vom Schörl entstanden. Daſs zersetzter Talk ein specksteinartiges Ansehen gewinnt, ist bekannt.

Als Zusatz dieser Beschreibungen des Herrn Bergrath Zinken muſs ich noch folgender Exemplare Erwähnung thun.

Schuppiger Talk mit körnigem Quarze von dem Morro das Lages in Villa Rica, in einem körnig schiefrigen Gefüge mit vorherrschendem Talke von bläulichen, grünlichen, röthlichen und silberweiſsen Farben, als Uebergang des Itacolumitquarzes in Talkschiefer.

Weicher schuppiger Talk, auch erdiger, ohne allen Zusammenhalt als den, welchen ihm die Feuchtigkeit des Bodens verleiht, von allen möglichen Farben, die sich stellenweise auf den Lagerstätten auszeichnen. Aus den Topasgräbereien von Capaô. [1]) Grundlos sinkt man in diesen Boden bei anhaltendem Regenwetter.

Ich habe vorsetzlich diese verschiedenartigen characteristischen Exemplare von weit von einander entfernten Orten auserwählt, um nur zu zeigen, daſs diese Bildung sehr häufig vorkommt und muſs dabei nur erwähnen, daſs so verschiedenartig sie auch sind, sie gewöhnlich in miteinander verschmelzenden Lagern immer beisammen vorkommen und nur eine Bildung ausmachen, die nach meinen Ansichten irrigerweise von den Herren v. Spix und v. Martius für einen modificirten Glimmer gehalten wird.

Sobald man diese Gebirgsart auf dem nun ferner zu beschreibenden Wege an der letzten zu ersteigenden Höhe der Serra da Caxoeira verläſst, kommt man an den Eisenglimmerschiefer, welcher den Itacolumitquarz bedeckt, der auf dem höchsten Rücken der Serra in groſsen mächtigen Bänken zum Vorschein kommt. Zur Linken blickt man in das tiefe Thal von Tripuï, woselbst in den von diesem Gebirge herabkommenden verschiedenen Bächen sich, nebst Goldsand, viele Zinober-Körner finden. In welcher Gebirgsart diese ihren Ursprung nehmen, habe ich nach den sorgfältigsten Untersuchungen nie ausfinden können. Die Körner sind vollkommen abgerundet und selten von der Gröfse einer kleinen Bohne. Was noch bemerkungswerther ist, dafs sich dieselben nicht nur in den Bachbetten vorfinden, sondern ich fand sie auch, aber nur sehr einzeln, in der spärlichen Dammerde auf hervorstehenden Bergkuppen dieses Thals. Ihre Erscheinung an diesen Orten bleibt eben so räthselhaft als das Vorkommen der Diamanten auf den Bergen.

Von dem Rücken der Serra geht man längst demselben hin bis zu dem im vorigen Abschnitte erwähnten Hause von Henriques, und von hier steigt man in das eigentliche Bassin und Flufsgebiet des Rio das Velhas hinab. Man verläfst den Weg links nach Caxoeira und wendet sich rechts über den Rio das Taboês nach dem Arrayal da Caza branca, und von da nach dem Arrayal do Rio das Pedras. Gneis ist durchgehends das Grundgebirge, auf welchem bei dem Hause von Anna de Sá, nicht fern von der Brücke do Rio das Velhas, ein Kopf von Hornblendegestein zum Vorschein kommt. An den Ufern des Flusses erblickt man viele verlassene Gold-Lavras, die auf Cascalho ihre Arbeit trieben. Auf der Höhe von Passa tempo tritt Thonschiefer der Goldbildung mit Quarzlagern hervor, wie der von Morro de S. Antonio bei Congonhas do Campo.

In dieser Gegend kommt der Weg von der Rechten in die Strafse, welche von Villa Rica über Antonio Pereira führt; um nun mit der Beschreibung der Gebirgsarten auf diesem Orte nicht zurückzubleiben, kehre ich wieder nach

Villa Rica zurück und ersteige von da das hohe steile gegen 5000 Fuſs erhabene Gebirge von Ouro Preto, an dem Morro de S. Sebastiaõ. Die Gebirgsschichten schieſsen hier unter einem Winkel von 60 bis 70° nach S. dem Thale von Villa Rica zu, und haben ihr Streichen in der 6ten Stunde, jedoch dreht und wendet sich dieses an andern Stellen dieses Gebirges bis zur 3ten Stunde. Da, wo die Gebirgsarten nicht durch bergmännische Arbeiten zerrissen sind, bedeckt die Tapanhoacanga die ganze Oberfläche des Abhanges, und mit Schwierigkeit würde man die Lagerungsfolge der darunter verborgenen Gebirgsschichten errathen müssen, wenn nicht die an diesem Gebirge so zweckwidrig eingeführte Methode des Abspülens (trabalho de talha aberto) alle Gebirgsschichten bis zu der Tiefe des goldleeren Thonschiefers (Bizarra verdadeira) aufgeschlossen hätte. Die Lagerungsfolge derselben von Unten nach Oben ist folgende: Thonschiefer ohne Goldgehalt, welcher nicht durchsenkt ist und das Liegende der Goldbildungen ausmacht. Auf diesem ruht das vorzüglich goldhaltige Quarz- und Carvoeira-Lager (man sehe hierüber im 6ten Abschnitte nach) von 2 Palmen bis 2 Lachtern Mächtigkeit. Hierauf folgt der Itacolumitquarz, hier nur von wenigen Lachtern Mächtigkeit mit untergeordneten Lagern von chloritartigem Talkschiefer und vielen Quarzgängen und Trümmern. Darauf liegt unmittelbar und glatt gesondert, der durch Quarzkörner gestreifte goldhaltige Eisenglimmerschiefer, mit einer Mächtigkeit von 6 Lachtern, und auf diesem wie übergossen erscheint das goldhaltige Eisenstein-Conglomerat oder Tapanhoacanga von 1 bis 1½ Lachtern Mächtigkeit. Durch alle diese Schichten hindurch bis zum Thonschiefer findet man dieselben durch die genannten Arbeiten mit tiefen Graben und Schluften zerrissen, und an manchen Stellen, z. B.

dem Morro das Lages sind die obern Lagen bis zu dem festen Itacolumitquarz völlig hinweggeschwemmt und dieser steht nackt zu Tage an mit seinen vielen hundert durchsetzenden Gängen. Längst diesem verwüsteten Abhange zieht sich mit einer Ausdehnung von einer halben Stunde, die Stadt Ouro Preto, sonst Villa Rica genannt, und hoch an dem Berge hinauf zwischen dem aufgewühlten Boden liegen Hütten armer Faiscadores, (Leute, die keine eigne Lavras haben und sich von dem Abfalle der andern nähren) ganz oben auf dem Gipfel die Kapelle von S. Sebastiaõ, dem Schutzpatron dieses Berges. Der Itacolumitquarz steht hier mit seinem ursprünglichen Ausgehende zu Tage an, und längst dem Gebirgsrücken hin hat man ehemals besonders viel auf den ausgehenden goldhaltigen Lagern, die hier zum Vorschein kommen, gearbeitet. Gegenwärtig ernähren diese nur noch einige arme freie Neger. [2]).

Von S. Sebastiaõ führt der Weg von dem Rücken nur einige hundert Fufs sanft bergab, und man befindet sich alsdann auf der sich hier über eine halbe Legoa in die Breite erstreckenden Gebirgshöhe, die als Knotenpunkt mehrerer zusammenlaufenden Gebirgsarme mit dem Hauptgebirgsrücken der Serra do Espinhaço zu betrachten ist, woselbst auch die ersten Quellen des Rio das Velhas ihren Ursprung haben, und mit dem Corrego d' Andrada beginnen, der wegen seines Goldgehaltes noch manchem armen Neger den Unterhalt giebt. Itacolumitquarz ist über diese ganze Höhe verbreitet, indem er nach und nach eine ganz horinzontale Lagerung zeigt, und nur dann erst, wenn man noch einen zweiten kleinen Bach passirt ist, nimmt er eine, der an dem Gebirge von Villa Rica ganz entgegengesetzte Neigung der Schichten nach N. an, die an dem steilen Abhange des Morro de Antonio Pereira eben so stickel nach N. zu einschiefsen wie bei Villa Rica nach S. Von dem Fufse des Gebirgs von Villa Rica bis zu dem Fufse des Gebirges von Antonio Pereira, beträgt die gerade Richtung wohl nicht mehr als eine Entfernung von zwei kleinen Legoas und die Lagen des Itacolumitquarzes beschreiben in diesem Durchschnitte einen hohen abgeplatteten Buckel von zwei tausend Fufs Höhe. Es fragt sich nun hierbei, ob das bei Villa Rica und bei Antonio Pereira unter dem Itacolumitquarze erscheinende goldhaltige Quarz - und Carvoeira - Lager sich unter dieser grofsen gebogenen Fläche auch fortzieht, in welchem Falle alsdann hier noch ein aufserordentlich grofses Feld der bergmännischen Bearbeitung unangetastet sich aufthuen und durch Schächte aufzuschliefsen seyn würde, oder ob diese Goldlager durch die auf der Höhe weit mächtigeren Lagerungen des Itacolumitquarzes verdrückt werden.

Von dem erwähnten kleinen Bache aus ersteigt man eine kleine Anhöhe, deren Gipfel wie ein mit Estrig übergossener Boden der Tapanhoacanga erscheint, und von hier hinab erblickt man tief unten in einem kesselförmigen, von allen Seiten eingeschlossenen engen Thale, den Arrayal von Antonio Pereira, berühmt durch seine reichen Goldlavras. Zur Linken setzt von dem Hauptgebirge ein Bergkamm nordwestlich fort, an dessen entgegengesetztem Abhange und Fufse die schon oben genannten Orte S. Antonio de Caza Branca und Rio das Pedras liegen, der mit gebogenen Rücken sich aber wieder nach N. und N. O. wendet, und alsdann die felsigte Serra do Caraça bildet. Zur Rechten von Antonio Pereira liegen die von dem Hauptgebirge durch eine tiefere Thaleinsenkung getrennten, etwas niederen Kalksteinberge (primit. Kalkstein). Zwischen diesen Bergen fliefst der goldreiche Bach von

Antonio Pereira, zu dem zwischen Felsengründen hervorkommenden nur ¼ Stunde weit entlegenen Rio Goalaxo, an welchem ein mächtiges gezacktes steiles Felsengebirge hoch sich aufthürmt, und das Thal von Antonio Pereira zu verschliefsen scheint.

Der hinabzusteigende steile Gebirgsabhang von Antonio Pereira, ist beinahe eben so sehr durch die bergmännischen Arbeiten zerrissen und verwüstet, wie der von Villa Rica. Die aufeinanderfolgenden Gebirgslagen sind auch ganz dieselben, nur mit dem Unterschiede, dafs hier zwischen den Schichten des Eisenglimmerschiefers ein mächtiges Lager von Brauneisenstein, wie bei Cocaes erscheint, welches ebenfalls goldhaltig ist, allein wegen seiner grofsen Festigkeit wenig benutzt wird. Es ist von 5 bis 8 Palmen Mächtigkeit, und enthält oft grofse Drusen von schönem Glaskopfe, so wie auch kostbare Drusen von Scorodit und arseniksaurem Eisen, die man unter denen, durch die von den Lavras herabgespülten Bergmassen, am Fufse des Berges findet. [*])

Die Tiefe des Thals ist durch die hier in verschiedenen Nuançen erscheinenden talkigen Gebirgsarten ausgefüllt, wie bei Villa Rica. Sie sind daselbst aber in einem noch mürberen und erdigeren Zustande, indem dabei zu bemerken, dafs wenn man dieselben gegen 60 bis 80 Palmen durchsenkt, man auf ein aufserordentlich reiches Goldlager kommt, dessen Reichthum in manchen Lavras so beträchtlich ist, dafs man in einigen Stunden viele tausend Cruzados gewonnen hat, z. B. in der von Matta Cavallos, die Arbeiten aber nicht fortsetzen konnte, weil das trichterförmige Loch, welches man gegraben, durch die von allen Seiten sich herbeidrängenden Gewässer durch das weiche Erdreich zusammenstürzte, und Arbeiter und Aufseher begrub.

Merkwürdig sind nächst dem tiefen Wasserloche der Lavra do Matta Cavallos, die vielen senkrecht in den dichten und splittrigen, theils körnigen und zum Theil quarzigen Urkalkstein, einsetzenden Quarzgänge, mit dem auf einem derselben vorkommenden erdigen lockeren Schwefel, so wie nicht fern davon, der in einem erdigen Braunsteinlager eingelagerte grobkörnige Beryl. Der Quarzgänge an der steilen Felsenwand sind hier wohl gegen zwanzig nebeneinander, in dem geringen Raume von hundert Schritten ungefähr und einige von 3 Palmen Mächtigkeit. Die Gänge setzen nach N. zu ein und das Streichen der Schichten des Kalksteins ist in der 6ten Stunde mit einer Neigung von von 40 bis 60° nach N., parallel mit den nebenstehenden Gebirgsarten. Der Quarz dieser Gänge ist goldhaltig und einige sind sehr reich, allein da das Gestein so ausserordentlich fest ist, so ist man in einigen nur wenige Palmen tief eingedrungen. Der vorkommende lockere Schwefel findet sich auf einem dieser Gänge als Salband in einer Kluft von wenigen Zollen Mächtigkeit. Die feinen Pulvertheilchen des Schwefels sind theils krystallinisch, theils geflossen mit rundlichen Ecken, so wie feine Gummikörner. Seine Farbe ist zum Theil schmutzig schwefelgelb und honiggelb.

Das genannte Braunsteinlager in der Nachbarschaft, welches aus erdigem Schwarzbraunsteinerz besteht, und zum Theil sandig ist, scheint hier den talkigen Gebirgslagern des Thales anzugehören, und gränzt zunächst an den erwähnten Kalkstein. Es erstreckt sich nur sichtbar auf die geringe Ausdehnung von wenigen Schritten. In demselben eingelagert oder vielmehr nur ein Nest bildend, so wie der Wawelit bei Villa Rica, kommt der körnige

Baryt vor, von welchem ich zwar seit mehreren Jahren einige Handstücke besafs und nach Deutschland schickte, dessen Lagerstätte ich aber nie erforschen konnte, indem man behauptete, dafs sie aus der Nachbarschaft von Marianna herrührten, bis ich ihn endlich durch einen Zufall an diesem Orte entdeckte, weshalb ihn auch Herr Bergrath Zinken, der ihn für eine ganz neue Barytart erkannte, nach meinem Namen Eschwegit benannte. *).

Der Ort und das Thal von Antonio Pereira mögen ungefähr in demselben Niveau wie das Thal von Villa Rica liegen, wo nicht etwas tiefer, und es steht zu erwarten, dafs dieser Ort durch die Arbeiten der Englischen Minen-Compagnie, welche die so reiche Lavra von Matta Cavallos gekauft hat, wieder mehr in Aufnahme kommen werde, indessen mufs ich beiläufig erinnern, dafs nicht nur zu der Eröffnung dieses Bergwerkes ein sehr gescheidter Directeur gehört, sondern vorzüglich auch geschickte Bergzimmerleute, denn der Druck der weichen Gebirgsarten, so wie der Andrang der Wasser ist von allen Seiten so stark, dafs die Zimmerung, wenn sie nicht sehr gut ist, kaum Widerstand leisten wird, und dafs man zum Hauptstollen sich der Maurung wird bedienen müssen.

Eine halbe Stunde von Antonio Pereira hatte ich auf meine Kosten eine kleine Eisenhütte in einem Wiesenthale an dem Fufse des steilen Felsenberges von Timpopeba erbaut, welcher aus Itacolumitquarz mit Eisenglanz und Eisenglimmer besteht, von denen ungeheure Bruchstücke an dem Fufse des Berges umherliegen. Hinreichendes Wassergefälle eines klaren nie versiegenden Baches, schöne Waldung in der Nachbarschaft, die Nähe von Villa Rica und viele naheliegende Ortschaften, wo eine beträchtliche Eisenconsumtion statt findet, eigneten das romantische Wiesenthal vorzüglich zur Anlegung dieser kleinen Anstalt, die ich nachgehends, da ich nicht immer selbst gegenwärtig seyn konnte, und wegen der Schwierigkeiten einer guten Administration, verkaufte.

Die Arbeiten auf Gold in dem Thale von Antonio Pereira, so wie auch in dem Rio Goalaxo beschränken sich jetzt fast einzig auf die von wenigen Faiscadores, und der Verfall des so freundlich gelegenen ehemals wohlhabenden Ortes ist mit jedem Jahre sichtbarer. Vorzüglich würde er sich zu einem Fabrikorte für Eisenwaaren eignen, wenn man auf die Erhaltung der an dem Rio Goalaxo hinauf- und hinabgelegenen Waldungen Rücksicht genommen und man auf Anpflanzung neuer in den durch die barbarische Cultur und Waldbrände verwüsteten Landstrecken bedacht seyn würde.

Von Antonio Pereira aus führt ein unbequemer Felsenweg über das hohe Itacolumitquarz - Gebirge zur Linken, nach dem Arrayal de Capanema, woselbst die Eisensteinbildungen mit dem Itacolumitquarz die benachbarten Gebirgsarten ausmachen. Man hat hier auch eine kleine Eisenhütte nach meinem Modelle der von Pratta errichtet, welche ihr Eisen sogleich zu Werkzeugen verschmiedet und guten Absatz hat. Der Arrayal das Pedras, woselbst man in die Hauptstrafse von Sabará kommt, auf der ich nun weiter fortschreiten werde, ist nicht fern hiervon.

In der Nachbarschaft des genannten Arrayals bei Atto de Pires erscheint der rothe mürbe Thonschiefer der Goldbildung mit vielen Klüften so wie in der Lavra des Morro de S. Antonio, indem die Ablösungen derselben mit schwarzem Erdkobalte überzogen sind, so wie ich es im fünften Abschnitte schon beschrieben habe. Bei S. Vincent durchsetzt diese Gebirgsart in westlicher Richtung ein beträchtlicher goldhaltiger Quarzgang.

In der Tiefe des Hauptthales des Rio das Velhas tritt oft der Gneis unter den darauf sitzenden Lagern einer mächtigen lehmigen aufgeschwemmten Dammerde hervor, welche ein unterliegendes goldhaltiges Lager von Geröllen und eckigen Steinen bedeckt, welches längst den ganzen Ufern dieses Flusses bis zu der Villa de Sabará hin ein Gegenstand der Bearbeitung und reichlicher Ausbeute war, jetzt aber meistens ausgebaut und gröſstentheils verlassen ist. Es war der Hauptgrund der Bevölkerung dieser Gegenden und der vielen kleinen Dörfer und einzeln stehenden Häuser, die man allenthalben erblickt, deren Armuth aber mit Abnahme des Goldgewinnstes von Tag zu Tag mehr zunimmt. Rio das Pedras, S. Vicent, S. Antonio da Rio assima, S[a]. Rita, Raposo, Congonhas da Sabará und Arrayal Velho, muſs man nur in der Nähe betrachten, um von ihrem Verfall überzeugt zu werden. Nur noch einige sehr wenige opulente Minenbesitzer zeichnen sich unter dieser allgemeinen Armuth aus, worunter die Erben des Coronel Barboza, der Capitaõ Mor Agustinho und der Padre Freitas besonders gehören. [5]).

Von der Lavra des Padre Freitas bei Congonhas da Sabará sagen die Herren v. Spix und v. Martius folgendes: „der dicht mit Gesträuch bewachsene Berg (woran die Lavra liegt) läuft von N. nach S. und besteht aus demselben grünlichgrauen, violetten und röthlichen Thonschiefer wie das Ufer des Rio das Velhas bei S[a]. Rita (dieselbe Formation des Urthonschiefers, wie an dem Morro de S. Antonio bei Congonhas do Campo). In ihm streichen meistens von NO. nach SW. Gänge eines grauen dichten Quarzes, der neben vielem Schwefel auch Kupferkies und Gold enthält. Hie und da wittert aus dem Gestein ein Gemisch von Alaun und schwefelsaurem Kupfer unter der Form eines weifsgrauen Pulvers aus. Die sogenannte Mine besteht in Gruben und Löchern, aus denen das goldreiche Material durch Sprengen und durch den Hammer gewonnen, und durch Neger in die Pochwerke hinabgebracht wird. Letztere, ganz einfache Pochmühlen liegen etwas tiefer an einem aus der Höhe herabgeleiteten Bache; zunächst jeder derselben ist ein unvollkommnes Schwemmwerk angebracht, Tröge nehmlich mit Kuhhäuten belegt, in welchem der durch Gitter vom Gröberen abgesonderte Schlich mit Schaufeln und den Füfsen umgerührt wird. Längst dem Bache hinab sind ebenfalls Kuhhäute, mit den Haaren nach oben, ausgespannt, um so den herabgeführten Goldstaub aufzufangen und von Zeit zu Zeit auszuklopfen. Damit jedoch die gröfseren Steine als auch der übrige Goldstaub nicht entführt werde, sind noch mehrere Gitter und drei grofse tiefe Reservoirs vorhanden. Die gröberen Steine werden von den Gittern in die Pochwerke zurückgebracht, der Goldstaub aber aus dem in den Behältern zurückgehaltenen Schliche durch Auswaschen mittelst der Gamellen gewonnen. Der Eigenthümer dieser Mine ist bei der Einrichtung seiner Goldwäschereien davon ausgegangen, dafs eine weitläuftige Vertheilung des Spülwassers und ein öfteres Hin- und Herleiten des Schliches gegen den Verlust an Goldstaub sichere. Allerdings sind die hiesigen Anstalten zweckmäfsiger, als in den meisten Minen dieses Landes; jedoch geht auch auf diese Weise eine beträchtliche Menge des feineren Staubes verloren. Das Gold der Mine des Padre Freitas hat, wie das der benachbarten Lavras von Congonhas und Itabira do Campo, wegen Beimengung anderer Metalle nur 19 Quilates (Karat) Gehalt, die Mine entschädigt aber den Eigenthümer durch den Reichthum der Erze und gehört zu den ergiebigsten der Provinz, denn sie soll in der letzten Zeit jährlich gegen 50000 Cruzados abgeworfen haben.“ (Ueber die Aufbereitung der Golderze habe ich weitläuftig in dem Pluto Brasiliensis gehandelt und weise darauf hin.)

Als mineralogische Merkwürdigkeit erscheint in dieser Lavra ein goldhaltiges Erz, welches Herr Hofrath Hausmann für eine besondere Varietät des Magnetkieses anerkannt hat.

Eine kleine Stunde von Congonhas liegt an dem Rio das Velhas die Villa de Sabará, einer der vier Hauptorte der Provinz, in welchem ein Goldschmelzhaus und eine Intendenz sich befindet, in welcher immer das meiste Gold geschmolzen wurde, von 19 bis 23¾ Karat Feinheit. Die den Ort umgebenden Berge bestehen aus Itacolumitquarz, Eisenglimmerschiefer, Thonschiefer und Talkschiefer, welche alle goldhaltig sind. Die Herren von Sp. und v. M. erwähnen auch noch eines sehr schönen fleischrothen und weifsen dichten Marmors, der auf dem linken Ufer des Rio das Velhas brechen soll, sie lassen uns aber in Zweifel, zu welcher Classe von Gebirgsarten er gehört. Auch bricht in der Nachbarschaft ein schönes, festes, grünliches, talkartiges Gestein in grofsen Bänken und dem ähnlich, dessen ich in dem dritten Abschnitte bei Brumado erwähnte, aus welchem hier die Portale der Kirchthüren gehauen worden. Hie und da ist demselben ein messinggelber Schwefelkies beigemengt. Wahrscheinlich gehört dieses Gestein als untergeordnetes Lager dem Itacolumitquarz zu, so wie ein ihm ähnliches bei der Stadt Marianna, und ein anderes bei Sumidouro, auch in der Nachbarschaft von Marianna, welches aufserordentlich reich an eingesprengtem Golde ist.

Sabará liegt 2295 Fuſs Meereshöhe, und von da aus führt eine gute neue Straſse nach der 3 Legoas entfernten Villa de Caeté oder Villa nova da Rainha genannt, welche um mehrere hundert Fuſs höher liegt [6]). Auf dem Wege dahin liegen die ehemals durch ihren Goldreichthum bekannten Arrayaes, Pompéo und Cuyabá, deren Häuser jetzt fast alle in Ruinen liegen; man sollte glauben, daſs vor Jahrhunderten eine feindliche Armee hier durchzog und ihre Zerstörungen ausgeübt, denn Bäume, Büsche und Gras überdecken schon die Steinhaufen, und doch rührt dieses von nichts anderm her, als daſs die Eigenthümer ihre Häuser verlieſsen, und dieselben den Würmern und Ameisen überlieſsen, erstere zernagten das Holz, letztere untergruben die Mauern, und in wenigen Jahren stürzte das Ganze zusammen. Auf diese Art ergeht es in kurzer Zeit allen Wohnungen in Brasilien und besonders auf dem Lande, welche eine Zeitlang nicht bewohnt sind. Thonschiefer mit goldhaltigen Gängen und Lagern ist in diesen Gegenden die Hauptgebirgsart. Hie und da bestehen die höchsten Berge aus Eisensteinfelsen, wodurch sich besonders das zur Linken des Wegs sich emporhebende Gebirge, die Serra da Piedade genannt, auszeichnet. Bei Cuyabá sind dem Thonschiefer auf- und eingelagert, so wie bei Villa Rica, die talkigten Gebirgsarten mit goldhaltigen Gängen. Das allgemeine Streichen der Gebirgsschichten ist in der 3ten Stunde und ihre Neigung 60° — 70° nach S. O. Der Rio Sabará, an welchem die Straſse hinauf führt, war ebenfalls sehr goldreich, doch jetzt ist er nur noch ein Gegenstand der Bearbeitung für arme Faiscadores.

Der Mühe lohnt sichs von der Villa de Caeté aus, die benachbarte Serra da Piedade zu ersteigen, deren Hauptgebirgsrücken ungefähr eine Stunde lang ist, sich von O.

nach W. zum Rio das Velhas hinzieht, und an seinem Fuſse in O. mit der Serra de S. Joaô und Serra da Lappa zusammenhängt. Ohne einigen Aufenthalt langt man über die Arrayaes de Mondéos und N. S^a^. da Penha, nach einer Stunde auf dem Gipfel des Berges an, bei der kleinen Capelle da N. S^a^. da Piedade [7]). Bei der Brücke über den Rio Sabará und bei dem Arrayal de Mondéos bis zum höher gelegenen Arrayal da N. S^a^. da Penha ist Gneis das Grundgebirge, mit einem Streichen seiner Schichten in der 12ten Stunde. Der Gneis ist sehr grobkörnig, enthält an seiner Oberfläche vielen verwitterten Feldspath und silberweiſsen Glimmer. Auf diesem Grundgebirge, welches die Herren v. Spix und v. Martius übersehen zu haben scheinen, ist der röthliche Thonschiefer aufgesetzt, auf welchem hie und da mächtige von dem höheren Gebirge abgerissene Felsenmassen der verschiedenen Eisensteinbildungen des Itabirits zerstreut liegen. Der Thonschiefer reicht hinan bis zum letzten und steilsten Aufsatze des Berggipfels, dessen untere Lagen dem Itacolumitquarze angehören, der aber einen so schnellen Uebergang in Eisenglanz, Eisenglimmer und Magneteisenstein (die Itabiritbildung) macht, daſs der Itacolumitquarz bald verschwindet, und reiner Eisenstein in senkrechten Schichten ansteht mit einem Streichen in der 3ten Stunde. Die Lagen des Eisensteins sind oft bandartig und festungsartig durch Quarz gestreift. Der Quarz ist zum Theil sehr fest und innig mit dem Eisenstein verwachsen, zum Theil erscheint er in losen Körnern, die auf der Oberfläche der Felsenmassen herausgewittert sind, wodurch diese ein zerfressenes Ansehen erhalten. An den Abhängen des Berges erscheint auch zuweilen die Tapanhoacanga als Ueberzug auf den Eisensteinfelsen. Die ganze Mächtigkeit des Eisensteins bis zu seinem höchsten Gipfel, welcher 5460 Fuſs hoch ist, beträgt nach meinen Messungen gegen tausend Fuſs, eine Mächtigkeit, die man bis jetzt wohl noch nirgends in der Welt beobachtet hat. Die magnetischen Eigenschaften dieser Eisensteinmassen verhalten sich eben so wie an dem Pic von Itabira, deren ich im vorigen Abschnitte gedacht habe. Ungeachtet daſs es beinahe seit einem Monate in diesen Gegenden nicht geregnet hatte, der Berg auch frei von allen Wolken und Nebeln war, so schwitzten doch die höchsten emporstehenden Eisensteinfelsen beständig eine Feuchtigkeit aus, die als klare Wassertropfen niederfiel, und am Fuſse der Felsen in dessen Ritzen und Sprüngen wieder verschwand, ungefähr hundert Schritte tiefer aber als starke Quelle ohne Eisengehalt hervorsprudelte, die den Wallfahrern nach der Capelle, und den Bewohnern des Hospitiums das fürtreflichste Trinkwasser liefert.

Der Gneis nimmt die ganze Thalniederung mit ihren Erhabenheiten bei der Villa de Caeté ein bis jenseit des Ribeiraô Bonito und der Estallagem von Montalvaô, wo alsdann der talkartige Thonschiefer erscheint, und Itacolumitquarz macht den Rücken der Serra de S. Joaô, indem der östliche Abhang dieses Rückens nach dem Arrayal da Barra zu mit Eisenglimmerschiefer bedeckt ist. Die Richtung aller Schichten dieser Gebirgsarten ist hier in der 3ten Stunde.

Die Serra de S. Joaô machte ehemals die natürliche und vorzüglichste Grenzscheide der Wald- und Camposgegenden, nach denen man noch heutzutage in Minas so viele gleichnamige Orte zu unterscheiden pflegt, indem man sie durch die Zunamen do Matto Dentro oder do Campo bezeichnet, und sie haben diese Beinamen behalten, ungeachtet daſs jetzt durch die Verwüstung der schönen Wälder viele Orte schon nicht mehr im Walde, sondern auf nackten Campos liegen. Mit der Serra de S. Joaô überschreitet man auch die Wasserscheide des Rio das Velhas und des Rio Doçe; es gehört folglich dieser Rücken, der hier wohl kaum über 3000 Fuſs Höhe hat, dem Gebirgsrücken der Serra do Espinhaço zu. Von einem Golddistrikte schreitet man über das Gebirge in den andern, alle Bäche und Rinnsalen sind goldreich und zeigen von dem Reichthum in den Gebirgen. Der Corrego de S. Miguel, der Ribeiraô de S. Joaô und der von Sumidoûro gehören zu diesen reicheren Gewässern, die beständig durch das Goldwaschen getrübt sind; sie vereinigen sich mit einander und ergieſsen sich bei dem Arrayal da Barra in den Rio de S^a^. Barbara, einem der Hauptzuflüsse des Rio Doçe, in welchem früher sehr viel Gold gewonnen wurde.

Brumado, einer der Hauptorte dieser Gegend, liegt beinahe in demselben Niveau wie Sabará und Marianna. Thonschiefer der Goldbildung ist die Hauptgebirgsformation der niederen Fluſsgegenden mit übergelagerten mächtigen lehmigten goldhaltigen Lagern. Aus dem Thonschiefer blicken hin und wieder Lager von Seifenstein hervor, wie in der Nachbarschaft von Congonhas do Campo, auch erscheint zwischen demselben ein senkrecht stehendes fast durchgehends nacktes Felsenriff aus Itacolumitquarz bei der Capelle do S. Francisco, welches mit dem Fuſse der Serra do Caraça zusammenhängt, und sich alsdann in der niedern Gegend verliert. Die Schichtenrichtung desselben ist zwischen der 10ten und 11ten Stunde, theils senkrecht, theils mit einer geringen Neigung nach O. Von hier kommt man nach dem groſsen Arrayal de Cattas Altas und der reichen Lavra des Goarda Mor Innocencio, am Fuſse der Serra do Caraça, die sich von dieser östlichen Seite als ein steiles, schroffes und wildes Felsengebirge darstellt, am bequemsten aber von hieraus zu ersteigen seyn soll.

Die v. Sp. und v. M. sagen folgendes über diese Gegenden:

„Die Goldmine des Goarda Mor Innocencio wird schon seit 80 Jahren bearbeitet, früher mit sehr vielen, jetzt nur mit 80 Negern. Auf dem weiſsen Quarzschiefer (Itacolumitquarz), der den Hauptstock des ganzen Gebirges bildet, liegt ein mächtiges Lager des eisenhaltigen oder sogenannten Eisenglimmerschiefers, welches in einer Höhe von 30 bis 40 Klaftern entblöſst, steile stahlgraue Wände darstellt. Diese Gebirgsart besteht aus einem feinkörnigem rauchgrauen Quarze, und stahlgrauem feinkörnigen Eisenglanze, der die Stelle des gemeinen Glimmers vertritt. Gewöhnlich ist sie dünn, selten bis zu einem Fuſs dick geschichtet, oft bei groſsem Quarzgehalte fast zerreiblich, und auf den Ablösungen mit gelblich braunem Eisenocker überzogen. Hie und da kommt darinnen groſsblättriger, meistens wellenförmig-gebogener, derber Eisenglanz vor. Der sogenannte Eisenglimmerschiefer streicht in der Stunde 22 (10ten Stunde des Bergm. Comp.) nach N., und fällt unter Winkeln von 50 bis 80° nach O. Mehr oder weniger vom Quarze abgesondert, kann sein Eisengehalt 50 bis 70 Procente betragen. Man bemerkt Uebergänge in reinen Eisenglanz, häufiger aber noch in Quarzschiefer, der die Hauptformation ausmacht, und dem er nur als mächtiges Lager untergeordnet ist. Gegen den Gipfel des Berges wird diese Bildung von der, bereits bei Villa Rica beschiebenen Eisensteinflötzformation (Tapanhoacanga) bedeckt, in welcher groſse Stücken von Quarz eingewachsen sind. Die gröſsten und reichsten Stücke von Eisenerzen, die bei dem Goldwaschen nicht zerschlagen werden können, werden von den Negern auf dem Kopfe aus der Mine getragen, und längst dem Berge vor dem Hause zu einem hohen Wall aufgeschichtet, der die gröſsten Schmelzwerke Jahrelang zu beschäftigen im Stande wäre. Das Gold ist von goldgelber Farbe, und kommt zwischen dem Eisenglimmerschiefer in feinen Körnern vor, die viele einzelne Krystallisationsflächen zeigen und bisweilen so ineinander gewachsen sind, daſs sie mehrere Zolle lange, dünne, röhrenförmige, aneinanderstoſsende Reihen bilden. Auch im Eisensteinflötze und im Quarze kommt Gold vor, mehr aber noch auf den Ablosungen des derben Eisenglanzes selbst. Ein mächtiger Bach fällt zur Regenzeit aus dem oberen Theile des Berges in die hinterste Schlucht, welche das Eisenglimmerschieferlager des Berges bildet, bringt die, aus dem Eisensteinflötze auf der Höhe des Berges losgerissenen Goldtheilchen mit sich, und wäscht den Schlich aus dem zerreiblichen Eisenglimmerschiefer ebenfalls durch. Ein Theil desselben wird in einen, unterhalb der Fazenda vorgerichteten Teich herabgeführt, und hieraus das edle Metall mittelst der Patias (Batias) ausgewaschen. Beim Schmelzen erhält das hiesige Gold, wahrscheinlich durch die beträchtliche Beimengung von Braunstein, Arsenik und Spiesglanz, vielleicht auch von etwas Platina, eine sehr hellgelbe Farbe; wenigstens behauptete unser Wirth dieses Metall schon erhalten zu haben.“ *)

Von dem Hauptgebirge der Serra do Caraça (Carassa) sagen diese Herren nur sehr wenig in mineralogischer und geognostischer Hinsicht, und nur beiläufig, indem sie die schönen Naturscenen beschreiben, wird erwähnt, daſs das

*) Durch die Beimischung von Platina erhält das Gold keine helle, sondern eine dunklere stahlartige Farbe. v. E.

Gebirge aus Quarzschiefer (Itacolumitquarz) besteht, und daſs man in den groſsen Strecken des entblöſsten Quarzschiefers schmale Gänge und Trümmer von dichtem glänzenden Fettquarz bemerkt, in welchem Kyanit und Rhäticit aufsetzen, hie und da auch Findlinge von gemeinem Schörl. Kyanit und Rhäticit sind gewöhnlich bläulichgrau in's Lichthimmelblaue übergehend, aber selten rein, meistens schmutzig. Der gemeine Schörl stellt mittelmäſsig groſse, nebeneinandergewachsene daher undeutliche Krystalle dar. Da die Oberflächen dieser Findlinge mit rothem Thone überzogen sind; so schlieſsen diese Reisenden, daſs sie der Formation der Tapanhoacanga angehören, woran ich aber zweifle, da ich mich nicht entsinne jemals darinnen Schörl eingewachsen oder eingeknetet gefunden zu haben, dahingegen in der lehmigten, dicken, meistens goldhaltigen Dammerde, die man so oft an den Abhängen der Berge und in den Thälern findet, das Erscheinen von Schörlkrystallen nichts Seltnes ist. Sie sagen ferner: „Der Berg ertönt an mehreren Orten von unterirdischen Gewässern, die sich zwischen den Ritzen und Ablösungen des Gesteins durchdrängen, und endlich noch unten als kühle Quellen zum Vorschein kommen. Auf der Ostseite ist der Abhang der Serra so steil, der schmale Steig mit so vielen losen Felsentrümmern bedeckt, daſs man nur mit Gefahr in das Thal von Inficionado kommen kann.“

Von Cattas Altas führt der Weg nach der fünf Stunden entlegenen Stadt Marianna über die Fuſsberge, und durch die Thäler des östlichen Abhanges der Serra do Caraça, durch die ehemals wegen ihrer vielen reichen Goldwäschereien berühmten, jetzt ganz verarmten Ortschaften, Agua Quente, Inficionada, Bento Rodrigues und Camargos, welche in einer Meereshöhe von 2355 bis 2565 Fuſs liegen. Bei

Agua Quenta entspringt eine warme Quelle aus dem Eisenglimmerschiefer, welche einer näheren Untersuchung wohl verdiente. Von da kommt man über die niedere Serra de Tapanhoacanga, deren ganze Oberfläche mit dem in dieser Gegend so weit verbreiteten Eisenstein-Conglomerat bedeckt ist, nach der reichen Lavra von Catta Preta bei Inficionado, die wegen ihres ehemaligen, jetzt nur verborgenen Reichthums, von der Englischen Minen-Compagnie angekauft wurde, weil man noch grofse Hoffnungen in der Tiefe hat, Hoffnungen, welche die ehemaligen Besitzer aus Mangel an bergmännischen Kenntnissen und Unvermögen nie realisiren konnten. Die Gebirgsart daselbst ist ein beinahe schwarzer, aufgelöfster, kalkiger und fetter Thonschiefer mit fast stehenden Schichten, zuweilen in Eisenglanz und Eisenglimmerschiefer übergehend, zwischen welchem schmale goldhaltige Quarzlager mitten innen liegen, und parallel mit den Schichten niedersetzen und fortlaufen. Man trieb darauf einen zweckwidrigen offenen Pingenbau (trabalho de talho aberto), ohne für einen Abzug der Gewässer zu sorgen, welche durch Rosarios (Paternosterwerke) gelöfst wurden. Da die Wände der weichen, durch die Feuchtigkeiten aufgelöfsten schmierigen Bergmasse, immer nachstürzten, und immer wieder aus der Tiefe herausgeschafft werden mufsten, so konnten diese Arbeiten nie tief genug betrieben werden, und man behalf sich nur mit dem Reichthume der Oberfläche. Das Gold dieser Lavra ist graugelb, seine Feinheit kann aber durch zweckmäfsige Einschmelzung bis zu 23 Karat gebracht werden.

Auf den goldhaltigen Lagern dieser Lavra sollen vollkommen abgerundete Quarzgeschiebe vorkommen, eine Erscheinung, die um so merkwürdiger ist, da hier von keiner angeschwemmten Lagerstätte die Rede seyn kann. Der Goldgehalt soll um so beträchtlicher seyn, je mehr solcher Geschiebe vorhanden sind. Besonders schöne, doppelte 4seitige Pyramiden magnetischen Eisensteins, finden sich daselbst in dem dichten und schiefrigen Eisenglanze von außerordentlich regelmäßsiger Gestalt und von der Größe einer Erbse bis zu der eines kleinen Hühnerei's.

Seitwärts zur Rechten von der Straße nach Bento Rodrigues, dicht unter dem hohen und steilen Gebirge der felsigten Caraça, liegt die Fazenda eines gewissen Cap^m. Duzaês, welcher aus einem Bache der Nachbarschaft, statt Gold, einen feinen Sand gediegenen Kupfers erhielt. Die Gebirgsart, durch welche dieser Bach seinen Lauf nimmt, besteht aus einem schwarzen Thonschiefer, der in horizontalen Schichten erscheint mit vielem eingesprengten Schwefelkiese, auch wenigem Kupferkiese. Wahrscheinlich ist dieser Thonschiefer, der ganz mürbe ist, das Muttergestein des gediegenen Kupfers.

Zwischen Bento Rodrigues und Inficionado übersteigt man einen Bergkamm, der von der hohen Caraça abläuft, und zwischen dem Rio Pereicaba und dem Goalaxo die Wasserscheide macht. Er besteht aus Itacolumitquarz mit einem Streichen der Schichten zwischen der 9ten und 10ten Stunde, und einem Einfall derselben von 50 bis 60° nach N. O. Zwischen Bento Rodrigues und Camargas findet man auf den tieferen Punkten der Gegend Gneis anstehend, mit ein- oder aufgelagertem Grünstein, so wie mit Bergköpfen von Talkschiefer und Seifenstein. An dem Morro da Palha gegen der Lavra des Coronel Fernando über, findet man ebenfalls Grünstein auf Gneis; der Morro da Caçada zeigt aber Itacolumitquarz, mit einem Streichen der Schichten in der 11ten Stunde und östlichem Einfall von 60°. Am Corrego do Teixeira findet man vielen magnetischen Eisenstein als Findlinge, welcher wahrscheinlich in dem benachbarten Eisenglimmerschiefer, der nebst Thonschiefer die Berge bildet, seinen Ursprung hat. Von hier aus tritt man nun in das hoch aufgeschwemmte Thal von Marianna, an dem Ribeiraô do Carmo. Zur Rechten erblickt man das hohe kahle Gebirge von Sª. Anna, und den zerrissenen Vorsprung des Morro do S. Antonio, als östliches Ende der Serra do Oiro Preto, dessen Fuſs von dem Ribeiraô do Oiro Preto, der zwischen tiefen Felsenschluchten aus den höheren Gebirgen von Villa Rica herabkommt, bespült wird, und die reiche Lavra da Passagem von dem Morro de S. Antonio trennt, indem das reiſsende Wasser sich über 100 Fuſs tief in einen sehr festen Glimmerschiefer fast senkrecht eingefressen hat. Glimmerschiefer mit tombackbraunem, auch grauen Glimmer macht daselbst das Grundgebirge. Das Streichen der Schichten desselben ist von S. nach N., und das Einfallen derselben nach O. in 45 bis 50°, und enthält viele kleine Quarznester mit Schwefelkies und dem schönsten lasur- und himmelblauen Kyanit. Auf dem Glimmerschiefer ruht rother mürber Thonschiefer von einigen Lachtern Mächtigkeit mit vielen schwarzen Mangan-Körnern, die als verhärtete Kerne an der Oberfläche herausfallen, doch nicht so mandelförmig gestaltet sind wie die von Pitangui. Auf dem Thonschiefer sitzt das goldreiche Quarz- und Carvoeira-Lager mit auſserordentlich vielem goldhaltigen Arsenikkies, von 3 Palmen bis 3 Lachtern Mächtigkeit. Auf diesem ruht der Itacolumitquarz von der unbedeutenden Mächtigkeit einiger Lachter, alsdann Eisenglimmerschiefer und an diesen stoſsen die talkigen Gebirgsarten, nebst dem Thonschiefer, die alsdann abwechselnd mit Itacolumitquarz bis zu dem hohen Itacolumi hinansteigen, und hie und da, besonders an dem Abhange des Morro de S. Antonio mit der Tapanhoacanga-Kruste überzogen sind. *)

Hiermit schliefse ich meine vorzüglichsten mineralogisch-geognostischen Beobachtungen in Brasilien, die sich über eine Oberfläche von 6 Längen- und 8 Breitengraden in vielen Richtungen erstrecken, und deren Ausdehnung zusammengenommen, eine Linie von mehr denn 1200 Legoas in die Länge betragen würde. Hebt man die Haupt-Resultate aus diesen Beobachtungen heraus; so ergiebt sich Folgendes, was besonders die Aufmerksamkeit der Geologen verdient.

1) Die grofse Verbreitung der Urgebirgsarten in einem Flächenraume von ungefähr 15552 Quadrat-Legoas, und das vergleichungsweise beschränkte Vorkommen der Uebergangs und secondairen Bildung, so wie fast der gänzliche Mangel tertiairer Formationen, deren Verhältnisse zu einander, in Zahlen von Hundertheilen ausgedrückt, ungefähr folgendermafsen sich verhalten: wie

Urgebirgs-, Uebergangs-, secondaire, tertiaire Gebirgsarten,
75 : 15 : 9,999 : 0,001

oder dieses Verhältnifs auf die 15552 Quadrat-Legoas angewendet, so würden die verschiedenen Gebirgsformationen folgenden Raum einnehmen:

Urgebirgs-, Uebergangs-, secondaire, tertiaire Gebirgsarten,
11664 - 2332,8 - 1555 - 0,2 Quadrat-Legoas.

2) Die so auffallende Haupttrennung der granitischen und der schiefrigen Urgebirgsarten durch den grofsen Gebirgsrücken der Serra do Espinhaço; die ununter-

*) S. die beigefügte Durchschnitts-Karte Nr. II.

brochene Verbreitung ersterer von diesem Gebirgszuge nach O. bis zu dem Meere hin, und den Einfluſs welchen sie auf die Vegetation besonders haben.

3) Die Nebeneinanderlagerungen und öfteren Wiederholungen der verschiedenen granitischen Urgebirge*) und ihre Uebergänge in einander, sowohl nach der Breite der Schichtungen als auch vorzüglich ihren Längen und Neigungs-Richtungen nach, so daſs man sie alle insgesammt für ein Produkt gleichzeitiger Entstehung halten muſs.

4) Die öfteren Wiederholungen der verschiedenartigsten nebeneinandergelagerten schiefrigen Urgebirgsarten, die ebenfalls nur als ein gleichzeitiges Ganze zu betrachten sind.

5) Der allgemeine Parallelismus der Schichtenrichtung von N. O. nach S. W. und das östliche Einfallen derselben, wovon jedoch die Itacolumitquarz-Bildung mit ihren Verwandten die öftersten Abweichungen macht.

6) Die groſse Verbreitung des Itacolumitquarzes als höchste Gebirgszüge.

7) Die Erscheinung der groſsen weit verbreiteten Eisensteinberge und der so merkwürdigen Tapanhoacanga.

8) Die groſsen Erstreckungen der talkigen Gold und Edelsteinhaltenden Gebirgsarten der Urbildung.

9) Die fast allgemeine Verbreitung des Goldes in den schiefrigen Urgebirgsbildungen, so wie in den aufgeschwemmten, und die Goldleere in den granitischen.

---

*) Zu den granitischen Urgebirgsarten zähle ich besonders den Granit, Gneis, Glimmerschiefer, Syenit, Grünstein und Hornblendegestein.

10) Die wenige Metallhaltigkeit der Uebergangsbildungen.

11) Der gänzliche Mangel an Petrefacten in dem Kalksteine.

12) Das Vorkommen natürlichen Schwefels in Urgebirgen.

Beschreibung einiger auf dieser Tour gesammelten Mineralien.

Scorodit mit arseniksaurem Eisen, in Brauneisenstein von Antonio Pereira. Herr Hofr. Hausmann schreibt mir Folgendes darüber: „Das für Scorodit gehaltene Fossil stimmt allerdings in allen Eigenschaften mit dem Minerale überein, welchem man in Sachsen diesen Namen gegeben. Ich habe ein kleines Pröbchen davon genau geprüft, und gefunden, dafs dieser Scorodit nichts anders als arseniksaures Eisen ist, und stimmt in allen wesentlichen Merkmalen mit dem sogenannten Würfelerz von Cornwall überein; nur die Krystallisation scheint freilich nicht übereinzustimmen, wenn man nehmlich als Krystallform des arseniksauren Eisens, wie gewöhnlich den Würfel annimmt. Betrachtet man aber diesen Würfel als ein rechtwinklich vierseitiges Prisma, so läfst sich die Form allerdings mit der des sogenannten Scorodits reimen, der in Quadratoctoedern krystallisirt, deren End- und Grundecken öfters abgestumpft sind. Stofsen diese Abstumpfungen zusammen, indem die Octoederflächen verschwinden, so ist ein Prisma vorhanden, welches wohl zufällig mit den Dimensionen des Würfels erscheinen kann."

Nach meiner Wägung ist das specifische Gewicht desselben bei 15° R. = 2,900, und hiernach gewinnt Herrn Hofr. Hausmanns Meinung auch mehr Gewicht, dafs dieses Fossil mehr dem Würfelerz als dem Scorodit angehört.

Schwefel, natürlicher. Er besteht aus feinen sandartigen, theils krystallinischen, theils geflossenen mit rundlichen Ecken, gleich feinen Gummikörnern versehenen Körnchen, und ist von schwefelgelber ins Honiggelbe sich ziehender Farbe. Aus einem Quarzgange in primit. Kalkstein. Von Antonio Pereira.

Baryt, grobkörniger, ebendaher, und woron die Beschreibung in den Anmerkungen gegeben. Das spezifische Gewicht desselben bei 15½ Grad R. = 6,600.

Eisenglimmerschiefer mit einem goldfarbenen Asbestartigen Minerale. Dieses Fossil ist entweder innig mit dem Eisenglimmerschiefer verwachsen, oder man kann es auch in grofsen Knauern von demselben scheiden.

Farbe. Goldgelb, bräunlichgelb bis zum Chocoladenbraunen.

Gestalt. In derben Massen oder auch eingesprengt.

Glanz. Seidenartig glänzend.

Bruch. Fasrig und meistens sternförmig auseinanderlaufend, büschelförmig aneinandergehäuft.

Herr Hofr. Döbereiner in Jena, welchem ich ein goldgelbes Exemplar davon zur Analyse gab, theilt mir Folgendes darüber mit: „Das in dem Brasilianischen Eisenglimmerschiefer aufgefundene goldfarbige Asbestartige Mineral, verhält sich chemisch wie ein inniges Gemenge von Kieselerde und Eisenoxyd; denn es zerfällt: 1) bei der Behandlung mit Kali im Feuer, in kieselsaures Kali, (welches sich in Wasser auflöfst), und in Eisenoxyd, (welches unauflöfslich zurückbleibt); 2) bei Einwirkung von Salzsäure, in salzsaures Eisenoxyd und p u l v e r i g e Kieselerde. Das quantitative Verhältnifs beider Bestandtheile ist:

$$55 \text{ Eisenoxyd} \begin{cases} 38{,}2 \text{ Eisen,} \\ 16{,}8 \text{ Sauerstoff;} \end{cases}$$

$$45 \text{ Kieselerde} \begin{cases} 22{,}5 \text{ Silicum,} \\ 22{,}5 \text{ Sauerstoff.} \end{cases}$$

Das Mineral kann daher als eine mechanische Verbindung von gleichen Antheilen Kieselerde und Eisenoxyd betrachtet werden. Ich vermuthe dafs es ursprüglich Kieseleisen, d. h. eine Verbindung von Eisenoxydul mit Kieselerde gewesen, welches durch höhere Oxydation oder durch Aufnahme von mehr Sauerstoff erst in kieselsaures Eisenoxyd verwandelt worden. Ob diese Verwandlung durch Feuer oder Wasser veranlafst worden, lasse ich unentschieden, obgleich der äufsere Habitus des Minerals für einen ehemals geschmolzenen Zustand desselben spricht.“

Fundort in der Nachbarschaft der Eisenhütte von Timpopeba bei Antonio Pereira in Urgebirgen.

Feder-Alaun oder Haarsalz, von gelblichweifser Farbe. Das Vorkommen ist mir unbekannt. Aus der Nachbarschaft von Capanema.

Magnetkies (nach Herr Hofr. Hausmann) von Congonhas do Campo, ein goldhaltiges Erz, welches als besondere

Varietät unter dem Namen des muschlichen Magnetkieses aufgeführt zu werden verdient; zuweilen findet sich mit demselben verbunden ein Fossil in kleinen schwarzen, glänzenden, leicht spaltbaren Krystallen, welches wahrscheinlich neu ist.

Feinkörniges grünes Golderz von Congonhas de Sabará, enthält nach einer Analyse von Herrn Hofr. Döbereiner in 25 Gewichtstheilen

17,5	Gold,
4,9	Silber,
0,3	Kupfer,
2,5	Arsenikeisen,
0,2	Verlust.
25,0	

Kyanit und Rhäticit, blaulichgrau von der Serra do Caraça und vorzüglich schöner lazurblauer, sehr breit und langstraliger aus der Lavra da Passagem bei Marianna. Das spezif. Gew. bei 16° R. ist

= 4,500 des lasurblauen von Passagem,
4,660 des graustraligen von Serro,
3,000 des weifsen von Villa Rica.

Carvoeira. Ein schwärzlichgraues, pechschwarzes auch grünlichschwarzes zum Theil schiefriges Gestein aus meistens microscopischen Theilen von Quarz, schwarzem Manganhaltigen Eisenoxyde, nadelförmigem meistens zersetzten Schörl und Turmalinkrystallen zusammengesetzt, theils innig mit Arsenikkies gemengt, zum Theil ist derselbe auch eingesprengt darinnen, in Gestalt von Gerstenkörnern (in der Lavra da Passagem), das Gestein ist zum Theil zerreiblich, zum Theil sehr fest, das zerreibliche fühlt sich scharf an, als wenn man über glatten Wetzschiefer oder Schmergel streicht, und wird auch von Manchen als vorzüglich guter Wetzstein benutzt. Die ganze Masse ist innig mehr oder weniger mit Gold gemengt, und macht das vorzüglichste Goldlager in dem Gebirge von Villa Rica und andern Orten aus.

Anmerkungen zum zehnten Abschnitte.

1) Da diese talkartig auch chloritartig scheinende Gebirgsart besonders die Lagerstätte der bei Capaô do Lane, Jozé Coria und Boa Vista vorkommenden gelben Topase und der Euklase ist; so verdient dieselbe, so wie das Vorkommen dieser edlen Steine darinnen, noch einer besondern Erwähnung und einer Auseinandersetzung dessen was früher schon darüber bekannt worden ist, und insbesondere dessen was die Herrn v. Spix u. v. Martius darüber sagen. Die Reisenden erklären sich folgendermaſsen darüber: (1. Thl. p. 327.) „Die Grundlage des Gebirges ist auch hier (Capaô do Lane) der Gelenkquarz, jedoch steht derselbe selten in seiner gewöhnlichen Form, dagegen öfter der, von Eschwege Eisenglimmerschiefer genannten Abänderung, zu Tage an. Auf ihm liegen mächtige Lager eines modificirten Glimmers, den man auch erdigen Talk nennen könnte. Dieselben bilden niedrige, abgerundete Hügel, in welchen man an drei verschiedenen Orten, vorzüglich aber zunächst der beiden genannten Meierhöfe (Capaô u. Lana) jene edlen Steine (die Topase) findet. Unmittelbar hinter der Fazenda do Lana ist ein Hügel auf der einen Seite, im Umkreise von mehr als zwei Tagewerken und bis auf eine Höhe von 60 Fuſs durch Regen und künstlich herabgeführte Wasser so aufgeweicht, daſs er einem Breie gleicht, und sich ohne sich im Einzeln zu verschieben immer tiefer herabsenkt, u. s. w. die härteren Steine der aufgelöſsten Formation sind die Trümmer eines oft ganz bröcklichen weiſsen Quarzes, bisweilen mit losem Bergkrystalle durchmengt, und werden oft von einer weiſsen oder braunen eisenschüssigen Porzellanerde begleitet. Letztere, welche man hier Massa branca nennt, ist das sicherste Zeichen von dem Vorkommen der Topase, da sowohl zwischen ihr, als, jedoch seltner, diese zwischen dem zertrümmerten und aufgelöſsten Quarze, lose und zerstreut liegen. Den fein aufgeweichten Glimmer von gelblich und tombackbrauner Farbe, den man erdigen Talk zu nennen versucht ist, bezeichnen die Arbeiter mit dem Namen der Malacachetta. In ihm findet man de Topase ebenfalls, aber minder häufig, als in jenen zertrümmerten Resten von Gängen, und zwar hat man sie nicht blos in dem aufgeweichten Theile der

Formation, sondern, wie namentlich bei Capaô, auch in dem noch festen bemerkt. Gewöhnlich läuft der die Topase enthaltende Quarzgang in einem Salbande von erdigem Talke, welcher sich von dem Naheliegenden durch Farbe und Dichtigkeit unterscheidet und Formaçaô genannt wird. Der Quarzgang, dessen Hauptrichtung wegen der Beweglichkeit der ganzen Masse nicht immer ganz die nehmliche ist, bei unserer Gegenwart aber von Mitternacht nach Mittag lief, hat eine Mächtigkeit von einem Zolle bis zu anderthalb Fufs und drüber, und wird von den Arbeitern sorgfältig verfolgt. Nicht selten macht er grofse Nesterförmige Erweiterungen, welche nichts als tauben, zertrümmerten Quarz ohne Topase darstellen. Die Letzteren werden äufserst selten noch im Zusammenhange mit dem Quarzgesteine oder mit Bergkrystall gefunden; gewöhnlich sind sie auf der einen Seite abgebrochen; solche mit krystallinischen Endflächen an beiden Seiten haben wir selbst in der Grube nicht auffinden können u. s. w. Die Gröfse der Steine ist sehr verschieden, nach der Aussage der Arbeiter sind schon faustggrofse Stücken gefunden worden. Die natürliche Farbe ist mannigfaltig, bald graulich, bald weingelb, dann eine Mittelfarbe aus Weingelb und Fleischroth, von verschiedenen Graden der Höhe, selten dunkelroth. Diejenigen Steine, welche in der Malacacheta gefunden werden, sollen die hellsten seyn. Die Einwohner verstehen auch, den Topasen durch Ausglühen eine künstliche, besonders rosenrothe Färbung zu geben u. s. w. Zugleich mit den Topasen kommen hier die Euclase (Safiras) vor, im Allgemeinen ist diese Steinart selten."

Man erlaube mir über diese Texteswortc der Reisenden folgende Bemerkungen zu machen: Die Grundlage des Gebirges, die zunächst bei Capaô als Gelenkquarz in der Gestalt des Eisenglimmerschiefers hervortreten soll, kann auf keine Weise zu dem Gelenkquarze oder meinem Itacolumitquarze gezählt werden, der als von dieser Gebirgsart getrennt betrachtet werden mufs, und insbesondere da er namentlich bei Capaô ein ganz isolirtes Lager in dem Talkschiefer bildet, und sehr weit von dem Itacolumitquarze, sowohl nördlich als südlich, durch die Zwischenlagerungen des Thon- und Talkschiefers, getrennt ist, indem der Itacolumitquarz erst nördlich an dem höheren Gebirgszuge der Serra da Coxoeira erscheint, und südlich auf dem Morro de Deus te livre. Der Eisenglimmerschiefer bei Capaô bildet, wie schon gesagt, ein ganz abgesondertes Lager von unbedeutender Erstreckung, und ist den talkigen weichen Gebirgsarten hier untergeordnet. Will man für die in diesem Thale und zwischen den höheren Bergen eingeschlossenen mürben Gebirgsarten, die sich in die Länge gegen drei Legoas ausdehnen, ein Grundgebirge annehmen; so kann dieses kein Anderes sein als der Thonschiefer, welcher nördlich von der Serra da Caxoeira nach dieser Gegend zu sein Einfallen hat, und alsdann den Uebergang in Talkschiefer macht. — Die Topase finden sich bei Capaô und Lana nicht nur an drei verschiedenen Orten, sondern in dem ganzen Thalstriche der Talkbildung von Boa Vista an bis Chiqueiro d' Alemaô, nur mit dem Unterschiede, dafs man an diesen Orten die reichste Ausbeute erhielt. Die Topasformationen erstrecken sich hier also auf eine Länge von mehreren Legoas in der Richtung von N. O. nach S. W., und die vielen alten verfallenen und zusammengesenkten Gruben oder Pingenlöcher, die man allenthalben auf dieser Erstreckung findet, beweisen die Existenz dieser edlen Steine in der ganzen Ausdehnung. — Was die Benennung Malacacheta betrifft, so scheint hiermit ein Mifsverständnifs obzuwalten, denn der Topasgräber, so wie überhaupt der Mineiro in Brasilien, versteht darunter nicht, wie die v. Sp. u. v. M. glaubten, den aufgeweichten Glimmer (?) von gelblich und tombackbrauner Farbe, den man, wie dieselben sagen, erdigen Talk zu nennen versucht ist, sondern die reinen in Blättchen und Scheibchen sich absondernden festen und biegsamen Glimmerblättchen, die man hier mit eingemengt findet, und an andern Orten selbst in grofsen scheibenförmigen Tafeln gefunden, und sowohl in Minas, häufiger aber in Goyaz als Fensterscheiben benutzt werden. Unter dem Namen Malacacheta werden sie auch häufig nach Rio de Janeiro geführt, woselbst sie statt des zerbrechlichen Glases zu den Schiffslaternen gebraucht werden. In den Topasgräbereien kommt sowohl der Glimmer, als auch der Talk auf den quarzigen und Steinmarkhaltigen Lagern krystallisirt vor, in kleinen 6seitigen Tafeln, und sowohl diesen als jenen nennt der Topasgräber Malacacheta. —

Ob die Topase auf Quarzgängen vorkommen, wie v. Sp. und v. M., auch Mawe behaupten, scheint mir nicht wahrscheinlich, vielmehr nach hundertmaligen wiederholten Beobachtungen, glaube ich überzeugt zu seyn, dafs diese vermeintlichen Quarzgänge nur schmale Lagermassen sind, welche parallel zwischen den Gebirgsschichten fortlaufen, die sich bald verlieren, bald wieder erscheinen, bald als mächtige Lager, bald als schmale Streifen, und noch öfterer in derselben Richtung als Nester erscheinen. Die Richtung, in welcher dieselben verfolgt worden, ist ganz dieselbe der Gebirgsschichten von N. O. nach S. W., und ich entsinne mich nicht sie jemals von S. nach N. beobachtet zu haben, eine Richtung, welche allenfalls durch das Verrücken der so weichen immer nachrutschenden Gebirgsart entstehen konnte. — Was das Ausglühen der Topase betrifft, wodurch sie eine rosenrothe Farbe erhalten; so geschieht dieses nie durch die Einwohner von Minas, wohl aber von den Steinhändlern in Rio de Janeiro, indessen findet man aber auch natürlich rosenrothe Topase auf ihrer Lagerstätte. — Daſs die umhüllende Masse der Topase auf ihren Lagerstätten keine Porzellanerde ist, sondern Steinmark, dieses habe ich in meinen früheren Bekanntmachungen schon dargethan, und ist weiterhin in den Anmerkungen über diesen Artikel von den Reisenden selbst berichtigt worden. Im Uebrigen stimmen diese Herren in ihren Angaben mit den Meinigen völlig überein, nur mit dem Unterschiede, daſs sie die Gebirgsart für Lager eines modificirten Glimmers halten, ich hingegen für einen mit Chlorit verbundenen Talkschiefer in allen Graden der Auflösung und Verwitterung oder nicht vollkommnem Zustande, welcher Uebergänge aus dem festeren und vollkommen dünnschiefrigen Gefüge, bis zu der erdigen weichen und fettigen Walkererde macht, (wozu sie auch benutzt wird), von allen möglichen Farbennamen, unter denen jedoch die bläulichen die vorherrschenden sind. Daſs diese Gebirgsart der Urbildung angehört, und gleichzeitigen Ursprungs mit dem Itacolumitquarz dem Thonschiefer und dem Eisenglimmerschiefer ist, darüber habe ich mich schon öfterer ausgesprochen, und besonders in meinem geognostischen Gemälde. Vergleicht man diese meine Bemerkungen nun über die Gebirgsart mit denen, welche Mawe ausspricht, und hält die der Hrn. v. Sp. und v. M. darneben, so wird man die Uebereinstimmung ersterer und letzterer mit Ausnahme der Benennung nicht verkennen, und man muſs sich wirklich wundern, wie meine Freunde dennoch die Mawe'schen Ansichten über das Vorkommen der Topase für richtiger als die Meinigen halten (Anm. p. 332. 1. Thl.), da diese im Grunde eben so entfernt und wohl noch mehr von den Ihrigen sind. Mawe sagt: „die Topase bei Capaô setzten in schmalen Gängen in einem Thonschiefer auf, welcher in Glimmerschiefer übergeht; sie lägen nicht mehr auf ihrer natürlichen Lagerstätte; die Krystalle hätten alle nur eine Zuspitzung, und beständen nur in Bruchstücken, einige wären zwar auf Quarz aufgewachsen, allein dieser selbst käme nur als Bruchstück vor; die Topase seyen in zerreiblich-erdigen Talk mit Quarz und grofsen Eisenkrystallen eingehüllt“ u. s. w.

Der Unterschied zwischen dieser und meiner Meinung besteht also in Folgendem: Mawe nennt das Gebirgsgestein Thonschiefer, der in Glimmerschiefer übergeht, und ich halte es für einen Thonschiefer, der in einen mit Chlorit verbundenen Talkschiefer übergeht. Beide Meinungen sind hierin von der v. Spix und v. Martius verschieden, indem diese blofs einen modificirten Glimmer annehmen. Mawe meint, dafs diese Topase nicht mehr auf ihrer ursprünglichen Lagerstätte, folglich in einer angeschwemmten liegen müfsten, was wohl kein gründlicher Geognost zugeben kann, und wovon ich weit entfernt war, dieses je zu behaupten; ich stellte nur fragend die Schwierigkeiten auf, um die Erscheinung der zerbrochenen Krystalle zu erklären, welche auf ihrer natürlichen Lagerstätte mit Steinmark umhüllt sind, Schwierigkeiten, welche Herr Bergrath Zinken nachher so sinnreich gelöst hat. Mawe sagt, dafs die Topase alle nur eine Zuspitzung haben und ich führe an, dafs ich mehrere mit zwei Zuspitzungen aus diesen Lavras besitze. Mawe führt an, dafs einige Topase zwar auf Quarz aufgewachsen, dieser aber selbst in Bruchstücken vorkomme. Dasselbe habe auch ich gesagt und noch hinzugefügt, dafs auch Quarzkrystalle in Topasen verwachsen vorkommen. Mawe spricht von zerreiblichem erdigen Talke, worin die Topase mit Quarz- und Eisenglanzkrystallen erscheinen, ich hingegen behaupte mit von Spix und von Martius, dafs die Umhüllungsmasse Steinmark sey. Die Reisenden sagen nun: „Vergleicht man unsere Bemerkungen über das Vorkommen der Topase mit den Obigen; so ergiebt sich, dafs dieselben weder im Chloritschiefer, noch in aus demselben entstandener Walkererde oder feinem, weifsen Sande, sondern in einem fettigen, in Steinmark modificirten Glimmer (?) den man schuppiges Steinmark heifsen kann, und in zerreiblichem, theils reinem, theils mit vielem Eisenocker gemengten Steinmarke, das von Quarz- und Porzellanerde begleitet wird, vorkommen.“

Aus dieser Erklärung geht eine Behauptung hervor, die wie aus meinen Bekanntmachungen darüber zu ersehen, von mir gar nicht aufgestellt wurde, denn wo von Talk-Chloritschiefer und Walkererde die Rede ist, wird dieses von der Gebirgsart verstanden, welches deutlich genug ausgedrückt ist und keineswegs von der unmittelbaren Umgebung der Topase, die ich für Steinmark erklärt habe, dem noch überdem ein weifser, feiner Quarzsand, Quarzstücke, Bergkrystalle, Eisenglanz, Kyanit, krystallisirter Glimmer und Talk u. s. w. beigemengt sind.

Ungeachtet Herr Ritter von Wagner, von welchem die Bemerkungen über die Topasformationen herrühren, beinahe Wort für Wort die Meinigen anführt, wodurch die fast gänzliche Uebereinstimmung mit denen der Herren von Spix und von Martius dargethan wird; so mufs ich dennoch glauben, dafs er ihnen nicht genug Aufmerksamkeit geschenkt hat; man begreift sonst nicht, wie er sie ganz verwerfen konnte.

2) Mawe sagt (p. 299), das Gebirge von Villa Rica besteht aus Thonschiefer mit allen Abänderungen von dichtem blauen Dachschiefer bis zum Glimmerschiefer. An einigen Orten hat er regulaire Schichten, an andern confuse Massen. Schmale unregelmäfsige durcheinanderlaufende Quarzgänge durchsetzen dasselbe.

3) Eine der schönsten Drusen dieses Fossils, die ich mit Herrn D. Pohl theilte, fanden wir bei dem Auseinanderschlagen eines grofsen Bruchstückes von Brauneisenstein. Das schöne schmaragd- lauch- und grasgrüne, so wie dunkelgrüne der Krystalle, welche die innere ganze Fläche der hohlen grofsen Druse überzieht, giebt diesem Exemplar den Werth, unter sogenannten Prachtstücken aufgestellt zu werden. Wahrscheinlich wird es Herr Dr. Pohl auch näher geprüft haben, da ich dieses nicht konnte; indessen die diesem Minerale eigene Krystallisation von Rhombenoctaedern, so wie auch von Würfeln, war nicht zu verkennen, und löste das Problem so vieler anderen Exemplare von Brauneisenstein, worinnen das grüne Fossil in kleinen Trümmerchen und Nesterchen undeutlich krystallisirt und derb erscheint, so wie in dem Exemplare, welches aus dem Sertaõ von Abacté herrühren soll, in welchem in dieser grünen Masse ein kleiner Diamant eingewachsen erscheint.

4) Herr Bergrath Zinken giebt folgende Beschreibung dieses Fossils, welches er einer chemischen qualitativen Analyse unterworfen: Es ist weifs ins Grüne und Blaue; nur derb, klein und grobkörnig krystallinisch abgesondert, die Körner trennen sich sehr leicht. Von aufsen sind sie mit vielen drusigen Flächen, welche sich jedoch auf keine Kry-

stallisation zurückbringen lassen, begränzt, und von dreifachem, eine rhomboidalische Kerngestalt bildendem Durchgange der Blätter mit Winkeln, welche sich nicht sehr von dem Rechten entfernen. Die Spaltungsflächen sind starkglänzend von Perlmutterglanze, dem Glasglanze sich nähernd. In gespaltenen Stücken vollkommen durchsichtig mit doppelter Strahlenbrechung. Von der Härte des Kalkspathes. Leicht zersprengbar. Er scheint sich zum schaaligen Baryte, wie der Kokolith zum Augit zu verhalten. Spezif. Gewicht bei 14° R. = 4,37. Vor dem Löthrohre wird er für sich nach vorsichtigem Glühen zu einer bisquitähnlichen Masse ungeändert, wird er aber schnell erhitzt, so zerknistert er. Er phosphorescirt sehr stark. Mit Borax schmelzt er zu einer rothbraunen Perle.

Die qualitative Analyse gab:

1) Schwefelsaure Baryterde.

2) Kieselerde.

3) Etwas Eisen, und vielleicht

4) etwas Strontianerde.

5) Zweimal besuchte ich diese Gegenden, jedesmal aber unter solchen Verhältnissen, dafs ich keine Zeit auf eine sorgfältige Untersuchung der berühmtesten Lavras der Nachbarschaft verwenden konnte, wohin auch die jetzt von der engl. Compagnie bearbeitete von Gongo Soco gehört, so wie die Lavras des Morro da Caxasse, des Morro Velho und des Morro do Valerio. Der Goldgang an letzterem Morro war so reich, dafs jede durch einen Schufs Pulver abgesprengte Masse einen Werth von 150 Cruzadas Gold enthielt und noch enthält und die englische Compagnie gräbt und wäscht täglich einige Pfunde Gold aus, ja sie hat Tage gehabt, wo sie 10 bis 70 Pfund Gold erhalten hat.

6) Diese Strafse wurde in den Jahren 1818 bis 1820 durch den damaligen Ouvidor der Comarca von Sabará, Jozé de Gama angefangen und vollbracht, und ungeachtet ihrer Nützlichkeit, so war sie doch das Hauptmotiv, weshalb dieser Beamte durch Intriguen plötzlich seiner Stelle entsetzt wurde. Man konnte es ihm nicht vergeben, dafs er bei dieser Arbeit die reicheren Güterbesitzer und Minirer ohne Rücksichten behandelt hatte. Ueberhaupt verdient bemerkt zu wer-

den, dafs ein Beförderer gemeinnützige Anstalten in Brasilien sich selten den Dank des Publikums verdient, besonders wenn dasselbe dazu beitragen mufs. Ich kann hiervon selbst ein Beispiel anführen, welches mich mit betraf: — Die beinahe ¼ Stunde lange Hauptstrafse in Villa Rica war so schlecht beschaffen, dafs man sie ohne Gefahr kaum zu Pferde passiren konnte; der Weg von dem Ouro Preto nach Antonio Dias um die Stadt herum, war gar nicht zu passiren, und die Hauptstrafse von der Pulverfabrik zur Stadt, auf welcher alles benöthigte Bauholz dahin angefahren wurde, war in einem solchen Zustande, dafs sie oft gar nicht befahren werden konnte. Um diesen Uebeln abzuhelfen, wurde durch den General-Gouverneur, Dom Manael de Portugal e Castro, eine Subscription unter den wohlhabendsten Personen und den angestellten Beamten und Militairs eröffnet, und mir die Direction dieser Arbeiten übertragen. Um sich dem Gouverneur beliebt zu machen, waren die freiwilligen Beiträge so ansehnlich, dafs in Zeit von zwei Jahren Hügel und Graben in und um die Stadt geebnet, und Berge durchschnitten wurden, es entstand das bequemste Pflaster und die beste Chaussée in der Umgebung. Diese Bequemlichkeiten, anstatt sich über dieselben zu freuen, wurden von den Meisten mit scheelen Augen betrachtet, und der Undank des Publikums ging so weit, dafs man deshalb die schändlichsten Nachreden erfand, welche den Gouverneur und mich, so wie einige andere zum Ziele hatten, indem man uns lauter erbärmliche Nebenabsichten dabei aufbürdete und Schuld gab.

7) Diese Kapelle steht unter dem Vicariat von Caeté, und war zu derselben Zeit, als ich den Berg besuchte, sehr berühmt oder vielmehr berücksichtigt wegen einer in dem Hospitium sich aufhaltenden Person, welche weit und breit in dem Rufe der Heiligkeit stand (sie war kataleptischen Zufällen unterworfen). Die allgemeine Stimme sagte, dafs sie aufserordentlich fromm sey, den gröfsten Theil ihres Lebens mit Beten zubringe, und nie mehr geniefse als täglich ein Ei; dafs sie in jeder Woche am Freitage, als dem Tage, an welchem unser Heiland gekreuziget, 24 Stunden lang in gekreuzigter Stellung ohne körperliches Bewufstseyn liege, in welcher Zeit ihre Seele im Himmel sey, um Fürbitte für die Sünder einzulegen. Man kann sich leicht vorstellen, dafs bei diesem allgemein verbreiteten Gerüchte, welches leicht Eingang bei unwissenden Menschen fand, es nie an Wallfahrern und frommen Sündern fehlte, die ihre Opfer

darbrachten, und von der Heiligen an den Tagen, wo ihre Seele zur Audienz in den Himmel flog, Fürprache bey Gott erwarteten. Dieser Glaube herrschte nicht nur unter dem niederen Volke, sondern auch mehrere reiche und angesehene Personen der Nachbarschaft hingen demselben an, und die vier frommen Betschwestern des Hospitiums standen sich nicht übel dabei. Der Wunder, welche die S^a. Germana (so nannte man diese Heilige) verrichtete, waren unzählige und einige Jahre hindurch dauerte diese Gaukelei bis gegen die Zeit, wo ich sie sah. Sie hatte in diesem Jahre den Charfreitag als ihren würklichen Todestag vorherverkündigt, und die ganze Umgegend war in gespannter Erwartung der Wunder, die sich dabei ereignen würden; einer der reichsten Minenbesitzer der Nachbarschaft strebte in frommen Aberglauben nach der Glorie, die Heilige prachtvoll beerdigen zu lassen, und liefs deshalb einen kostbaren mit Sammt und ächten goldnen Tressen besetzten Sarg verfertigen. In grofser Procession bestieg man an dem bestimmten Tage den Berg, die Heilige hatte man auf ihrem Ruhebette vor den Altar in die Kapelle gebracht und sie lag in der gekreuzigten Stellung in ihrem Starrkrampfe, das Volk warf sich um dieselbe auf die Knie, und erwartete unter Gesang, Gebet, Kasteiungen und Opfergaben den Tod der Heiligen und die grofsen Wunder. Mit Ungeduld harrte man der ersehnten Stunde entgegen, die Einen aus Neugierde und Unglauben, die Andern aus Frömmigkeit und Aberglauben. Endlich erschien der Augenblick und die Heilige — kehrte ins Leben zurück. Die Ungläubigen lachten und beschämt schlichen die Abergläubigen von dannen, und seit der Zeit verlor die Heilige ihren Credit. Hätte der Zufall oder die Schlechtigkeit der Menschen die Todesprophezeihung wahr gemacht, was mit einer so kranken Person sich leicht hätte zutragen können, so würde der Ruf der heiligen Germana unumstöfslich und das zeitliche Glück der Schwestern für immer gegründet gewesen seyn. Dr. Gomides, ein aufgeklärter Arzt, zeigte in einer gelehrten Abhandlung, wie die Zufälle dieser Person von einem krankhaften Zustande herrührten, und der Bischoff von Marianna war so vernünftig, die Entfernung derselben aus dem Hospitium anzubefehlen. Als Beitrag zur Schilderung der Immoralität mancher Geistlichen in Brasilien mufs ich hier noch Folgendes hinzufügen: ich besuchte den Berg und die sogenannte Heilige in Gesellschaft des Vicarius und eines andern jungen Geistlichen an einem Freitage, wo die kranke abgezehrte Person in der beschriebenen Stellung in ihrem Starrkrampfe bewufstlos lag. Der junge Geistliche, der dieses für Verstellung hielt, verlangte, um uns zu enttäuschen, durchaus eine Handlung zu begehen, wovor jeder moralische Mensch erröthet. Der Vicarius lachte dazu und nur die Lamentationen der Schwestern, wohl mehr aber die Furcht vor ihren Nägeln, konnte ihn abhalten, das schändliche Vorhaben auszuführen.

Beiträge
zur
Gebirgskunde Brasiliens
aus den Reisen
der Herren v. Spix und v. Martius
zusammengestellt und mit Anmerkungen begleitet
von
W. L. von Eschwege.

Zweiter Theil.

VORWORT.

Indem ich meine Beiträge zur Gebirgskunde Brasiliens als ersten Theil voranschickte, glaube ich kein unverdienstliches Werk unternommen zu haben, wenn ich die zerstreuten Beiträge über diesen Gegenstand in dem so herrlichen Werke der Herren v. Spix und v. Martius hier im Auszug als zweiten Theil nachfolgen lasse. Das, was in dem ersten Bande der Reisen dieser gelehrten Männer enthalten ist, sah ich mich genöthigt, schon in meinen Beiträgen zugleich mit aufzunehmen, einestheils um meine Beobachtungen über die mir bekannten Gegenden vollständiger zu machen, anderntheils um zugleich die verschiedenen Ansichten über ein und denselben Gegenstand gegeneinander zu stellen und dem Leser, so wie dem künftigen Beobachter zu überlassen, welchen sie beipflichten wollen. In der Sache selbst wird man weniger Abweichungen finden, mehr aber in Benennungen, die leicht gegen einander ausgeglichen werden können. In diesem Theile, der Gegenden betrifft, die ich nicht selbst bereiste, lasse ich nun die Herren Reisenden wörtlich erzählen, und wo dieselben von meinen Benennungen abweichen, füge ich die Meinigen zugleich mit begleitenden Anmerkungen bei solchen Gegenständen hinzu, worüber unsere Ansichten verschieden sind.

Da das Werk dieser Gelehrten so sehr reichhaltig in jeder Beziehung, deshalb aber auch sehr kostspielig ist, und von Vielen, die sich nur für Mineralogie und Gebirgskunde interessiren, deshalb nicht angeschafft werden kann; so glaubte ich auch durch diesen Auszug doppelten Nutzen zu stiften, sowohl die Kenntnisse über Brasilien in dieser Hinsicht weiter zu verbreiten, als auch die Verdienste um die Gebirgskunde der Herren Verfasser, die ich meine Freunde nenne, zu erheben, obwohl diese Herren sich schon einen solchen Ruf erworben haben, dafs meine Bemühungen wenig mehr zu ihrer Verherrlichung beitragen können.

v. Eschwege.

Mineralogische geognostische Nachrichten als Auszüge aus Herren v. Spix und v. Martius Reise.

Reise von Villa Rica nach dem Diamanten-Distrikte über Sabará.

Nachdem wir den reichen Goldberg (v. V^a. Rica) umgangen hatten *), führte uns der Weg durch die Serra da Caxoeira, ein hohes und steiles Gebirge, welches sich von dem Orte Caxoeira nach Villa Rica hin erstreckt, und aus weifsem, oft tafelförmig geschichteten Quarzschiefer (Itacolumitquarz) besteht, auf dem hie und da Lagen von Thonschiefer oder grofse Platten von Glimmer (der in Talkschiefer übergehende Thonschiefer) und weiter aufwärts Schichten von Eisenglimmerschiefer ruhen **) (S. 416.)

„Die Hauptformation der umliegenden Gegend (v. Sabará) macht Quarzschiefer (Itacolumitquarz), Eisenglimmer

*) Die Serra da Caxoeira bildet mit der von V^a. Rica oder Serra do Ouro-Preto einen ununterbrochenen Gebirgsrücken, und der Weg führt in einer kleinen Schlucht über denselben; das Wort umgehen möchte deshalb nicht das richtige seyn, und könnte leicht zu der Idee führen, als wenn das Goldgebirge von dieser Seite isolirt stände, was doch nicht der Fall ist. v. E.

**) S. den Durchschnittsprofil der Gebirgsarten in dem geognostischen Gemälde von Brasilien (Weimar 1822.)

und Thonschiefer aus; auf dem nördlichen Ufer des Rio das Velhas bricht auch ein sehr schöner fleischrother und weifser, dichter Marmor." (S. 420.)

„Caeté, sonst auch Villa Nova da Rainha genannt, liegt an einem schönen fruchtbaren Thale, nahe am Fufse der Serra de Piedade. Der Boden besteht im Thale gröfstentheils aus rothem, goldhaltigen Letten, der fleifsig auf Gold bearbeitet wird. Das Felsengebirge erhebt sich nordwestlich von der Villa ganz isolirt aus dem Thale. Die Basis desselben bildet Quarzschiefer, auf welchem an mehreren Stellen Lagen von eisenhaltigem Glimmerschiefer (Eisenglimmerschiefer) und magnetischem Eisensteine liegen." *) (S 422.)

„In dem Bergwerke von Cocaes werden grofse Bänke eines dichten Brauneisensteins (Marumbé), Lager von Topfstein, aus welchem man Gefäfse geschnitten hat, und in dem sogenannten Eisenglimmerschiefer häufig Gold gefunden." **) (S. 423.)

„Unweit Cocaes auf der Strafse nach dem Diamantendistrikte, geht ein feinkörniger röthlich weifser Granit, welcher bald wieder vom Quarzreichen Glimmerschiefer (Itacolumitquarz) bedeckt wird, zu Tage aus." (S. 424.)

„Nach Busceda und das Pontos (mufs Buzette und duas Pontes heifsen) passirten wir einen Bach, welcher aus

---

*) S. die Beschreibung in meinen Beiträgen. v. E.

**) Man vergleiche hiermit, was ich im Pluto Brasiliensis darüber gesagt habe. Mawe findet sonderbar, dafs auf dem Gipfel des Berges, wo die Lavras der Gebrüder Coelhós sind, sich Cascalho vorfindet; obgleich diese Erscheinung Cascalho auf Bergen zu finden, nichts seltnes ist, so findet doch hier ein offenbarer Irrthum statt, welcher daher rührt, dafs Mawe keinen festen Begriff vom Cascalho erhalten hatte. v. E.

einem Lager von Eisenglimmer entspringt, und Platinkörner enthalten soll.“ *) (S. 424.)

„Die Serra do Flambé besteht aus weifslichem mehr oder weniger deutlich geschichteten Quarzschiefer (Itacolumitquarz), dessen Bindemittel bisweilen, besonders auf den Ablösungen, als röthliche Glimmerblättchen erscheint. Ihr breiter auseinanderlaufender Rücken ist theilweise mit glatten kahlen Steinplatten, aufserdem mit Campos-Vegetation bedeckt. **) (S. 424.)

---

*) Von hier an bis zum Arrayal da Conceçaô sind viele Bäche, so wie auch Grupiâras, welche Platin enthalten, das spezifische Gewicht desselben ist 15,0 und mehrere Proben davon sendete ich zur Untersuchung an Herrn Professor Döbereiner, welcher die Güte hatte, mir das Resultat mitzutheilen, dafs dieselben fast ganz aus Platin mit Eisen verbunden, bestehen. Mawe, welcher Platin aus dem Corrego das Lages in dieser Gegend erhalten hatte, sagt, dafs die Körner rauher auf der Oberfläche sind, als das Platin von Choco, und dafs Osmium und Iridium die Begleiter desselben wären, welches Hr. Prof. Dobereiner nicht gefunden hat. Ich mufs bei dieser Gelegenheit bemerken, dafs einige Bäche bei der Fazenda von Vaz oder Panzo Alegre ganz aufserordentlich schöne Anathaso liefern. Farbe: grün, braun, blau und kirschroth, mit allen Veränderungen von Uebergängen, so wie auch milchicht opalisirend. Gestalt: krystallisirt als primitives Octaeder mit allen seinen Abänderungen bis zur 4seitig scheinenden Tafel. Die Krystalle vom Kleinen bis zum Grofsen, vollkommen glatt und scharfkantig von metallähnlichem Demantglanze. Vorkommen: bis jetzt blofs unter den Geschieben in den Bachbetten, so wie die Diamanten. v. E.

**) Die höchste Höhe dieser Serra, die nicht mit der gleichen Namens in dem Diamantdistrikt verwechselt werden mufs, ist bei dem Felsen von Lappinha 3825 Fufs hoch. Der Itacolumitquarz bei dem Arrayal de Itambé hat sein Streichen in der 6ten Stunde und Einfall der Schichten nach N. Am linken Ufer des Ribeirâo kommt ein Lager verwitterten Grünsteins vor, welcher goldhaltig ist. Der Itacolumitquarz hat überdem hier eine sehr wellenförmige Lagerung, so dafs seine Schichten bald nach N., bald nach S. einfallen, wie man besonders zwischen Itambé und dem Rio de Peixe beobachtet. v. E.

„Bei dem Morro do Gaspar Scares (oder Morro de Pilar) der königlichen Eisenhütte, liegen auf dem Quarzschiefer (Itacolumitquarz), welche die unterste Formation ist, ausgedehnte, massige Lagen von dichtem und magnetischen Eisenglimmer, eisenhaltigem Glimmerschiefer (die Eisenglimmerschieferbildung) und das öfter erwähnte Eisensteinflötz (Tapanhoacanga). Man unterscheidet hier fünf verschiedene Qualitäten Erz (zum Verschmelzen) die mit Grünstein (cabo verde) versetzt werden, der in grofsen Bruchstücken, als Lager in rothen Letten (der rothe Urthonschiefer der Goldbildung) nahe bei der Fabrik vorkommt.“ (S. meine Beschreibung der Eisenhütte im Pluto Brasil., so wie das, was in dem 5ten Abschnitte meiner geogn. Beiträge gesagt ist.)

„Das Erz ist in solcher Menge vorhanden, dafs es für ganz Brasilien Jahrhunderte hindurch ausreichen würde.“ *) (S. 425.)

„Eine Legoa nordöstlich vom Gaspar Soares passirten wir den kleinen Bach Corrego das Lages, aus dessen Quarz- und Glimmerschiefer-Geröllen, Geschiebe von Platin, theils rund, theils abgeplattet, ausgewaschen werden, welche sich vor denen im Rio Abacté vorkommenden durch Gröfse auszeichnen, jedoch hat man sie nie über ein oder zwei Quentchen schwer gefunden. Auch in einem andern

*) Merkwürdig bei dieser Hütte ist der Uebergang des Talkschiefers in Eisenglanz und Eisenglimmer, so wie auch das Vorkommen des naturlichen Schwefels als Ueberzug zwischen den Schichtungen des Itacolumitquarzes. Diesen findet man hier in so dünnen Schichten, dafs sie nicht stärker sind, als ein Bogen sehr starken Papiers, und alsdann haben sie eine aufserordentliche Biegsamkeit. Der Morro de Pilar hat 2409′ Meereshöhe. (S. Pluto Brasiliensis, worin das Vorkommen des Schwefels näher beschrieben ist.)

benachbarten Bache, Ouro branco, will man dieses Metall bemerkt haben, dessen Erscheinung in der Nähe von Eisenformation eine besondere Berücksichtigung verdient.“ *)

Das Gold, welches in Villa do Principe verschmolzen wird, ist von besonderer Reinheit, gewöhnlich von 22 bis 23¾ Karat und schöner Farbe. In dem rothen Letten, welcher die herrschende Formation des Quarzschiefers (Itacolumitquarz) in grofsen Strecken deckt, hat man früher einige grofse Massen gediegenen Goldes bis zur Schwere von mehreren Pfunden gefunden, und auch jetzt bemerkt man besonders viele Goldkrystalle darin. Ehemals soll man bei dem Goldwaschen auch Diamanten entdeckt haben, leider fehlt aber in der Nachbarschaft dieses Ortes zur Bearbeitung der meisten Lavras hinreichendes Wasser.“ (S. 429.)

„Der ganze Diamantendistrikt gleicht einem künstlich angelegten Garten, in dessen abwechselnden Hügeln und Thälern romantische Alpenscenen mit freundlichen Bildern einer idyllischen Natur gepaart sind.“ **) (S. 431.)

---

*) Auf den Bergböhen der Serra da Lapa über dem Arrayal da Conceicaô, woselbst unter Dammerde allenthalben Gold mit eckigen Quarzstücken vorkommt, erscheint ebenfalls Platin. Der Itacolumitquarz hat sein Streichen in der 9ten Stunde, und die ganze Gegend ist sehr goldreich. Conceicaô hat 2215′ Meereshöhe. Das höchste Gebirge zwischen Conceicaô und Villa do Principe ist die Serra do St. Antonio mit einer Höhe von 3865′. v. E.

**) Ein ganz anderes Bild wird man von dem Diamantendistrikte entwerfen, wenn man ihn in der trocknen und verbrannten Jahreszeit besucht; nichts kann steriler und trauriger erscheinen, als diese öden menschenleeren, ausgetrockneten steinigten Gegenden.

v. E.

Aufenthalt in Tijuco und Ausflüge in dem Diamantendistrikte. *)

„Unter den Diamanten kommen am häufigsten das Granatdodecaeder und das Octaeder, beide in mancherlei Veränderungen vor, und bei der ungeheuren Zahl von Diamanten, die wir vor uns sahen, schien es, als bestätige sich die Annahme, daſs der brasilianische Diamant mehr die dodekaedrische, der ostindische mehr die octaedrische Krystallisationsform habe, denn die gröſste Zahl, deren wir vor uns hatten, waren Rhombendodecaeder. Letzteres erscheint in vielen Modificationen, unter welche wir eine auszeichnen, die früher noch nicht, (selbst nicht in dem klassischen Werke des Grafen Bournon) bemerkt worden ist, nämlich: ein Rhombendodecaeder mit 6 abgestumpften dreikantigen Ecken, übergehend in das Rhomboeder, (welches entsteht, wenn bei dem regelmäſsigen Octaeder zwei gegenüberstehende Flächen verschwinden) in die Länge gezogen nach einer dreikantigen Eckenaxe, deren Ecken nicht abgestumpft sind. Verlängerungen nach einer dreikantigen Eckenaxe sind überhaupt nicht selten, und die meisten convexen Flächen sind dabei oft nach der kurzen Diagonale in zwei Flächen getheilt. Andere Varietäten erscheinen nach den verschiedenen Convexitäten, der, nach der Längenaxe gebogenen, und oft in gleicher Richtung gestreiften Flächen; andere nach den Graden der Abstumpfung der dreikantigen Ecken. Das Rhombendodecaeder kommt

*) Ich übergehe hier alles, was die Reisenden über die Verwaltung und den Betrieb der Diamantenwäschereien sagen, weil das Weitere darüber in meinem Pluto Brasiliensis behandelt worden ist. v. E.

auch in verschiedenen Graden platt gedrückt, mit stark gekrümmten Flächen vor.

Vom Octaeder sah man neben dem reinen, ebenfalls mancherlei Varietäten: Octaedern mit convexen Flächen, mit zugerundeten Kanten, mit abgestumpften Kanten und mit Eindrücken, mit abgestumpften Kanten, wobei die Abstumpfungs-Flächen convex die übrigen eben; plattgedrückte mit gefurchten Kanten oder mit längst den Kanten einspringenden Winkeln; plattgedrückte mit symmetrischer und unsymmetrischer ungleicher Flächenausdehnung; andere, die sehr in die Länge gezogen waren, und solche, die durch 6flächige Zuspitzung ihrer Flächen in das Tetracontaoctaeder mit convexen Flächen übergingen. Zusammenhäufung von mehreren Krystallen, sowohl Dodecaedern als Octaedern sind ebenfalls nicht selten. Die Verschiedenheit in der Färbung der vor uns liegenden Diamanten war sehr beträchtlich. Wir sahen deren ganz farblose, weingelbe, ockergelbe, lauchgrüne, hellbouteillen-grüne, hellbläulichgrüne, schwärzlich-grüne, schwarze, röthliche, und karmoisinrothe. Die Oberfläche der Steine ist bald ganz glatt, und von einer dem halb metallischen sich nähernden Glanze, mehr oder minder durchsichtigen und schimmernden Rinde bedeckt. Der Kern ist ebenfalls nicht immer rein, sondern zeigt zuweilen schwärzliche und grünliche Flecken, Punkte oder moosartige Zeichnungen; letzteres ist besonders bei den grüngefärbten Steinen oft zu bemerken, und zwar scheint die grüne Farbe des ganzen Steins von jenen gefärbten Parthieen herzurühren, welche oft ringsum von ganz wasserklarer Masse umgeben sind. Manche Diamanten zeigen sogenannte Federn oder Sprünge, die den Durchgang des Lichts ebenfalls modifiziren. Einzelne Steine gleichen rücksichtlich ihrer Oberfläche einem mattgeschliffenen Glase, und haben neben dem Glanze auch alle scharfen Kanten verloren. Da Camara glaubt annehmen zu müssen, daſs die Beschaffenheit nicht, wie Hauy vermuthet, der Raschheit der Bildung bei der Krystallisation, sondern vielmehr dem gegenseitigen Reiben mehrerer Steine an einander zuzuschreiben sey. Bei der bekannten Härte der Diamanten, die nur durch sich selbst geschliffen werden können, wäre daher zu vermuthen, daſs sie in groſser Menge neben einander gewälzt worden seyn, um diese gegenseitige Einwirkung zu erfahren. Da Camara machte uns zur Bestätigung dieser Einsicht bemerklich, daſs auch die rohen Diamanten sich sehr leicht angreifen, und daſs deshalb die Beamten der Junta gewohnt seyn, die Aechtheit zweier Steine zu prüfen, indem sie solche ganz nahe am Ohre an einander reiben, und den dadurch, wenn beide ächt sind, hervorgebrachten eigenthümlich knirschenden Ton beachten. *) (S. S. 438 - 439.)

„Mit den Diamanten wurden auch in denselben Minen **) noch andere edle Steinarten gefunden. Es sind besonders mehrere ausgezeichnete Farben - Varietäten von Chrysoberyllen, nehmlich ölgelbe, blaugraue und ins Spargelgrüne übergehende, pistazien-, spargel - und seladon-

---

*) Meines Erachtens scheint dieses Experiment nicht Beweis genug, daſs die matt abgeschliffene Form mancher Diamanten von dem Nebeneinanderwälzen einer groſsen Masse Diamanten entstanden seyn sollte; denn man hat sie noch nie so dick aufeinanderliegend gefunden, daſs sie sich reiben könnten. Die Meinung, daſs diese Gestalt ursprünglich ist und gleich bei der Krystallisation entstand, ist bei weitem von mehr Gewicht. v. E.

**) Da keine eigentlichen Minen existiren; sondern nur oberflächliche Gräbereien in den aufgeschwemmten Lagerstätten, so sollte man füglich diesen Ausdruck nicht gebrauchen, weil er nach bergmännischen Begriffen etwas ganz anderes bezeichnet, und zu Irrthümern führen könnte. v. E.

grüne, auch himmelblaue, welche beiden letztern man in Brasilien vorzugsweise Agoas Marinhas verdes (grüne Aquamarine) und Safiras nennt.“ *)

„Aufserdem befinden sich darunter weifse und blaue Topase, Spinelle, Quarz von ausgezeichnet schöner rosenrother und meergrauer Farbe, Corunde und endlich Lazulithkörner.“ **) (S. 440.)

„Die meiste Ausbeute an Diamanten haben von jeher die beiden Hauptflüsse des Diamantendistrikts, der Rio Jequetinhonha und der Rio Pardo gegeben. Ersterer liefert Diamanten von gröfstentheils heller Färbung und reinem Wasser, der andere hat in den letzten Jahren eine reiche Ausbeute, besonders von schwarzen und bouteillen-grünen Steinen gegeben. Neben diesen beiden Flüssen führen alle übrigen Bäche und Quellen des Distrikts mehr oder weniger reichlich Diamanten, sowohl in neueren als vorzüglich älteren und jetzt oft auf beträchtliche Tiefe mit Schutt überdeckten Betten.“ (S. 441.)

„Der Quarzschiefer bei der steinbruchartigen Lavra das Picas (Bicas), dessen Nester und Gänge auf Gold ausgebaut worden waren, hat eine verhältnifsmäfsig grofse Menge Glimmerblättchen zum Bindemittel und wechselt mit Lagern eines grünen Thonschiefers ab. Gewöhnlich findet man den Quarz ganz zwischen diesen beiden Lagern, und

---

*) Die Chrysoberylle nennt man durchgehends in Brasilien Chrisolidas, und das, was sie Agoas Marinhas nennen, sind Berylle. Einige blaue Abänderungen dieser Edelsteine, so wie auch der blauen Topase nennen sie Safiras, und die schönen grünen Turmaline heifsen bei ihnen Esmeraldas. v. E.

**) Wahrscheinlich Zinkens Edler Spodumen oder Giesecken's Saphiria, nach Hausmann. v. E.

das Gebirge in verschiedenen Richtungen durchsetzend.“ *) (S. 446.)

„In der Lavra von Bandeirinha ist das Liegende (Pizarra) **) der körnige, quarzreiche, weiſse Glimmerschiefer oder Quarzschiefer (Itacolumitquarz) und zwar enthält dieser nur wenig Gold; dagegen ist dieses sowohl in dem Schutte (gurgulho) auf dem dichten Gestein als an den, an der Oberfläche hinziehenden Quarzgängen äuſserst reichlich enthalten. Der Quarz der letzteren ist sehr klar und enthält Bergkrystalle, welche an Reinheit und Feuer denen von Dauphiné nichts nachgeben. Diese Gänge werden nicht ausgebrochen, sondern geradezu zwischen dem Muttergesteine von Negersclaven, mittelst groſser Hammer zertrümmert und dann verwaschen. Bei dem Serviço de Currallinho hatte man vorzugsweise an mehreren Stellen Löcher von 2 bis 4 Fuſs Tiefe in dem, das derbe Gestein bedeckenden Schutte gegraben und letzteren auf Diamanten verwaschen, das Bachbett selbst aber nur reich befunden.“ (S. 446.)

---

*) Ist also eigentlich kein Gang, sondern Lager und verhält sich hier eben, wie das goldhaltige Lager in dem Berge von Villa Rica, welches zwischen dem Itacolumitquarz und Thonschiefer liegt. v. E.

**) Pizarra oder Bizarra wird hier gleichbedeutend für Liegendes genommen, welches aber nicht immer der Fall ist, und gewöhnlich begreift der brasilianische Bergmann unter diesem Namen ein mürbes, goldleeres Gestein, es mag nun das Liegende oder Hängende seyn. Z. B. in der Lavra des Obersten Romoaldo bei Congonhas nennt man den rothen, mürben Thonschiefer Bizarraô, und da wo dieser den Uebergang in mürben, sandigen Grünstein macht, heiſst er Bizarra. Der Bizarraô führt gewöhnlich etwas Gold, die Bizarra ist aber goldleer, und selbst sind die Quarzgänge auf der Stelle, wo sie zu beiden Seiten von Bizarra eingeschlossen sind, in dieser Lavra goldleer. Dieselbe Bizarra, wo sie alsdann feste Knauer bildet, und in Grünstein übergeht, heiſst alsdann Cabo Verde. v. E.

„Eine andere Excursion schien uns die Besteigung des Itambé zu seyn. Dieser Berg, welchen man zum Unterschiede auch Itambé da Villa nennt, ragt wie ein Fürst der ganzen Gegend empor, und bildet den Hauptstock des Gebirges, welches östlich gegen die Meeresküste hinläuft, und westlich sich in Hügelland und gegen den Rio de S. Francisco in Niederungen verliert.“ *)

„Aus seinen Schluchten entspringt der kleine Fluſs Capivary und zunächst mit zwei Wurzeln der gold- und diamantenreiche Jequetinhonha u. s. w. Glücklich erstiegen wir auch den letzten Felskoloſs, und wie in einem Panorama lag nun von seinem Plateau aus die weit ausgedehnte Gebirgsgegend von Serro Frio. Hoch erheben sich östlich die spitzige Serra do Gaviaô, und die sich in gigantischen Wellen hinziehenden Gebirge, zwischen denen der Jequetinhonha sich durchkrümmt, südlich glänzten gegen Villa Rica hin einzelne waldige Berge und Camposhöhen, westlich die gegen den Rio de S. Francisco auslaufende Serra da Lappa. Friedlich ruhten am Fuſse gegen S. S. W. die Villa do Pincipe und in S. O. das Arrayal da Itambé da Villa, in N. W. endlich das schöne Tijuco. Die Spitze des Itambé bildet eine etwa 300 Schritt lange und halb so breite Ebene,

*) Die Serra do Itambé ist einer der höchsten Knotenpunkte der groſsen Cordilheiro do Espinhaço, an welchen die groſsen Gebirgsäste sich anknüpfen, die östlich hier zwischen den Rio S. Antonio und Sassai grande, und zwischen diesem und dem Mucuri hinablaufen und dann das linke Ufer des Rio Doçe begleiten, so wie der Gebirgsast, der das rechte Ufer des Arasuahy begleitet. Ferner die nördliche Fortsetzung der groſsen Gebirgskette, die sich zwischen den Jequetinhouha und Arasuahy einzwängt, und die N. N. W. hinlaufende, welche sich nach der Provinz Bahia erstreckt.

welche von einigen Felsenrissen unterbrochen und mit Gräsern bewachsen ist. Sehr empfindlich war die Kälte (im Juni), welche auf dieser Höhe herrschte. Der Therm. zeigte um halb 2 Uhr Nachmittags 11¼ R. Der Barometer 22 Zoll 10 Linien, der Electrometer eine mit dem Westwinde stoſsweise eintretende Divergenz von 4 — 5 Graden an. Man will auf dieser Gebirgsspitze schon Schnee liegen gesehen haben, der freilich nicht länger als eine Nacht oder einen halben Tag anhielt. Der Berg Itambé, der höchste, den wir in Brasilien erstiegen und gemessen haben, hat eine Höhe von 5590 paris. Fuſs, und übertrifft also den ebenfalls bedeutend hohen Itacolumi bei Villa Rica um 972′. *) Er besteht ganz aus gewöhnlich weiſsem, meist feinkörnigen Quarzschiefer, welcher in groſsen Massen gegen die Höhe zu hie und da abgerundete Quarztrümmer breccienartig eingeknetet enthält **), bisweilen grobkörniger wird, und auſserdem mit mächtigen Quarzadern durchsetzt ist. Seine Schichten sind sehr massig; auf der Höhe gegen Westen mehr ausgefressen und steiler als gegen Osten. Auf dem ganzen Gebirge findet sich keine Spur von Eisen-

*) Hier findet, meiner Meinung nach, ein kleiner Irrthum statt. Meine Messungen des Itacolumi betrugen nach englischer Scale 5710′, dieses beträgt nach französ. 5353′6 (32 engl. = 30 Par.) Da nun nach den Messungen der Reisenden der Itambé 5590′ hoch ist (franz. Scale), so beträgt der Unterschied der Höhe nicht 972′, sondern nur 237′. Auch kann ich meine Messungen für richtig annehmen, da sie das Resultat von 4 Beobachtungen sind, die zu verschiedenen Jahrszeiten angestellt sind. v. E.

**) Dieselbe Erscheinung wie in dem Thale des Ribeiraô do Inferno zwischen Milho verde und Tijuco, so wie an dem Morro de S. Joaô del Rei. Es wird dieses Vorkommen abgerundeter Quarztrümmer in dieser Urgebirgsart, so wie in dem gleichzeitigen Thonschiefer der Lavra von Catta preta noch lange ein Problem bleiben. v. E.

glimmerschiefer, von Glimmerlagern oder von dem Eisensteinflötze der Tapanhoacanga. *) Merkwürdig ist, daſs auf ihm in bedeutender Höhe Diamanten gefunden worden sind. Längst dem Bache von Capivary sieht man noch Reste von ausgewaschenem Cascalho, und vor 2 Jahren (1816) soll daselbst ein Stein von 2 Octaven Gewicht ausgewaschen worden seyn.

Bei S. Gonzalo war ehemals eine Diamanten-Wäscherei. Ein verlaſsnes Fluſsbett war hier westlich von mächtigen überhängenden Grünsteinfelsen bedeckt; auf der Ostseite stand der gewöhnliche Quarzschiefer zu Tage. Um sich den Zugang zu den verborgenen Geröllen zu verschaffen, hatte man die Felsen zu sprengen gesucht, der Grünstein war jedoch so hart, daſs er allen Werkzeugen widerstand, und nur durch Erhitzung und plötzliche Abkühlung mit kaltem Wasser zerklüftet werden konnte. Einige der höchsten Felsenblöcke hob man mittelst mächtiger Maschinen von der Stelle. Die 6monatliche Arbeit war aber vergeblich, indem auch nicht die geringste Ausbeute gemacht wurde, und der einzige Gewinn war die Bestätigung der Erfahrung, daſs man da, wo 2 Bäche zusammenkommen, oder wo wie hier die Wasser einen groſsen Abfall haben, kein an Diamanten reiches Gerölle vorfindet.“ **)

---

*) Auch auf dem hohen Itacolomi, der Serra do Caraça, der von dem S. Antonio und anderen der Itacolumit-Bildung findet sich dieses nicht. v. E.

**) Diese Erfahrung möchte sich doch wohl nicht allenthalben bestätigen, und ich führe nur hier den Rio Abacté an, daſs dieser am reichsten an Diamanten gewesen seyn soll, gerade am Zusammenflusse der Werra und Fulda, die alsdann den Abacté bilden. Ferner muſs ich erinnern, daſs der Rio Pardo einen sehr groſsen Abfall hat, daſs er aber in seinen Caldeiroês am diamantenreichsten ist. Die Erfahrung muſs also auf andern ganz natürlichen

Die verschiedenen Excursionen im Diamantendistrikte, besonders die Besteigung seines höchsten Berges des Itambé, gab uns Gelegenheit, die Eigenthümlichkeit dieser merkwürdigen Gegend in mineralogischer u. s. w. Hinsicht mehr kennen zu lernen. Die Gebirgsformation dieses Landes ist beinahe dieselbe, wie die der bisher durchreiseten Campos Geraes. *) Der elastische Sandstein oder Quarzschiefer (Itacolumitquarz), macht wie um Villa Rica, auch hier den Hauptstock des ganzen Terrains aus. Die Quarztheile dieses Gesteins sind meistens von weifser oder weifsgelblicher, die Glimmerblüthen (Talk oder Chloritblüthchen) von weifser, silbergrauer oder weifslichgelber Farbe. Er zeigt an vielen Stellen dieselbe Biegsamkeit, wie der ächte Gelenkquarz von Villa Rica. Bald erhebt er sich zu mäfsi-

---

Gründen beruhen, wo der Abfall der Gewässer so stark ist, dafs keine Gesehiebe sich absetzen oder vielmehr haften können, kann man auch keine Diamanten finden. Ferner wo 2 Bäche oder 2 Flüsse zusammen kamen und der eine einen stärkeren Fall wie der andere hat, oder wovon einer Diamanten, der andere keine führt, wird der strengere Lauf des einen die Diamanten des andern eine Strecke weit mit fortreifsen, oder auch die Geschiebe des weniger strenglaufenden Gewässers in demselben zurückhalten; wo aber beide Flüsse oder Bäche diamantenreich sind, mit einem gleichmäfsigen Laufe des Wassers (wie bei Werra und Fulda) wird auch der Strom bei seiner Vereinigung diamantenreich seyn. v. E.

*) Die Gegenden, welche die Reisenden bisher durchzogen hatten, gehören nicht zu den Campos Geraes, ungeachtet sie mehrere Campos-Gegenden in sich fassen; denn der gröfste Theil davon war sonst mit Wald bewachsen, und besonders darf Villa Rica nicht dazu gerechnet werden, deren Berge zur Zeit der Entdeckung mit den dicksten Wäldern bewachsen waren. Die Campos Geraes der Provinz Minas beginnen eigentlich erst in der Nachbarschaft des Rio de Francisco, und man könnte auch wohl sagen, da wo die Minas Geraes, (oder die Goldformationen) aufhören, beginnen die Campos Geraes. v. E.

gen Bergen, bald, jedoch seltner, ist er geschichtet, in Schichten von der Mächtigkeit eines Zolls oder häufiger bis zu der von mehreren Schuhen. Sein allgemeines Streichen ist von N. nach S.; sein Fallwinkel nach W. gering, von 10° — 40°.“ *).

„An der Oberfläche finden sich an manchen Stellen, z. B. bei Bandeirinha, bei Vâo und auf der Kuppe des Itambé mehr oder weniger häufiger abgerundete Knollen Quarz von der Gröſse eines Sperlings- bis zu der eines Hühnereis eingeknetet, welche dem Gestein bisweilen das Ansehn einer Grauwacke ertheilen. Diese Form hat das Eigene, daſs sie nicht in dünnen Blättern, sondern in mäſsigen Schichten erscheint, welche wie ein den Rinnthälern an eingestürzten Stellen zu ersehen ist, zuweilen sehr tief wellenförmig gebogen sind. In dem Quarzschiefer finden sich

*) Die Behauptung, daſs der Itacolumitquarz ein allgem. Streichen von N. nach S. hat, ist richtig, nicht aber die des allgem. Fallwinkels von 10° — 40° nach Westen. Vielleicht war dieses ein Schreib- oder Druckfehler, der sich eingeschlichen hat, denn der allgemeine Fallwinkel ist nach Osten, und nur Ausnahmen finden hiervon statt, wie man aus meinen Beobachtungen ersehen haben wird. Was aber den Diamantendistrikt betrifft, so führe ich noch folgende Resultate meiner Beobachtungen über das Streichen und Fallen der Schichten des Itacolumitquarzes an.

Bei Paraûna . .	Streichen	h. 2.	Einfall	O.	80°.
— Morro da Formaçaô	— —	— 12.	—	O.	50°.
— Caxoeira . .	— —	— 12.	—	O.	45°.
— Bandeirinha . .	— —	— 12.	—	O.	
— Tijuco ribaô do inferno	— —	— 12.	—	O.	
— Milho verde . .	— —	— 3.	—	S. O.	45°.
— Serra do Mantanha	— —	— 2.	—	O.	
— Quartel do Rio Pardo	— —	— 12.	—	O.	

Diese sind die Orte im Diamantendistrikt von einem Ende zum andern, woselbst ich meine Beobachtungen gemacht. Durch Ondulationen können zwar Abweichungen nach W. statt finden, allein der allgem. Einfall ist nach O. v. E.

Lager von Glimmer, welcher eine braune, röthliche, weiſse oder gelbliche Farbe zeigt, und bisweilen von Gängen weiſsen Quarzes begleitet ist. Das Vorkommen eines reinen Glimmers in groſsen Tafeln, Eschwege's Chloritschiefer (oder Talkschiefer) wird ebenfalls hie und da bemerkt. Andere Lager von geringerer Mächtigkeit bestehen ganz aus einem glasartigen, durchsichtigen, grauen, fleischrothen oder röthlichen Quarz von splittrigem oder groſsmuschligen Bruche, und schlieſsen zuweilen wiederum Nester jenes Glimmers ein. Brauner geträufter Glaskopf erscheint in diesen Quarzlagern oft mit Drusen eines gemeinen an der Oberfläche mit Eisenoxyd beschlagenen Bergkrystalls. Häufig ist, z. B. in Mentanha das Vorkommen von Bergkrystallen, welche von Grünerde moosartig durchzogen sind, und auch zuweilen Titankrystalle einschlieſsen.“ (S. 453 — 459.)

„Der schwarze Erdkobald, welcher ebenfalls zuweilen gefunden wird, gehört wahrscheinlich diesen Quarzlagern an. *) Ein meergrüner Kyanit, mit Eisenglimmerschiefer abwechselnd, erscheint gleichfalls bisweilen in diesen Gegenden. Gold ist sowohl in den Gängen und Lagern des Quarzes, als auch, wiewohl seltner, hie und da in den Ablösungen des Quarzschiefers anzutreffen. Seine Verhältnisse sind hier dieselben, wie in Villa Rica und dem übrigen Goldlande. Es sitzt auf dem derben und krystallisirten Quarz in Gestalt von Körnern, Blättchen (Folhetas), Hacken oder in Krystallen, und ist gröſstentheils von höherer Reinheit, als das Gold aus der Eisenformation. Gemeiner Schörl, derb, oder in büschelförmig verworren zu-

*) Nach meinen Beobachtungen gehört der schwarze Erdkobald der Thonschieferbildung vorzüglich an, dessen ich an seinem Orte erwähnt. v. E.

sammengehäuften Krystallen findet sich auch in dieser Formation. Bemerkenswerth ist auch das Vorkommen von kleinen Lagern eines sehr dichten, grofsblätterigen Eisenglanzes. Die Bewohner der Demarcation verarbeiten ihn, so wie den sehr reichen Eisenglimmerschiefer bisweilen in kleinen Oefen. Auf der Oberfläche der erwähnten Bildungen, und sie theilweise deckend, findet sich, jedoch in Vergleich mit Villa Rica viel seltener, die sogenannte Tapanhoacanga oder Canga, und sie macht manchmal Uebergänge in einen röthlichen, gelblichen oder braunen eisenschüssigen (Quader) Sandstein. *) Das gemeinsame Bindemittel dieser Canga, eine trockne, gelbe, mergelartige Erde, wittert nicht selten Salze aus. Endlich erscheinen an mehreren Stellen des Distrikts z. B. unweit Vào sehr grofse Massen eines derben Grünsteins auf dem körnigen Quarzschiefer. Diese Gebirgsarten stehn entweder ganz frei zu Tage, besonders sind die höchsten Punkte des Gebirgs entblöfst, oder sie werden einige Fufs hoch von einer Schicht von Geröllen, Schutt und Sand (Gurgulho oder

*) In allen Gegenden des Diamantendistrikts, welche ich besucht, ist mir die sonst so weit verbreitete Tapanhoacanga-Bildung nicht vorgekommen, wohl findet man aber in manchen Flufsthälern ein neueres Conglomerat abgerundeter Geschiebe, bald grob-, bald kleinkörnig, in welchen man auch Diamanten mit eingeknetet gefunden hat. Sollte wohl hier nicht ein Irrthum oder eine Verwechselung der gesammelten Exemplare stattgefunden haben, so wie ich es auch von der Breccie bei S. Paulo vermuthe, welche die Reisenden ebenfalls zu der Tapanhoacanga rechneten? Was ich über die Benennung Quadersandstein urtheile, darüber habe ich mich an einem andern Ort schon ausgesprochen, und wird sich noch ferner Gelegenheit dazu finden. Auch hier fehlt die ganze Folgenreihe der vorhergehenden, so wie der nachfolgenden Formation, wodurch allein nur der Quadersandstein kennbar werden kann.

v. E.

Cascalho) *) bedeckt. Dieser Schutt **) besteht aus einer grauen, gelblichgrauen, röthlichen, bisweilen weifsen Erde, die mit vielen Quarztrümmern von sehr verschiedener Gröfse und eckigem Bruche gemengt ist. An andern Stellen nimmt eine rothe, lehmige Erde, wie sie in einem grofsen Theil von Minas erscheint, die Oberfläche ein, und in ihr sind hie und da Fündlinge von derbem, zu Thon verwitterten Grünstein eingeknetet. In diesem Gerölle und Sande befinden sich nun, wie oben erwähnt, vorzüglich in den Rinnthälern der Flüsse und Bäche die Diamanten als lose Fündlinge. Beständige Begleiter sind hier besonders häufige, wohl abgerundete Geschiebe von durchsichtigem, klaren Quarze, von einem sehr harten, am Stahle Feuer gebenden dichten Rotheisenstein, oder von schwarzem lydischen Stein in der Gröfse einer Haselnufs bis zu der eines Taubeneies. Diese letzteren schwarzen Steine nennt man hier zu Lande wegen der Aehnlichkeit mit den üblichen schwarzen Bohnen, Feijoês, und man ist gewohnt von ihrem Vorkommen zugleich mit dem von andern Edelsteinen, als weifsen und blauen Topasen, Spinell, Corunden, Granaten, Lazulith u. s. w. auf das Dascyn und auf den Reichthum des Gerölles an Diamanten zu schliefsen. Dagegen sind Geschiebe von weifsem, mürben Quarzschiefer, von eisenglanzhaltigem Glimmerschiefer, oder von der Tapanhoacanga, wenn sie im Gemenge vorherrschen, An-

*) Gurgulho unterscheidet sich vom Cascalho dadurch, dafs seine Bestandtheile mehr oder weniger eckig und mit Erde gemengt sind, dahingegen der Cascalho aus lauter abgerundeten Geschieben besteht mit untermengtem Sande. v. E.

**) Noch an andern Orten, besonders an feuchten Vertiefungen oder in der Nachbarschaft von Quellen, nimmt dieser Schutt eine schwarze moorigte Gestalt an. v. E.

zeigen von geringem Gehalte des Cascalho an Diamanten. In tiefen Flufsbetten oder brunnenartigen Löchern bemerkt man, dafs jener reichere Cascalho die untersten ältesten Lager ausmacht, und öfters unmittelbar auf dem derben Gesteine (Pizarra), dem körnigen Quarzschiefer aufliegt.“ *) (S. 460.)

„Andrada hat zuerst die Meinung veranlafst, dafs jene edlen Steine dem Eisensteinconglomerate angehören, eine Ansicht, welche durch die, früher in dem Cabinet des Marquis d'Angesa zu Lissabon, jetzt bei Herrn Heuland in London aufbewahrte Stufe von Tapanhoacanga, worin ein Diamant eingewachsen ist, an Stärke gewann. **) Hieran schliefst sich unseres Freundes von Eschwege's Ansicht, welcher den Brauneisenstein entweder aus der Eisenglimmerschieferformation oder aus der Bildung seines Itabirits (Magnet und Brauneisensteins, Eisenglanz) für das Muttergestein des Diamants hält, indem er sich auf die zu Wien befindlichem und die von ihm in Weimar abgegebenen Handstücke eines Conglomerats beruft, welche nebst einem grünen Fossil (Skorodit?) jene Steine eingewachsen enthalten. ***) Wir besitzen gelbe Topase, aber keine Dia-

*) Der reichste Cascalho ist der Cascalho virgem, Jungfrau Cascalho oder Urcascalho, und dieser bildet immer die untersten Lagen, die sich zuerst auf dem Grundgebirge ansetzen, und späterhin durch das Aufrühren der Flüsse und das Abspühlen der Berge von neuerem und folglich armen Cascalho (cascalho bravo) überschüttet werden. v. E.

**) Die ganze sogenannte Stufe, worin dieser Diamant eingewachsen, ist wenig gröfser als eine Haselnufs und besteht einzig aus Brauneisenstein und nicht aus Tapanhoacanga. v. E.

***) Man hat hier die Verwechselung begangen, als wenn das Exemplar mit dem grünen Fossil (Skorodit oder arseniksaurem Eisen), worin unverkennbar ein Diamant innen liegt, welches jetzt auch Herr Heuland in London besitzt, zu den Breccien gehöre. Es

manten in der Tapanhoacanga verwachsen, und müssen es daher dahin gestellt seyn lassen, ob jene Steine wahre Diamanten sind. *) In jedem Falle jedoch kann die Tapanhoacanga, ein regenerirtes breccienartiges Gestein, nicht für das Muttergestein der Diamanten, so wie des Goldes und der gelben Topase, sondern nur als secundäre Lagerstätte derselben angeführt werden. **) Dafür spricht unter Anderem das Vorkommen ausgedehnter Formationen, sowohl der Tapanhoacanga, als des Magneteisensteins ohne Spuren von Diamanten, z. B. in der Provinz S. Paulo. ***) Auch die Bildung jener Modification des Glimmerschiefers, welche wir mit v. Eschwege's Eisenglimmerschiefer genannt haben, kann nicht als die Geburtsstätte derselben angesehn werden, obschon man vielleicht die schwarzen Punkte und Flocken im Innern oder die dunkle Farbe mancher Diamanten einem Eisengehalte zuschreiben möchte; denn gerade in der Diamanten-Demarcation kommt jene Bildung sehr selten vor. Da Camara hegt eine andere

---

ist dieses ein beinahe faustgroſses Exemplar reinen Brauneisensteins. Die in der Breccie eingekneteten Diamanten in Wien und Weimar gehören gar nicht hieher und können gar nicht als Muttergestein der Diamanten angesehn werden. v. E.

*) Meine Freunde hätten doch nach der Versicherung, die ich in meinem geognostischen Gemälde gegeben, daſs es wahre Diamanten sind, dieses Factum nicht weiter bezweifeln sollen! v. E.

**) Ich begreife nicht, wie man auf die Idee hat kommen können, als wenn ich die Tapanhoacanga als Muttergestein der Diamanten genannt hätte, da ich mich doch deutlich darüber ausgesprochen (S. 44 des geognostischen Gemäldes), daſs ich den Brauneisenstein für das Muttergestein halte. v. E.

***) Die Breccien, worin die Diamanten eingeknetet liegen, ist keine Tapanhoacanga, sondern eine weit modernere Quarzbreccie. v. E.

Meinung über die ursprüngliche Geburtsstätte der Diamanten. Er machte uns zunächst seinem Hause, und dann an verschiedenen Orten auf die Erscheinung von Lagern oder mächtigen Gängen des Quarzes gleich unter dem lockeren Boden aufmerksam, worin sehr viele Bergkrystalle angetroffen werden, und bemerkte, daſs eine solche Bildung von reinem Quarze früher über einen groſsen Theil von Mina's verbreitet gewesen seyn möchte (als deren Rückbleibsel unter andern die Serra das Cristaês in Goyaz betrachtet werden könnte *), und als die Urstätte jener Steine anzunehmen sey, woraus diese nach Zertrümmerung in die Fluſsbetten geführt worden wären. Zur Bestätigung seiner Meinung erwählnte er ein einziges Mal einen Diamanten in Quarz aufgewachsen gesehn zu haben. Da man jedoch auſser diesem Beispiele jene Edelsteine nur als Fündlinge, aber nie in der noch bestehenden Quarzkruste vorfindet, so ist es schwer, über dieses trefflichen Mineralogen Meinung ein entscheidendes Urtheil zu fällen. Uebrigens hat diese Ansicht sehr viel für sich, und dürfte nicht bloſs auf jenes Quarzlager beschränkt, sondern wohl auch auf alle Quarzgänge des Quarzschiefers ausgedehnt werden u. s. w.; so viel bleibt gewiſs, daſs es ein und dieselbe Formation des Quarzschiefers ist, welche in einer Lage von mehr als 12 Graden den Hauptstock der Gebirge im Brasilianischen Continent bildend, an mehreren Orten und unter ähnlichen Verhältnissen den ihr untergeordneten Diamant erscheinen läſst. Immer ist es ein hohes, 2—3000 Fuſs über das Meer erhabenes Land, mit Camposvegetation bedeckt,

*) Die Serra das Cristaês besteht nach mündlichen mir mitgetheilten Nachrichten des Herrn Dr. Pohl, ebenfalls aus der Itacolumitquarz-Bildung und nicht aus reinem Quarze. v. E.

dessen Quarzschiefer eben so, wie in dem Diamantendistrikte, auch weit gegen Westen fortlaufend, in Goyaz und Matto-Grosso den Diamant aufweist, während die Gneis- und Granitgebirge längst der Küste (Serra do Mar) und die tiefer landeinwärts auftretenden Höhlenkalk- und Quader-Sandsteinformation keine Spur jenes edlen Steines zeigen.“ *) (s. S. 461-463.)

Statt üppiger Moospolster, welche in unsern Alpen die Felsen übergrünen, ist hier das Gestein nur mit dürren, weifslichen Flechten bekleidet.“ (s. S. 463.)

„Das spezifische Gewicht des Diamants ist nach den von Hrn. Hofr. Fuchs bei 15½ R. Therm. Stand angestellten Versuchen = 3,516,666 **); das des gediegenen Goldes aus dem Diamantendistrikte = 17,006, letzteres ist fast immer sehr rein, und die Vereinigung von Gold mit Pal-

*) In dem geognostischen Gemälde von Brasilien habe ich diesen Gegenstand weitläuftiger behandelt, und man wird daraus sehen, dafs ich auch vorzugsweise der Formation des Itacolumitquarzes, worauf gewöhnlich die Eisensteinbildungen ruhen, die Ehre gebe, dafs wo diese vorherrschend ist, auch Diamanten gefunden werden. Herr Dr. Pohl bestätigt dieses auch in Ansehung der Provinz Goyaz; da man aber noch nie einen Diamanten mit dieser Gebirgsart verwachsen gefunden hat, drei unläugbare Beispiele aber vorhanden sind, wo Diamanten mit reinem Brauneisenstein eingewachsen erscheinen (zwei Exemplare besitzt Herr Heuland in London und eins hatte der Bibliothekar der verstorbenen Kaiserin in Brasilien, Herr Dr. Schüch), und nach Da Camara nur ein Beispiel existirt, wo ein Diamant mit Quarz verwachsen war; so geht aus diesen Thatsachen hervor, dafs die Diamanten wahrscheinlicherweise ehemals aufgesetzten und nun zertrümmerten Lagern von Brauneisenstein mit Quarznestern angehörten, welche dem Itacolumitquarz spärlich aufgesetzt waren, und wegen ihrer geringeren Mächtigkeit leicht zerstört werden konnten. v. E.

**) Dieses ist wohl eben so verschieden, wie bei allen andern Edelsteinen, und ich fand es von 3,300 bis zu 3,700 abwechselnd an vielen Steinen, die ich gewogen. v. E.

ladium findet sich ausser den Grenzen des Distrikts, namentlich in der Magneteneisenformation do Matto dentro.“ (S. 471.)

Als Nachtrag der Beobachtungen und Bemerkungen meiner Freunde setze ich noch hinzu, was Mawe über Gebirgsarten und Fossilien dieser Gegenden sagt. (Aus dem 2ten Theile der französischen Uebersetzung seiner Reise entlehnt.)

„Bei dem Arrayal da Conceiçaô, sagt er, findet sich das Gold vom Gipfel des Berges an bis ins Thal hinab. Der Grund uud Boden besteht im Allgemeinen aus einer guten rothen Erde. Eisenhütten könnte man hier allenthalben anlegen.“ *) (S. 23.)

„Tapanhoacanga oder Canga ist der Name des eisenschüssigen Quarzes, dessen bei Conceiçaô sich genug als Geschiebe findet.“ **) (s. S. 24.)

„Grés (Sandstein) abwechselnd mit Thonschiefer ist die Gebirgsart auf dem Wege von Conceiçaô nach Villa do Principe.“ ***) (s. S. 25.)

„Burgalhâo nennt man eckige Quarzgeschiebe, auch wohl solide Massen, die nicht über 4 — 5 Zoll dick sind. Es scheint nicht, als wenn dieses Lager von Burgalhâo wohl auf demselben Wege entstanden wäre, wie der Cascalho, von dem er immer abgesondert ist durch ein Lager von Dammerde von ungleicher Mächtigkeit, es scheint sogar,

*) Das Gold ist hier fast durchgängig in dem Grus oder Schutt, der meistens aus Quarzbrocken besteht, unter der Dammerde verbreitet. v. E.

**) Tapanhoacanga hat nur sehr selten Quarz beigemengt. v. E.

***) Unter Grés oder Sandstein versteht Mawe den Itacolumitquarz. v. E.

als wenn es später in unzählige Bruchstücke zertrümmert wäre.“ (s. S. 31 — 32.)

„Sandsteinfelsen mit quarzigem Conglomerat bei Milho verde.“ *) (s. S. 33.)

„Sandstein, dessen Schichten mit Glimmerschiefer abwechseln, und eine ungeheure Masse von Sand- und Quarzgeschieben bilden, die als ein wenig zusammenhaltender mürber Puddingstein dastehn, jenseits des Rio de S. Francisco auf den Bergen bei Tijuco.“ (s. S. 36.)

„Cascalho in dem Diamantendistrikt besteht aus denselben Theilen, wie der im Golddistrikte. An vielen Orten der Flufsufer findet man grofse Massen Geschiebe, die durch Eisenoxyd zusammengebunden sind, und zuweilen Gold- und Diamanten eingeschlossen enthalten. (s. S. 40.) Es scheint dieses eine Art Puddingstein neuerer Entstehung.“ **)

„Man findet die Diamanten nicht nur in den Flufsbetten und tiefen Graben; sondern auch in den Vertiefungen und Bächen auf den Gipfeln der höchsten Gebirge.“

„Minas Novas oder weifse, auch blaue Topase und Aquamarine finden sich in einigen Bächen, die in den Jequetinhonha fallen nach der Gegend von Tocayoz hin.“

---

*) Es ist dieses der Itacolumitquarz mit eingekneteten Brocken Quarzes, deren schon früher erwähnt wurde, und deren Vorhandenseyn, diese Gebirgsart als Urgebirge betrachtet, etwas räthselhaft macht. (S. den 5ten Abschnitt meiner Beiträge, die Gebirgsart bei S. Joaô del Rei betreffend.) v. E.

**) Dieselbe Breccie, in welcher sich die von mir angeführten Diamanten gefunden. v. E.

Reise von Tijuco in den Termo von Minas Novas.

„Der Weg führte uns nordöstlich über die Serra de Mentanha, einen hohen Quarzschieferberg, welcher den rechten Abgang des Thales bildet, an dessen linker Seite Tijuco liegt. Auf der Höhe des Berges, seitlich an der Strafse bei der Lavra dos Crystaes, wo in mürbem Quarzschiefer noch Gold gewaschen wird. Man findet hier sehr schöne klare Bergkrystalle, welche oft Rutilkrystalle oder dendritisch ausgebreitete Chloriterde einschliefsen.“ (S. 473.)

„Der rothe Letten, so wie auch der mürbe Quarzschiefer bei dem kleinen Orte Cangicas, haben bedeutende Ausbeute an Gold geliefert. Auch hier, obgleich aufserhalb demDiamantendistrikte, hat man Diamanten gefunden, jedoch selten und kleine.“ (S. 474.)

„Nicht weit von der Wohnung in der Fazenda des Capitaõ Bento Dias, zeigte uns derselbe in dem Bette eines Flüfschens das Lager eines Rotheisensteins, welches jedoch nicht reich genug ist, um einen Bergbau zu verdienen. Dann führte er uns eine halbe Legoa weit zu einer verfallenen Fazenda, Pé do Morro, welche der ehemals so reichen Familie des Diamantenpächters Joaõ Fernandes de Oliveira gehört, wo wir an dem Bache Ribeiraõ de S. Domingos das schon bekannte Kupfer fanden. Es kommt in einem grünen Gesteine vor, welches das Bett des Baches in losen Trümmern und das westliche Ufer desselben in grofsen Massen einnimmt, während das östliche Ufer Quarzschiefer aufweist. Das Metall erscheint in diesem grünlich - grauen, splittrigen Hornstein gediegen, eingesprengt in Körnern, und wiewohl ziemlich selten, baumartig verzweigt, oder als Kupfergrün und Kupferblau, in dessen Nähe das Gestein ein schiefriges Ansehn annimmt, und an den Kanten stärker durchscheinend wird. Grofse Parthien des eingesprengten Metalls waren wir nicht so glücklich aufzufinden. Dieses wahrscheinlich der Kieselschieferformation angehörige Vorkommen erinnert uns an die grauen Steinfelsen bei Vaô im Diamantendistrikte, es scheint wie jene auf dem Quarzschiefer aufzuliegen.“ *) (s. S. 475 — 476.)

„Das ganze Gebiet zwischen den beiden Diamantenflüssen, Jequetinhonha in Westen und Arassuahy in Osten, ist eine Hochebene, der Länge nach nur von zwei seichten Thälern durchschnitten. Rechts sehen wir die Serra de Penha, rückwärts nach dem Diamantendistrikt hin die Serra de S. Joaô und links die höhere Serra de S. Antonio oder do Gram. Mogol.“ (S. 477.)

„Bei dem Arrayal de Bareiras in dem Bache Caralinho fanden wir ein wichtiges Lager von dichtem körnigen Graphit **), durch welches hie und da Adern von weifsem Quarze und von Bergkrystalle ziehen, und dessen Liegendes Quarz zu seyn scheint. Gegen die Oberfläche hin ist der Graphit nicht selten in tiefen Bächen und Gruben ausgespült. Man versicherte, dafs dasselbe Fossil auch in dem benachbarten Gebirge vorkäme. In der Nähe desselben ist auch eine schwache Eisenquelle, die gegen herpetische Ausschläge von Nutzen seyn soll u s. w. Die Erscheinung dieser Substanz, nicht weit von dem Diamantendistrikte, dürfte vielleicht von Wichtigkeit für die Geo-

*) Man sagt von diesen Kupfer, dafs es in Quarzfels mit Amphibole erscheine, wegen seiner Armuth aber nicht Bearbeitüng verdiene. (s. S. 129.)

**) Mufs wohl dichter und körniger Graphit heifsen. v. E.

gnosie seyn. *) Einige Meilen von Bareiras soll auch Kalk vorkommen u. s. w." (s. S. 477.)

„Der Arassuahy, zwei Legoas von Bareiras an seiner Durchfahrt (Passagem), ist etwa 30 Schritt breit, und fliefst von S. W. nach N. O. in einem Bette von eisenhaltigem Glimmerschiefer (Eisenglimmerschiefer), dessen Eisen sehr aufgelöfst ist, und welchen hie und da Gänge von Quarz und von Eschwege's Chloritschiefer durchsetzen. Noch deutlicher tritt der Eisenglimmerschiefer an einem Bache hervor, der sich unterhalb der Durchfahrt in den Arassuahy ergiefst. Man hat in dieser Gegend früher hin mit Glück auf Gold gewaschen, und sicher würde der schöne Quarzsand dieses Flusses allein mehr Goldstaub liefern, als deutscher Fleifs in allen unsern Strömungen vermag. **) Auch Diamanten hat man, wiewohl selten, in Arassuahy gefunden, dessen ungeachtet steht der Flufs nicht so wie der Jequetinhonha unter der Bothmäfsigkeit des Intendanten von Tijuco. An letzterem Flusse nehmlich darf

*) Ich glaube nicht, dafs hierauf ein grofser Werth gelegt werden kann, denn wie der reinste Kohlenstoff in den kleinsten Partikeln als Diamant erscheinen kann, kann auch wohl der unreinere wie der Graphit oder Antracit als Lager erscheinen, ohne dafs daraus wichtigere Folgerungen für die Entstehung der Diamanten zu machen sind, da man noch nie das Glück gehabt hat, Diamanten in Gegenden zu finden, z. B. in England, wo die Kohlenbildungen vorherrschend sind. v. E.

**) Der Edderflufs in Kurhessen und dem Waldeckischen Gebiete möchte wohl eine Ausnahme machen, denn mit jeder Ueberschwemmung oder nach starkem Regen zeigt sich angeschwemmter Eisenglimmer (asmeril), der beträchtlich goldhaltig ist, und gewifs würde es sich der Mühe lohnen, wenn man den Urcascalho darinnen zu gewinnen suchte, welches bis jetzt aus Unbekanntschaft mit dieser Art Goldwäscherei nicht geschehen ist.

v. E.

kein Haus ohne Erlaubniſs dieses mächtigen Beamten erbaut werden.“ *) (s. S. 478.)

„In dem wilden Thal des schnell strömenden Itamarandiba, der sich in den Arassuahy ergieſst, steht Glimmerschiefer **) mit kaffebraunem Glimmer und weiſsem Quarz, hie und da Eisenglimmerschiefer einschlieſsend, zu Tage, welcher in wenig gegen W. geneigten Schichten von S. nach N. schreitet. Man bemerkt an ihm eine Abänderung, in welcher die zum Theil verwitterten und ockrigen Eisenglanzblättchen durch mehr Quarz verdrängt werden.“

„Die Villa do Bom Successo oder Fanado ist der Hauptort des Termo von Minas Novas. Gegen Osten begrenzten ihn diejenigen Fortsetzungen der Serra do Mar, welche unter den verschiedenen Namen der Serra das Esmeraldas, das Aymores, Serra Negra und Serra do Jacuhy bekannt sind; gegen W. die Serra Branca, die Serras das Almas, do Itambé, ***) do Goviaô u. s. w., und der Rio Verde u. s. w. Der östliche Theil, besonders von dem rechten Ufer des Jequetinhonha an bis an die Grenze der Provinz Porto Seguro ist ein Gebirgsland, welches sich östlich von dem Rio Arassuahy an, zu waldigen Bergen von 3000 Fuſs Höhe erhebt u. s. w., zwischen den beiden

*) Dieso Gewalt erstreckt sich nur bis zu der Serra de S. Antonio, aber nicht weiter; den Fluſs abwärts sollen viele Ansiedelungen ohne Erlaubniſs des Intendanten entstanden seyn. v. E.

**) Da die Reisenden den Quarzschiefer oder Itacolumitquarz, auch zuweilen Glimmerschiefer nennen, so ist unter diesen Namen hier wahrscheinlich ersterer verstanden, welches daraus zu schlieſsen ist, daſs er Eisenglimmerschiefer eingeschlossen enthält, welches bei dem gewöhnlichen Glimmerschiefer nie der Fall ist. v. E.

***) Die Serra do Itambé liegt doch wohl mehr in S. von Minas Novas, als in Westen. v. E.

Flüssen Jequetinhonha und Arassuahy aber hohe Plateaus darstellt, welche bald blofs mit hohem Grase, bald mit dichtem Gestruppe und Unterholze bewachsen sind u. s. w."

„Einer der Handelsartikel in dem Termo von Minas Novas sind die daselbst vorkommenden edlen Steine, weifse und blaue Topase (Pingos d'agoa, Topazios und Safiras) Granaten, Spinell (Jazinthas), Chrysoberylle (Crizolithas und Agoas Marinhas), Bergkrystalle, Amethysten, rothe Quarze (Rubins), und grüne Turmaline (Esmeraldas). Der gröfste Theil dieser Steine wird roh nach Rio de Janeiro und Bahia versendet u. s. w." (s. S. 488.)

„In den waldigten und unzugänglichen Wildnissen zwischen dem Rio Jequetinhonha und den drei Quellen des Rio S. Matheus, welche gewöhnlich as Americanas, von den Indianern Marambaya genannt werden, ist es, wo gegenwärtig der gröfste Theil der erwähnten edlen Steine, von armen Mulatten und Negern, unter beständiger Furcht vor dem Ueberfall feindlicher Indianer, aufgesucht und sodann an die Steinhändler in den Ortschaften, verkauft werden." *) (s. S. 488.)

„Früherhin schienen auch einige Gegenden des Termo jenen Ruf von mineralogischem Reichthum in Beziehung auf Gold zu rechtfertigen, und namentlich waren bei dem Arrayal von Chapada bedeutende Minen von Gold eröffnet worden; doch scheint der Goldgehalt der Gegend sehr abgenommen zu haben, und gegenwärtig dürften kaum mehr als hundert und funfzig Menschen, besonders in Chapada und Arassuahy beschäftigt seyn. **) (s. S. 489.)

---

*) Man sehe, was ich hierüber im ersten Kapitel der 4. Abtheilung des Pluto Brasiliensis gesagt habe. v. E.

**) S. Pluto Brasiliensis. v. E.

„Der Arrayal da Chapada liegt zwischen dichtbewachsenen von engen Thälern durchschnittenen Bergen. Wie im übrigen Minenlande wird hier der rothe Letten nach Gold ausgewaschen, und man hat hier früherhin unter andern einen gediegenen Goldklumpen gefunden, der 17 Pfund wog. Die meisten Steinhändler wohnen hier, und die Masse von Topasen war ungeheuer. Die Topase kommen in Bruchstücken, oder, und zwar häufiger, in Rollsteinen, von der Gröſse einer Linse bis zu der einer Kastanie vor. *) Die abgerundeten Steine, welche man gewöhnlich Wassertropfen nennt (Pingos d'agoa), eignen sich besser zum Schnitt, und werden, wenn sie die Gröſse einer Bohne, eine zweckmäſsige runde oder eliptische Form und helles Wasser haben, zu bedeutenden Preisen verkauft: man bezahlt den Werth hier an Ort und Stelle von einem schönen Stein mit einem Thaler. **) Die beste Qualität der Wassertropfen ist die von Rio Utinga. Die blauen Topase sind nur dann gesucht, wenn sie eine dunkle Färbung nnd beträchtliche Gröſse haben. Granaten, die vorzüglich zu der Decoration des Christordens gebraucht werden, kommen häufig und von schönem Feuer, doch selten von bedeutender Gröſse vor u. s. w. Chrysoberylle, hier zu Lande Chrysolithen genannt, sind äuſserst häufig, aber nur selten findet man sie groſs von reiner, weingelber oder graulich-gelber Farbe und ohne zu opalisiren. Die grünen Chrysoberylle (Agoa Marinhas) sind unstreitig die schönsten Steine, welche hier

*) Ich habe faustgroſse weiſse Topase von mehreren Pfunden gesehen, die als Rollsteine erscheinen. v. E.

**) Man sieht, daſs die Steinhändler sich die Unbekanntschaft der Reisenden mit dem Steinhandel zu Nutze machten, da die schönsten und reichsten Pingas d' agoa zu 60 Reis höchstens zu 100 Reis (3 bis 4 ggr.) für die Octave verkauft werden. v. E.

zu Lande vorkommen. *) Sie kommen sowohl den Ostindiern an Farbe, die häufig das schönste Meergrün ist, als an Glanz und Farbenspiel gleich, wenn sie zweckmäſsig geschnitten werden. Der gröſste dieser Steine, welcher bis jetzt gefunden worden ist, wiegt 16 Pfund und befindet sich in dem Schatze von Rio de Janeiro u. s. w. **). Die honiggelben Steine, welche vorzüglich unter den Granaten hie und da erscheinen, und von den Einwohnern Hyacinthen genannt werden, sind Spinelle. Unter dem Namen Agoas Marinhas kennt man hier auch Berylle, die jedoch meistentheils sehr splitterig sind, und den sibirischen Beryllen nachstehen. Sie werden, wenn sie sich weder durch Gröſse, noch durch Farbe und Wasser auszeichnen, wenig geschätzt. Gleiches gilt in noch höherem Grade von den grünen Turmalinen, die man hier zu Lande ganz unrichtig Schmaragde nennt. Sie kommen theils in rein auskrystallisirten und sehr klaren Säulchen von 4 bis 12 Linien Länge auf eine Linie Breite, theils in gröſseren Krystallen, oft von der Gröſse eines kleinen Fingers, und sodann mit matter Oberfläche und abgerundeten Ecken vor. Die ersteren finden sich besonders bei Gramiais, einer kleinen Fazenda am Rio Pardo in Sertaõ, 30 Legoas nördlich von Fanado auf freiem Felde. Die letzteren in einem Bache,

*) Chrysoberylle sind gleichbedeutend in Brasilien mit Chrysolithen und diese erhalten nie den Namen Agoas Marinhas, sondern es sind gewöhnlich Berylle, oder auch wohl blaue Topase, die so genannt werden.

**) Siehe Pluto Brasiliens. sein Verschwinden aus dem Schatze betreffend. Daſs diese schönen grünen Steine nicht Chrysoberylle, sondern Berylle, vielleicht eine neue Species sind, unterscheidet schon jeder Steinschleifer, da erstere auſserordentlich hart sind, und das Schleifen mehr Mühe als bei letzteren kostet, und er sich deſshalb auch weit mehr dafür bezahlen läſst. v. E.

Ribeiraô da Tolha, zehn Legoas östlich von Chapaða." (s. S. 496 - 497.)

„Zwischen Chapada und Agoa Suja, welches 4 Legoas nördlich von da liegt, ist die herrschende Formation der bergigten Terrains, Quarzschiefer (Itacolumitquarz), hie und da mit mächtigen Lagern von Eisenglimmerschiefer abwechselnd oder mit losen Fündlingen von Rotheisenstein und Eisensteinbreccie übersät." (s. S. 496 - 498.)

„Die Berge auf dem 12 Legoas langen Wege von Sucuriúh nach den Quellen des Baches Calhào, ziehen sich von S. W. nach N. O. und bestehen meistens aus Quarzschiefer. (s. S. 499.)

„Bei Calhào ist die Gebirgsformation ein grobkörniger, weifslicher ungeschichteter Granit, der wenig weifsen Glimmer, aber viel schwarzen, oft in langen Säulen krystallisirten Schörl enthält. Nicht selten wechselt der Granit mit dem Gneis von gleichartigen Bestandtheilen in der Art ab, dafs ihre gleichzeitige Bildung unverkennbar ist. Der Granit geht entweder zu Tage aus, oder es deckt ihn eine 4 bis 14 Fuſs mächtige Schicht eines grauen oder weifsen Gerölles (gurgulho), dessen Hauptbestandtheil Quarz ist. Man findet hier sowohl in den Quellen des Baches Calhào, als in dem Grus vorzüglich Chrysoberylle von gräulichweifser, blafsockergelber, citronengelber (crisolitas), oder von olivengrüner, grasgrüner und blaugrüner (agoas marinhas) Farbe, ferner edle Granaten und weifse und hellblaue Topase. Diese Steine kommen also darin mit den Diamanten überein, dafs sie niemals in dem ursprünglichen Muttergestein erscheinen. *) Zugleich sind mit ihnen in den Ge-

*) Herr Dr. Pohl, welcher ebenfalls diese Gegenden besucht hatte, brachte daher derben Chrysoberyll (?), welchen er von einem grofsen

röllen des Calhào, und in dem Grus viele Trümmer lydischen Steins und eines durchsichtigen, glasartigen oder milchweifsen Quarzes häufig. Erstere werden, wenn sie abgerundet sind, wie im Diamantendistrikte Bohnen (feijoês) genannt. An einigen Chrysoberyllen glaubten wir Spuren von anhangendem Quarze und Granit wahrzunehmen, und es hat sowohl defshalb als rücksichtlich aller Lokalverhältnisse viel Wahrscheinliches, dafs diese schönen Steine ursprünglich in Quarzadern des Granits vorkommen. Gleicherweise mochten die hier vorfindlichen Granaten vielleicht dem Quarze des Granits oder letzterem selbst angehören. Krystalle des Chrysoberylls (eine 6seitige doppelte Pyramide, an beiden Endspitzen abgestumpft) sind, besonders von einiger Gröfse, äufserst selten, um so häufiger schöne, reine ausgebildete Dodecaeder des Granats. Der gröfste Chrysoberyll, der hier gefunden wurde, soll 48 Octaven gewogen haben. Die Steingräber waschen die Steine, wie die Diamanten aus dem Sande und Gerölle des Ribeirаô Calhào und aus dem Grus, welcher in Gruben oder viereckigten Gräbern abgestochen wird. Von Gûpiàra setzten wir unsern Weg noch eine Legoa weiter fort bis zum Corrego de S^a^. Anna. Das Gestein, über welches der dasige Bach fliefst, ist ebenfalls Granit, bisweilen mit grofsen Massen eines fleischrothen Feldspathes, bald grobkörnig und dem Granit am Fichtelberge, bald feinkörnig, und dem Granit vom Harze ähnlich. *) Im weifsen Quarze

Lager in Granit abgeschlagen hatte, und somit wäre an dem Muttergestein dieses Edelsteins nicht zu zweifeln. v. E.

*) Aus der Beschreibung des Granits und der waldigten Gegend erkennt der Lokalkundige, dafs die Reisenden sich in der Region der Serra do Mar befanden, wohin ich die ganzen Gebirgsreihen

findet sich ein schöner schwarzer krystallisirter Schörl. Mit den Fündlingen des Granits und bisweilen mit ihnen zusammengewachsen, erschien ein schwärzlicher, mürber Glimmerschiefer. *) Auch die Gerölle im Bache zeigen keine andere Bestandtheile, als in Gûpiàra, Granitquarz, Feldspath, lydischen Stein und einen splittrigen, grünlich grauen Hornstein. In diesen Geschieben kommen die Chrysoberylle bis zu einer Tiefe von 10 und 20 Fuſs vor, und höchst selten findet man hier auch grüne Turmaline. Unsere Neugierde war durch die bisherigen Erfahrungen nicht befriedigt, immer hofften wir noch das Muttergestein dieser Edelsteine aufzufinden, und wir verwendeten daher noch einen Tag auf die Besichtigung der Steingräbereien am oberen Rio Piauhy, zu denen wir auf mühseligen Wegen durch felsigte Catingas gelangten. Wir konnten jedoch auch hier nichts Neues beobachten. Von allen Steinen, welche in diesen Gegenden gefunden werden, schätzt man die weiſsen Chrysoberylle am höchsten, sie kommen bisweilen an Wasser und Farbenspiegel den Diamanten nahe. **) Reine Agoas Marinhas und gelbe Chrysoberylle haben etwa gleichen Werth. Die Octave wohlgeformter Steinchen von 2 bis 5 Linien im Durchmesser ward uns zu

---

waldigten Gegenden zähle, die sich beinahe bis zur groſsen Cordilheira der Serra do Espinhaço erstrecken. v. E.

*) Wie er sich oft an der Küste von Ilha grande findet. v. E.

**) Diese Eigenschaften erhalten besonders die Chrysoberylle, wenn man sie, so wie die Topase eine Zeitlang durchglühen und langsam erkalten läſst; sie werden nicht allein dadurch heller an Farbe, d. h. die hellgrünen werden ganz weiſs, sondern sie scheinen selbst dadurch an Härte zuzunehmen, wie selbst die Steinschleifer versichern, und dadurch an Glanz zu gewinnen, so daſs ein Kennerauge dazu gehört, um ihn geschliffen und gefaſst von Diamanten zu unterscheiden. v. E.

900 bis 1000 Reis angeboten. *) Weifse und hellblaue Topase sind von geringerem Werthe, und im Allgemeinen pflegen die hiesigen Steingräber anzuerkennen, dafs die Steine von Americanas vor den übrigen den Vorzug verdienen u. s. w." (s. S. 502 und 503.)

„Nach den Untersuchungen des Herrn Hofrath Fuchs ist bei 15½° R. Therm. Stand das spezifische Gewicht des dunkelspargelgrünen Chrysoberylls = 3,7077, des grauen = 3,68, des grünen Turmalins = 3,1236 und das des weifsen Topases = 3,5498." **) (s. S. 507.)

Reise durch den Sertaô an den Rio de S. Francisco.

„Das Tafelland, welches von den beiden Flüssen Jequetinhonha und Arassuahy begränzt wird, und sich in Nordosten bei der Vereinigung derselben zuspitzt, dürfte kaum irgendwo 2000 Fufs über dem Meere erhoben seyn, und zeigt keinem hervorragenden Berg, jedoch bildet im nörd-

*) Unter dem Namen Agoas Marinhas und gelber Chrysoberylle, können hier nur Beryllc verschiedener Farben verstanden seyn, denn Chrysoberylle von 5 Linien Durchmesser sind noch seltener als Diamanten, welche über eine Octave wiegen, und man würde einen solchen Stein von 5 Linien Durchmesser, wenn er gut geformt und reine Farbe hat, nicht unter 20 bis 25000 Reis, 33 bis 40 Rthlr. verkaufen, dahingegen man Berylle von 2 bis 5 Linien Durchmesser zu 300 bis 500 Reis (12 bis 15 Ggr.) haben kann, und selbst die gröfsten können zu 1000 Reis die Octave gekauft werden. v. E.

**) Ich setze noch einige Wägungen von mir hinzu:

Ein weifser Topas als Krystall	= 3,593	
Pingos d'Agoa — —	= 3,650	Bei 16° R.
Blauer Topas — —	= 2,690	
Spinell — — —	= 3,000	
Dunkelgrüner Beryll — —	= 2,690	

v. E.

lichen Theile eine Reihe höherer Hügel, die durch die Mitte desselben hinlaufen, eine deutliche Wasserscheide gegen genannte Flüsse. Gegen Westen schwamm wie eine blaue Wolke, die Serra d. S. Antonio in kühnen Umrissen vor uns. Wir setzten in Porto dos Angicos über den Strom (Jequetinhonha), der hier über Quarzschiefer (Itacolumitquarz) fliefst u. s. w. Die Gegend erhebt sich allmälig bis zum Fufse der Serra de S. Antonio, an welcher man zwei sich hintereinander hinerstreckende Bergreihen unterscheidet. Der Hauptstock der ersten Reihe springt wie ein grofses Kastell hervor u. s. w. Wir durchzogen diese Gegenden in zwei kleinen Tagemärschen von Morro Retondo nach Munbucas und Bananal u. s. w. Als wir hier den zweiten grofsen Gebirgsstock der Serra de S. Antonio, oder wie sie bisweilen genannt wird, do Gram Mogol, überstiegen, war es uns auffallend, die Physiognomie des Diamantendistrikts und die demselben eigenen Pflanzen wiederzufinden. Kahle Flächen boten den schwanenweifsen Quarzsand oder die glänzenden Quarzschieferbänke dar, tiefe natürliche Brunnen im Gestein waren mit kühlem Quellwasser gefüllt u. s. w. Im Jahre 1781 wurden die Diamanten in diesen Gegenden gefunden, und bald darauf ein Quartel auf dem obern Theile des Gebirges errichtet, welches auch jetzt wider den unerlaubten Verkehr der Grimpeiros besteht. *) Wir umgingen den Gipfel des Berges, der vielleicht 4300′ hoch seyn dürfte, auf der linken Seite, und wendeten uns nach dem Flüfschen Itacambirussû, das seine klaren Wellen dem Jequetinhonha zuführt. An der Westseite dieses Flusses bemerkten wir an einigen Stellen

*) Es existiren nicht allein dieses Quartel, sondern auch drei oder vier andere zur Bewachung dieses Berges. v. E.

Granit zu Tage ausgehen, sonst aber ist hier die Formation des Gebirges überall Quarzschiefer *) und auf dem Felde findet man groſse Fündlinge eines weiſsen Quarzes, der mit grauem Asbest gemengt ist, und eines sehr zartfaserigen Faserquarzes. Letzteres schönes Fossil ist von bläulich grüner Farbe, schwachschimmernd und auf den Absonderungsflächen röthlich, eisenschüssig und durchsichtig u. s. w. Die Sertanejos beschäftigen sich in ihrer Einsamkeit wohl bisweilen (auſser der Viehzucht) auch mit Nachsuchungen nach Gold, das hie und da vorkommt, und nach Diamanten. Wir sahen mehrere dieser edlen Steine, welche jedoch fast alle eine sehr dichte, perlmutterartig-glänzende Schale zeigten, und diejenige Form darstellten, welche die Steinschneider Natura zu nennen, und als für den Schnitt ungeeignet, auszuschieſsen pflegen. Interessanter noch waren uns kleine graue Turmaline, die man aus der Fazenda de S. Jerome von Rio Pardo her erhalten zu haben vorgab u. s. w." (s. S. 508 bis 510.)

„Nach dem westlichen Ufer des Itacambirussû erhebt sich die Landschaft wieder, um die Wasserscheide zwischen diesem Flusse und dem Rio verde grande zu bilden, welcher dem Rio de S. Francisco zuflieſst u. s. w. Die herrschende Gebirgsart ist immer Quarzschiefer, welcher hie und da, wie bei der Fazenda von Joaquim Pereira, eine Legoa nordwestlich von Congonhas in groſsen Quarzgängen sehr reine Bergkrystalle enthält, und bei Sete Passagem, drei Legoas weiter, hoffnungsreiche Spuren auf Gold zeigt; auf ihm erschien aber von hier aus eine uns

*) Die Reisenden befanden sich hier auf derselben Linie des Itacolumitquarzes, der mit der Hauptcordilheira der Serra de Espinhaço nach N. zu, sich erstreckt. v. E.

bisher fremde Bildung, welche dem Gebiete des Rio de S. Francisco eigenthümlich, und namentlich auf unserem Wege längs dem Rio Verde sehr ausgebreitet ist. Grofse Lagen eines fahl- oder hellockergelben weichen Mergels füllen Niederungen des Quarzschiefers, und überdecken Anhöhen desselben, oft in der Mächtigkeit von 2 bis 300 Fufs. Diese aufgeschwemmte Gebirgsart ist meistens geschichtet, fällt gegen W. ein, und streicht mit verschiedenen Abwechselungen zwischen N. und S. und N. N. O. und S. S. W.“ *)

In diesem Mergel ist Salpeter enthalten, welchen die hier minder häufigen Quellen auflösen, und oberhalb des Quarzschiefers zu Tage führen. Das meiste Trinkwasser ist daher von einem ekelhaft kühlenden Geschmacke, und scheint eine der Hauptursachen der kalten Fieber, welche in dem grofsen Gebiete des Rio de S. Fran^co^. so häufig und so verheerend sind u. s. w.“ *) (s. S. 511 und 512.)

*) Die Reisenden befanden sich hier auf derselben Linie am westlichen Abhange der Serrado Espinhaço, nachdem sie die hohe Cordilheira überschritten, von der ich von dem Quartel Diamantino do Rio Pardo hinab in die Thäler oder Bassim des Rio das Velhas mich wandte, und von dem Abhange des Gebirges denselben Mergel oder mergelartigen Kalkstein fand. Ein Zeichen, dafs dieser also weit nach N. hin fortsetzt, und kein lokales Lager bildet, wie ich zu glauben geneigt war, doch so weit ich diese Magnetbildung beobachtet habe, kann ich sie nicht für eine aufgeschwemmte Gebirgsart halten. v. E.

**) Von der Barra do Rio das Velhas bis zu den Quellen des Rio de S. Francisco habe ich nirgends diese Mergelbildung gefunden; das Wasser, ungeachtet, dafs es in manchen niederen Gegenden milchigt aussieht, hat einen reinen Geschmack, wohl etwas thonigt, aber keineswegs ist es salpeterartig, mit Ausnahme der kleinen Bäche in der Nachbarschaft von Salpeterhölen, und dennoch herrschen an den ganzen Ufern dieses Flusses die bösartigen kalten Fieber, welche ein grofses Hindernifs für die Bevölkerung dieser sonst schönen Gegenden sind und seyn werden. v. E.

„Am 12ten Juli erblickten wir vor uns einen Theil der Serra de Bento Soares, und erreichten gegen Abend das Arrayal de Formigas, das in einem Thale an dieser niedrigen Bergreihe liegt u. s. w. Formigas treibt vorzüglich Handel u. s. w. mit Salpeter, welcher sich in den benachbarten Kalksteinhölen in großer Menge findet. Diese Hölen hatten auch in der Beziehung ein großes Interesse für uns, daſs sie ungeheure Knochenreste unbekannter Thiere enthalten sollten. In dem Gebiete von Formigas befinden sich mehrere Salpeterhölen: die Lapa do Rio Laganha, die Lapa do Mirelles am Flüſschen Pacuhy, aus welcher 4000 arrobas Salpeter gewonnen werden, die Lapas do Cedro, do Bariti do Boqueiraõ u. s. w. Die wichtigste aber von allen schien uns die Lapa Grande, *) weil in ihr die Reste urweltlicher Thiere gefunden worden waren. Sie liegt 1½ Legoas westlich von dem Dorfe, in einem Berge, welcher Serra de Vicente oder Cabeçeiras do Rio dos Bois genannt wird. Dieses niedrige Gebirge erhebt sich kaum 450′ über Formigas, und besteht aus drei durch seichte Thäler getrennten Bergreihen, davon erstere wir übersteigen muſsten u. s. w. Nachdem wir einen steilen Hügel erklommen hatten, standen wir vor einem mäſsigen Kalksteinfelsen, in dessen Mitte uns der Eingang der Höle, ein ungeheurer Schlund, schwarz entgegen gähnte u. s. w. Die Mündung hat gegen 70′ Höhe und 80′ Breite, und die schauerliche Schwärze des Hintergrundes wird noch erhöht durch die Bänke und Felsen eines weiſsen Tropfsteins, welche in der Mitte und an den Wänden des Ein-

*) Dieselbe, welche ich besucht, und deren ich in meinen Beobachtungen erwähnt habe, so wie auch im Pluto Brasiliens., welche hiermit zu vergleichen sind. v. E.

ganges unter manchen wunderbaren Formen hervortreten. Der gesammte Berg besteht aus einem dichten, bläulich grauen, gröfstentheils söhlig geschichteten Kalkstein, welcher von dem Rio Verde bis an den Rio das Velhas und jenseits desselben bis an dem Rio Abacté verbreitet, hie und da Gypslager mit eisenschüssigem, gelben Thon oder weifsem Steinmark, bei ersterem Orte auch Salpeterhölen und am letztgenannten Flusse Blei und Zink enthält u. s. w.“ *) (s. S. 513-514.).

„Die herrschende Vegetation auf demselben scheinen fast allgemein Cotingas-Waldungen und dürre Campos zu seyn. **) Durch das hohe Thor des Einganges gelangten wir in ein Gewölbe, welches 30 — 40′ breit und eben so hoch ist, und dessen ungleicher Boden sich allmälig abwärts senkt. Nachdem wir etwa 100 Schritte fortgegangen waren, fanden wir, dafs sich das Gewölbe in mehrere natürliche Stollen vertheilt. Wir verfolgten einen dieser Gänge, welcher sich alsbald aufwärts windet, und die Neugierigen auf die Knie zwingt, indem sich seine Wände in mancherlei grotesken Formen ausgezackt und zerrissen, zusammenneigen; plötzlich aber erweitert er sich wieder und endigt in eine geräumige Grotte, deren Wände hie und da mit röthlichem Tropfsteine oder mit weifsem, in langen 6seitigen breitgedruckten Prismen krystallisirten Kalk-

*) Dieser Kalkstein erscheint zwar an einigen Orten des Rio das Velhas, und in der Nachbarschaft des Rio Abacté, so wie an mehreren andern Orten, allein es ist damit nicht gesagt, dafs er im Allgemeinen in diesen Gegenden verbreitet sey, sondern Uebergangsthonschiefer und alter Sandstein sind verbreiteter und allgemeiner zwischen den genannten Orten des erwähnten Kalksteins. v. E.

**) Bei der Bleimine von Abacté findet man den üppigsten Urwald auf demselben. v. E.

spath bedeckt sind. In dem Hintergrunde dieser Grotte stiegen wir auf 18 fast regelmäfsigen, ebenfalls mit kascadenartig ausgebreitetem Tropfstein überzogenen Stuffen in die Höhe. Hier auf einer der obersten Stuffen war es, wo Einer unserer Führer vor 7 Jahren die 6 Fufs lange Rippe und andere Knochentrümmern eines urweltlichen Thieres gefunden hatte. Wir gruben in der feinen lettigen Erde, womit die Gegend der Höle 4 bis 8 Zoll hoch bedeckt ist, emsig nach, und waren so glücklich, zwar keine grofsen Knochen, aber doch gewisse Theile aufzufinden. In den Kalkstein selbst sind die Knochen niemals eingewachsen, sondern sie liegen, mehr oder weniger bedeckt, und ohne alle Ordnung in der Erde. In dem vorderen Theile der Erde fanden wir auf dem Rückwege zerstreute Knochen von Tapir, von Coatis und von Onzen, welche erst neulich hereingekommen, und Reste vom Raube zu seyn schienen, der hier verzehrt worden war. *) (Diese

*) Man führt mehrere Beispiele in Brasilien von fossilen Knochen an, die den monstruosen Thieren angehörten, welche aber durch die Ignoranz der Finder verloren gingen; so berichtet ein gewisser Simaô Peres Sardinha an den Gouverneur von Minas, Luiz da Canha, dafs man im Mai 1785 in der Lavra do Padre Joaquim Lopes bei Prados in der Comarca von S. Joaô del Rei in einer Tiefe von 46 Palmas unter der Dammerde ein Knochengerippe von aufserordentlicher Gröfse gefunden habe. Allgemein wurde gesagt, dafs das Gerippe 40 Palmas grofs gewesen sey, woran jedoch zu zweifeln, da die Knochenreste, so wie die Zähne, nicht übereinstimmend mit dieser Gröfse sind. Sardinha fand die Höhe der Dammerde richtig angegeben bis zum festen Gestein. Die Erdlagen bestanden aus drei verschiedenen Lagern. Die oberste bestand aus einer rothen, fruchtbaren Dammerde von 12 Palmas Mächtigkeit, die zweite aus einem grünlichen Thonlager mit weifsem Thon untermengt von 14 Palmas Mächtigkeit, die dritte von 20 Palm., woselbst das Gerippe ganz unten auf dem Grundgestein (Pizarra) lag, bestand aus einem schwarzen Thonlager. Ausgestreckt lag daselbst das Riesenthier nach Aus-

Knochen lassen keinen Zweifel übrig, dafs sie sämmtlich einem dem Megatherium verwandten Thiere angehört haben, nur sind sie nicht so grofs; das Thier, welchem sie angehörten, mag kaum die Gröfse eines Ochsen gehabt haben." Anmk. S. 541. M.) (s. S. 515.)

„Ein zweiter Gegenstand, auf welchen wir unsere Aufmerksamkeit richteten, war die Salpetererde, wovon bereits mehrere tausend arrobas aus dieser Höle gewonnen worden sind. Es ist eine sehr feine kastanienbraune, röthliche, seltner gelbe oder graue Erde, welche in den Vertiefungen des Kalksteins, und besonders auf dem Boden, in Löchern oder Vorsprüngen einige Zoll bis einen Fufs tief erscheint, und in unförmliche löcherige Klumpen zusammengeballt, Aehnlichkeit mit der Erde der grofsen Ameisenhaufen hat. An Farbe und übrigen physischen Merk-

---

sage des Sclavenaufsehers, und hatte nach dessen Messungen 40 Palm. Länge. Die Sclaven arbeiteten an diesem Gerippe mit Brecheisen, um es wegzuschaffen, in der Meinung, dafs es ein verfaulter Holzstamm sey, und nachdem sie einen Theil losgebrochen, entdeckten sie erst, dafs es Knochen waren, die anfänglich weifs schienen, bald darauf aber als das schönste Berlinerblau vorkamen. Ohne sich weiter stören zu lassen, wurde das Gerippe in kleinen Stücke zertrümmert, und am Ende der Arbeit fanden sie noch einige Zähne und Haare; letztere erkannte Sardinha für Menschenhaare, die Zähne aber für die eines in Brasilien unbekannten Thieres. Der Ort dieser Lavra, wo das Gerippe gefunden wurde, heifst Sitio do Coqueiro do Corrego da Beta, welcher in den Ribeiraô dos Prados fällt. Auch in der Lavra des Obersten Villa Nova, zwischen S. Joaô del Rei und S. Jozé, sind ähnliche Knochen erschienen, die man zerstört hat; so wie bei dem Orte Subtil in dem Termo de S. Jozé 3 Legoas nördlicher fand man in den 80ziger Jahren fossile Knochen in der Lavra der Thereza de Souza, und in der Lavra des Anastacio Jozé, ersten Schmelzers des Schmelzhauses von S. Joaô del Rei, wo man sonst ähnliche Knochen gefunden, wurden Nachgrabungen darnach, aber ohne Erfolg gemacht, weil die Lavra überschwemmt war. v. E.

malen gleicht diese Erde ganz der aufserhalb der Höle, nur ist sie feiner, und gleichsam wie durch öfteres Ausschwemmen alkalisirt. *) Sowohl diese Eigenthümlichkeit, als auch der Umstand, dafs die Wände der Höle an den Windungen der Gänge glatt abgeschliffen, und in verschiedenen Höhen mit mergelartigem Absatze beschlagen sind, macht es wahrscheinlich, dafs früher reifsende Gewässer durch die Höle strömten, welche vielleicht auch jene Knochen urweltlicher Thiere in diese Felsengrüfte begruben. Dieser Annahme gemäfs dürfte die beschriebene Treppengrotte einst einen unterirdischen Wasserfall enthalten haben u. s. w. Die Höle soll sich eine ganze Stunde weit von N. nach S. in den Berg erstrecken, und ihr Ende ist noch von Niemanden erreicht worden, weil die Lichter schon früher in der Nähe eines unterirdischen Baches ausgehen u. s. w.“ (s. S. 516.)

„Von Formigas nahmen wir in der Richtung N. W. den Weg nach dem zwei Tagereisen entlegenen Ort Contendas. Die Gegend wird gegen W. von Kalkbergen begrenzt, in welchen die Lapa Grande liegt u. s. w. Zwischen dem Flüfschen Riachaõ und Contendas tritt hier und da die früher erwähnte Formation von Mergelschiefer auf dem Kalke hervor, deren Gewässer mehr oder weniger salzreich sind.“ (s. S. 518 und 519.)

„Die Umgegend von Contendas und der ganze ihr ähnliche Landstrich zwischen den westlichen Nebenflüssen

*) Die Erde aufserhalb der Höle ist dieselbe, wie die in der Höle, nur mit dem Unterschiede, dafs es die schon ausgelaugte Erde ist, die man, da man die Salpeterfabrikation selbst in dem grofsen Eingangsthale der Höle verrichtet, hier vor die Höle stürzte, statt dafs man sie zur Ergänzung neuen Salpeters wieder in die Hölengänge vertheilt haben sollte. v. E.

des Rio Verde Grande und dem Rio de S. Francisco wird mit dem Namen der Campos Geraes de S. Felipe bezeichnet u. s. w. In diesem hügeligten Gebiete ist dessen Formation der erwähnte Kalkstein u. s. w. (s. S. 519.)

Bei der Fazenda von Tamanduà 3 Legoas nordwestlich von Contendas bemerkten wir auf dem rauchgrauen Kalkstein, dessen 2 — 3′ mächtige Schichten von N. nach S. streichen, zerstreute Fündlinge von Minen eines braunen Thoneisensteins, welche in der Umgegend von Contendas mehrfältig vorkommen. Die Bruchstücke des Kalksteins waren uns wegen des auffallenden Klanges merkwürdig, welchen sie beim Anschlagen von sich geben u. s. w.“ (s. S. 528 und 529.)

„Wir schätzten die Höhe, welche wir in das kleine Thal des Rio de S. Francisco hinabzusteigen hatten, auf ungefähr 550′. Doppelt schmerzlich erschien uns hier der Verlust unsers letzten Barometers u. s. w. *) Der Weg senkte sich über mächtige Kalksteinfelsen allmälig abwärts bis zum Rio de S. Francisco. Der Strom mifst hier fast eine Viertelstunde Breite u. s. w. (s. S. 529.)

*) Vor der Abreise dieser Reisenden aus Rio machte ich sie auf die grofse Zerbrechlichkeit ihrer Barometer aufmerksam, denn da ich schon durch Schaden und aus Erfahrung klug geworden war, hatte ich gefunden, dafs jemehr diese Instrumente gekünstelt sind, jeweniger taugen sie auf Reisen zu Pferde, und da es bei Höhenmessungen von Gegenden auf 50 bis 100 Fufs nicht ankommt; so habe ich die englischen Barometer aus der Werkstatt von Ramsden, welche in einem runden starken Tubus stecken, und eine metallne Cisterne haben, worin ein Beutel vorhanden, der durch eine Schraube comprimirt werden kann, immer für die besten Reisebarometer gefunden, die eine grofse Erschütterung, ohne Schaden zu nehmen, vertragen können. v. E.

Reise nach dem Vão de Paranan an der Grenze von Goyaz und zurück nach Malhado am Rio de S. Francisco.

„Die Uferberge des Rio de S. Francisco, welche die Serra de Salgado ausmachen, bestehen, wie die der Chapados de S. Felipe, aus einem bläulichgrauen Kalksteine, in dem keine Spuren von Versteinerungen anzutreffen sind, weshalb er füglich zur Uebergangskalkstein-Formation gerechnet werden dürfte. *) Wir hatten während unseres Aufenthalts in Salgado den Itabirasava bestiegen, der nebst dem nördlich gelegenen Itacarambi der höchste Punkt dieses Bergzuges und vielleicht 800′ über dem Strom nach oben ist. Das dürre Gestein seines Scheitels ist auf eine seltsame Weise in tiefe Löcher und Mulden ausgefressen; vielgestaltige scharfe Kanten starren von allen Seiten empor, und gleichen von der Ferne einer grofsartigen gothischen Ruine, oder einem im höchsten Aufruhre zu Stein erstarrten Meere. **) Mit Gefahr erkletterten wir die Höhe, um das Bild einer verbrannten Einöde zu erhalten, denn ringsumher grünt kein Blatt, und die Catingas-Wal-

*) Der Mangel an Versteinerungen ohne die Auflagerungen und Ueberlagerungen zu Rathe zu ziehen, möchte wohl sehr trüglich seyn zur Bestimmung einer Kalkformation. Z. B. in Portugal ist der gröfste Theil des Alpenkalksteins frei von Versteinerungen; es bleibt defshalb noch dahin gestellt, ob der hier genannte Kalkstein derselbe ist wie der von Formigas in Serro und der von Abacté, oder ob er dem von Formigas an den oberen Theilen des Rio de Francisco angehört, von dem mir zweifelhaft ist, ob er zur Alpenbildung gehört. v. E.

**) Aus diesen Beschreibungen erkenne ich den Kalkstein der Bleimine von Abacté, der allerdings der Uebergangsbildung angehört, und eben so eine zerfressene, ausgehölte, in Zacken hervorragende Oberfläche zeigt wie der gegenwärtige. v. E.

dung schien vom Hauche des Todes angegriffen, wie die grünen Felsen des Gebirges u. s. w.“ (s. S. 559 und 560.)

„Mehr und mehr konnten wir uns überzeugen, daſs in dem Gebiete des Rio de S. Fran^co^. und seiner Seitenflüsse eine eigenthümliche Vegetation herrsche, welche sich von seinen Ufern, als den Mittelpunkt nach O. und W. erstreckt, an dem tiefer liegenden Ufer der Tributarien des Hauptstroms, wie an ihm selbst, sich vorzüglich als dichtes, von Ranken durchzogenes Gebüsch darstelle, und ihren Charakter besonders von der Formation des Kalksteins erhalte; diese Vegetation, welche man im Allgemeinen Catingas-Vegetation nennen könnte, steht zwischen der der Urwälder längst der Meeresküste, und unterscheidet sich auch von den Catingas-Waldungen am westlichen Abhange der Serra do Mar.“ *) (s. S. 563.)

„Auf der dritten Tagereise (von Salgado) erreichten wir eine sehr ausgedehnte, unmerklich ansteigende Ebene u. s. w. Zwei tafelförmige, fast viereckigte, sich von S. nach N. erstreckende Berge, erschienen gegen Abend zu unserer Linken, gleich Inseln im grünen Meere, das uns umgab. Unser Führer versicherte, daſs auf ihnen Diamanten gefunden worden seyen, und nannte sie Serra das Araras u. s. w.“ **) (s. S. 566.)

---

*) Dieselbe Vegetation am Rio de S. Francisco auf dem Kalkboden, zeigt sich auch im Sertaô von Indaia und Abacté auf dem Uebergangsthonschiefer und dem Grés rouge. v. E.

**) Die Serra das Araras weiter hin nach der Grenze von Goyaz zu, Serra de S. Antonio Pereira genannt, ist ein Abläufer des groſsen Gebirgszuges, der die Grenze der Provinz Goyaz von Minas und Pernambuco bildet, und welcher zwischen dem Rio Salgado und dem Rio Pardo N. W. nach S. O. zum Rio de S. Franco. sich hinabdrängt. v. E.

„Weite dürre Sandstrecken (Charneas) nehmen zwei Reihen von Hügeln, die Fortsetzung der Serra das Araras, ein, und zwischen und nach ihnen erscheinen herrlich grünende Wiesen, aus denen sich zerstreute Schafte der edlen Buritipalme erheben. Vorzüglich in dem quellenreichen Theile dieser Gründe tritt die Palme zu lichten Wäldern, oft von unübersehbarer Länge zusammen u. s. w.“ (s. S. 567 und 568.)

„Die sumpfigen Wiesen leiten ihre Gewässer dem Rio Carynhanha zu, welcher westlich aus dem Matto Grande aus denjenigen Abdachungen entspringt, die nach W. dem Tocantins, nach O. dem Rio de S. Francisco ihre Gewässer zuführen, und nach den Berichten der Einwohner Sandsteinformation darbieten u. s. w.“ *) (s. S. 568.)

„In den sandigen Ebenen hinter Agoa Doçe hatten wir noch kein Gestein zu Tage gehend gefunden, aber an dem Bache Patos tritt ein sehr weifser, feinkörniger Sandstein ohne deutliche Schichtung auf, der uns um so interessanter war, als wir auf ihm einige Velozicastämme und andere Pflanzen fanden, die uns im Diamantendistrikte vorgekommen waren. Zerstreut erblickten wir Trümmer und Fündlinge eines rothen Thoneisensteins, eine andere Hinweisung auf die Aehnlichkeit der Gebirgsbildung mit der des Minenlandes. Dieselbe Sandsteinbildung erschien uns am folgenden Tage an dem Ribeiraô dos Boys, einem tie-

*) Es ist dieses das obengenannte Grenzgebirge, Fortsetzung der Serra dos Cristaês, welches aber nicht aus der Sandsteinformation, sondern aus der Itacolumitquarzbildung besteht, welches auch Herr Dr. Pohl, der diesen Gebirgszug bei dem Registo von S:a. Marca überschritt, bestätigte. Die Sage von Diamanten in diesen Gegenden giebt diesem noch mehr Gewicht. v. E.

ſen Bache, aufgeschlossen, welcher in den Rio Carynhanha flieſst u. s. w." *) (s. S. 569.)

„Nach einem Rasttage in dem einsamen Yhà, verfolgten wir den Weg immer in nordwestlicher Richtung, und gelangten an den Rio Carynhanha. Dieser schöne Fluſs führt hier seine klaren grünlichen Gewässer in einem Bette von weiſsem Sandsteine u. s. w." (s. S. 570.)

„Nach einem ermüdenden Marsche gelangten wir an den Rand des tiefen Paranan-Thales (Vaô), in welches wir an einem steilen, steinigten Weg, wenigstens eine Legoa lang hinabstiegen. Wir überzeugten uns bald, daſs wir nun die Quadersandsteinformation, die man gewöhnlich auf den bunten Sandstein folgen läſst, betreten hätten. **) Die Farbe des Sandsteins ist graulichweiſs, oder mehr oder weniger vom Eisenoxyde unrein Ockergelb und Ziegelroth gefärbt. Die Quarzkörner sind mit einem thonigten Bindemittel fest verkittet. Eine deutliche Schichtung ist nicht zu bemerken; jedoch durchsetzen diesen Sandstein schmale

*) Die Reisenden befanden sich hier nahe der Hauptcordilheira, und in der Linie der Gebirgsformation von Paracatû, welche aus der Itacolumitquarzbildung vorzüglich besteht; sollte daher dieser Sandstein mit seiner oft betrügerischen Auſsenseite nicht schon Itacolumitquarz seyn? v. E.

**) Es ist zu bedauern, daſs hier keine geognostischen Data's angegeben sind, wodurch die Reisenden berechtigt wurden, diesen Sandstein der Quadersandsteinformation einzuverleiben. Daſs sich hie und da Flötze eines gelblich grauen eisenschüssigen Mergels oder Schieferthons aufgelagert finden, ist wohl nicht Beweiſs genug, denn wir haben ja den Mergelsandstein auch schon auf dem Itacolumitquarz gefunden, so wie auf dem Thonschiefer. Die oryctognostische Beschreibung paſst übrigens ganz auf den Sandstein, den man bei Pirapòra am Rio de S. Francisco findet, und in dem Thale Borachudo im Sertaô von Abacté, welcher unbezweifelt dem Todtliegenden angehört, und ungefähr in derselben Gebirgs-Parallele vorkommend ist.

Klüfte und Trümmer jenes Gemenges von reinem Thoneisenstein mit vielen festen Quarzkörnern, das allenthalben unter der Benennung von Sandeisenstein bekannt ist. Auf einem Zuge dieses Sandsteingebirges haben sich hier und da in Vaô Flötze eines gelblichgrauen eisenschüssigen Mergels, oder auch eines gräulichen Schieferthones aufgelagert. Sie streichen in Stunde 1 von N. O. nach S. W.“ (s. S. 570.)

„Das tiefe Stromthal des Rio Paranán, oder wie es die Einwohner nennen, der Vaô de Paranán, dessen hügglichte Ebene in der Nähe von Contagem de S^a^. Maria von zahlreichen klaren Bächen (Riacho de Gamelleira, de Buriti, de S^a^. Maria) durchschnitten, und von einzelnen kleinen Meierhöfen u. s. w. bedeckt ist, erweitert sich gegen N. bis auf 20 und mehr Legoas Breite. So wie der Gebirgszug, welcher es auf der östlichen Seite bildet, entspringt auf der westlichen aus der Chapada dos Coaros. In dem Vaô selbst erhebt sich in bedeutender Ausdehnung die Serra do Meio, eine Reihe ziemlich hoher und steiler, nackter oder mit Catingas-Waldung bedeckter zum Theil viereckigter und isolirter Berge, die nach der Versicherung der Einwohner ganz aus Kalkstein bestehen und mehrere Hölen enthalten. Man zeigte uns schöne Tropfsteine aus einer dieser Hölen bei dem kleinen Arrayal de S^a^. Roza, in der Nähe von Flores. Die westliche Wasserscheide zwischen dem Rio Paranán und dem westlich davon fliefsenden Haupstamme des Torantins, dem Rio Maranhaô u. s. w. soll durch ein der Serra do Paranàn an Höhe gleiches, ebenfalls aus Sandstein bestehendes Gebirge gebildet werden u. s. w.“ *) (s. S. 571 – 572.)

*) Die Karten dieser Gegenden bedürfen noch einer grofsen Berich-

„Wir beschränkten unseren späteren Reiseplan auf einen Besuch der zwei Legoas nordwestlich entfernten Fazenda de S. Roque u. s. w. Zwischen 2 isolirten Kalksteinbergen der Serra do Meio führte uns der Weg über ein sehr ungleiches Terrain, auf welchem dichtes Gebüsch und Taboleiros mit kleinen Palmenwäldchen abwechseln. Die Vegetation hat viele Aehnlichkeit mit der am Rio de S. Francisco, doch finden sich auch Pflanzen, die den Hochebenen von Minas zugehören u. s. w." (s. S. 577 - 578.)

„Die Wanderungen von jener Fazenda (S. Roque) zurück an den Rio de Francisco nach Carynhanha legten wir in 6 Tagen zurück u. s. w. Zum ersten Mal fanden wir uns mehrere Tage lang in einer Einöde, die auch keine Spur von Menschen zeigte u. s. w. Der Rio Formozo trägt seinen Namen des Schönen mit vollem Rechte, denn seine Umgebungen sind ein weitläuftiger Garten, in dem die Natur alles vereinigt hat u. s. w. Palmengruppen und Blüthengehänge stehen buntwechselnd in den saftigen Wiesen, durch die der Fluſs in mancherlei Windungen, bald schneller, bald ruhiger über weiſsen Sandstein, und gegen Osten dem Rio de S. Francisco näher, über Kalkstein seine klaren Gewässer führt u. s. w." *) (s. S. 579.)

gung; unsere Reisenden versetzen Contagem de Sta. Maria an die Quellen des Carynhanha; Herr Dr. Pohl an die Quellen des Uracuya, so wie es auch in der Provinzialkarte von Minas angegeben ist, welches beinahe einen Unterschied von einem Grade ausmacht, es müſste denn seyn, daſs hier eine Namenverwechselung vorgegangen, oder daſs es zwei S[a]. Maria gebe; denn da die Brasilianer sehr arm im Namengeben sind, und hundert weit von einander entfernt liegende Orte, Flüsse und Berge ein und denselben Namen führen, wodurch die Geographie Brasiliens sehr erschwert wird, so kann leicht ein Irrthum bei Entwerfung der Karten eintreten. v. E.

*) Der weiſse Sandstein, welchen die Reisenden hier wieder an-

Am 5ten Tage wendeten wir uns von dem Flusse ab, auf die allmälig gegen die Kalksteinkette des Rio de S. Francisco ansteigenden Ebenen. Hier trafen wir die Kalksteinformation, wie an dem genannten Strom herrschend, und dem gemäſs sehr bald auch eine andere Vegetation u. s. w. Der Rio Carynhanha, der hier die Grenzen zwischen Minas und Pernambuco bildet, strömt an einigen Bergen hin, welche westliche Aeste, der den Rio de S. Francisco begleitenden, aber in dieser Breite weiter von dessen Ufern entfernten Kalksteinkette sind. Sie stellen isolirte, viereckige, gegen Westen abhängige, bald überall bewachsene, bald nackte, in tiefe Furchen und Hölungen ausgeschichtete oder seltsam ausgezackte Felsenberge dar u. s. w." (s. S. 580.)

„Bei der Untersuchung der Kalksteinberge findet man lose Schwefelkiesnieren u. s. w." (s. S. 581.)

„Bei Malhada (die Grenzwacht zwischen Minas und Bahia, am rechten Ufer des Rio de S. Francisco) ist die Gebirgsformation wie auf der westlichen Seite des Stromes und längst demselben abwärts bis zur Villa de Urubû, Kalkstein. Nördlich von der letzteren befindet sich in einem Kalksteinberge eine groſse Höle, deren Ruf durch die Wallfahrten nach der Capelle do Bom Jesus da Lapa weit verbreitet ist u. s. w." (s. S. 585.)

---

führen, ist wahrscheinlich von der Beschaffenheit wie der bei der Eisenhütte von Joaô de Ypanema in S. Paulo, und wie der bei der Bleimine von Abacté und andern Orten, woselbst er als weiſses Liegendes die obersten Lagen des rothen Todtliegenden bildet, und welches ein und dieselbe Formation ist, die sich also sehr weit von S. und N. beinahe immer in demselben Meridian erstreckt, ungefähr in der Richtung von hora 1. v. E.

Reise von Malhada durch das Innere der Provinz von Bahia nach der Hauptstadt Bahia de todos os Santos.

„Gegen Osten von dem Rio de S. Francisco ablenkend traten wir in herbstliche Catingas-Wäldchen u. s. w. Der Boden besteht aus Kalkstein, den die Waldbrände auf der Oberfläche nicht selten in weiſse, kreideartige Krusten verändern. Diese Gebirgsformation verlieſsen wir auf der dritten Tagereise zwischen den Fazendas Curralinho und Pé da Serra, wo wir Granit und auf demselben hie und da Lager eines porösen zum Theil in Eisenocker aufgewitterten Sandeisenstein bemerkten. Statt der gänzlich ausgetrockneten Bäche fanden wir selten in Bächen oder Felsenhölen ein trübes, ekelhaftbitteres und schleimiges Wasser. Die Bewohner dieses traurigen Landstriches treiben vorzugsweise Rindvieh- und Pferdezucht u. s. w.“ (s. S. 595.)

Der erste Gegenstand, welcher unsere Aufmerksamkeit in Anspruch nahm, waren groſse, flach erhöhte Bänke eines röthlichen Granites, die bald ohne alle Vegetation, bald mit dichten Reihen von Cactusbäumen besetzt sind. Als wir uns der Serra dos Montes altos näherten, fielen uns manche Berge und Hügel durch die abgerundete Form ihrer Koppen besonders in die Augen. Auf Granit aufgesetzt, mit tiefen Rinnen durchzogen, nicht selten steil abgerissen, bald auch nur allmählig ansteigend, und durch sanft abfallende Einschnitte unterbrochen, sind sie von Dammerde, oft auch von aller Vegetation entblöſst, daher ihr dunkelgrünes Aeuſsere einen ganz eigenen Anblick gewährt. Die Gesteinart ist ein inniges feinkörniges Gemenge dunkellauchgrüner Hornblende und gräulichgrünen Feldspaths, der sehr wenige Granaten und Schwefelkies eingewachsen enthält, und sich vollkommen als Diorit (Urgrünstein) characterisirt. Einzelne Berge steigen hoch an und bilden hie und da die höchsten Kuppen der Serra dos Montes altos, deren herrschendes Gestein ein feinkörniger Granit von äusserst dichtem Gefüge und Granit-Gneis ist. *) Wir umgingen einen Theil dieses Gebirgszuges zwischen den Fazendas Pao de Espinho, Pé de Serra e Picadas, und bekamen den ganzen Verlauf desselben bei der königlichen Fazenda Carneibos zu Gesicht, wo er sich in seiner Richtung von S. O. nach S. W. als eine Kette von Bergen darstellt, deren Hauptumriss ganz den der einzelnen Hügel und Felsenklumpen gleicht, zwischen denen unser Weg in mancherlei Windungen hinführte. **) Man hat in der Serrados Montes altos grosse Massen von salpeterartiger Erde entdeckt, die auf der Oberfläche und in (Kalkstein?) Hölen gelagert seyn soll ***), aber ihre Benutzung wird noch nicht mit Ernst betrieben; diess wahrscheinlich wegen des Verbotes, Salpeter aus Brasilien auszuführen, und wegen der Entfernung von Rio de Janeiro Villa Rica und Ouras, wo Pulverfabriken sind u. s. w." (s. S. 594 — 596.)

---

*) Man erkennt hieraus, dass die Reisenden sich der Hauptcordilheira der Serra de Espinhaco näherten, und sich in der Granitregion befanden, die einen grossen Theil des westlichen Abhanges dieses Gebirgszuges begleitet. v. E.

**) Die Serra dos Montes altos ist wohl nur ein Arm der Hauptcordilheira. v. E.

***) Es ist wohl unbezweifelt, dass hier Kalkhölen sind, da dieses ganz übereinstimmend mit demselben Lauf der Gebirgsarten ist, die von Paranan in Serro nach dem Rio das Velhas am westlichen Abhange der grossen Gebirgskette sich finden. Die Reisenden durchschritten hier beinahe rechtwinklicht die Gebirgsschichten und ihre Folgerungen verhalten sich ganz so, wie ich sie früherhin angegeben. v. E.

„Die fünfte Tagereise von Malhada führte uns bei Paxaû über die letzte Kette des granitischen Gebirges, und von dessen Höhe, einem Theile der sogenannten Serra da Jamelleira, erfreuten wir uns der Aussicht in lustig grünende Niederungen. Noch befremdender, als diese Spuren des Frühlings, neben denen einer tödtenden Dürre, war es uns in dem gegenüberliegenden Gebirgszuge der Serra de Cayteté, welche wir nun hinanstiegen, die wohlbekannte Formation des Quarzschiefers oder Quarzfelses (Itacolumitquarz), wie sie durch Minas Geraes erscheint, wieder zu finden. Das Gestein von fleischröthlicher Farbe, streicht, wo es, und zwar söhlig geschichtet ist, von S. O. nach N. W., und wird nicht selten von mächtigen Gängen eines weifsen Quarzes durchsetzt u. s. w." *) (s. S. 569.)

„In dem benachbarten Gebirge (der Villa de Cayteté), der sogenannten Serra de Vicente, hat man unzweifelbare Spuren von Gold gefunden, doch wird nicht auf dasselbe gearbeitet. Dagegen machen durch ihre dunkle Farbe ausgezeichnet Amethysten, welche 10 Legoas von hier auf dem Wege von Rio Pardo gefunden werden, einen nicht unbeträchtlichen Handelsartikel aus, und werden vorzüglich an die Steinhändler nach Minas Novas verkauft u. s. w." (s. S. 597.)

„Zwischen Cayteté und dem nächsten gröfseren Orte der Villa do Rio de Contas hatten wir drei Tagereisen über ein sehr gebirgiges Land zurückzulegen. Wir stiegen die östlich von Cayteté gelegene, ebenfalls aus Quarzschiefer

*) Dafs die Reisenden sich nun auf der Hauptgebirgskette der Serra do Espinhaço befanden, mufs man schon aus der Verbreitung des Itacolumitquarzes schliefsen, so wie die Erscheinung des Goldes darüber Gewifsheit giebt. v. E.

bestehende Gebirgskette hinan, um uns sodann wieder in die blattlosen Catingas-Wäldchen zu vertiefen. Daſs wir mit dem Eintritte in diese Vegetationsform sogleich wieder eine andere Gebirgsart, nämlich einen grobkörnigen äuſserst dichten und harten im Bruche fast porphyrartigen Granit fanden, bestätigte die groſse Abhängigkeit der verschiedenen Pflanzengeschlechter von der Gebirgsart u. s. w." (s. S. 598.)

„In der That ist es eine merkwürdige Erscheinung, und verdient Berücksichtigung späterer Beobachter, daſs wir auf einer so ausgedehnten Reise eine Annäherung an die Eigenthümlichkeit der Camposvegetation, wie sie sich namentlich im Hochlande von Minas darstellt, in keiner Breite auf granitischem oder Kalkboden angetroffen haben. Von der Höhe der aus Granit und Granit-Gneis bestehenden Berge, bei der Facenda Joazeiro, erblickten wir in Osten die höheren Gebirgsketten, zwischen denen der Rio de Contas hinabströmt; auch sie sind gröſstentheils mit Catingas-Waldungen bedeckt u. s. w." (s. S. 599.)

„Villa Velha, der alte Flecken, eine der frühesten Niederlassungen im Sertaô von Bahia, entvölkerte sich aber mit der Entdeckung der Goldminen in dem nahen Gebirge und der dadurch veranlaſsten Gründung der Villa do Rio de Contas." (1724.)

„Eine Legoa nordöstlich von der Villa Velha liegt die Villa do Rio de Contas. Wir muſsten auf einem steilen, hie und da gefährlichen Wege fast zwei Stunden lang emporsteigen. Das Gebirge, welches die Einwohner bald Serra da Villa de Contas, bald de Villa velha oder do Brumado nennen, möchte sich wenigstens 1200 Fuſs über Villa Velha erheben, und zeigt vollkommen die Verhältnisse der Gebirge des Minenlandes. Den Fuſs desselben bildet ein meistens dünnschiefriger Glimmerschiefer, bald mit vorherrschendem Quarze, bald mit vorherrschenden Glimmerblättchen; auf diesen lagert röthlicher, und weiter oben weifser Quarzschiefer. Das Streichen dieser in sehr verschiedener Mächtigkeit geschichteten Bildungen ist im Allgemeinen von N. N. W. nach S. S. O., das Fallen nach W., und zwar weniger in den unteren, als in den oberen Schichten u. s. w.“ *) (s. S. 601.)

„Als wir endlich die Hochebene erreicht hatten, in deren Vertiefung die Villa (de Contas) liegt, so glaubten wir uns vollkommen in die Vegetation von Tijuco versetzt u. s. w. Schon aus diesen Pflanzenformen würden wir auf den Goldgehalt dieser Gebirge geschlossen haben; noch entschiedener wird die Aehnlichkeit, wenn man die Bildung der Berge selbst genauer betrachtet. Auch hier ist der bisweilen in dünne und elastische Tafeln geschnittene Quarzschiefer, häufig von Adern eines weifsen, bald krystallisirten, bald derben, und oft zertrümmerten Quarzes durchsetzt, welche vorzugsweise von N. nach S. laufen. Sie sind die reichste Niederlage jenes edlen Metalles, haben noch vor 20 Jahren bedeutende Summen abgeworfen, und würden noch gegenwärtig den Bergmann reichlich belohnen, wenn dieser zweckmäfsig verführe. Aufserdem findet sich das Metall, und zwar bisweilen sehr reichlich im Gerölle der Flüsse und Bäche, besonders im Rio Brumado, oder im rothen und weifsen Sande; das aus den Flüssen zeichnet sich durch seine Reinheit (nicht selten von 24 Karat) und durch die grofsen Körner aus; ja man hat

*) Die Granitbildnng, welche die Reisenden vorhererwähnten, verhält sich also gerade so, wie die zwischen dem Gebirge von Itabira do Campo. v. E.

solide Massen bis zu dem Gewichte von 8 Pfund gefunden. An andern Orten kommt graues Gold in der Form eines staubartigen Pulvers vor; es enthält nach der Untersuchung von Herrn Hofrath Fuchs Silber und Eisen, jedoch keine Spur von Platina. Gegenwärtig sind die Minen des kleinen Arrayal Matto Grosso 2 Legoas nördlich von der Villa, am meisten im Betriebe u. s. w.“ (s. S. 602.)

„Der Gebirgszug, auf welchem wir uns hier befanden, erstreckt sich in bedeutender Ausdehnung unter den Namen Morro das Almas, Serra de Catubé, Serra de Chapada u. s. f. nach N. O. bis über die Villa de Jacobina, den Hauptort dieser westlichen Comarca in der Provinz Bahia hinaus; er soll, gemäfs den uns mitgetheilten Nachrichten überall, im Allgem. dieselbe goldreiche Quarzschieferformation darbieten, und ist daher als die nördlichste Ausstreichnng jenes ausgedehnten Bergsystems zu betrachten, das sich von den Ebenen der Provinz S. Paulo an, unter den verschiedenen Bezeichnungen der Serra da Mantiqueira, da Lapa Branca, das Almas, u. s. w. durch die Provinz Minas Geraës hinzieht, und die Hauptniederlage ihres mineralischen Reichthums ist. *) In Jacobina werden noch einige Goldminen betrieben, und das in der Provinz Bahia gefundene Gold wird dort oder in Villa do Principe eingeschmolzen. Die Gegend zwischen Jacobina und Rio de Contas ist übrigens sehr wenig bevölkert, und wird häufig von anhaltendem Regenmangel heimgesucht, wefshalb auch der Bergbau hier schwierig ist u. s. w.“ (s. S. 603.)

*) Es ist dieses der grofse Gebirgszug, den ich wegen seines höchsten Rückens unter dem allgemeinen Namen der Serra do Espinhaço (Rückenknochengebirge) bezeichnet habe. v. E.

„Von den Verhältnissen der hiesigen Gebirgsbildung konnten wir uns vorzüglich auf einem Ausfluge nach dem Morro Redondo, einem Aste der Serra da Villa Velha, 3 Legoas nordwestlich von der Villa, den wir unter Anführung unseres gastfreundlichen Wirthes vornahmen, unterrichten. In der Nähe des Fleckens auf der tafelförmigen Fläche des Gebirges geht ein harter, weifslicher, dem Sandstein ähnlicher Quarzschiefer zu Tage aus. Man zeigte uns auf den kahlen Platten desselben unregelmäfsige, wie es schien, keiner Deutung fähige Zeichnungen mit rother Farbe, welche von den ehemals hier wohnenden Indianern herrühren. *) Auf dem Morro Redondo fanden wir unter jenem, am meisten verbreiteten und in Stunde 22 von N. nach S. streichenden, Gesteine einen dichten, röthlichen Granit und zunächst dem Brumadinho, einem klaren Bergwasser, das eine Hauptquelle des Rio Brumado ist, in diesem Granit derben Augit eingewachsen. Geschiebe des letzteren Fossils in dem Bache, welche eine sehr schöne grüne Farbe haben, und durchscheinend sind, waren von den Einwohnern für Smaragde gehalten worden. Wir haben später nördlich von diesen Gegenden, z. B. auf der Serra de Tiuba und zwischen dieser und dem Rio de S. Francisco, in grofser Ausdehnung ein Vorkommen grünen Pistacits in dem Granite wahrgenommen, das also hier gleichsam durch Augit repräsentirt wird. Die dritte For-

*) Auch auf der Serra das letras (der Buchstaben) in der Comarca de S. Joaô del Rei finden sich ähnliche Zeichnungen, von denen der jetzige Vicesecretair der Akademie der Wissenschaften in Lissabon, Jozé Maria da Costa e Sá, eine Abbildung besitzt, und es würde sich immer der Mühe lohnen, diese Zeichnungen mit einander zu vergleichen, ob eine Uebereinstimmung unter denselben statt findet. v. E.

mation, welche uns hier begegnete, ist die des sogenannten rothen Todtliegenden oder älteren Sandsteins. Sie nimmt die höchsten Punkte des Gebirgs, wie oben am Brumadinho ein, und zeigt ohne deutliche Schichtungen hie und da eine Mächtigkeit von mehreren 100 Fuſs. Es besteht diese Gebirgsart hier aus gräulichweiſsen Quarzkörnern, in welche Stücke von röthlichem quarzigen Sandstein und von rothem Grauwackenschiefer eingewachsen sind, und sie hat nicht selten viel silberweiſsen Glimmer beigemengt. Diese Formation oder ein ihr aufgelagerter Letten gehören wahrscheinlich gewissen Nieren von Thoneisenstein an, welche inwendig hohl sind, und ein sehr feines rothes Pulver enthalten, das nach der Untersuchung des Herrn Hofrath Vogel aus Eisenoxyd, Thonerde, Kieselerde, und etwas Kalk und Magnesia besteht, und von den Einwohnern als Tonicum gebraucht wird. Der höchste Berg dieser Gegend ist die Serra de Itambira, und dürfte wahrscheinlich die gleiche Formation des rothen Todtliegenden auf einer kugelförmigen Kuppe darbieten. Wir sahen ihn nordwestlich von dem Morro Redondo hoch in den blauen Aether aufsteigen und glaubten annehmen zu müssen, daſs er wenigstens 5000 Fuſs hoch sey. Man bemerkt nicht selten Reif auf diesem pittoresken Gebirgskegel. In der Villa zeigte man uns groſse Stücke Alabaster, angeblich aus der Nachbarschaft des Rio des S. Antonio, wo er in ganzen Felsen zu Tage stehen soll. Dieses Fossil empfiehlt sich durch seine Weiſse und Reinheit, und wird in groſser Menge nach Bahia geführt, wo man Heiligenbilder und ähnliche Gegenstände daraus schnitzt u. s. w.“ (s. S. 603 — 604.)

„Von gröſserem Interesse für die Naturforscher sind die Ueberreste urweltlicher Thiere, welche sich in dem

Distrikte der Villa an mehreren Orten, am häufigsten in dem Rio de S. Antonio und in seiner Nähe bei der Fazenda do Bom Jesus de Meira, 8 Legoas von der Villa auf der Erdoberfläche oder im Sand eingegraben vorfinden. Man will dort einen Zahn von 8 Pfund Gewicht und einen fünf Schuh langen Knochen gefunden haben, der zum Brunnentroge dient. Die Schuhmacher bedienen sich solcher Knochen, welche von allem anhängenden Sande entblöſst, wie Bimsstein auf dem Rio de S. Antonio einherschwimmen, um das Leder zu poliren. Leider waren wir nicht im Stande, unversehrte Knochen zu erhalten, aber die Dimensionen der Bruchstücke, welche ohne die äuſsere fast gänzlich abgeriebene Schale blos in der zelligen Substanz, 6 — 8 Zoll messen, deuten auf eine riesenhafte Gröſse des Thieres, welchem sie angehörten. Im Verlaufe der Reise durch den nördlichen Theil der Provinz hatten wir Gelegenheit, Knochenreste zu beobachten, welche entschieden einem Mastodonte angehörten. Die Sage von jenem obenerwähnten groſsen Zahne aber läſst es in Zweifel, ob die antediluvianischen Reste der hiesigen Gegend von einem Mammuthe oder von einem Mastodonte abstammen u. s. w." (s. S. 604 und 605.)

„Ungern verlieſsen wir am 17. October das freundliche Städtchen (Villa de Contas) u. s. w., und stiegen den steilen östlichen Abhang des Gebirges hinab bis zu der Caza de Felha, einem groſsen Meierhofe u. s. w. Die Formation des in Stunde 22 von N. nach S. streichenden Quarzschiefers herrscht auch hier noch, und der Reisende verläſst sie erst, wenn er 2 Legoas weiter den Rio de Contas passirt hat. Die nun folgende Bildung von Glimmerschiefer, welcher bisweilen in weiſslichen oder gelblichen Weiſsstein (Granulit) übergeht, liegt auf Granit.

Sie hat hie und da Knauern eines sehr harten, grobkörnigen, zelligen, grauen Quarzes eingeschlossen. Auf dieser Formation bemerkten wir Lager eines lichtegrauen, etwas porösen sehr festen Sandsteins, welcher ganz ähnlich in Deutschland hie und da dem gewöhnlichen Quadersandstein eingelagert erscheint u. s. w." *) (s. S. 606.)

„Von der Fazenda Secco aus mufsten wir abermals ein hohes Gebirge, die Serra das Lages hinansteigen. Die Grundlage desselben ist dünnschiefriger Thonschiefer und Glimmerschiefer, meistens von gräulichgrauer Farbe, welcher nicht selten sich dem Chloritschiefer nähert, und Eisenoctaeder einschliefst. **) Oben findet man den Quarzschiefer, wie bei der Villa do Rio de Contas und darauf statt der Catingas-Waldungen eine Annäherung an die Vegetations-Formen von Minas u. s. w. Auf dem flach ansteigenden Rücken des Gebirges erscheinen, in der Nähe der Fazenda Lages Lager von Eisen, und zwar kommt dieses Metall vorzüglich als feinkörniger derber oder mit Rotheisenstein gemengter Magneteisenstein, als feinblättriger Eisenglimmer, und als derber Brauneisenstein vor. ***) Letzterer enthält nicht selten bedeutende Parthien von Stilposiderit (Phosphoreisen.) Die Lage dieser reichen Eisenminen an der Strafse nach den innern Provinzen, in

*) Wahrscheinlich ist diese Bildung des Sandsteins dieselbe, deren ich auf dem Durchschnitt der Reise nach S. Paulo und nach Minas mehrere Male erwähnt habe, wo sie auch als körniger Quarz auf den Kuppen der Berge erscheint, und als lokale Formation der Urbildung betrachtet werden mufs. v. E.

**) Dieselbe Formation also, wie sie in der Gegend von Villa Rica, Marianna, Capaô u. s. w. vorkommt, woselbst die Reisenden keinen Chloritschiefer statuiren wollten. v. E.

***) Die Gesammtbildung, die ich mit dem Namen Itabirit bezeichne. v. E.

bedeutender Entfernung von der Küste, woher bisher alle Eisenwaaren eingeführt werden müssen, und die Gegenwart von Brennholz und Wasser würde die Unternehmungen einer Eisenhütte an diesem Orte sehr begünstigen u. s. w. Das herrschende Streichen des Quarzschiefers ist von N. nach S. 22, 23 und 24. Das Fallen der Schichten in starken Winkeln von 40° — 60° gegen O. Von dem höchsten Punkte dieser Hochebene, östlich von dem Flüſschen Peraguaçuzinho, das in den Rio de Contas fällt, sahen wir den Lauf der Serra de Sincorá vor uns, welche in groſsen zum Theil Festungsartigen Umrissen, auf den sanften Abhängen mit grüner Waldung bekleidet, an den steilen Wänden und Terassen aber blendend weiſs *) in der einsamen und wildschönen Landschaft einen höchst malerischen Hintergrund bildete. u. s. w." (s. S. 608.)

„Schmerzlich vermissen wir unsere Barometer u. s. w., doch glaube ich den erhabenen Punkt dieses Gebirgszuges auf mehr als 3000′ Höhe anschlagen zu dürfen. Alles erinnert uns an Tijuco u. s. w,, und so mit blieb uns nichts übrig, als den folgenden Tag die Serra de Sincorá zu übersteigen. Die Schichten des Quarzschiefers streichen hier in einer Mächtigkeit von 1 bis 8 Fuſs von N. nach S. in Stunde 22, 23 und 24 und fallen unter starken Winkeln nach O. ein u. s. w. Diese Serra de Sincorá ist als die letzte und nordöstliche Ausstrahlung des groſsen Gebirgsstockes der Serra de Mantiqueira **) anzusehn. Sie macht die Scheidewand zwischen dem Hochlande und den

*) So wie in der Serra de Deos te livre, und also wahrscheinlich aus der Itacolumitquarz-Bildung besteht.

**) Oder vielmehr der Cordilheira de Espinhaço anzusehen, von der die Mantiqueira nur ein Theil in Süden ist. v. E.

Niederungen von der Provinz Bahia u. s. w. Auf ihrem östlichen Abhange sollen Diamanten gefunden worden seyn u. s. w. (s. S. 609.)

Die Gebirgsformation, über welche wir reiseten (eine Einöde, wo die Reisenden weder Wasser noch Fourage zu erwarten hatten), war bald Granit, bald Hornblendeschiefer, Thonschiefer und Grünsteinschiefer (schiefriger Diorit.) Diese Gesteinarten gingen theils zu Tage aus, theils erschienen sie bedeckt von einer 6 bis 10 Fuſs tiefen Schicht eines ockergelben, feinkörnigen und stark mit Thon gemengten Sandes oder eines feinen Thonmergels u. s. w.“ (s. S. 611.)

„Nächst Carabato geht über der Granitformation, ein älterer Sandstein (graues Todtliegendes) zu Tage, welcher aus sehr feinkörnigem Quarze, Feldspath und Glimmer besteht, und sich dem Feldspathporphyre nähert, in denselben sind abgerundete Quarzgeschiebe eingewachsen, die ihres eingemengten Feldspathes wegen, als aus dem Granite gekommen erscheinen u. s. w. *) (s. S. 612.)

„Bei Olho d'agoa, wo groſse Blöcke eines glänzend weiſsen Quarzes zu Tage ausgehen, fanden wir so wenig Wasser u. s. w., daſs der folgende Tagemarsch bis auf 7 Legoas, bis Jucará ausgedehnt wurde. Wir muſsten zwei ziemlich hohe Granitberge übersteigen u. s. w. Ueber den Granit fanden wir hie und da einen grünlichgrauen Glimmerschiefer, welcher in Schichten von 1 — 3 Fuſs Mächtigkeit von N. N. S. nach S. S. O. streicht und in Winkeln von 30 — 40° nach O. einfällt u. s. w.“ (s. S. 612.)

„Das Terrain, welches schon bei Olho d'agoa hüglig

*) Dieser verhält sich also ganz so wie der ältere Sandstein bei der Eisenhütte von S. Joaô de Ypanema. v. E.

und bergig zu werden anfing, dauert in ähnlicher Ungleichheit mit Catingas-Waldung bedeckt fort, bis sich endlich in der Nähe der Fazenda Rio Secco, welche wir am fünften Tage erreichten, der Weg zwischen einigen hohen kahlen Granitbergen allmählig absenkte, wo der Reisende in eine Ebene gelangt, die bloſs mit dürren Gesträuchen von einigen Fuſs Höhe bekleidet, eine freiere Aussicht gestattet. Wir glaubten die ausgedehnte Gebirgsgegend als einen Theil der Serra do Mar in Minas Novas ansehen zu können, wo ähnliche geognostische Verhältnisse auftreten. Bei Rio Secco lagern auf dem Granite, der, wenn er geschichtet, ein Streichen von N. N. W. nach S. S. O, und ein westliches Einschieſsen unter starken Winkeln zeigt, ein kleinkörniges Hornblendegestein und Eisenstein. Letzteres ist ein bald derber, bald mit Quarz vermengter und stark polarischer Magneteisenstein, oder Eisenglanz, welcher nicht selten den Glimmer im Granit vertritt. *) Vielleicht würde dieses Fossil eine bergmännische Bearbeitung verdienen, wenn es nicht etwa an Brennmaterialien fehlen sollte. Als wir nördlich vor Rio Secco noch eine Tagereise zurückgelegt, und einen abgerundeten, mit dichtem Grün bedeckten Granitberg überstiegen hatten, veränderte sich zu unserer groſsen Freude allmälig die Scene u. s. w." (s. S. 614.)

„Von der Viila da Pedra Branca kehrten wir auf der Hauptstraſse nach Tapéra zurück, von wo aus man in zwei Tagemärschen den Hafen am Peruaguaçu nach Bahia, Porto de S. Feliz, leicht erreichen kann u. s. w. Das Terrain, durch welches wir zogen, zeigte uns immer noch die Gra-

*) Hier erscheint also sehr characteristisch der Granit der Serra do Mar, so wie in den Gegenden der Küste von Ilha grande u. s. w. v. E.

nitformation und zwar häufig in Gneis übergehend, und zwischen Stunde 1 und 2 N. N. W. nach S. S. O. streichend, und in starken Winkeln nach O. einfallend. Hie und da (wie z. B. bei Currelinho und Craz) erscheinen zwischen dem Gneis und mit demselben abwechselnd grofse Lager von Hornblendeschiefer unter ähnlichen Verhältnissen, oder (wie bei Mangabeira) Glimmerschiefer u. s. w. *) Wir stiegen auf einem steilen Wege mehrere hundert Fufs von dem hohen Tafellande des Continentes nach dem Porto Feliz hinab an dem schiffbaren, an Handel belebten Rio Peruaguaçû u. s. w." (s. S. 617.)

Aufenthalt in der Stadt S. Salvador oder Bahia.

„Das herrschende Gestein der Landspitze, worauf Bahia liegt, ist Granit und Gneis, oft in einander übergehend, darauf bisweilen Glimmerschiefer oder Weifsstein und Hornblendeschiefer. Längs dem Meere, wie z. B. am Passeio publico und bei Tapagipe, tritt die Formation eines sehr quarzreichen grauen Sandsteins hervor, welche Braunkohle mit deutlichem Holzgefüge und Schwarzkohle, hie und da auch Volutiten und andere in Cholcaden übergegangene Muscheln noch lebender Seethiere eingeschlossen enthält.

---

*) Von der Provinz S. Paulo an bis zur Nachbarschaft der Stadt Bahia sind also die Bildungen des Granits und Gneises, so wie das Erscheinen des Hornblendegesteins längst und auf der grofsen Cordilheira da Serra do Mar vorherrschend. Der hohe Wall, welcher das Meer begrenzt, erstreckt sich auch hier noch fort, und trennt das innere hohe Tafelland von den niedern Küstengegenden. Selbst das Streichen der Gebirgsschichten, so wie die allgemeine Neigung dieser Schichten nach O. ist dasselbe.

v. E.

Auch die Schwarzkohle bei Tapagipe ward von unserem Landsmann, dem Obristlieutenant Feldner, im Auftrage der Regierung, jedoch nur kurze Zeit lang, bearbeitet. Die über den angegebenen Formationen gelagerte Erde ist gröſstentheils ein röthlichgelber Thon mit Quarz und Thoneisensteinkörnern gemengt, und enthält auf den unbebauten grasigen Hügeln wenig, auf waldigen Stellen bedeutend viel Humus u. s. w. Zwei Erdarten von den Hügeln von Area Preta bei Bahia zeigten (nach Herrn Hofrath Vogel) neben den Hauptbestandtheilen an Thon und Kieselerde, an Quarz - und Thoneisensteintrümmern und an Humus, Eisenoxyd, etwas salzsauren und schwefelsauren Kalk, salzsaures Kali, salzsaure Magnesia und eine Spur von Mangan; eine dritte Erde aus dem trocken gelegenen Wiesenlande bei jener Fazenda, Thonerde, etwas Kalk, schwefelsauern Kalk, schwefelsaure Magnesia und Eixenoxyd u. s. w." (s. S. 653 und 654.)

Reise nach der Comarca do Ilheos und zurück nach Bahia.

„Als wir mit Anbruch des Tages auf das Verdeck stiegen, (die Reisenden waren den Abend vorher aus Bahia gesegelt), sahen wir in Westen den Morro de S. Paolo, einen kegelförmigen Granitberg mit Vegetation bedeckt, der, obgleich nur einige 100 Fuſs hoch, ein wichtiger Erkennungsort für die Schiffer ist. Er liegt auf einer kleinen Insel u. s. w. Das Land längs dem wir nun in einer Entfernung von einigen Seemeilen hinsteuerten, ist niedrig und die Küste des Continentes mit zahlreichen Inseln besetzt u. s. w, Gegen Mittag gelangten wir in die Breite von Camamû, von wo an sich das Ufer und das dahinter liegende Land mehr und mehr erhöht, bis südlich von der Mündung des Rio de Contas, wo die letzten Ausstrahlungen der von der Capitania de Porto Seguro heraufstreichenden Serra do Mar hundert Fuſs hoch endigen.“ u. s. w. (s. S. 675.)

„Aus Granit bestehen alle Berge in der Nähe der Lagoa de Almada, so wie dieses Gestein überhaupt in dem Küstengebirge der Comarca dos Ilheos das Herrschende ist. An dem Ufer liegt es hie und da in groſsen nackten Bänken zu Tage, welche durch ihre tiefen muldenförmigen Vertiefungen und Auszackungen die Verbindung des Oceans mit der Lagoa in früheren Zeiten zu beurkunden scheinen. Für diese Verbindung sprechen überdieſs noch stärkere Beweise, wie die Bildung der Ufer, welche gegen den Itahypé und das Meer in S. O. hin verflacht und sandig sind, vorzüglich aber die Gegenwart von ausgedehnten Corallenbänken. Diese Bänke lassen sich an mehreren Orten des See's in einer Tiefe von 6 bis 12 Fuſs erblicken, und werden, da es auſserdem hier an Kalk gebrechen würde, zum Bauen benutzt u. s. w. Es sind ausschlieſslich Madriporiten u. s. w. Auch Bänke von Seemuscheln (?), welche mit Quarzsand verwachsen sind, erscheinen in der Nähe, werden aber nicht benutzt.“ (s. S. 684-685.)

„Anmerkung 1. Die Granitformation fanden wir nicht bloſs in der Nähe von Almada, sondern überall längs den Ufern des Itahypé und zwischen ihm und dem Rio da Caxoeira; aus ihr bestehen die Gebirge nördlich von der Lagoa d'Almada, welche man mit dem Namen O Queimado bezeichnet, ferner die nördlichen Bergreihen, die den Rio de Contas bis an den Ocean begleiten, wo wir eine Ausstrahlung derselben unter dem Namen der Serra Grande überstiegen. Nach dem Berichte des Senhor Filisberto Gomez ist das hügelige und bergige Gebiet längs dem Rio da Caxoeira zwischen den beiden höheren Gebirgen, der Serra dos Aimorês und der Serra Itarocá, wodurch er die Waldstrafse führte, granitisch, hie und da mit Auflagerungen von Urtrappformation. Wahrscheinlich erstreckt sich diese Gebirgsbildung so weit, als das Terrain mit Urwaldung bedeckt ist. Das allgemeinste Streichen ist von N. nach S., das Fallen nach O., beide können aber nur selten beobachtet werden, weil das Gestein mit mächtigen Lagen eines sehr starken, rothbraunen oder ockergelben Thonbodens bedeckt ist. *) Die steilabgerissenen Kuppen, wodurch die Landschaft am Rio de Janeiro und in der Serra do Orgaôs einen so kühnen und mahlerischen Character erhält, fehlen hier, obgleich dieser Theil des Küstengebirges ohne Zweifel eine unmittelbare Fortsetzung von jenem südlicheren Streichen seyn dürfte, und mit ihm den Namen der Serra do Mar verdient. **) Der Granit erscheint in vielerlei Varietäten, bald von sehr dichtem grobkörnigen

*) Man kann so ziemlich den sicheren Schlufs in dem südlichen Brasilien von Bahia abwärts ziehen, dafs, wo ausgedehnte Urwaldungen mit einer üppigen Vegetation erscheinen, der Granit, Gneis-Granit, Gneis, Glimmerschiefer und aufgesetzte oder eingelagerte Urtrappbildungen vorherrschend sind; doch umgekehrt läfst sich der Schlufs nicht anwenden, da es viele ausgedehnte Gegenden mit granitischen Formationen giebt, die nur mit so weniger Dammerde bedeckt sind, dafs nur verkrüppelte Gewächse und Gräser auf ihnen fortkommen, welche die sogenannte Campos-Vegetation und Catingas-Waldungen ausmachen. v. E.

**) Allen genauen Erkundigungen nach, bleibt es keinem Zweifel unterworfen, dafs dieses derselbe Gebirgszug der Serra do Mar ist, welcher nur hie und da durch die aus dem Binnenlande strömenden Flüsse gewaltsam durchbrochen wurde, wie z. B. von dem Paraiba, den Rio Doçe, Mucari, Rio grande do Belmonte, Rio Pardo ou Patypé, Rio de Contas u. s. w. v. E.

Gefüge und mit verhältnifsmäfsig geringeren Glimmertheilen (oft als Schriftgranit), bald durch fasrigen Bruch in Gneis übergehend, oder durch ganz feines Korn und gleichmäfsige Vertheilung der Bestandtheile dem Granitelle (etwa vom Brocken) ähnlich. Vorzüglich schön ist eine Varietät von lederbrauner Farbe und porphyrartigem Gefüge. An dem Ufer des Rio da Caxoeira bei S. Pedro de Alcantará und am Rio Itahypé bemerkt man die Oberfläche des Granits mit einer dichten, aber dünnen Lage einer bräunlichen, grünen und schwärzlichen Substanz überzogen, und die Felsen erhalten dadurch, wenn sie benetzt sind, einen eigenthümlichen bleigrauen metallischen Schimmer. Ich hatte Gelegenheit, diese Beschaffenhenheit der Felsen auch an dem Rio Yapurá und an andern zu beobachten, so wie Hr. Baron v. Humboldt sie von den Felsen am Orinoco ausgezeichnet hat *) Der Ueberzug ist nicht, wie ich zuerst zu meinen versucht war, durch Ablagerungen von vegetabilischen Stoffen aus dem Flusse entstanden, sondern besteht, nach der Prüfung des Herrn Hofr. Vogel, aus Eisenoxyd. Dieses scheint in jedem Fall nicht aus den Felsen ausgewittert, sondern durch den Flufs an sie abgesetzt worden zu seyn. **) In dem gesammten Granitge-

*) Diese Erscheinung findet auch fast an allen Granitfelsen der Küste in der Nachbarschaft von Rio de Janeiro bis nach Santos hin statt, so weit das Meer die Felsen bespült, und man kann genau daran erkennen, wie hoch die Fluth anzusteigen pflegt.
v. E.

**) Diese Meinung scheint sich nach der vorhergehenden Bemerkung meiner Beobachtung, nicht zu bestätigen, sondern doch wohl mehr der verwitterten Oberfläche zuzuschreiben zu seyn, und besonders da fast aller Granit der Küste mehr oder weniger Magneteisenstein enthält, den man, wenn er dem Auge noch nicht sichtbar ist, als ein ganz feines Pulver aus demselben auswaschen kann, wenn die Stücken des Granits zerkleint werden; es ist also bilde, das wegen seiner häufigen Uebergänge ein Gneis-Granit zu nennen seyn dürfte, finden sich Gänge von gräulichem Fettquarze und von lauchgrünem Feldspathe. Der letztere enthält bisweilen kleine Parthien von Magneteisenstein eingesprengt. — In der Nähe der Villa dos Ilheos geht der Granit hie und da in einen schwarzen Gneis über, auf dem ein feinkörniges, schwärzliches Hornblendegestein vorkömmt, wie wir es bereits in Bahia erwähnt haben. Dieses Gebilde aus der Urtrappformation theilt mit seinem Unterlager das Streichen von N. nach S. und fällt unter Winkeln von 30 bis 40° nach O. ein. Von denselben Formationen ist ein schwärzlich grüner feinkörniger Urgrünstein (Diorit), der auf den Granithügeln zwischen den Rios Itahypé und da Caxoeira erscheint, von uns aber nur in geringer Verbreitung beobachtet worden ist. In diesem Gesteine, von sehr gleichartigem feinen Gefüge sind bisweilen Feldspathkrystalle eingeschlossen. *) Auf der Flötzperiode liegt am Rio Itahypé, und namentlich bei der Fazenda Luisa und Castel Novo, Quadersandstein zu Tage. Er ist bald feinkörnig von weifsgelblicher Farbe, bald sehr grobkörnig, porös, trümmerweise mit Sandeisenstein durchsetzt, und enthält bisweilen grofse glattgerollte Quarzgeschiebe.“ **) (s. S. 709.)

---

wahrscheinlicher, dafs dieses Eisenoxyd sich aus dem Granit selbst gebildet hat. v. E.

*) Die Granitbildung mit Hornblendegestein und Urgrünstein ist also hier ganz dieselbe, wie bei Rio de Janeiro und an der Küste hinab, so wie auf dem Wege nach S. Paulo und nach Minas, wo man das Hornblendegestein und den Grünstein nicht nur aufgelagert, sondern auch zwischengelagert findet, welches auf eine gleichzeitige Entstehung hinzudeuten scheint. v. E.

**) Es würde interessant gewesen seyn, wenn meine Freunde hier die näheren Verhältnisse dieses sogenannten Quadersandsteins an-

„Anmerkung 2. Bänke von Seemuscheln erscheinen nicht nur auf dem Continente, sondern in grösserer Ausdehnung an der Küste des Meeres. *) Die Schalen gehören blofs lebenden Seeconchylien an, z. B. der Ostrea edulis, Arten der Gattungen Tellina und Fasciolaria. Sie sind gewöhnlich nur wenig verändert. Oft ist das Bindemittel, der Sand des Meeres, so überwiegend, dafs man dieses sich noch fortwährend erzeugende Gebilde als Baumaterial benutzen kann; wenn aber die Masse der Seemuscheln überwiegt, wird Kalk daraus gebrannt. Muschelbänke, welche schon vollkommen in Marmor übergegangen sind, werden von M. F. da Camara (in der bereits citirten Schrift: Ensaio da descrificaô fisica e economica da Comarca dos Ilheos S. 308.) in der Comarca dos Ilheos angegeben, sind aber auf den von mir besuchten Orten nicht beobachtet worden. Die Gegenwart dieser Muschelbänke, ferner die Corallen, sogar mehrere Meilen von der Küste entfernt, und die ganze Bildung des Landes in dieser Breite scheint anzudeuten, dafs das Meer hier mehr und mehr zurücktritt, und die Erzeugnisse seiner feuchten Tiefe allmälig dem festen Lande überliefert u. s. w. Zu den Corallen-Arten, welche wir an der Lagoa de Almada gesammelt, und bereits erwähnt haben, kommt noch Madrepora Uva, die wir neben Madrepora astroides und Acropora in dem Binnenwasser von Camamû bemerkten. An den südlichern Küsten, besonders von Porto Seguro, und

gegeben hätten, der vielleicht zu der Lokalbildung des Sandsteins gehört, so wie man denselben bei Ilha Grande findet. v. E.

*) Bei der geognostischen Beschreibung der Gegend von Ilha Grande habe ich ähnlicher Muschelbänke erwähnt, so wie auch bemerkt, dafs das Meer daselbst zurückzutreten scheint. v. E.

an den Abrolhos sollen die Fischer u. s. w. nicht selten köstliche und sehr grofse Corallen finden.“ (s. S. 710.)

„Selten fanden wir (auf dem 12 Legoas langen Wege von Almada nach der Villa de S. Pedro de Alcantará) an Abhängen oder in Betten der Bäche den Granit von braunschwarzem Thon, den häufige Ueberreste von Wurzeln durchziehen u. s. w.“ (s. S. 686.)

„Eine halbe Legoa nördlich von der Ponta do Ramos (auf dem Wege an der Küste nach Bahia hin) erstreckt sich ein etwa 600 Fufs hohes Gebirge, die Serra Grande der Einwohner in das Meer, welches an ihm mit Gewalt brandet. Nicht ohne Mühe überstiegen wir den steilen Granitberg u. s. w.“

„An den Ufern des Meeres fanden wir zahlreiche Muscheln und Quarzgeschiebe von so ausgezeichneter Klarheit, dafs wir bei dem ersten Anblicke versucht waren, sie für Topasen zu halten. Noch merkwürdiger war uns aber das Vorkommen von mächtigen, etwa 5 — 6 Fufs hoch zu Tage stehenden Bänken einer mürben kohlschwarzen Substanz, welche unter den Fingern zerdrückt, sie berusete, und sich, genau betrachtet, aus Kohle und Quarzkörnern bestehend darstellte u. s. w.; sie sind vom Meere zertrümmerte und mit dem Sande des Ufers zusammengeballte Kohlenflötze u. s. w.“ (s. S. 701.)

„Die Ansicht der ausgedehnten Bänke einer aufgelöfsten und mit dem Sande des Meeres zusammengeballten Steinkohle mit dem Erscheinen reicher Lager einer sehr schönen Blätterkohle in der Nähe der Mündung des Tapagipé und einer Braunkohle in dem Kohlensandstein, welcher zunächst der Stadt Bahia auf Hornblendegestein und Granit gelagert, unmittelbar an der Küste hervortritt, lassen darauf schliefsen, dafs die Steinkohlenformation hier in grofser Ausdehnung herrscht, und genauere Nachforschungen nach brauchbaren Steinkohlen günstigen Erfolg haben werden.“ (Anmerk. s. S. 710.) *)

Reise durch den Sertaõ von Bahia nach Joazeiro am Rio de S. Francisco.

„Etwa eine kleine Stunde östlich von der Villa (da Caxoeira) war ein grofser 2666 Pfund schwerer Block gediegenen Kupfers entdeckt worden, welcher seit dem Jahre 1782 in dem königl. Naturalienkabinet aufbewahrt wird. Wir besuchten den Ort, und fanden ganz nahe am Rio Peruaguacû eine mit Gras und Buschwerk bedeckte Niederung, auf der grofse, lose Granitblöcke umherliegen, und welche gegen N. von einer Bank desselben Granits eingeschlossen wird. Aller Nachsuchungen ungeachtet fanden wir in dem anstehenden Gesteine gar nichts, was auf

---

*) Nach den mündlich mir mitgetheilten Nachrichten des Herrn Obristlieutenant von Feldner, welcher in diesen Gegenden Bohr- und Schürfversuche auf Befehl des Gouvernements machen mufste, soll wenig Hoffnung für einen günstigen Erfolg seyn, erstlich weil die Sandsteinbildung †) nicht ununterbrochen sich fortersteckt, und selbst die Kohlen darinnen keine zusammenhängenden Lager bilden, sondern gleichsam nur Nesterweise darinnen erscheinen sollen, überdem besteht die Kohle, die mir zu Gesicht gekommen, meistens aus Braunkohle und bituminösem Holze, und weniger mürber Blätterkohle, so dafs diese Kohlenniederlagen, so wie der Sandstein wohl mehr einer neueren Bildung anzugehören scheinen. v. E.

†) Die Sandsteinbildung ist nur lokal und gehört zu den jüngsten Erzeugnissen, so wie die darin sich findende Kohle. v. E.

einen Zusammenhang jener kolossalen Metallmasse mit der Gebirgsformation schliefsen liefse u. s. w. *) (s. S. 714.)

„Wir schlugen den letzteren Weg ein (Estrada Real do Gado), als wir am 27. Febr. 1818 die Villa de Caxoeira verliefsen, und stiegen den steilen Morro de Capoeiraçû hinau, auf dessen Höhe, etwa 700 Fufs über dem Meere, wir das hügeligte Plateau erreicht hatten, durch welches uns nun mehrere beschwerliche Tagemärsche bevorstanden. Das Gebirge besteht in der Nähe der Villa aus Gneis von röthlicher und gelber Farbe, es streicht im Allgemeinen von N. nach S. mit Abweichungen nach N. O. und S. W., und fällt in Schichten von ½ bis 2 Fufs Mächtigkeit nach O. ein. In verschiedener Höhe an demselben erschienen uns Gangstücke im Gneise, wo Eisenglimmer und Magneteisenstein die Stelle des Glimmers vertreten. Dieses Gestein wird von den Einwohnern unter dem Namen Schmergel (esmeril) zum Poliren von Eisenwaaren benutzt u. s. w.“ (s. S. 715.)

„Die Ebene (um Ferreira da Conceiçaô) ist im Allgemeinen 600′ bis 700′ über dem Meere erhoben, ist hie und da zu seichten Niederungen vertieft, in denen sich während der Regenzeit ein salziges oft dem Viehe ungeniefsbares Wasser ansammelt. An andern Orten erblickt man in mehreren Richtungen Reihen von Hügeln, deren Seiten flach ansteigen. Die einzige Gebirgsart, welche wir fanden, ist Gneis, Gneisgranit oder körniger Granit, gröfstentheils von röthlicher oder gelblicher, bisweilen auch von schwärzlicher oder weifser Farbe. Dieses Gestein liegt in grofser Ausdehnung nackt zu Tage, oder wird von einer

*) Man sehe hierüber das Weitere im Pluto Brasiliensis.
v. E.

dünnen Schicht eines starken röthlichen Thones bedeckt, die aus der Zersetzung desselben entstanden zu seyn scheint." *)

„Ueberdies liegen Trümmer von Granit und feiner Granitsand zerstreut umher. Eigentliche Dammerde findet sich nur in einzelnen Niederungen und bisweilen kommt sie dann mit dem feinem fetten Thone, meistens von schwarzer Farbe überein, den man Massapé nennt. Unser vortrefflicher Freund, da Camara, hatte die Vermuthung geäufsert, dafs der Massapé Rest einer aufgelöfsten Trappformation seyn möchte u. s. w. Wir entdeckten aber keine Spur einer andern, als Granitformation u. s. w." **) (s. S. 716-717.)

„Die Veränderungen des Clima (bei der Fazenda do Rio do Peixe) schienen uns vorzüglich mit der gebirgigen

---

*) Man vergleiche hiermit die Anmerkung des Auswittterns salziger Theile aus dem mürben Granite bei Rio de Janeiro im 1sten Kapitel meiner Beiträge. Wahrscheinlich sind dem Granit und Gneis-Granit auch hier salzige Theile beigemengt, welche durch das Regenwasser aufgelöfst werden. Diese Erscheinung verdient einer näheren Untersuchung, ob der Salzgehalt nur oberflächlich in der dünnen Thonschicht, der vielleicht ein Salzthon ist, sich vorfindet, oder bis zu grofser Tiefe in das Gestein niedersetzt. Bei Rio de Janeiro, namentlich am Campo de Sta. Anna, woselbst man weit in die mürben Granithügel hineingearbeitet hat, erscheint wenigstens dieser Salzgehalt mehrere Lachter tief von der Höhe der Hügel bis zum Niveau der Fläche des genannten Campo, und bleibt dieses Vorkommen des Salzes, (welches in dem chemischen Laboratorio des Grafen da Barca für Mariate de Soude erkannt wurde) im Urgebirge sehr merkwürdig; eben so wie die Bebedores in Minas, die zwischen Hornblendegestein und Kohlensandstein hervorsprudeln, oder die häufigen Salzbecken (Bareiros), die auf merglichtem Uebergangsthonschiefer und dem rothen Todtliegenden in dem Sertaõ jener Provinz erscheinen. v. E.

**) Die Reisenden hatten fünf Tage lang mit Wassermangel zu kämpfen, und die wenigen Pfützen mit granitischem Boden waren alle salzig. v. E.

Oberfläche des Landes in Verbindung zu stehen. Nach dem niedrigen Bergzug bei der Feira de Sta. Anna hatten wir das Terrain söhlig, oder allmälig sanft ansteigend, oder nur in welligen Erhöhungen und Vertiefungen wechselnd gefunden; aber vor dem Rio do Peixe führte uns der Weg an einer zweiten Bergreihe, von den Einwohnern Serrá do Rio do Peixe genannt, vorüber, auf deren Rücken und Flanken gigantische isolirte Gneisblöcke von seltsamen Formen umherlagen, und von nun an ward die Gegend bergigter. Auf dem gesammten Distrikte, welchen wir oben durchreist hatten, wurde als herrschend die Gneisformation und aufserdem viel Granit bemerkt. Das Streichen dieses Gesteins wechselt zwischen N. nach S., nach S. O. mit wenig geneigten, selten auch fast mit gestürzten Schichten; oft ist aber gar keine Schichtung bemerkbar. Nur an einigen wenigen Stellen, wie bei der Fazenda Gravatá, und zwischen Jurema und Umboûva tritt aber Granit-Hornblendegestein auf u. s. w.“ (s. S. 722 und 723.)

„Dürfte ich eine Vermuthung über die ersten Ursachen (nämlich der Dürre und Unfruchtbarkeit dieser Gegenden) wagen, welche den gegenwärtigen Zustand hervorgebracht haben; so wäre es die, dafs das Gebirge seine frühere Bedeckung von Erde durch mächtige und weitverbreitete Ueberspühlung des Oceans verloren habe. Manche Umstände scheinen eine solche Annahme zu rechtfertigen. Die allmälige Absenkung dieses Landstriches gegen das Meer hin, der regelmäfsige Verlauf der seichten Abzugsthäler in gleicher Richtung, die Ausdehnung kahler Felsflächen, die Abrundung vieler einzelner Granittrümmer, die bald auf Höhen, bald in Tiefen zerstreut liegen, und vorzüglich der

Kochsalzgehalt in dem Erdreiche der westlicheren Gegenden u. s. w.“ *) (s. S. 725.)

„Wir verließsen das Arrayal (S. Antonio das Queimadas) am 8. März, und näherten uns, allmälig ansteigend, der Serra de Tiuba. Bei der Fazenda Rodeador, eine Legoa von Queimadas, fanden wir den röthlichen Gneis von N. N. O. nach S. S. W. streichend, bei Bebedor, eine Legoa weiter, weißsen Granit in dem hier vorherrschenden Streichen von N. gegen W. nach S. gegen O. Je mehr wir uns der Serra de Tuiba näherten, desto häufiger erschien im Granite statt des Glimmers derber lauchgrüner Pistacit, bald in Körnern eingesprengt, bald das Gestein sandartig durchziehend. Dieser vicarirende Bestandtheil kommt in großser Verbreitung in diesem Gesteine vor. Dünne Schichten eines schieferigen Hornblendegesteins erschienen zwischen dem Granite in mancherlei Richtungen u. s. w.“ (s. S. 726.)

„Von der Fazenda do Olho d'Agoa aus bestiegen wir die Serra de Tiuba, deren Rücken wir in einer Höhe von etwa 1200 Schuhen über dem Fuße des Gebirges passirten. Das Gestein ist hier ein ungeschichteter, röthlicher Granit, der bisweilen durch Gehalt von vieler schwarzer oder grünlicher Hornblende in Sienit übergeht, und auch ganz kleine Lager und Gänge derselben Hornblende einschließt. Die Verwitterung stellt an ihm große schalige Stücke dar, und nicht selten führt der Weg an steilen Abhängen vorüber, wo solche isolirte Felsen, unordentlich

*) Was die Dürre und Unfruchtbarkeit dieser und vieler anderer Gegenden in Brasilien noch sehr vermehrt, ist die jährliche Anzündung und Verbrennung der Campos-Steppen, um neues Gras hervorzulocken, wodurch alle Vegetation der Sträucher und Bäume, die großen Feuchtigkeitsleiter, vernichtet werden. v. E.

übereinander gethürmt, mit dem Einsturze drohen. Die Eigenschaft dieses Gesteins, beim Anschlagen stark zu klingen, wird von den Einwohnern als ein Anzeigen von Metallreichthum betrachtet, und der Klang gewisser Stücke ist in der That so hell und durchdringend, daſs er uns in Verwunderung setzte, wenn gleich wir als Ursache der Erscheinung nur die innige Vereinigung der Bestandtheile, welche ohnehin überall, wo Hornblende auftritt, statt zu finden pflegt, und die davon abhängige Dichtigkeit erkennen muſsten u. s. w. *) Von der Höhe der Serra de Tiuba eröffnete sich uns eine sehr ausgedehnte Fernsicht nach Osten. Nur wenige Gebirge, unter denen die Aracuanha, die Wasserscheide zwischen den Rios Itapicara und Jacahypé, am höchsten ist, beschränkten die Aussicht über eine einfache Catingas - Waldung u. s. w.“ (s. S. 727.)

„Wir stiegen von der Höhe des Gebirges bis zu der Fazenda Tapára hinab, welche in einem kesselförmigen Thale an massige Granitberge angelehnt ist u. s. w. Auch hier erzählte man uns viel von klingenden Steinen und Bergkuppen in der Nähe, worin von Zeit zu Zeit ein donnerndes Geräusch gehört würde. Die Felsen ersterer Art, welche ich sah, waren abgerundete, auf einer schmalen Unterlage ruhende Granitblöcke von grauer Farbe, welche durch starken Hornblendegehalt in Sienit übergehen u. s. w. Die Serra de Tiûba erscheint als ein abgerissensr Gebirgs-

*) Das klingende Hornblendegestein ist überhaupt sehr häufig in Brasilien; ich habe es sowohl in der Provinz Rio de Janeira, als auch in S. Paulo und Minas gefunden. Eben so klingend ist auch mancher dichter Kalkstein; z. B. der von Formigas in der Comarca von Rio das Mortes, woselbst so hellklingende Tafeln gefunden werden, daſs man sie in manchen Fazendas und Häusern gleichsam als Glocken gebraucht, und damit die Sclaven zur Arbeit oder zur Ruhe ruft. v. E.

zug, indem ihre südlichen Ausstrahlungen von mehreren vorliegenden nahen Hügeln bedeckt werden, und die nördlichen sich nach Osten gegen den Monte Santo hinwenden uud verästeln. Nach Westen hängen die äusersten Züge mit den Gebirgen in der Nachbarschaft der Villa Nova da Rainha zusammen, so dafs mau bisweilen den ganzen granitischen Gebirgsstock in diesem nordwestlichen Winkel der Provinz Bahia mit dem gemeinschaftlichen Namen der Serra de Tiuba bezeichnet u. s. w." *) (s. S. 729.)

„Der Flecken (Villa Nova da Rainha gewöhnlich Jacobina Nova genannt), ist gegen S. W. und N. von Bergen umgeben, den Serras do Mocó, do Godo Bravo oder de Alegria, de Mavavilha und de Mamaô u. s. w." (s. S. 730.)

„Wir verliefsen die Villa am 16. Mai (um das Meteoreisen von Bemdegô bei Monte Santo aufzusuchen u. s. w.) Der Weg erhebt sich allmälig bis zu der Fazenda Coche d'Agoa, welche am westlichen Abhange der Serra de Tiuba liegt u. s. w. Die Gebirgsart der Vorberge, wie der Serra de Tiuba selbst, ist im Allgemeinen Gneis-Granit, das Gestein ist meistens ganz nackt, hie und da aber liegt darauf in seichten Niederungen eine 3 bis 4 Fufs hohe Lage von röthlichem Letten, den die Sertanejos zu Gruben, (Caldeiroês Tanques) für die Aufbewahrung des Regenwassers einige Schuhe tief auszuhölen pflegen, und worin zahlreiche Knochen urweltlicher Thiere, meistens in einem sehr zertrümmerten Zustande, und so sehr zerstreut vorkommen, dafs man schwerlich auf den Fund eines vollständigen Gerippes

*) Dieser Gebirgsstock gehört zu der Fortsetzung des grofsen Gebirgszuges der Serra do Espinhaço, welche aus Minas kommt.
v. E.

rechnen darf. Die Knochen, welche wir zu sammeln Gelegenheit hatten, sind ein Unterkiefer, ein Rückenwirbel und ein Theil des Schulterblattes von einem Mastodon. Auch andere Theile, namentlich Rippen und Schenkelknochen werden hier von den Sertanejos nicht selten ausgegraben; wir selbst waren jedoch nicht so glücklich, indem alle Bruchstücke, die uns vorkamen, in einem hohen Grade zertrümmert waren. Auch bei der benachbarten Fazenda Barrigà molle sind nach Aussage der Bewohner ähnliche Knochen aus den Tangues gegraben worden, und sie sollen bisweilen in großer Menge erscheinen u. s. w." (s. S. 732.)

„Nach verschiedenen Nachrichten, die hierüber (über die Knochen) von mir eingezogen werden konnten, dürften bis jetzt folgende Thierformen in diesem großen Lande aufgefunden worden seyn. 1) Ein Mammuth, dem die großen Hauzähne angehörten, welche in Minas Geraes an mehreren Orten, wie bei Itacombira, bei der Villa Fanado, bei Formigas und Brejo das Almas sollen gefunden worden seyn. Auch in den salpeterartigen Hölen und Mergellagern von S. Antonio de Curvello und bei Tamanduá sollen gigantische Knochen vorkommen. Ob diese Ueberreste dem Ohiothiere (Mastodon giganteus, Cuv.), dem Mastodon Humboldtii, Cuv., oder einer noch unbeschriebenen Art angehören, wird sich durch spätere Forschungen angeben. Der Unterkiefer und das Schulterblatt aus den Caldeiroês zwischen der Serra de Tiuba Monte Santo gehören ohne Zweifel dieser Gattung an. Neben den bereits erwähnten Fundorten sind noch folgende bekannt: In der Provinz Bahia, mehrere Hölen in der Nähe des Rio do Salitre, besonders zunächst seinem Ursprunge aus dem Morro de Chapéo bei der Fazenda Almas, wo auch Salmiak vorkommen soll; in Pernambuco, eine Legoa am südlichen Abhange der Serra do Paô d'Assucar, nicht weit von Rio de S. Francisco (nach Cazal). 2) Die grofsen, fast einen Schuh messenden, aller Rindensubstanz beraubten Knochenreste dagegen, welche in der Nähe des Rio de Contas gefunden werden, scheinen vermöge ihres aufserordentlichen Volumens einem Thiere aus der Ordnung der zahnlosen, vielleicht demselben riesenhaften, 12 Fufs langen und 6 Fufs hohen, Megatherium anzugehören, welches in Parguay aufgefunden wurde, und die Zierde des Madrider Naturalienkabinets ist. 3) Derselben oder einer verwandten Gattung dürfte der Megalonix beizuzählen seyn, welchen wir in der Lapa grande bei Formigas entdeckten u. s. w. D. Vandelli berichtet auch von, in der Nähe von Joaô del Rei gefundenen Knochenresten, welche, wie aus seiner Untersuchung hervorgeht, von phosphorsaurem Eisenoxyd blau gefärbt sind. (Vergl. Mim. da Acd. Rl. Lisb. S. 259.)" (Anmk. S. 747 und 748.) *)

„Die herrschende Gebirgsformation (der flachen Gegenden der ärmlichen Fazendas, Morros, Caldeiroês, Pindoba, Pilar, Caraiba und Siloira) ist Granit, oft in ebenen oder sanftgewölbten Flächen (Lages, Lageadas) zu Tage ausgehend; aufserdem erscheinen Lager von schwarzem Hornblendegestein und Gänge eines grofsblätterigen schwärzlichen Glimmers. Von Silveira gingen wir Abends bis Mundo Novo und Pedra vermelha, um einen Tanque aus-

*) Ueber diesen letzten Gegenstand sehe man die Beschreibung der Knochenreste, die ich in meinen Beiträgen gegeben habe. — Bemerkenswerth ist die Erscheinung dieser Knochenreste, dafs sie fast alle in einen Meridian längst dem westlichen Abhange der Cordilheira von Espinhaço auf einer Erstreckung von mehr denn zehn Breiten-Graden liegen. v. E.

graben zu lassen, indem wir eine riesenhafte Gelenkkugel eines Schenkelknochens von 7″ 3‴ Durchmesser entdeckten. In der seitwärts gelegenen Fazenda de S. Gonzalo und in Caldeiroês sollen ebenfalls Knochen gefunden worden seyn. Pedra Vermelha liegt nahe an einem Vorberge der Serra de Tiuba, der Serra de Cassacá u. s. w." (s. S. 733.)

„Der Monte Santo erhebt sich isolirt und nicht verästelt aus den hügeligen Ebenen, und erstreckt sich etwa eine Legoa lang von S. nach N. fort. Die Erhöhung des höchsten Punkts über dem Meere möchte nach unserer einzelnen Barometerbeobachtung, etwa 1760 Fuſs, über dem Arrayal (do Monte Santo) über 1000 Fuſs betragen. Der ganze Berg besteht aus Glimmerschiefer, der in Schichten von einen halben bis einen Fuſs Mächtigkeit geschichtet, ein Streichen von S. nach N., und ein östliches Abfallen unter starken Winkeln zeigt. Das Gestein ist von röthlicher oder weiſslicher Farbe, und enthält nicht selten weiſsen und grünlichen Disther in kleinen Parthien eingesprengt. Diese Gebirgsbildung erinnert uns an die von Minas Geraes, namentlich an die der Serra do Caraça, *) und die Aehnlichkeit zwischen den Formationen würde um so gröſser seyn, wenn die Stufen eines sehr reichen feinkörnigen Rotheisensteins, welche man uns in dem Arrayal, als einem Gange des Gebirgs vorkommend, zeigte, wirklich, wie es

*) Dem zufolge wäre diese Gebirgsart nicht Glimmerschiefer, sondern Itacolumitquarz, welches um so mehr der Eisenstein, so wie auch die Vegetation bestätigt, auch das Vorkommen von Gold, welches in den Gegenden von Jacobina erscheint, und wovon früher die Rede war, deutet auf die Nachbarschaft dieser Formation, welche das ausgedehnte Gebirge von Espinhaço begleitet.
v. E.

wahrscheinlich ist, aus diesem Berge abstammen. Auch die Vegetation zeigte auf der Höhe des Berges einen von dem der Umgegend ganz verschiedenen, und dem von Minas ähnlichen Character u. s. w. Auf dem Gipfel des Berges angelangt, sahen wir um uns die Landschaft bis in weite Entfernung gleich einem Teppich ausgebreitet u. s. w. Sie bietet dem Auge nichts als eine ausgedehnte Ebene mit dürren, monotonen Catingas-Waldungen bedeckt, hie und da von Ravinen oder von unregelmäſsigen, jetzt wasserleeren Fluſsbetten durchzogen und gegen N. O. und W. hin von langgestreckten mehrfachen Gebirgszügen eingeschlossen. Die Ansicht dieser verschiedenen Gebirge *) war für uns von groſsem Interesse in Beziehung auf das Meteoreisen von Bemdegó u. s. w. Gegen S. sahen wir das Land, zu niedrigen Hügeln erhoben, sich allmälig absenken und in blauer Ferne mit dem Horizonte zusammenflieſsen u. s. w. **) In W. hatten wir den ausgedehnten Zug der Serra de Tiuba, an welchem drei Hauptreihen hintereinander zu unterscheiden sind; uns am nächsten dunkelte die Serra de Cassucá herüber, neben ihr traten in N. W. und N. die Serra da Pedra Branca, und vor dieser die Serra Grande hervor. Zwischen diesen beiden flieſst der Riacho Bemdegó, an welchen das Meteoreisen gefunden worden. In S. zeigten sich mehrere scheinbar niedrigere aber sehr ausgedehnte Gebirgszüge, ***) am weitesten etwa 10 Legoas

---

*) Es sind dieses die Ausstrahlungen der groſsen Cordilheiras von Espinhaço, die sich vorzüglich von hieraus nach O. wenden zwischen den Rio de S. Francisco und Itapicuru hinab. v. E.

**) Dieselben wasserarmen granitischen Gegenden, welche die Reisenden von Bahia aus durchzogen hatten. v. E.

***) Dieses scheint im Widerspruche zu stehen mit dem, was weiter oben von ausgedehnten Ebenen gesagt wurde. v. E.

entfernt, die Serra de Mainasse und ihre Fortsetzung, die Serra do Cume, vor ihnen die Serra do Caixaõ, und die Serra de Manoel Alves, dann weiter gegen O. in die Ebene auslaufend, die Serra da Lagoinha. Der Character aller dieser Gebirgszüge ist derselbe abgerundete, langgezogene Rücken, ohne steile Wände, Klüfte oder schroffe Klippen, nur hie und da durch die Gewalt der Regenströme in flache, sich bis in die Thäler oder bis zu den, aus dem niedergeführten Schutte entstandenen Hügeln, herabstreckende, aller Vegetation entblöfste Rinnsalen vertieft, aufserdem sowohl auf dem Rücken als an den Flanken mit einförmiger Catingas-Vegetation oder mit hohem Grase bewachsen. Dafs in allen diesen Gebirgen weder durch vulkanische noch durch neptunische Katastrophen, Veränderungen hervorgebracht wurden, schien eine Uebersicht von unserem Standpunkte aus bis zur Evidenz zu beweisen. Der gleichförmige runde Umrifs der Lage, die regelmäfsige Abwechselung von Hügeln, Bergen und Thälern in den gewöhnlichen Verhältnissen, der Mangel von Spuren erloschener Vulkane, die ungestörten Lagerungen der Gebirgsschichten, alles dieses wies, bevor wir noch den Gegenstand unserer Forschung selbst gesehen hatten, jede Hypothese ab, dafs jene Metallmasse durch tellurische Veränderungen hier zum Vorschein gekommen sey. Nach diesem Anblicke gewöhnten wir uns daran, das Eisen von Bemdegó für einen Fremdling zu halten, den feindlich bewegte Kräfte herabgeworfen hätten auf diefs, seit seinem Hervortritte aus den Gewässern friedruhende Land u. s. w. Man erzählt hier (Arrayal de Monte Santo) besonders die Geschichte eines Sertanejo, der vor mehr als 100 Jahren dem damaligen Gouverneur von Bahia versprochen habe, wenn er den Titel eines Marquez das Minas erhalte, wöchentlich zwei

Arrobas Silbers zu liefern; dafs der Titel von dem Gouverneur für sich selbst zurückbehalten worden und der Sertanejo sodann, ohne seine Minen zu verwaschen, zu Bahia im Gefängnisse gestorben sey. Diese vermeintlichen Silberminen verlegen Einige nach dem Monte Santo selbst, Andere in die Serra Grande oder in die Serra Vermelha, und vielleicht hat die Auffindung des Eisens von Bemdegó ähnliche Gerüchte erneuert und belebt u. s. w." (s. S. 733 — 736.)

„Nach der vorgängigen Uebersicht des Terrains machten wir uns auf den Weg, um den Entdecker des Blockes, Domingos da Motta Botelho in seiner Fazenda Anastasio, 6 Legoas nördlich von Monte Santo aufzusuchen u. s. w. Der Weg bis Anastasio erhebt sich allmälig, und führt über Granit, der bisweilen mit Gneis wechselt, und auf dem nicht selten Fündlinge von Hornblendegestein zerstreut liegen. Durch stets dichter werdendes Gestrüppe von Catingaspflanzen und an hohen Cactusbäumen vorüber, führte uns Domingas da Motta noch etwa 2 Legoas gegen N. über seine Fazenda hinaus, und als wir uns einer, vom Gebüsch etwas freieren, Niederung zuwandten, sahen wir mit freudigem Erstaunen das Ziel unserer Wünsche in dem gegenwärtig wasserleeren Riacho de Bemdegó liegen. Die Masse ist nicht da, wo sie gegenwärtig liegt, sondern etwa 150 Schritt gegen W. einige Schuhe höher entdeckt worden u. s. w." *) (s. S. 736.)

„Von der Fazenda Anastasio schlugen wir den Weg nach der Fazenda Mocó und Pedra Branca ein, um die Eisenminen zu untersuchen, welche daselbst vorkommen

*) Das weitere über dieses Meteoreisen ist schon im Plato Brasiliensis abgehandelt worden. v. E.

sollten u. s. w. Ueber Berg und Thal gelangten wir in jene Fazenda. Man zeigte uns hier Eisenerze, welche sich als dichte Rotheisensteine erwiesen, und da man sie noch nicht im Gebirge anstehend, sondern nur als Fündlinge bemerkt hatte, so unterlieſsen wir weitere Nachsuchungen. Einige Meilen westlich von dieser Fazenda soll, nach der Aussage der Einwohner, die Kalkformation auftreten, und in der Serra Branca soll sich eine Stalactitenhöle befinden, was wir, eingedenk des ähnlichen Vorkommens des Kalks in der Nähe des Rio de S. Francisco, zwischen Salgado und Urubá, sehr wahrscheinlich fanden. *) Auf dem Wege hierher blieb uns zur Linken die Serra da Tromba, ein bewaldeter, auf der Höhe mit isolirten Felsenwänden bedeckter Berg. Die Sertanejos erzählen sich viel von dem unterirdischen Gebrülle, welches sich nicht selten hier vernehmen lasse, und sogar mit Erdbeben begleitet seyn soll. Wenn die Erscheinung wahr ist, so dürfte sie kaum bloſs durch Windzug zu erklären seyn. Wir haben übrigens an vielen Orten Brasiliens von brüllenden Berge (Estrondos das Serras) reden gehört, und den Volksglauben sehr verbreitet gefunden, daſs in ihnen groſse Schätze verborgen liegen. In Monte Santo erhielten wir noch einen Beitrag zu der Sammlung von Resten vorweltlicher Thiere, nämlich mehrere, eine Legoa von hier, bei der Fazenda Cançamçaõ aufgefundene, Rückenwirbel und Phalangen eines Mastodon u. s. w.“ (s. S. 743.)

„Lady Maria Graham (Journal of a Voyage to Brasil S. 155) erwähnt eines konischen Hügels, des Morro de Cançeiçaõ, in der Nähe des Orts, auf dem das gediegene

*) Dieselbe Kalkbildung in dem Fluſsbänken des Rio das Velhas Francisco, die schon in Minas beginnt. v. E.

Kupfer von Caxoeira gefunden worden, wo öfters Geräusch, wie von einer Explosion soll gehört werden.“ (Anmk. 7. S. 753.)

„Die Serra do Gado bravo (bei Villa Nova da Rainha) ist ein niedriges Granitgebirge mit dichten Catingaswaldungen u. s. w. An vielen Stellen findet man einen rothen, goldhaltigen Letten aufgelagert, allein wegen Mangels hinreichender Bewässerung werden die früher gemachten Versuche, Gold auszuwaschen, nicht fortgesetzt u. s. w. In 4 Tagereisen legten wir den Weg bis Joazeiro zurück. Die Strafse führt etwa 6 Legoas lang durch Catingaswälder u. s. w. Dann aber traten wir bei Riachinho in ein breites Thal, von Granitbergen gebildet, deren einige sich durch die spitze Kegelform auszeichnen u. s. w. Mit Ausnahme zweier niedriger Bergzüge, der Serra do Riachinho und der Serra da Incruziada, fanden wir keine Erhöhung, nur abgerundete Granitblöcke wurden bisweilen in dem gelinde gegen N. W. abgeneigten Terrain bemerkt. Das Gestein erschien überall als Gneisgranit, oft Pistacit enthaltend, hie und da mit Lagern eines schwarzen Hornblendegesteins, Fündlinge von einem sehr schönen spangrünen Quarze, von Fibrolith, edlem Schörl in Quarz und unedlem Opale waren die einzige Erscheinung, welche uns in der Monotenie dieses Weges interessiren konnten u. s. w.“ (s. S. 744 und 745.)

„Der Granit zwischen Villa Nova und Joazeiro, welcher bald körnig, bald faserig im Bruche erscheint, besteht meistentheils aus vorherrschendem fleischrothen Feldspathe und weifsem Quarze; Glimmer ist sehr wenig oder gar nicht vorhanden, und dagegen durchzieht Pistacit derb oder krystallinisch in häufigen Bändern das Gestein. Krystalle von Nigrin in der herrschenden Formation sind geziert mit Krystallen von edlem Schörl, welche sich durch vollkommene Endflächen auszeichnen. Auch der schwärzliche Hornblendeschiefer, der Lager in dem Gneisgranite bildet, erscheint bisweilen auf den Absonderungsflächen mit derbem Pistacit. Als Gerölle fanden sich grofse Stücke von Fibrolith, (Buchholzit, Faserkiesel, Sillimonit) von schönen Festungsachaten, von löcherichten graulichweifsen Chalcedonen, und von einem sehr schönen lauchgrünen feinkörnigen Quarze, dessen grüne Färbung von Eisen herrührt u. s. w.“ (Anmk. 8. S. 753.)

Aufenthalt in Joazeiro, und Reise von da durch einen Theil der Provinz Pernambuco nach Oeiras, der Hauptstadt von Piauhy.

„Die Schiffahrt auf dem Rio de S. Francisco u. s. w. stromaufwärts (von Joazeiro) geht bis Malhada, Salgado und S. Romaô in Minas Geraes u. s. w. *) Stromabwärts ist sie nur bis Porto das Vargem redonda, etwa 50 Legoas lang, möglich. Hier beginnt nämlich der Strom eine Kalksteinkette zu durchbrechen, zwischen welcher er, meistens sehr eingeengt, reifsend und tief, etwa 12 Legoas fortströmt. Er macht hier mehrere Stromschneller und Fälle, unter welchen die Caxoeira de Paulo Affonso die ansehnlichste ist u. s. w.“ **) (s. S. 756.)

„Die nächste Umgebung von Joazeiro ist eben und

---

*) Eigentlich bis zur Barra do Rio das Velhas. v. E.

**) Die Kalksteinkette, welche den Flufs hier durchsetzt, kann wohl als eine Fortsetzung der grofsen Serra do Espinhaço betrachtet werden. v. E.

ohne Abwechselung u. s. w. Der Boden gröſstentheils eine rothe, mergelreiche mit Granitkörnern vermengte Erde, oder Sand u. s. w. Mitten im Strome erhebt sich eine kleine Insel, die Ilha do Fogo, auf welcher ein pyramidaler Granitfels hervorragt u. s. w. Auf dieser Insel, wie an andern Stellen des Ufers, zeigt der Strom ein ganz junges Gebilde, bestehend aus Rollsteinen, die er mit sich führt und erdigem Braunstein, der das Bindemittel dieser Breccie ist. Granit ist die herrschende Formation im Umkreise von mehr als einer Legoa, und er zeigt in unmittelbarer Nähe keine Spur von der Salzbildung, welche den Reichthum dieses Landstriches macht. Um diese zu beobachten, machten wir einen Ausflug von 6 Legoas nach dem Rio de Salitre, einem kleinen Tributair des Rio de S. Francisco, wo in mehreren Fazendas, 4 Legoas von jenem Strome, Kochsalz gewonnen wird u. s. w. Als wir die Granitformation verlieſsen, fanden wir einen weiſslich gelben Dolomit, in groſsen, wenig über den Boden erhabenen Bänken zu Tage stehen. Wir glaubten zuerst, daſs sich auf diesem Gesteine das Kochsalz erzeuge; als wir uns aber dem Rio do Salitre näherten, fanden wir eine ganz andere, in vieler Beziehung an die bei Villa Velha und Villa do Rio de Contas erinnernde Formation aus der Urzeit. Die Granitbildung ist nämlich ein dünngeschichteter Glimmerschiefer aus krystallinischen Quarzkörnern und vielen weiſsen oder hellbräunlichen Glimmerblättchen. In noch gröſserer Ausdehnung steht ein, bisweilen in Glimmerschiefer übergehender, Urthonschiefer zu Tage, welcher von N. nach S. streicht, und unter einem Winkel von etwa 40° nach O. einfällt. Er erscheint von dunkelgrüner Farbe, mit eingemengten gröſsern oder kleinern Parthien von Chloritblättchen. Gänge eines schwärzlich glänzenden feinkörnigen Hornblendeschiefers, Lager von derbem Grünstein, und von einem gräulichen Urkalkstein, in welchem sehr kleine Granaten und viele Chloritblättchen eingemengt sind, finden sich in dieser Formation, die bei der Fazenda Aldea, wo wir unsere Beobachtungen anstellten, in einer Reihe niedriger Hügel längs dem Rio do Salitre auftritt. *) In den zum Theil künstlich vertieften Niederungen zwischen diesen Hügeln und dem Rio do Salitre, auf einem Raume von ungefähr 60,000 Quadratfuſsen, und längs dem Rio do Salitre an vielen ähnlichen Stellen, wird hier das Kochsalz aus der Erde gewonnen, die mehrere Zolle mächtig über dem Gesteine liegt. Diese Erde ist ockergelb, fein, bisweilen fast moderartig anzufühlen und sowohl mit vegetabilischen Resten, als mit Geröllen vermengt, die die Ueberschwemmungen des Flusses herbeiführen. Bruchstücke von Quarz, von Hornblendegestein und von der bereits auf der Ilha do Fogo bemerkten Breccie sind darinnen am häufigsten. Sobald Regen oder Ueberschwemmungen die salinischen Theile aufgelöſst haben, und die später eintretende Sonnenhitze diese verdünstet, erscheint bald dichter, bald dünner ein weiſslicher unter den Füſsen knisternder Ueberzug, in dem man mit bloſsem Auge die hohlen viereckigen Pyramiden und die Würfel des Salzes unterscheiden kann, je schneller daher die Verdunstung an einem Orte ist, um so eher kommt dieser Ueberzug zum Vorschein u. s. w. Wie sonst auf der Erde und im Meere, erscheint auch hier das Koch-

*) Der Glimmerschiefer, wovon in diesem Formationsgemälde die Rede ist, ist wahrscheinlich Itacolumitquarz, denn die ganze Beschreibung desselben mit dem Vorkommen des Thonschiefers, Grünsteins u. s. w. paſst ganz genau auf die Bildung des Itacolumitquarzes und Thonschiefers in Minas Geraes. v. E.

salz nicht allein, sondern begleitet von Gyps, von salzsaurem Kalk und salzsaurer Bittererde; auch Salpeter ist zuweilen in den Efflorescenzen enthalten. Der Heerd dieser Salzerzeugung ist nicht etwa auf die Gegend am Rio do Salitre beschränkt, sondern verbreitet sich von da, als den südlichsten Salinen, über das grofse Stromthal des Rio de S. Francisco bis zur Villa de Urabû in einer Länge von mehr denn 3 Breitengraden, und in einer Breite von 25 bis 30 Legoas. Gegen Osten wird dieser Distrikt durch die Fortsetzung der Serra das Almas (die Serra da Chapada, der Morro de Chapeo u. s. w.) und durch mehrere isolirte Kalksteingebirge begränzt, die wie in Minas Geraes, grofse Salpeterhölen einschliefsen. Die Flüsse, welche aus diesen Bergen entspringen, und sich dem Rio de S. Francisco einverleiben, der Paraniveim, Rio Verde, Rio do Salitre, führen alle salzige Bestandtheile bei sich. Gegen W. treten die Gebirge noch weiter vom Strome zurück, und das Terrain stellt eine einförmige, dürre, mit Gras oder niedrigem Gebüsche bewachsene Ebene dar. Hier sieht man überall in den Niederungen, besonders nach Regen, weifse Salzkrusten auswittern, und die Orte, wo dieses am häufigsten geschieht (Lagoas, Salinas), sind die Salzminen der Einwohner, welche alljährlich von Nahe und Ferne herbeikommen, um die Gabe der Natur zu benutzen. Manche dieser Salinen liegen weit vom Strome entfernt, wie z. B. auf der östlichen Seite die von Bataleira 12, von Brejo da Prazida 15 Legoas, auf der westlichen Seite die von Brejo Seco 7, von Pindora 4 Legoas, liegen unmittelbar am Strome. Eben so sind die Salinen do Sargente, Paté, dos Abreas, da Aldea am Rio do Salitre, und die do Pacuhy und Baixa Grande am Riacho Pacuhy ein Tributär des ersteren in nächster Nachbarschaft des Ufers. Die

Salinas de Suará (Soroa) ebenfalls auf der Ostseite, sind 4 Legoas vom Strome entfernt, und besonders merkwürdig wegen des Fischreichthums eines grofsen Teiches in der Nähe, der durch einen Canal mit dem Rio de S. Francisco in Verbindung steht u. s. w." (s. S. 757-760.)

„In gewissen Gegenden hat man die Erde bis auf das liegende Gestein, 2 Fufs tief, abgescharrt, und immer lieferte sie noch Kochsalz, wenn sie einige Zeit geruht hat. Vielleicht hängt diese erneuerte Erzeugung zum Theil von den Ueberschwemmungen der benachbarten Bäche ab, die alle mehr oder weniger Salztheilchen mit sich führen; doch ist dieses keineswegs die einzige der Ursachen, welche wohl tiefer gesucht werden müssen u. s. w. *) Die Fabrikation geschieht besonders in den trockenen Monaten von Juni bis September, nach dem die vorhergegangenen Regen das Ausschwitzen des Salzes vorbereitet haben. In manchen besonders reichen Lagoas wird jedoch fast das ganze Jahr gearbeitet, und an ihnen haben sich die Sertanejos in, zum Theile, ansehnlichen Fazendas niedergelassen, wo sie zugleich Pferde- und Rindviehzucht treiben u. s. w. Die ganze Erzeugung in allen Lagoas darf auf mehr als 35,000 Säcke (Sorroês Broacas, jeder von 30 bis 40 Pfund) angeschlagen werden u. s. w." (s. S. 761.)

„Salpeter kommt mehr und mehr zugleich mit dem Kochsalze vor, je weiter man vom Rio de S. Francisco

---

*) Es würde interessant seyn, hier genau zu untersuchen, ob Salz an Orten entsteht, wo keine Ueberschwemmung binreichen kann, ferner von dem Gebirgsgestein in verschiedenen Gegenden etwas loszubrechen, es zu pulvern und auszulaugen, um zu untersuchen, ob dieses den Salzgehalt mit sich führt, so wie der rothe Gneis-Granit bei Rio de Ganeiro; das Problem würde alsdann sogleich gelöst, und nicht nöthig seyn, so wie bei den Flötzgebirgen einen besondern Salzstock sich zu denken. v. E.

nach Osten gegen die Kalksteingebirge fortgeht. 15 Legoas am Rio do Salitre aufwärts sollen grofse Hölen im Kalksteine mit schwarzer Erde gefüllt vorkommen, aus welcher, so wie aus den gepulverten Tropfsteinen selbst, man den Salpeter wie in Formigas und an andern Orten in Minas Geraês auszuscheiden pflegt. Die Erde soll bisweilen $\frac{3}{4}$ ihres Gewichtes Salpeter enthalten u. s. w." (s. S. 762.)

„Die Gebirgsart (von Joazeiro, 4 Tagemärsche weit durch den Strich der Provinz Pernambuco nach Piauhy) ist überall Granit, hie und da in Gneis und Glimmerschiefer übergehend, und ohne deutliche Schichtung. Bei S. Antonio fanden wir den Gneis von S. O. und S. gegen O. nach N. W. und N. gegen W. streichend. Besonders auf dem Glimmerschiefer, dessen Oberfläche nicht selten in feinem weifsen Sand zertrümmert war, bemerkten wir zartere Gestalten von Blumen und hellgrünen Gräsern, welche an die Vegetation im Minaslande erinnert. *) Der Weg erhebt sich ganz unmerklich, und obgleich wir hier in der Nähe der Wasserscheide von zwei mächtigen Strömen, dem Rio de S. Francisco und dem Rio Paranahyba kamen, erschien uns doch kein ausgebreiteter Gebirgszug. Als wir jedoch zwischen den Fazendas Anjico und Capoculo aus der Catingas-Waldung in lichteres, dem Taboleiro von Minas ähnliches Gebüsch heraustraten, erblickten wir ein niedriges Gebirge vor uns, welches von den Einwohnern die Serra dos dois Irmaôs genannt wird. **) Von Capo-

---

*) Wahrscheinlich ist dieser Glimmerschiefer der Itacolumitquarz.
v. E.

**) Es gehört dieses zur Fortsetzung des 2ten grofsen Bergmeridians, welcher Minas von Goyaz trennt und nach N. eine Gabelgestalt annimmt. v. E.

culo aus erschien es als eine von S. gegen W. nach N. gegen O. laufende Reihe ziemlich gleichförmiger, oben in Ebenen ausgebreiteter Berge mit sanftansteigenden Flanken und hie und da von seichten Seiten-Furchen durchzogen. 4 oder 5spitzige Vorsprünge machten sich an demselben bemerklich u. s. w. Eine Fortsetzung dieser Bergreihe sehen wir westlich von Capoculo erst in weiterer Entfernung sich erheben, auch sie hatte ganz denselben Character. In dem Teiche bei der letztgenannten Fazenda sollen große Knochen urweltlicher Thiere gefunden worden seyn, und der Eigenthümer versicherte, daſs ein Kopf mit zwei groſsen Hauzähnen halb aus der Erde hervorstehe u. s. w. Fast unmerklich erhebt sich nun der Weg gegen die Serra dos dois Irmaôs zu, und als wir die Fazenda das Barreiras hinter uns hatten, gelangten wir an ein niedriges Joch (Boqueiraô), *) welches sich zwischen flachen, mit einigen anmuthigen Cactusstämmen gezierten Hügeln, in einer Breite von 60 Fuſs öffnete u. s. w. Unsere Baromter-Beobachtung gab (an jener Stelle) eine Erhöhung von 1250 Par. Fuſs. **) Die Wasserscheide zwischen dem Rio de S. Francisco und dem Caniade, einem Nebenflusse des Rio Parnahyba, scheint dem gemäſs vielmehr ein breites, sanftansteigendes Tafelland, als ein mächtiges Gebirge zu seyn. u. s. w.“ (s. S. 796.)

„Die Serra dos dois Irmaôs, welche wir hier überstiegen, ist übrigens ein Theil des weitverbreiteten Gebirgs-

---

*) Boqueiraô ist wohl hier aus Irrthum ein Joch genannt worden, da dieses vielmehr eine Gebirgskette, Paſs oder Schlucht bedeutet, wie aus der Erzählung erhellt. v. E.

**) Also nur 314 Fuſs höher als das Bett des Rio de S. Francisco bei Joazeiro, welches 936 Fuſs (Pariser) über dem Meere liegt. v. E.

zugs, der in einer Ausdehnung von wenigstens 5 Breitengraden, die Provinz Piauhy von den östlich gelegenen Provinzen Pernambuco und Ceará trennt, und den Kern des nordöstlichen Continents von Brasilien ausmacht. Die Nachrichten über dieses Gebirge sind äuſserst schwankend und unbestimmt, was vorzüglich von den verschiedenen Namen herrührt, womit einzelne Theile desselben bezeichnet werden. Die meisten portugiesischen Karten geben dem Mitteltheile desselben den Namen der Serra Ibiapaba (Hybiappaba), obgleich dieses Wort, welches „Ende des Landes“ bedeutet, ursprünglich nur von den nördlichsten Ausstrahlungen der Kette in der Provinz Ceará, zwischen den Flüssen Camoci (Camucim) und dem Rio Longá soll gebraucht worden seyn. Bei den Sertanejos von Pernambuco und Parahyba gilt für den Hauptstock der Name Serra Bosborêma oder Bruburêma, womit andere nur den nordöstlichen Ast, welcher hier die Grenze zwischen Ceará und Rio Grande do Norte bildet, bezeichnen. Zahlreiche Seitenäste, aus denen die wasserarmen Flüsse jener Provinzen entspringen, erstrecken sich gröſstentheils von W. nach O., und einige derselben, wie die Serra Cabello nuô tem in der Provinz Rio Grande do Norte sind goldreich. Der südlichste Ast derselben von Bedeutung soll die Serra Araripé oder dos Cayriris seyn, welche die nördlichste Grenze des Fluſsgebiets des Rio de S. Francisco bildet. Den hierüber eingezogenen Nachrichten gemäſs besteht der gröſste Theil dieses verbreiteten Gebirgsstockes aus Granit und andern Urgebirgsarten. Die höchsten, in Hochebenen von ziemlicher Ausdehnung verflächten, Hauptstöcke desselben scheinen zwischen dem 6ten und 7ten Breitengrade zu liegen, und diese sind von dem westlichen Aste der Serra Ibiapába noch durch einen bergichten Landstrich getrennt, den man in den östlichen Provinzen, ohne an eine scharfe Begrenzung zu denken, zum Unterschiede von dem Gebiete diesseits des östlichen Abhanges oder den sogenannten Cayriris Velhos, mit dem Namen Cayriris Novos bezeichnet u. s. w. *) (s. S. 770.)

„Aus den Handstücken, welche uns von S^r. Manoel Ignacio de Sampaio (Gouverneur der Provinz Ceará) aus jener Provinz zugeschickt wurden, geht hervor, dafs die nördlichsten Aeste der Serra Iibiapaba, welche den Kern des Landes von Ceará bilden, der Urformation angehören. 1) Die Serra de Maranguapé, sechs Legoas von der Hauptstadt der Provinz der Cidade do Forte, besteht aus Granit. 2) Die Serra do Baturité (Boturité) zu 24 Legoas S. S. westlich von der Hauptstadt, besteht aus Gneis, und am Bache Butia aus Glimmerschiefer. 3) Glimmerschiefer ist auch die herrschende Formation der Serra de Canta Gallo, 16 Legoas südlich von Cidade do Forte. Darauf liegt eine Marmorformation. Diese drei Gebirge machen nach Herrn Sampaio eine gemeinschaftliche Kette aus, und an dem östlichen Ende der Serra de Maranguapé, 6 Legoas westlich der Hauptstadt, befinden sich ebenfalls Marmorbrüche. 4) Die Serra Uruburetama, 32 Legoas in W. von der Cidade do Forte besteht am Fufse aus Gneis und Glimmerschiefer, und an andern Orten aus einem schönen rothen, grobkörnigen, fleischrothen Marmor; in mittlerer Höhe tritt Granit hervor. In einigen Bächen dieses Gebirges findet man isolirte Trümmer von Sandeisenstein. 5) 87 Legoas

*) Der ganze Theil Brasiliens auf eine Erstreckung von mehreren Graden von O. nach W., welcher die Küsten begleitet von N. nach S., besteht gröfstentheils aus den granitischen Urgebirgen, von dem Rio da Plata an bis zur Küste von Ceará. v. E.

in S. W. von der Hauptstadt, bei der kleinen Villa de S. Joaô do Principe kommen Amethyste, wie es scheint in der Glimmerschieferformation vor. Sie sind jedoch meistens unrein. Diese Formation ist an mehreren Orten, z. B. bei den Lavras da Mangabeira, auch goldhaltig, und scheint sich in ihrer Ausdehnung nach N. zu erstrecken. *) Auch zwischen den Villas Sobral und Granja, im nördlichsten Theile der Provinz, sollen am Bache Juré Amethysten sowohl, als feines Gold erscheinen. Fast an der südlichen Grenze der Provinz bei der kleinen Villa de Bom Jardim, in dem Distrikte von Cayriris-Novas, tritt eine ziemlich ausgeschichtete Mergelkalkformation auf, in der sich zahlreiche Versteinerungen von Fischen befinden. Es sind dieselben sowohl in dem tafelförmig geschichteten Gestein, als in den abgesonderten und gerollten Stücken enthalten. **) Sie gehören mancherlei Gattungen von Fischen,

*) Wahrscheinlich ist dieses die Itacolumitbildung, welche immerhin die Fortsetzung dieser Formation der grofsen Cordilheira von Espinhaço zu seyn scheint, die in einer geraden Linie von Minas, welche ungefähr in die zweite Stunde des bergmännischen Compasses fällt, fortsetzt. Die bezeichneten Hauptpunkte dieser Bildung, z. B. Villa Rica, Tijuco und Serro, die Gebirge der Nachbarschaft von Villa Nova do Principe und Villa do Rio de Contes. Ferner weiter nördlich die schwachen Erscheinungen der Goldbildungen bei Jacobina, die ganz auf ein und derselben Linie liegen, so wie die Längenerstreckung dieser Formation, die wahrscheinlich auch die Gebirge von Cayriris durchsetzt, stimmen ganz dafür. Wir hätten daher eine Längenrichtung dieser Gebirgsart von 12 Breitengraden. Diese Hauptrichtung in der zweiten Stunde könnte daher auch die allgemeine Regel der Hauptstreichungslinie der brasilianischen Urgebirgsarten abgeben. v. E.

**) An das Mineralien-Cabinet von Rio wurden eine grofse Menge dieser abgerollten Stücke geschickt, welche die Form von grofsen Nieren haben, die, wenn man sie nach ihrer ursprünglichen Richtung spaltete, immer einen Fischabdruck in ihrer Mitte hatten. Die Länge der Fische und Nieren sind von 6-16 Zoll und der wie z. B. Loricaria, Cichla, Mugil u. s. w., vielleicht auch Schlangen an. 7) An den Küsten des Meeres benutzt man statt der Kalkformation des Innern die zahlreichen Corallen-Bänke zum Kalkbrennen. Diese Bänke kommen mit den südlichen, längs den Küsten von Pernambuco, Parahyba und Rio Grande do Norte, gelegenen Corallenriffen überein, und sind hie und da in verschiedener Tiefe mit dichten Schichten von Schaalthieren, als Austern-, Tell-, Mies- und Gien-Muscheln (Ostrea, Tellina, Mytilus, Chama) überdeckt. Die vom Herrn Sampaio mitgetheilten Corallen aus der Nähe der Cidade do Forte gehören der Gattung Nullipora an. 8) Ueber die Kupferminen, welche sich auf einem Theile der Serra Ibiapaba nächst der Villa Viçoça befinden sollen u. s. w., erhielten wir keine Kunde. 9) 30 Stunden S. S. W. von der Cidade do Forte, bei dem Flüſschen Cangoti, erschienen reiche Eisenoxyde u. s. w. Das vorliegende Handstück ist reicher Magneteisenstein, ohne bemerkbare blättrige Struktur, mit eckigen Stücken von gemeinem Quarze verwachsen u. s. w." (Anmk. 4. S. 798-799.)

„Die Serra dos Dois Irmaôs selbst besteht aus einem ungeschichteten, grobkörnigen, weiſslichten Granite, dessen Glimmer gewöhnlich in groſsen silberweiſsen Blättern erscheint. Auf ihm liegen Lager von schwärzlichgrauem und gräulichblauen, oft sehr quarzigen und äuſserst harten Glim-

---

Durchmesser nicht über 5-6 Zoll. Es scheint, als wenn das Bitumen, welches durch die Fische in diesem Mergelkalke verbreitet wurde, und ihm an manchen Stücken einen Stinksteingeruch mittheilten, selbst die Umgebungen der Fische erhärtet habe, daſs durch Verwitterung des Nebengesteins und durch die Abrollung desselben die Nierengestalt des eingeschlossenen Fisches zurückblieb. v. E.

merschiefer, bald von O. gegen N. nach W. gegen S., bald von S. O. nach S. W. streichend u. s. w. An vielen Stellen bemerkten wir eine feste, thonigte Erde, oft von ziegelrother Farbe, als wenn sie gebrannt worden wäre, und zugleich mit ihr, wie in Minas Geraes, Quarztrümmer, zwar nicht, wie dort von klarer Färbung, sondern vielmehr bläulichgrau, schwärzlich und röthlich, und im Anbruche mürbe und löchericht. *) Der Führer versicherte uns, dafs solche Steine Goyaz, wo man sie Batatas nenne, für bestimmte Anzeigen von Gold gehalten werden, und dafs auch hier dieses Metall, wenn gleich in geringerer Menge, schon ausgewaschen worden sey. Im ferneren Verlauf zeigten sich uns grofse Lager eines kalkichten Schieferthones, welcher gemeiniglich in der Quadersandsteinformation vorzukommen pflegt u. s. w.“ **) (s. S. 772.)

„Nördlich von Serrinka erhebt sich in der Hauptrichtung von O. nach W. das Gebirge, die Topa genannt, terrassenförmig ansteigend, mit flachem Rücken, und aus einem weifsen oder blafsröthlichten kalkichten Quadersandstein bestehend. Wir liefsen diesen anmuthigen Bergrücken zur Rechten, und betraten eine weite Hochebene u. s. w.“ ***) (s. S. 773.)

*) Auf dieselbe Art kommen diese gefärbten und löcherichten Quarztrümmer in vielen Lavras der Gapiara in Minas vor. v. E.

**) Ein ähnlicher kommt auch auf dem Uebergangsthonschiefer und dem Kalkstein bei der Bleimine von Abacté vor. v. E.

***) Sollte dieser sogenannte Quadersandstein wohl nicht die Formation des alten Sandsteins seyn, so wie sie in dem Flufsgebiete des Rio de S. Francisco, im Sertaô des Rio Abacté, und in weiter Erstreckung an ersterem Flusse sowohl aufwärts als abwärts erscheint? Nimmt man die Karte zur Hand, so findet man, dafs die Gegend, woselbst die Reisenden sich befanden, so ziemlich mit der Streichungs-Linie des Hauptgebirges (h. 2.), so wie dieser Sandsteinbildung in einerlei Richtung liegt, und dafs bis in

„Das Gebirge (bei der Fazenda Cachoeira nördlich der Serra Branca) ist hier Gneis von weifser und gelblicher Farbe, und auf demselben liegen hie und da Schichten eines schwärzlichen Hornblendeschiefers, welche bald von N. nach O., bald von W. nach O. gegen S. streichen u. s. w. Die Gebirgsformation (in den schönen Fluren von Campos de S[a]. Isabella) ist wiederum Granit.“ (s. S. 775. und 776.)

„Bei der Fazenda Poçoês de Cima in einem hügelichten dichtbebuschten Terrain fanden wir auf dem Gneise Uebergangskalksteiu gelagert. Das Urgebirge selbst von gelblicher oder bläulichgrauer Farbe, und bisweilen Granaten eingesprengt enthaltend, hie und da mit Lagern von Hornblendeschiefer wechselnd, streicht im Allgemeinen von O. nach W. u. s. w. Vor der Fazenda do Bom Jardim fanden wir abermals die Formation eines feinkörnigen, kalkigen Quadersandsteins, der zerstreute Hügelketten und einzelue höhere, massige Berge von 4eckigen Formen bildet, zwischen welchen sich Rio Camadé hinwindet u. s. w.“ *) (s. S. 777.)

„Zwischen der Fazenda Campo Grande und Castello hatten wir einen Theil der Serra Imperiatal zu übersteigen, ein Gebirge aus der bereits erwähnten Quadersandsteinformation, von ähnlichem Character wie der Topa und Serra Branca u. s. w. In der Nähe der Facenda Ilha, so wie auch bei Castello und Mocambo, schwitzt der Boden häufig Koch-

---

jene Gegenden dieselben fortsetzen können. Der kalchigte Schieferthon, welcher ebenfalls ein Begleiter des alten Sandsteins in den erwähnten Gegenden ist, scheint ebenfalls darauf hinzudeuten. v. E.

*) Denselben Character tragen die Berge des alten Sandsteins in der Nachbarschaft der Barra do Rio das Velhas. v. E.

salz und Salpeter aus. Diese sind die nördlichsten Salzreichen-Gegenden im Binnen-Lande, welche wir auf unsern Reisen berührten, aber Brasilien besitzt diese wichtigen Erzeugnisse des Bodens noch an vielen andern Gegenden. Das Kochsalz ist übrigens hier noch mit vielen andern Salztheilen verunreinigt, und bringt, da es nicht vorsichtig gewonnen wird, mancherlei Krankheiten, namentlich Diarrhöen hervor u. s. w." (s. S. 780 u. 781.)

„Die Formation (in den Thälern des Rio Canendé) ist ein röthlicher Sandstein, häufig durchsetzt von Quarzgängen, die von S. nach N. streichen, und Lager eines leberfarbigen dichten Sandeisensteins enthalten. *) Das Terrain erhebt sich zu vielen erdigen, oben verflachten, oder terassenförmig ansteigenden, mit dichtem Gebüsche umgrünten Hügeln u. s. w." (s. S. 782.)

„Bei der Fazenda Real de Caxé, 10 Legoas von Oeiras, soll es Schwefel in grofser Menge geben." (s. S. 785.)

Reise von Oeiras über Cachias nach S. Luiz, der Hauptstadt von Maranhaö.

„Der Berg von Olho d'Agoa (1 Legoa von Oeiras) soll in den, den Sandstein durchsetzenden, Quarzgängen ziemlich viel Gold enthalten. Die Einwohner haben jedoch seit vielen Jahren jeden Versuchsbau eingestellt. Auch alle übrigen Goldminen in der Provinz, die von abentheuerlichen Paulisten zur Zeit der Eroberung dieses Landes aufgefunden worden waren, sind seitdem nicht mehr be-

*) Unbezweifelt scheint diese Formation, so wie der Sandstein der ganzen Gegend, dem Todtliegenden anzugehören. v. E.

trieben worden. Uebrigens dürfte vielleicht die Aehnlichkeit der Pflanzenformen mit denen von Minas Geraes allerdings darauf hindeuten, dafs auch in diesen Gegenden das geschätzte Metall, wenn schon in viel geringeren Verhältnissen, vorhanden sey u. s. w.“ (s. S. 802.)

„Zwischen der königlichen Fazenda Gamelleira und Mocambo fanden wir terassenförmige Sandsteinberge, mehr oder weniger Kubisch, steil sich erhebend und oben in breite Hochebenen ausgeflächt, mit weiten Thälern, deren graues Grün gegen die rothe Färbung des Gesteins auf das frapanteste absticht u. s. w. Auf dem Sandsteine erscheinen nicht selten grofse Findlinge von sehr schönen Festungsachaten u. s. w. Wir überstiegen das Sandsteingebirge, die Serra de S. Gonçalo, die sich ungefähr 400′ erhebt u. s. w.“ (s. S. 802 und 803.)

„Auf einer Seiten-Digression (bei der Fazenda von Coité) der Reisenden wurde an den Wänden eines gelblichen Sandsteinfelsen ein dichter Beschlag von einem salzigen Stoffe beobachtet, der sich bei chemischer Untersuchung als reich an Salpeter zeigte u. s. w.“ (s. S. 808.)

„Das Strombett des Rio Parnahyba (von Cachias nach Maranhaô) besteht aus einem mürben Sandstein. (s. S. 826.) (Weiter abwärts der Fortaliza do Calvario de Vera Cruz.) So weit der Flufs (Itapicurû) die Gebirgsformation blofs legt, fanden wir sie aus Granit bestehend, welcher, so wie der von der Serra de Tiúba, grofse Massen von Pistacit eingeknetet enthält u. s. w. Unmittelbar bei der Caxoeira erschien der Granit durch Beimengung vieler Hornblende, die den Glimmer vertritt, in ein syenitartiges Gestein übergehend. Uebrigens tritt in dem untern Flufsgebiete des Itapucurû, wie z. B. bei Pai Simaô und aus O, nicht selten eine Sandsteinformation auf, welche aus groben und kleinen stumpfeckigen Quarzkörnern besteht, die durch ein röthlich oder violetbraunes Eisenoxyd verbunden sind. Hie und da geht das Gebilde durch bedeutenden Gehalt an Eisenoxyd in einen reichen Sandeisenstein über. *) Dasselbe Fossil bildet, wie im Verlauf dieses Berichts angegeben wird, die Formation der Insel Maranhaô und eines grofsen Theils der Gegenden am Rio das Amazonas u. s. w." (s. S. 832.)

Aufenthalt in S. Luiz de Maranhaô und in dessen Umgebungen.

„Die Formation der ganzen Insel ist das eisenschüssige Sandsteinconglomerat, welches wir bereits auf dem Continente am Rio Itapicurú bemerkt haben, und das in einer Mächtigkeit von mehr als 100 Fufsen über dem Granit gelagert ist. Man findet dieses Gestein von der mannichfaltigsten Gröfse seiner Gemengtheile und von verschiedenster Dichtigkeit; hier und da enthält es in seinen Zerklüftungen erdigen Bolus. Die bedeutende Menge von Eisenoxyd, welche in diesem Gesteine enthalten ist, theilt sich den unterirdischen Massen mit, und viele der zahlreichen Quellen auf der Insel, wie die in Praia de S. Antonio und bei S. Maria dos Remedios, erweisen sich als schwache Stahlwasser, sie besitzen jedoch keine Spur von kohlensaurem Gase u. s. w." (s. S. 845 und 846.)

„Der vermeintliche Alaun, welcher in der Nähe von Campo Maior und Piauhy vorkommt, erwiefs sich bei einer

*) Also gerade so wie der Kohlensandstein besonders im Thale Rio Borachudo im Sertaô von Abacté erscheint. v. E.

chemischen Prüfung des Herrn Hofrath Fuchs als schwefelsaure Alaunerde ohne Beimischung von Kali. Es erscheint diese Substanz in faustgroſsen und gröſseren krystallinischen Massen, welche theils kurz und verworren faserig und ziemlich compact sind, theils aus sehr lockeren sternförmigen Büscheln bestehen, wie bei dem Amianth. Sie ist weich und milde, hat einen säuerlich herben Geschmack und seidenartigen Glanz. Sie ist im Wasser sehr leicht auflöslich u. s. w. Ueber ihr geognostisches Vorkommen fehlen uns die Nachrichten. Die verschiedenen salzigen Erden, z. B. 1) Erde in der Nähe von Monte Santo besteht gröſstentheils aus Quarzsand, Dammerde und röthlichem Thon, welchen Stoffen etwas Kochsalz, begleitet von vielen zerflieſsenden Salzen aus Magnesia und Kalkerde, beigemengt ist. Diese Erde erscheint bei Monte Santo und an vielen andern Orten im Sertaô von Bahia in weitverbreiteten Stratis auf dem Granit oder anderer schwarzer Dammerde. 2) Kochsalzerde von der Saline Aldea am Rio Salitre u. s. w.; ihr Geschmack ist schwach, aber rein salzig und bestehend aus Kochsalz, schwefelsaurer Talkerde, schwefelsaurem Kalk, salpetersaurem Kalk und Kalkspuren, Kieselerde, Thonerde, Eisenoxyd, Manganoxyd, Bittererde, Kalkerde. 3) Erde von andern Gegenden in der Nähe des Rio de S. Francisco, bei Toaxeiro, zeigt keine Spur von Kochsalz, sondern auſser vielem Sand, etwas Dammerde und Glimmerblättchen, vorzüglich viel kohlensauren Kalk. 4) Die Kochsalzerde in der Nähe von der Fazenda Ilha kommt mit der von Aldea in den chemischen Eigenschaften überein, jedoch mit mehr Gyps und keinem kohlensauren Kalk. 5) Eine andere schwärzlich feine Erde am Rio Canindé in Piauhy erwieſs sich frei von Salpeter und Kochsalz. 6) In der Nähe von Oeiras, Erde aus den vielen Salzbecken, bestehend aus erdigen Bestandtheilen, Kochsalz, salpetersaurer Talkerde. 7) Die salzige Substanz, welche an den Wänden eines röthlichen Sandsteinfelsen bei Corté vorkommt, enthält Thonerde, Kali, Salpetersäure, Schwefelsäure, Wasser, Quarzsand, Thon, Eisenoxyd und Manganoxyd u. s. w. (Anmk. 1. S. 851 und 852.) Neben dem oben erwähnten Alaun in der Provinz Piauhy soll auch natürlicher Salmiak in einem Teiche nächst der Fazenda Boqueiraôsinho vorkommen. Die Erscheinung dieser beiden Salze und des Schwefels lassen vielleicht auf die Gegenwart vulkanischer Gebirgsformationen schlieſsen."

Seereise von S. Luiz de Maranhaô nach Sa. Maria de Belem, Hauptstadt der Provinz Gram Pará.

„Der Rio Tury soll von allen Flüssen zwischen Parnahyba und dem Amazonenstrome das stärkste Gefälle haben, und vielleicht kommt er aus einer Gebirgsformation herab, welche älter als die längs der Küste herrschende Quadersandsteinformation, sich auch zu höheren Bergen erhebt, die jedoch u. s. w. bis jetzt noch unbekannt geblieben sind. In der Nähe des Flusses hat man jüngst Goldminen entdeckt. Das Metall erscheint gediegen in einem weiſsen Quarze eingesprengt, und so reichlich, daſs die Regierung von Pará einen Versuchbau vornehmen lieſs, welcher nur wegen den politischen Erschütterungen wieder eingestellt wurde u. s. w." (s. S. 880.)

„Das ganze Land (Provinz Pará) scheint sich von S. W. nach N. O. gegen den Ocean hin in einem stärkeren Winkel abzusenken, als die südlich und nördlich davon gelegenen Distrikte. Längs der Küste herrscht die Sandsteinformation von Maranhaõ (Quadersandstein), weiter im Innern aber und namentlich am Rio Capim scheinen Bildungen aus der Urperiode, vielleicht Glimmerschiefer zu herrschen.“ *)

*) Wahrscheinlicher die Itacolumitquarzbildung, von der ich in der Sammlung des obigen Gouverneurs von Ceará Exemplare gefunden habe. v. E.

Dritter Theil
von Spix und Martius Reisen.

Aufenthalt in der Stadt St^a. Maria de Belem do Gram Pará.

Während sich das Pflanzenreich in diesen und vielen andern merkwürdigen Erzeugnissen gleichsam von selbst darbot, fanden wir die gröſsten Schwierigkeiten, uns über die geognostische Beschaffenheit des Landes zu unterrichten, weil das Gestein gemeiniglich von einer sehr mächtigen Schichte Dammerde, oder in der Nähe der Gewässer von Letten bedeckt ist. Eine Legoa nördlich von der Stadt, in Pederneira, und am Castello beobachteten wir dasselbe eisenschüssige Sandstein - Conglomerat ohne regelmäſsige Schichtung zu Tage ausgehend, dessen wir, als auf der Insel Maranhaô und längs dem Rio Itapicurû herrschend erwähnt haben (II. S. 832.), und dieses Gestein ist es auch, welches man hie und da entweder zu ganzen Häusern oder vorzüglich zu Grundmauern oder Pfeilern benutzt. Es ist mir wahrscheinlich, daſs die Niederungen des Festlandes längs der Küste von Maranhaô bis Pará und eben so auch die Insel Marajó aus diesem breccienartigen Sandsteingebilde bestehen. Im Innern des Distriktes von Pará jedoch, d. h. südlich, zwischen den Rios Gurupy und Tury - assû, dürfte eine ältere Formation, vielleicht Glimmerschiefer, herrschen, wenigstens theilte uns Sr. Exz. der Herr Gouverneur Goldstufen von dort mit, welche reiche Parthien dieses Metalls in weissem Quarze darstellen und die grösste Aehnlichkeit mit Erzen aus den quarzreichen Gängen von Minas besitzen. *) An den Ufern der Parastromes und seiner Confluenten befinden sich grosse Lager von farbigem Thon (tabatinga) oder von grauen Letten, und auf diesem liegt sehr häufig eine Schicht von härterem und weicherem Flussschlamm, in der Tiefe von ein bis sechs Fuss. (S. 918 und 919.)

Ausflüge in die Umgegend von Pará, und Vorbereitungen zur Reise auf dem Amazonen-Strom ins Innere.

(Dieses Kapitel enthält weder geognostische noch mineralogische Bemerkungen.)

Reise von Pará durch den Archipel in den Amazonen-Strom, und auf diesem bis zur Villa de Santarem.

Auch dieses Kapitel ist arm an Bemerkungen über Gebirgsarten, weil die Reise meistens zu Wasser in den Niederungen weiter ging, und nur von der Gegend der Villa de Santarem am Zusammenfluss des Rio Tapajôz mit dem Amazonas, heisst es: Von dem Kirchthurme der Villa aus hatten wir eine weite Aussicht über das Land um uns. Der Tapajós zieht durch eine Gegend

---

*) Da schon so oft von den Herren Reisenden Glimmerschiefer und Itacolumitquarz als identisch aufgeführt sind; so meinten sie wohl hier nur letztere Gebirgsart, die scharf vom Glimmerschiefer getrennt werden muss, wie ich auch schon mehrmalen dargethan habe.

hin, deren Niedrigkeit und Fläche zu beurtheilen, einzelne ungeheure Bäume dienen können, welche sich hie und da aus dem Urwalde erheben. Einige Stunden landeinwärts in S. und S. O. bemerkt man einen Zug niederer dichtbewaldeter Berge. Die Ufer des Tapojôs selbst fangen im Süden der Villa an steiler und höher zu werden. Groſsentheils aus rothen Letten bestehend, werden sie vom Regen und Hochwasser in der Art zerklüftet und abgespült, daſs sie hie und da als steile Kegel oder unter der Form natürlicher Wälle hervortreten. *) Die Gebirgsformation ist auch hier, wie in Gurupâ und Pará, ein rother leberbrauner Sandstein, der sich hie und da als Sandsteinbreccie darstellt. Die Meinung, daſs schon wenige Tagereisen am Strome aufwärts Goldformation herrsche, ist unter den Einwohnern von Santarem allgemein. Man zeigte uns auch dichte Schwefelkiese, die man unterhalb den Katarakten, an einem Orte, den die Indianer Taguba-Coara nennen, gefunden, und für silberhaltig angesehen hatte. **) De la

---

*) Dieses ist eine gewöhnliche Erscheinung beinahe an allen Fluſsufern Brasiliens, wo sich mächtige Lettenlager befinden und in solchen Gegenden, wo mächtige Lager eines aufgeschwemmten grobkörnigen, und durch thonigtes Bindemittel zusammengebackenen, Sandes vorkommen, wie z. B. an der Seeküste zwischen Lissabon und dem Cap Espichel oder den aufgeschwemmten Sandbergen längs dem Tajus hinauf bis zur Stadt Santarem.

**) Die Verwechelung des silberweiſsen Schwefelkieses mit gediegenem Silber, durch die Sertoês-Bewohner, findet sehr oft in allen Provinzen Brasiliens statt, und hat schon mehrmalen Veranlassung zu den übertriebensten Nachrichten von dem groſsen Reichthum an Silber gegeben, namentlich in den Provinzen Minas und Gogaz. So belud während meiner Anwesenheit in Minas ein gewisser Goldschmidt aus Gogaz eine Menge Maulthiere mit diesem vermeintlichen Silber, welches er auf der Serra do Canastra gefunden, und führte es nach Villa Boa in Gogaz einige hundert Meilen. Es geschah davon Anzeige dem Gouverneur von Minas,

Condamine bemerkt, daſs man hier am leichtesten jene grünen, unter dem Namen der Amazonensteine oder Pierres divines bekannten Steine erhalten könne; allein unsere Nachfragen waren fruchtlos.“ (S. 1037.)

„Unter dem Namen von Minas begreift man am ganzen Amazonas die hochliegenden Gegenden im Süden, von deren Goldreichthume die überspanntesten Meinungen verbreitet sind.“ *) (S. 1038.)

Zur Geographie des Rio Tocantins gehörig, heiſst es in der 3. Anmerkung dieses Kapitels. (S. 1046.)

„Die östlichen Ufer unterhalb der Villa de Bajaô sind höher als die westlichen; sie steigen zu Hügelreihen an, welche den Mojû und den südlichsten Baifluſs des Anapû, den Supiuba vom Tocantins scheiden. u. s. w. Bastos bemerkt, daſs weiter südlich den Strom aufwärts die Goldformation sich an dem Gesteine und den Fluren kenntlich mache.“ In der 4. Anmerkung.

„Der westlichste von allen Flüssen, welche sich in die Bahia das Bocas ergieſsen, der Rio Uanapû, entspringt jenseit des 5ten Parallel-Kreises, und wird wahrscheinlich durch jene aus Glimmerschiefer und andern Urgebirgsgesteinen bestehende Bergreihe unterbrochen, welche sich zwischen 4° 30′ und 8° 30′ südlicher Breite von den Fällen des Tocantins bis zu denen des Xingû und Tapajôs erstreckt.“

---

ich muſste die Stelle, wo man es weggeführt hatte, untersuchen und entdeckte den Irrthum.

*) Den Sagen von Goldreichthümern kann man in Brasilien eher Glauben beimessen, als denen des Silbers, und es ist nicht unwahrscheinlich, da die Flüsse im Süden aus dem Herzen der goldreichen Provinz Gogaz kommen, daſs die Goldformation sich auch weit hin in die Provinz Pará und Rio Negro erstrecke.

Reise von der Enge von Obydos nach der Fortaleza da Barra, dem Hauptorte der Provinz von Rio Negro.

„An den abgerissenen Ufern des Stromes (des Amazonas) konnten wir die früher gemachten Beobachtungen über die geognostischen Verhältnisse bestätigen. Wo wir derbes Gestein sahen, waren es Felsen eines violetbraunen stark eisenschüssigen Sandsteins, der hier häufig in Tafeln geschichtet erschien. Hierauf findet sich röthlicher, weifser oder violet gebänderter feiner Thon (Tabatinga), welcher auch hier zum Anstreichen der Häuser benutzt wird, dann eine rothe schwere Thonerde, oder ein grauschwarzer Sand, und endlich schwarze Dammerde in einer Mächtigkeit von 3 bis 5 Fufs. An manchen Stellen war der Sandstein hie und da vom Spiel des Gewässers corallen- oder schwammartig zerfressen, und nach dem verschiedenen Stande des Stroms wechselten Streifen des durchlöcherten Gesteins mit andern noch dichtern ab u. s. w. Der sandige Boden, worin wir abgerundete lydische Steine und Sanderz neben den gewöhnlichen Bestandtheilen des Flufssandes bemerkten, ernährt nur wenige Pflanzen.“ (s. S. 1066 und 1067.)

„Der eisenschüssige rothbraune Sandstein (bei Villa de Serpa), welcher sich hier mit Lagern eines gelben Thones etwa auf 25 Fufs, eine in diesem Stromgebiete (linkes Ufer des Amazonas) schon beträchtliche Höhe, erhebt, gab Veranlassung zu dem Namen Ita Coatiara, d. i. gemalter Stein u. s. w. Auf der westlichen Seite von Serpa erschienen die Ufer des Stromes meistentheils in einer Höhe von 12 Fufs. In einer Mächtigkeit von 6 bis 8 Fufs bestehen sie aus Sand, mit etwas Dammerde und Schlamm gemengt, darüber aus Thon von grauer, gelblicher oder grünlicher Farbe.“ (S. 1080 und 1081.)

„Einer der Indianer trug einen Amazonenstein, ein Parallelogramm von 1½ Zoll Länge und 2 Linien Dicke mit 2 Löchern durchbohrt an einer Schnur am Halse u. s. w. Außer diesem haben wir auf der ganzen Reise nur noch einen einzigen dieser Steine u. s. w. Ich halte dafür, daß diese so sauber und scharf geschnittenen polirten Steine Kunsterzeugnisse der Indianer aus Perû sind.“ (S. 1087 u. 1088.)

Aufenthalt in der Fortaleza da Barra do Rio Negro und Ausflüge in der Umgegend.

(Dieses Kapitel enthält nichts Geognostisches und Mineralogisches.)

Reise von der Barra do Rio Negro auf dem Solimoës nach der Villa da Ega.

„Die Ufer des Rio Solimoês (oberer Theil des Amazonenstroms) prangten in den schönsten Farben verschiedener bandartig übereinander gelagerter Thonschichten. Diese Thon- und Lettenwände (Barreiros) *) werden gemeiniglich von einer zehn bis zwanzig Fuſs hohen Schichte lockern Sandes bedeckt und erstrecken sich wahrscheinlich wenig-

*) Barreiros heiſsen diese Thon- und Lettenwände besonders, wenn sie salzige Auswitterungen enthalten, so daſs sie natürliche Salzlecken abgeben, welche von allen vierfüſsigen Thieren, so wie auch von Vögeln, mit Gier aufgesucht werden. Enthalten sie keine solchen Auswitterungen, so nennt man sie Barrancos, mögen sie nun Fluſsufer seyn oder ganz auf dem Trocknen an Abhängen von Bergen erscheinen.

stens eben so tief über den niedrigsten Wasserstand nach unten. Man sieht sie hie und da auf oder zwischen dem feinkörnigen röthlichen, oder zwischen grau, weiſs und roth nüancirten Sandstein lagern, welcher uns von Obidos her so häufig als herrschende Formation begegnet war. Die Farbe des Thons ist ungemein mannichfaltig: violett, gelb, roth, grau, weiſs oder grünlichgrau. Lange der Sonne ausgesetzt, erhärten sie so sehr, daſs man sie als Bausteine gebrauchen könnte. Die Indianer wenden verzugsweise die feinern, von keinen Sandtheilchen verunreinigten, Sorten zum Färben ihrer baumwollenen Zeuge und zum Anstrich von Wänden und hölzernen Geräthschaften an; als Zuspeise zu ihren Fischen und Mandioca-Mehl sahen wir sie niemals etwas anderes als den grünlichgrauen plastischen Thon verschlingen, welcher, wie es schien, sehr neue Lager und Nester auf und zwischen den schönfarbigen Schichten bildet. Noch interessanter war uns die Erscheinung groſser Stücke von Bimsstein (tupi: Ita-bubûï), welche unsere Indianer bald einzeln, bald gleichsam nesterweise in den Sand gebettet, auffanden. Man sieht sie von hier aus gegen Westen zerstreut fast überall im Strome treibend oder ans Ufer geschwemmt. Sie sollen vorzugsweise auf dem Napo, Içà und Yupurà in den Solimoês herabkommen und sind also ohne Zweifel Auswürflinge der Vulcane von Quito und Popayan.“ (S. 1149.)

„An der Mündung des Lago de Coari bestehen die Ufer aus Letten oder röthlichem Sandstein.“ (S. 1151.)

„Die steil abgerissenen Ufer von Mutum-Coara erheben sich 40 bis 50 Fuſs und sollen landeinwärts in eine hügliche hohe Gegend ansteigen, die nicht mit Wald, sondern mit Flurvegetation bewachsen ist.“

Anmk. 3. „Folgendes sind die physischen Eigenschaften des efsbaren Thones vom Solimoês. Er zeigt eine leicht gelblich graue Farbe mit ockergelben Flecken, ist sehr weich und saugt begierig Wasser ein. Vor dem Löthrohre und Kolben giebt er einen brenzlichen Geruch und viel Wasser, welches auf Ammonium reagirt. Er behält ziemlich seine Farbe oder brennt sich lichter. In gutem Feuer schmilzt er auf der Oberfläche zu einem grünlichen oder graulichen Glase. Von Borax wird er schwer und langsam zu einem sehr schwach von Eisen gefärbten Glase aufgelöst. Mit Kobaltauflösung befeuchtet und erhitzt, erhält er eine lichte blaue Farbe, mit Säuren braust er nicht oder nur sehr wenig." *)

„Unter den farbigen Thonen, die wir vom Amazonas mitgebracht haben, zeichnet sich eine lillafarbige Sorte aus, welche durch ihren geringen Gehalt an Kieselerde und durch die Eigenschaft, mit Säuren sehr leicht zersetzt zu werden, von allen in Deutschland zu Töpfergeschirren verwendeten Varietäten unterschieden ist. Sie kommt an mehren Orten, z. B. nächst der Praya das Onças bei Coari und bei Ega in massigen Schichten vor, ist nur wenig abfärbend, aber schreibend, von erdigem, unvollkommen muschlichem Bruche, hängt stark an der Zunge, und zerfällt im Wasser zu lockerem Haufwerke, welches durch Zerreiben einen bildsamen Teig giebt. In concentrirter Salz-

*) Der Thon, welchen manche Neger, auch Kinder in Brasilien aus Lüsternheit verzehren, ist meistens ein ordinairer Lehm, womit die Häu er beworfen werden, welcher ihnen nach längerer Zeit unfehlbar Verstopfungen im Unterleibe zuzieht, woran sie auch sterben; andere geniefsen gebrannten Thon, besonders aber die Scherben der zerbrochenen porösen Wassergefäfse. Besonders ist in dieser Hinsicht das Küstenstädtchen Paranagua (?) in der Provinz S^t. Paulo berüchtigt, wo beinahe von allen Menschen diese Scherben ohne Nachtheil als Leckerbissen verzehrt werden.

säure erwärmt, wird sie vollständig zersetzt, so daſs die Kieselerde rein zurückbleibt. Dieser Thon wird von den Indianern zu ihren Geschirren, die sie bemahlen, häufig benutzt u. s. w. Der Thon der Töpferei zu Barra do Rio Negro ist durch seinen Kaligehalt merkwürdig. Er bricht in flachschiefrigen Stücken von schwach gelblich weiſser oder grauweiſser Farbe, ist durch Flecken von Eisenoxyd roth gesprenkelt, färbt stark ab, hat einen erdigen muschlichen Bruch, hängt stark an der Zunge, und zerfällt im Wasser nicht vollkommen, giebt aber damit einen sehr bildsamen Teig. Durch Säuren wird er nur zum kleinern Theil zersetzt, durch Glühen wird er sehr hart und verändert die Farbe nur wenig u. s. w."

„An mehreren Stellen, z. B. bei Obydos und zwischen Coari und Ega fanden wir zwischen den eben beschriebenen farbigen Thonarten auch eine sehr vorzügliche Porzellanerde in mächtigen, parallel mit jenen gelagerten Schichten. Sie ist schneeweiſs, bricht unvollkommen muschlicht und uneben, verändert sich im Wasser nicht, und giebt, damit zerrieben, einen bildsamen Teig. Im Feuer brennt sie sich weiſs und hart u. s. w. Alle diese Thonschichten sind als Glieder eines bunten Mergelgebildes in der sogenannten Keupersandstein-Formation zu betrachten u. s. w." (S. 1176 u. 1177.)

Des Dr. Spix Reise von Ega, den Solimoës aufwärts bis nach dem Grenzpräsidio de Tabatinga und zurück nach Barra do Rio Negro.

(Dieses Kapitel enthält weder geognostische noch mineralogische Nachrichten.)

Des Dr. Martius Reise von Ega, den Yupurá aufwärts bis an den Fall von Arara-Coara und zurück nach der Barra do Rio Negro.

„Das nördliche Ufer des Yupurá in der Nachbarschaft von Maripi zeigte hie und da eine Höhe von 30 Fuſs. Es besteht aus rothem Lehm oder, wiewohl seltner, aus derselben braunen oder violettrothen Sandeisenstein-Breccie, die wir in so groſsen Strecken am Nieder-Amazonas beobachtet haben.“ (S. 1211.)

„Jemehr wir uns den Kataracten von Cupati näherten, desto höher zeigten sich die Ufer, die Waldung ward lichter, und Abends erschien uns im Westen die Serra de Cupati.“ (S. 1230.)

„Die Serra de Cupati mag etwa 600 Fuſs über dem Yupurá erhoben seyn. Sie erstreckt sich vielleicht eine Legoa lang S. nach N. u. s. w. Ihre Figur ist ablang und dicht mit Vegetation bedeckt. Nur auf der Ostseite tritt gegen den Scheitel hin eine weiſse Felsenmasse aus dem Grün des Waldes hervor, die, wenn von der Sonne grell beleuchtet, ein schimmerndes Licht zurückwirft u. s. w. Das Strombette wird bei der Cachoeirinha de Cupati auf die Breite von etwa 120 Klaftern beschränkt und die Gewässer stürzen mit Ungestüm über ein, die ganze Breite durchsetzendes, Felsenriff. Die Felsen ragten an beiden Ufern des Flusses acht bis zehn Fuſs über den Wasserspiegel hervor, und andere standen entblöſst zwischen den kleinen Fällen u. s. w. Sie sind durch die Gewalt des Flusses abgerundet, zertrümmert, hie und da in Haufen zusammengeführt, oder stehen noch unversehrt aus dem Grunde des Strombettes hervor. Das Gestein ist ein sehr feinkörniger, geschichteter, harter Sandstein. Die Oberfläche der vom Wasser bespülten, innerlich weiſsen, Felsen, war durch Sonne, Luft und Wasser auf eine seltsame Art gebräunt und glänzend, so daſs sie unter gewissen Beleuchtungen spiegelte. *) Die Oxydation erschien mehrere Linien tief in das Gestein eingedrungen; doch zeigte der veränderte Theil nicht jene eigenthümliche Absetzung (einer kohlenstoffhaltigen Verbindung), die ich später an den Granitfelsen im obern Fluſsgebiete bemerken konnte u. s. w. Oberhalb des ersten Falles treten mehrere Bäche in den Fluſs, längs welcher der Sandstein in so dünnen Schichten zu Tage ausgeht, daſs er als Wetzstein (tupi: Ita-ky) gebraucht werden kann, und die Indianer haben von hieraus welche nach Pará gebracht u. s. w. Es muſste mir daran gelegen seyn, mein Urtheil über die Formation des Berges Cupati zu vervollständigen (wo man schöne Steine, nach der Beschreibung Bergkrystalle oder Topase, gefunden haben wollte) dessen Schichten eines weiſsen sehr harten, quarzreichen Gesteins, zugleich mit der Sage von benachbartem Goldreichthume an ähnliche Gebirgsbil-

*) Diese Bräunung und Spiegelung findet sich auch sehr häufig nicht nur an den von der See bespülten Granitfelsen der Küste bei Rio de Janeiro, sondern auch an den Sandsteingebilden der Küste von Ilha Grande.

dungen in Minas erinnerten u. s. w. Wir suchten lange in den Löchern des Sandsteins, jedoch vergeblich; nur unreine Bergkrystalle und keine andere geognostische Merkwürdigkeiten kamen zum Vorschein u. s. w." (S. 1231. 32 und 33.)

„Oberhalb Manacarû ist der Fluſs Metá von niedrigen Ufern beschränkt, die wie bisher, mit Ausnahme des Sandsteinbergs von Cupati, aus dem braunen, rothen oder violetten Sandeisenstein oder aus rothem Thone bestehen." (S. 1241.)

„Zwischen Malloca der Miranhas und dem Falle von Arara - Coara beträgt die stärkste Breite des Fluſsbettes (Yupurá) etwa 230 Klaftern. Es schlieſst wenige Inseln ein, die meistens ein junges breccienartiges Gebilde aus Geschieben von gelblichtem oder rothem Jaspis, Quarz und violettem oder braunen Sandeisensteine sind; die farbigen Lettenbänke werden seltner." (S. 1251.)

„Am Abend des 3ten Tags fand ich an dem kleinen nördlichen Beiflusse Jui den ersten Granit zu Tage anstehend. Es ist ein kleinkörniges, sehr dichtes, fast porphyrartiges Gestein von röthlicher Farbe, und hie und da noch von der Formation des Sandeisensteins in acht bis zehn Fuſs mächtigen Schichten bedeckt. Im Strome und an seinen Ufern erscheinen wiederholt ausgedehnte Lager der bereits erwähnten Breccie aus Quarz, Jaspis und jenem Sandsteine. Diese Formation verschwand aber gänzlich, als wir am Morgen der 4ten Tagereise einige Windungen erreichten, Pussú açû genannt. Der Fluſs arbeitet hier zwischen grotesken Granitblöcken. Hier war es, wo mir die seltsame bleigraue Farbe der Felsen überall an ihrer Oberfläche, wo sie vom Wasser berührt werden konnte, auffiel. Ich habe diese dunkelgefärbte Schichte nur an Granit, und zwar nur an sehr harten Arten desselben gefunden; vielleicht weil weichere Gebirgsarten eher neue Oberflächen bilden, als die alten auf diese eigenthümliche Weise verändern. Auch der harte ganz weifse Sandstein von Cupati ist da, wo er vom Wasser berührt ward, mit einer kastanienbraunen Schicht an der Oberfläche versehen, welche sich nur als eine gradweise, von Aufsen nach Innen geschehene, Oxydation des Eisens darstellt. Unstreitig spielt dieses Metall auch bei der Färbung der Granitflächen eine wichtige Rolle; aber eine chemische Analyse hat noch nachzuweisen, in wie fern hier Zersetzung mittelst der tropischen Sonne und des Wassers, und Absetzung aus dem letzteren untereinander greifen. *) (S. 1253 und 1253.)

„An den Barrancos de Oacari, eine Tagereise weiter gegen N. W. erheben sich die Ufer, besonders das linke, über hundert Fufs, und landeinwärts steigt das Land noch höher an; in der Mitte des Stroms zeigte sich eine freie Sandbank und ein Riff von Sandeisenstein.“ (S. 1254.)

„An dem Einflufs des Rio dos Enganos in den Yupurá kamen wir an eine kleine Felseninsel, wo der Flufs an einer Granitwand dahinbraufst u. s. w. Bei Arara-Coara (Araraloch) hat der Strom einen Berg durchbrochen und windet sich von N. W. her durch die auf der Ostseite

*) Ich mufs hier bemerken, dafs man vielleicht zu viel Gewicht auf diese Erscheinung legt, denn beinahe jede Steinart verändert ihre oberflächige Farbe, wenn sie den öfteren Abwechselungen von Nässe und Sonnenschein ausgesetzt ist; man findet dieses nicht nur unter der tropischen Sonne, sondern auch in unserm gemäfsigten teutschen Klima, ja selbst an den Graniten der Hudsonsbay, wovon ich ein Exemplar bei dem ehemaligen englischen Gesandten in Rio de Janeiro Sir Eduard Thornton zu Gesicht bekam. Die tropische Sonne scheint also hierauf keinen besondern Einflufs zu haben.

steil abgeschnittenen Granitwände und stürzt alsdann über colossale Felsenmassen u. s. w. Gigantische abgerundete Felsentrümmer von glänzend dunkelbrauner Oberfläche liegen wie ein steinernes Meer an beiden Ufern bis zur senkrechten Felsenwand und aufserhalb der Schlucht tief Landeinwärts im Walde u. s. w." (S. 1256.)

„Von den Klippen oberhalb des Eintritts des Yupurá zu den Fahrzeugen zurückkehrend wurde ich durch die Indianer auf einen hervorragenden Felsen aufmerksam gemacht, an dem sich einige wenig sichtbare Sculpturen befanden u. s. w." (S. 1257.)

„Auf der Wanderung von den Fahrzeugen nach dem nördlichen Theile des Berges (Serra dos Araras) sahen wir den Fall von oben, denn der Weg führte nahe an dem furchtbaren Abgrund hin, den der Strom durchschäumt. Die gegenüberliegende (südliche) Granitwand ist in einer Höhe von mehreren 100 Fufs so scharf abgerissen, als wäre der Berg nicht nach und nach, sondern durch eine plötzliche Katastrophe zerrissen worden, um dem Gewässer Abzug zu verschaffen u. s. w. Ich vermuthe, dafs ich mich auf dem Plateau von Arara-Coara (Serra dos Araras) wohl nur 500 Fufs (oder wenig darüber) höher, als an der Mündung des Yupurá in den Solimoês befunden haben mag u. s. w. (S. 1259.)

(Von hier ging die Reise wieder zurück den Strom abwärts.)

„Die Ersteigung der Serra de Cupati am nördlichen Ufer des Yupurá war sehr beschwerlich, bis zum vierten Theil des Wegs war der Wald von grofsen Felsblöcken unwegsam u. s. w. Nach einer guten Stunde gelangten wir auf den Gipfel, wo wir ungefähr 600 Fufs über dem Flusse stehen mochten, und sich eine eigenthümliche Fernsicht zeigte. In W. S. und O., sieht man, so weit das Auge trägt, eine unabsehbare Ebene mit grüner Waldung bedeckt, aus der nur hie und da die Silberbänder der Flüsse hervorschimmern u. s. w., gegen Norden vermochte ich in drei Reihen hintereinander, die niedrigen langgestreckten bewaldeten Berge von Apaporis am Tiquie und Uaupés, weiter gegen N. O. die isolirten Berge von S. Joaquim zu unterscheiden u. s. w. Von hier gingen wir zum Strome zurück, der niedere Wasserstand erlaubte hier, die Sandsteinfelsen am südlichen Ufer des Stroms zu untersuchen, und ich fand ähnliche Figuren, wie die von Arara Coara, jedoch in viel gröfserer Menge eingegraben u. s. w. Bedenkt man die Härte dieses Sandsteins, und findet man dennoch manche Sculpturen durch das Wasser ganz verwischt, so wird man geneigt, ihnen ein Alter von vielen hundert Jahren zuzuschreiben u. s. w." (S. 1271, 1272 und 1273.)

„Anmk. 9. Rio Yupurá. Darf ich meiner Schätzung vertrauen, so beträgt das Gefälle des Yupurá am Ende der Kataracte von Arara-Coara bis zu den Fällen von Cupati (in gerader Linie 60, mit den Krümmungen 69 Lieues) 130 Fufs, von da bis zur Mündung in den Solimoês oberhalb Ega, das 571 Fufs über dem Ocean liegt (in gerader Linie 100, mit den Krümmungen 116 Lieues, 70 Fufs, im Ganzen also in einer Länge von 160), 200 Fufs. In dieser grofsen Ausdehnung erhebt sich das Terrain nur an zwei Orten, in Arara-Coara auf beiläufig 300, im Berge Cupati auf 600 Fufs über das Niveau des Flusses, also bis zu einer absoluten Höhe in Arara-Coara von 1071, in Cupati von 1241 Fufs. Diese beiden Berge erscheinen jedoch nicht als Theile einer weitläufigen Gebirgskette, sondern nur als die höchsten Kuppen des hie und da hervortretenden Terrains, welches im Allgemeinen in einem sehr geringen Winkel aus W. von den äufsersten Gehängen der Andas von Papayan abfällt, in N. durch eine fast unmerkliche Erhöhung von dem Flufsgebiete Guaviara getrennt ist, und gegen N. O. die Gräte bildet, aus welcher die Quellen des Uaupés hervorkommen.“

„In diesem unbekannten Gebiete, dessen leichte Gegenhänge gegen zwei so grofse Ströme als der Oronoco und Amazonas sind, schon an sich als eine geographische Seltenheit erscheinen, finden sich in den grofsen, wenig geneigten Ebenen einzelne niedrige Stückgebirge, welche zugleich mit der anomalen Bildung des Vereinigungskanales Cassiquiara und des kanalartigen Rio Negro selbst, und mit zahlreichen Seen, Teichen und Flüssen, die bald durch Kanäle zusammenhängen, bald an ihren Quellen sehr genäherte Landfahrten haben, sich zu einem seltsamen geographischen Bilde vereinigen. *) Arara-Coara und Cupati sind die südlichen Theile der Erhöhungen im Stromgebiete des Yupurá, und beide heben fast nur nördlich von demselben an, während das Land zwischen dem Yupurá und Iça, flach und eben, und somit den Ueberschwemmungen beider Flüsse ausgesetzt ist. Es ergiebt sich diese eigenthümliche Beschaffenheit vor Allem bei der Betrachtung der

*) Alle grofse Flächen oder Niederungen, worinnen beträchtliche Flüsse ihren Ursprung nehmen, oder nach längerem Laufe sich ergiefsen, bilden ähnliche seltsame Vereinigungen ihrer Gewässer, so wie auch Bifurcationen; man braucht ja nur die Karte von Holland und den Niederlanden zur Hand zu nehmen, oder den Ausflufs des Nils und der Donau zu beobachten, um davon ein anschauliches Bild zu erhalten. Der einzige Unterschied ist, dafs diese Verbindungen der Gewässer weit im Innern des Landes vorkamen; mögen sie nun auch hoch über dem Meerespiegel erscheinen, so beweiset es: dafs weit verbreitete Ebenen ihr Spielraum seyn müssen, aus denen sie alsdann durch Katarakten zu den niedern Gegenden herabstürzen.

Verbindungen von Nebenflüssen in diesem Gebiete; denn der Metá, welcher oberhalb der Katarakte von Cupati in den Yupurá tritt, verbindet durch den Perité seinen Hauptfluſs mit dem Iça, so daſs der Landstrich zwischen diesen Flüssen, dem Solimoës und dem Auatiparaná ein wahres Mesopotamien, mehr als dreimal so groſs als die Schweiz, von 2800 Geviert-Lieues, darstellt, ein niedriges Waldland u. s. w. Der Berg von Arara-Coará setzt nach N. in die Serra dos Umáuas fort, welche den Abhang der in W. gelegenen steinigen Fluren bildet. An diesem wahrscheinlich granitischen Bergrücken läuft der Rio dos Enganos, oder richtiger der Tauaximani und der Cunary (Cunhary, Weiberfluſs, verdorben Comiary), dessen südlichster Beifluſs der Rio dos Enganos ist, nach S. dem Yupurá zu, eine Fluſsbildung, die im Kleinen Aehnlichkeit mit dem Oronoco hat, wo derselbe im tiefsten Rinnsale eines Thales läuft, das sich gegen W. in flache Ebenen verliert, gegen O. aber sogleich in die Berge von Parimé aufsteigt. Auch der Sandsteinberg von Cupati erhebt sich besonders am nördlichen Ufer des Yupurá zu einer den Strom weithin beherrschenden Höhe, und zwingt den Apaporïs, eine lange Krümmung nach Norden zu machen. Weiter nach N. verflächt sich das Land aber wieder, und erst in einer Entfernung von acht bis zehn Legoas steigen andere Berge auf, die, von Cupati aus gesehen, drei Reihen darstellten. Ihre Umrisse gleichen denen der Serra de Cupati selbst: ablange gestreckte, dicht-bewaldete Bergrücken. Sie bilden die sechszehn Wasserfälle im Apaporis, welche jedoch nicht alle so hoch sind, daſs sie den Transport der Kähne im Wasser oder auf Fahrbahnen unmöglich machten; sie scheinen ferner den Tiquié von seinem Hauptflusse, dem Uaupés, zu trennen, und diesen bei der Kataracte von

Ipanoré zu durchsetzen. Nordwestlich von ihnen, ebenfalls von Cupati aus sichtbar, treten isolirt die Granitberge von S. Joaquim de Cuané, am Rio Uaupés, westlich von der Vereinigung desselben mit Rio Negro, auf. Diese mit runden Kuppen versehenen, oft oben von allen Vegetabilien entblöfsten und deshalb unzugänglichen Granitberge, erscheinen nach den Berichten der Reisenden hie und da am oberen Rio Negro, und durch ihr isolirtes Auftreten werden eigenthümliche Gestaltungen des Terrains erklärlich, z. B. der Fall von Cojubi in diesem Flusse, der südwestlich davon durch seinen Beiflufs Cunicuriaú mit dem fahrbaren Kanal Juebû und durch diesen mit dem Uaupés oberhalb S. Joaquim in Verbindung steht. — Das grofse Gebiet, dessen Gestaltung ich hier in allgemeinen Zügen zu schildern versucht habe, stellt sehr einfache geognostische Verhältnisse dar. Nur zwei Formationen erscheinen in der weiten Landschaft: von Sandstein und von Granit; die erstere scheint identisch mit derjenigen, welche von der Insel Maranhaõ und von Pará an gröfstentheils in dem Flufsgebiete des Amazonas herrscht, und in Deutschland nach den neuern Bestimmungen mit dem Namen der Keupersandsteinformation bezeichnet worden ist. Ihre Gebilde kommen unter drei Hauptformen vor: als ein ziemlich feinkörniger röthlicher, als ein weifser sehr harter, geschichteter, endlich als ein sehr eisenschüssiger brauner, röthlicher, gelber oder violetter Sandstein, der in Sandeisenstein übergeht. Die erstere Bildung, ganz gleich der, welche wir an der Barra do Rio Negro und bei Coari beobachtet haben, scheint den Strom vorzüglich bis gegen Maripi hin zu begleiten. Von hieraus sieht man fast nur den braunen stark eisenschüssigen Sandstein, in verschiedenen Verhältnissen Bolus einschliefsend, oder in Lager von mannichfach gefärbten, gelben, rosenrothen, rothen Letten und Mergel übergehend und mit ihnen wechselnd. Ein deutliches Streichen ist an dieser Bildung kaum zu bemerken. Sie wiederholt sich unter mannichfachem Wechsel auch auf dem Granit, den ich auf der Serra de Arara - Coara von ihr 6 bis 8 Fuſs bedeckt fand. Die Letten- (Mergel) Lager dieses Gesteins enthalten an mehreren Orten des obern Stromgebiets (z. B. oberhalb der Mündung des Rio dos Enganos und an den Barrancos Oacoari) besonders da, wo sie auf dem lebendigen Gesteine aufliegen, Nester eines sehr weiſsen, leicht verwitternden Schwefeleisens, bald in Kugeln, bald traubenförmig, bald in zusammengehäuften kubischen Krystallen. Bisweilen umgiebt eine sehr feste, braune Schale aus Sandeisenerz einen Kern von Schwefeleisen. *) Die in diese Mergellager vergrabenen Baumstämme sind oft von der Masse des Schwefeleisens durchdrungen und mehrere Erscheinungen deuten darauf hin, daſs die aus den Hochufern in den Fluſs herabkommenden Bäche und Quellen das Schwefeleisen, welches sie aufgelöst führen, an den Sandeisenstein und an diese Stämme in dem Fluſsbette absetzen. Durch den Fluſs selbst wird dieser Sandeisenstein aufgelöst und wiederum mit Quarztrümmern und gelbem oder rothem Jaspis, den ich nirgends in seiner ersten Lagerstätte antraf, zu einer Breccie zusammengebacken, welche hie und da Bänke und Schwellen in ihm bildet. **)

---

*) Dieselbe Erscheinung von Sandeisenerz mit einem Kern von Schwefeleisen findet man nicht nur sehr häufig auch in den Gegenden von Minas und S. Paulo, wo die Sandsteinbildung des Kohlensandsteins, oder Rothentodtliegenden vorherrschend ist, sondern auch da, wo sich Uebergangsthonschiefer zeigt, und in Portugal kommen diese oft in der Formation des Sandsteins vor.
v. E.

**) Auch diese Breccie findet man in vielen Gegenden von Minas

Ganz ähnlich mag die Formation am Miriti-Paraná seyn, von wo aus mir ebenfalls Schwefeleisen und schönfarbige Mergel gebracht wurden. — Eine andere Bildung des Keupersandsteins ist wahrscheinlich der weifse feinkörnige sehr harte Sandstein, welcher den Berg von Cupati, und vielleicht auch die nördlich davon gelegenen Berge am Tiquié bildet. Die Schichten dieses harten Sandsteins, von der Mächtigkeit einiger Zolle bis zu der einer Klafter abwechselnd, streichen in der 2ten und 3ten Stunde von N. W. nach S. O. und fallen in Winkeln von 20 bis 50° nach O. — Die Formation des Sandsteins ist von bei weitem gröfserer Ausdehnung am Stromgebiete des Yupurá als die primitive des Granits. Diese habe ich erst westlich vom Bache Jui getroffen, und sie ist sowohl am Flusse selbst, als auf dem Berge Arara-Coara hie und da von jener überlagert. Der Granit, durch welche sich der Strom bei Pussû-Açu windet, und von da westwärts bis zu der Mündung des Rio dos Enganos ist ungemein hart, feinkörnig und von einem fast porphyrartigen Gefüge. Er wird daher von den anwohnenden Indianern zu Beilen und Aexten geschliffen. Derjenige aber, welcher die Felsenwände von Arara-Coara bildet, ein wahrer Urgranit, ist weicher und sehr grobkörnig. *) Er besteht aus fleischrothem Feld-

---

und S. Paulo und sie scheint ihren Ursprung der Auflösung des Rothentodtliegenden oder auf der Tapenhoacanga-Bildung zu verdanken zu haben.

*) An mehreren Orten meiner geognostischen Beiträge habe ich mich darüber ausgesprochen und deutlich bewiesen, wie bei der Granitbildung in Brasilien sehr schwierig ein Unterschied zwischen älterem und jüngerem Granit ausfindig gemacht werden kann, indem die verschiedenartigsten neben einandergestellten und sich so oft wiederholenden Lagerungen von Urgebirgen, die nur alle einen gleichzeitigen Ursprung haben können, den Granit so mannichfaltig darstellen, bald grofskörnig, bald kleinkörnig, bald por-

spathe, weifslichem Quarze und grofsen Blättern eines silberweifsen Glimmers. Schichtung ist an diesem Gesteine nicht zu bemerken, wohl aber sieht man Gänge von feinerem rötherem Granit, welche die Hauptmasse in einer Mächtigkeit von einem bis zwei Fufs vorzüglich in der Richtung von N. nach S. und von W. N. W. nach S. S. O. durchsetzen. Weiter gegen W. dürfte auf die Formation des Granits die vom Glimmerschiefer folgen, wenigstens fand ich Geschiebe dieses Gesteins im Flufsbette des Yupurá bei Arara-Coara; und eben so an der Mündung des Apaporis, an welchem nach den Versicherungen der Indianer, auch ein Gestein wie das von Pussu-Açû, d. h. Granit, vorkommen soll. — Hier ist der Ort, über den etwaigen Metallreichthum dieser Gegend zu sprechen. Dafs Gold in dem Apaporis und namentlich in seinem Beiflusse Taraira, und in einer seiner Quellen, dem Oumiari, vorkäme, ward mir von dem Coretú-Häuptling Pachicu und später von mehreren Indianern auf das Bestimmteste versichert, und zwar könne das Metall aus dem Sande des Flusses gewaschen werden. Es widerspricht gar nichts der Annahme, dafs in diesen Gegenden die Formation des eisenschüssigen Sandsteins veredelt sey, eben so wie sie in so grofser Ausdehnung in Minas Geraes und S. Paulo Gold enthält. Diese Gebirgsbildung erscheint auch in jenen Ländern bisweilen fast ganz entblöfst von dem edlen Metalle, während benachbarte Orte ungeheure Ausbeute geliefert haben. *) Sollte nicht überdiefs das Auftreten einer so

phyrartig, bald sehr fest, bald mürbe; so dafs alle aufgestellten Charactere eines ältern oder jüngern Granits beisammen erscheinen, und ich völlig überzeugt zu seyn glaube, dafs kein relatives Alter bei den Urgebirgen stattfindet. v. E.

*) Hiernach zu urtheilen hält Herr von M. diese Sandsteinbildung

krystallinischen Formation des Sandsteins, wie wir sie in den Schichten des Berges Cupati bemerken, eine Andeutung von der Veredlung des benachbarten Gebirges geben, sollte nicht dieser Sandstein selbst goldhaltig seyn? Das Vorkommen von weifsem Sande wird in Minas nicht selten als Merkmal einer grofsen Reichhaltigkeit des Bodens betrachtet. *) Ueberdiefs könnte das Gold auch in Quarzgängen, entweder dieser spätern Gebirgsbildung, oder des Granits vorkommen. Ein Vorkommen der ersten Art scheint das in den Quarzgängen am Rio Tury (Provinz Pará) zu seyn, wovon wir schöne Mutterstücke erhalten haben. — Das Gebiet des Apaporis und nördlich von diesem Flusse bis zum Uaupé (Ucayari) ist übrigens auch eines der Länder Manóa (Manao), welche als eben so viele Irrlichter in der Geschichte der Eroberung und Entdeckung Amerika's vorkommen. Am Tiquié sollen (Manteiro §. 183.) im

für identisch mit der in Minas und S. Paulo, wovon ich hinlänglich bewiesen zu haben glaube, dafs sie nicht zu der Quadersandstein- oder Keupersandstein-Bildung, sondern dem Rothentodtliegenden gehört, in der sich übrigens fast keine oder nur sehr geringe Spuren von Gold zeigen, indem Herr von M. diese wieder mit der so ganz verschiedenen Tapanhoacanga-Bildung zu verwechseln scheint, die freilich in manchen Gegenden goldleer ist, an andern Orten aber grofse Ausbeute gegeben hat. v. E.

*) Ob dieser Schlufs, dafs eine krystallinische Formation eine Andeutung von der Veredlung des benachbarten Gebirges geben, und der Sandstein selbst goldhaltig seyn könne, seine Richtigkeit habe, lasse ich dahingestellt seyn, indessen mufs ich bemerken: dafs bei der Tapanhoacanga-Bildung, je krystallinischer diese ist, je weniger Spuren von Gold zeigt sie; und nie ist mir in Minas während meinen elfjährigen Erfahrungen vorgekommen, dafs das Vorkommen von weifsem Sande nicht selten als Merkmal einer grofsen Reichhaltigkeit des Bodens betrachtet werde. Es beruht diese Angabe sicherlich auf einem Irrthume, denn im Gegentheil, wo ein solcher Boden vorherrschend ist, hat der Mineiro nichts zu erwarten. v. E.

Jahr 1749 Steine gefunden worden seyn, welche sich bei der Schmelzung als Silber ergaben. (Ich lege kein grofses Gewicht auf diese Notiz, weil das Vorkommen von Silber minder wahrscheinlich, und mir bekannt ist, wie oft man in Brasilien Schwefelkiese für Silberstufen eingeschmolzen hat.) Acunha's Bericht (Cap. 47. 49.) setzt den Ursprung der Goldblättchen, die auf Teixeira's Zug bei den Indianern in Parauary (verglichen S. 1190.) gefunden worden, in das Land der Paguavos oder Mauagus, womit ohne Zweifel die Manáos gemeint sind. Pagan nennt den Goldberg Suané, und auf seinem Kärtchen liegt dieser Mons Suanus an dem einzigen nördlichen Beiflusse des Yupurá, den er angiebt. Hierunter dürfte um so mehr die Serra de Cupati verstanden seyn, als Suáne an Joami, den Beiflufs des Yupurá erinnert, jenseits dessen der Goldberg denen lag, die sich in Parauari nach ihm erkundigten. Uebrigens nennt Pagan als Nachbarn der diefs Gold sammelnden Völker (tupi: Yuma-Uára, d. i. Goldmänner) die Aguaynes und die Mocunis u. s. w. Einige Indianer vom Stamme Tariana, die am Capuri wohnen, hat man sonst mit Goldblättchen in den Ohren gesehen, die sie gegen Federn von andern unbekannten Indianern eingehandelt hatten. Jetzt weifs man, dafs die Indianer Punenuá, die am obern Ucayari (Uaupi) hausen, dieselben Folhetas tragen, und dafs sie von diesen zu den Tarianas übergingen. Doch ist noch unbekannt, woher sie selbst sie erhalten. (S. 1287. 1288. 1289. 1290.)

Dr. Spix Reise auf dem Rio Negro von der Barra bis Barcellos und zurück.

„Bis in die Nähe von Lugar de Airaô erschien an den Ufern, die sich, besonders auf der Südseite, bisweilen auf 50 Fuſs Höhe erheben, derselbe eisenschüssige breccienartige Sandstein und unter demselben derselbe dichtere, röthliche, welchen wir überall bemerkten. Hie und da tritt dieser Sandstein in abgerissenen Kuppen und Bänken an den Kanälen oder im Strome selbst hervor. Oberhalb Airaô herrscht ein Weiſsstein, dessen sich die Einwohner als Schleifstein bedienen. *) Auſser diesem Gestein soll auch noch ein anderes schwarzes sehr schweres und hartes Gestein vorkommen, das ich jedoch, da der Strom es bedeckte, nicht erblickte. Auf dem nördlichen Ufer scheint der Sandstein nur bis unterhalb der Mündungen des Anavilhana anzustehen, wo er sich in die Hügel, Serra dos Araras genannt, erhebt, weiter hin herrscht das Element des Wassers vor.“ (S. 1293.)

„Etwas unterhalb der Villa de Moura erscheint eine andere Formation, nämlich ein massiger Granit (Gneis-Granit.) Convexe Inseln und Blöcke davon treten hie und da auf u. s. w. Oberhalb Carvoeiro verliert sich der Granit; man sieht die Ufer nur von feinem Thone (tabatinga) gebildet u. s. w.“ (S. 1294.)

Anmerkungen. „Aus der Betrachtung der hier geschilderten und der benachbarten Fluſsgebiete in S., namentlich des Iça und Yupurá, scheint sich eine interessante

---

*) Da hier von neuern Bildungen die Rede ist, so ist wohl nicht von Werners Weiſsstein die Rede, der zu den Urbildungen gehört.
v. E.

Folgerung ableiten zu lassen, dafs nämlich das grofse, wenigstens 38000 Geviert-Lieues einnehmende, Gebiet zwischen dem Napó, dem Pastaza, dem Solimoês, dem Rio Negro, dem untern Branco, dem Cassiquiare, Orenoco und Guaviare kein einziges Bergsystem von beträchtlicher Ausdehnung enthalte, dafs nur schwach geneigte Flächen diese, sich gen S. in das Strombecken des Amazonas öffnende Flufsgebiete absondern, und die Berge nicht an den Quellen der Flüsse liegen, sondern sich hie und da inselförmig zwischen ihnen erheben u. s. w.“ (S. 1298.)

Reise von der Barra do Rio Negro in den Madeira-Strom, zu den Indianern Mundrucûs und Mauhés und zurück nach Pará.

„Die Formation in der Umgegend von Canomá unterscheidet sich nicht von der, welche wir längs des Amazonas und Solimoês gesehen hatten. Ein weifser, feinkörniger, oft sehr harter und krystallinischer Sandstein, dem von Cupati ähnlich, bildet die Unterlage für jenen so weit verbreiteten braunen Sandeisenstein, der mit gröberem oder feinerem Gefüge wechselnd, häufig braunen Jaspis eingeknetet enthält. Man spricht hier viel von dem Goldreichthume des Landes, der den Jesuiten durch die Indianer bekannt geworden sey, und namentlich nennt man die Quellen des Canomá und der nächsten Nebenflüsse des Madeira, goldhaltig, eine Angabe, der die Analogie keineswegs widerspricht u. s. w.“ (S. 1315.)

„Auf der Reise von Santarem stromabwärts erschienen uns zuerst die Hügel, in welche sich das Land östlich von Tapajôz erhebt, und weiter abwärts die Berge der Serra de Parû. Wir konnten jetzt die Umrisse der einzelnen Berge unterscheiden, welche sich, von O. her gesehen, als eine ununterbrochene Kette bildend dargestellt hatten u. s. w. Eine Tagereise unterhalb Santarem landeten wir am südlichen Ufer bei einigen Hütten, as barreiras genannt. Das Gestade war höher als gewöhnlich, und bestand, wie bisher, aus braunem eisenschüssigem Sandsteine. Gegenüber sahen wir nun wieder, mit nicht geringer Befriedigung, die Villa von Almeirim, am Fuſse eines jener Tafelberge herschimmern.“ (S. 1323. 1324.)

„Fr. Isidoro Joré, ein Carmeliter von Pará, Pfarrer von Alemquer und Almeirim, berichtete uns, in dem breccienartigen Sandstein, der die hiesige Formation bildet, ganz nahe an der Sakristei der Kirche, eine beträchtliche Menge Quecksilbers gefunden zu haben. Schon Acunha spricht von dem mineralischen Reichthume nördlich von den Flüssen Curupatuba und Genipapa, und die Art der hiesigen Gebirgsbildung macht allerdings die Gegenwart von Gold nicht unwahrscheinlich; doch sollen die im Jahre 1761 durch den General-Gouverneur Ataide Teive zur Entdeckung dieser Schätze abgeordneten Expeditionen fruchtlos abgelaufen seyn. *) Uns muſste vorzüglich wichtig seyn, das benachbarte Gebirge kennen zu lernen, das gemäſs der gleichartigen Richtung und Form, einen allgemeinen Schluſs über die gesammte Formation der Berge zu gestatten scheint, die

---

*) Meinen Ansichten nach spricht dieses Terrain nach allen Analogien in Brasilien schlechterdings nicht für mineralischen Reichthum und besonders nicht für Gold. Die Erscheinung des Quecksilbers in jüngeren Sandsteingebirgen ist aber nichts neues, denn selbst in Portugal an den Ufern des Tajus findet es sich in tertiairen Gebilden sowohl in plastischem Thone, als auch den aufgesetzten jüngsten Sandstein- und Kalksteinbildungen, ja selbst in dem aufgeschwemmten zusammengebackenen Sande. v. E.

sich von Monte Alegre bis hieher erstrecken. Der Berg von Almeirim liegt etwa eine Stunde nördlich vom Ufer des Stroms (Amazonas) entfernt, und sein Gipfel mag kaum 800 Fuſs über diesem erhöht seyn. Wir hatten bald einen dichten aber nicht hohen Wald durchschnitten, und traten nun in eine lichte Grasflur heraus, welche in ihrer Physiognomie die gröſste Aehnlichkeit mit den Campos agrestos von Piauhy darstellte. Groſse, graugrüne, haarige Grasbüschel u. s. w., stehen ziemlich weit auseinander auf dem ungleichen Boden aus aufgelöſstem braunem Sandeisenstein u. s. w. Auf dem steilen Wege findet man nirgends ein anderes als das angegebene Sandeisensteingebilde. Nördlich von dem Berge von Almeirim läuft eine ähnliche Erhöhung des Terrains in N. N. westlicher Richtung mehrere Stunden weit fort. Die Figur dieses Berges hatte die gröſste Aehnlichkeit mit den Tafelbergen von Piauhy und es wird mir deutlich, wie zwischen den einzelnen isolirten, einander ähnlichen Bergen, die von hier aus bis Monte Alegre dem Strome parallel laufen, die Flüsse der Cujana mit langsamem Laufe und ungehindert dem Hauptbecken zuströmen können. Diese Reihe bildet nur die Vorberge der Grenzcordillere, zwischen Brasilien und Cayenne, welche von den aufwärts fahrenden Böten erst nach 4 Tagen erreicht wird, wo sie Fälle in den Flüssen bildet. Es war dieser Morro do Almeirim der letzte Berg, den ich in Amerika besteigen sollte u. s. w. (S. 1325 und 1326.).

Anmerkungen. Rio Madeira. Die Ufer, zwischen denen der majestätische Strom hinfluthet, bestehen bis zu den Kataracten aus lockerem Erdreiche, Letten und Thon, selten nur aus festem Gestein, welches nach den darüber eingezogenen Erkundigungen, ein Sandstein von weiſser oder bräunlichrother Farbe, ähnlich dem von Cauamá, seyn soll u. s. w. Der Mangel an festem Gestein, und die Gewalt der Fluthen sind die Veranlassung, daſs sich die Ufer oft in groſsen Stücken ablösen u. s. w. (S. 1332) Neunzig Meilen in gerader Linie von der Mündung des Madeira in den Amazonen-Strom nach S., welche für die Schiffenden ein Weg von 186 Legoas seyn sollen, befindet sich der erste Fall (Cachoeira de S. Antonio, Aroaya der Indianer) und drei Legoas sehr beschwerlicher Schiffahrt weiter aufwärts ist der Salto do Theotonio, wo der auf 250 Klafter eingeengte Strom durch eine ihn quer durchsetzende Felseninsel unterbrochen, in 4 Kanäle zertheilt, einen 30 Fuſs hohen Sturz macht. In den andern Fällen, deren man überhaupt unterhalb der Vereinigung des Rio Beni dreizehn, oberhalb derselben fünf zählt, wird der Strom nicht vollkommen in seinem Laufe unterbrochen. Diese in gerader Linie 28 deutsche Meilen auseinanderliegenden Fälle werden durch eine niedrige Bergkette gebildet, die in der Richtung von O. nach W. dem Strome entgegentritt. Leider besitzen wir keine Höhenmessungen, aber nach den Berichten einsichtsvoller Reisenden, die ich hierüber vernahm, dürften die Wasser über den Katarakten kaum mehr als 150 Fuſs über dem untern Strome stehen. Die Gebirgsformation derselben ist mir nicht mit Bestimmtheit beschrieben worden, doch wahrscheinlich Sandstein oder Quarzschiefer (Itacolumitquarz). Franco de Almeida Serra berichtet, daſs zwei Tagereisen von der Mündung des Ribeirão in den Madeira (in der Breite der südlichsten Fälle) an diesem Flüſschen Goldformation entdeckt worden sey, und daſs die Jesuiten Gold aus dem Sande an einem Falle des Rio Jamary, ebenfalls zwei Tagereisen von dessen Mündung, hätten waschen lassen. Diese Berge zwingen auch den Beni eine Tagereise, und den Abona einige

Stunden oberhalb ihrer Vereinigung mit dem Madeira, Fälle zu machen. Alle Reisenden kommen übrigens darin mit einander überein, dafs weiter gegen Westen kein Gebirgszug mehr erscheine, wofür auch der Umstand spricht, dafs alle westlich vom Madeira in den Solimoês herabkommenden Flüsse, der Purûz, Yuruá, Jutahy und Javary sehr wenig Strömung, und mehrere Wochen lang aufwärts beschifft, keine Fälle zeigten u. s. w. Gegen Westen (oberhalb der Vereinigung des Mamoré mit dem Guaporé) ist das ganze Gebiet flach und eben; nur auf der Ostseite begrenzt die sogenannte Serra Geral oder Chapada do Matto Grosso, ein niedriger von den Campos de Pareçis nach N. N. W. ziehenden Gebirgsrücken, welcher alsbald nach Ueberwindung der Katarakten gesehen wird, das Gebiet des Guaporé, der sich durch die Durchsichtigkeit seiner Gewässer als ein Sohn gebirgigter Gegenden beurkundet. Das unmittelbare Strombette des Guaporé theilt übrigens auf beiden Seiten mit den westlicheren Gegenden eine grofse Flachheit und geringe Erhebung über das Niveau des Flusses. Selbst bis in die Breite der Hauptstadt von Mato Grosso überfluthet der Guaporé jährlich alles, so dafs nur die steilen Abhänge jener Gebirgsreihe, die im Ganzen 12 Legoas vom Strome entfernt läuft, die weitere Verbreitung jener unerschöpflichen Wassermasse verhindert, deren stärkste Ueberfluthung eine Höhe von 48 Palmas erreichen soll. Nur in 12° 52′ 35″ S. Breite erhebt sich hart am östlichen Ufer des Guaporé ein Hügel, worauf das Destacamento dos Pedras, der nicht überschwemmt wird, liegt, und von Almeida Serra als südöstlicher Grenzpunct des Amazonen-Gebiets betrachtet wird u. s. w.“ (S. 1327 bis 1335.)

„Die äufsersten Quellenflüsse dieses grofsen Stromcomplexes (des Amazonen-Stroms) bezeichnen die Grenzen seines geographischen Stromgebietes oder Beckens. Herr von Humboldt unterscheidet in dem gröfsten derselben, dem des Rio Negro und Amazonen-Stromes, zwei Theile: den von W. nach O., und den von S. nach N. gerichteten Theil. In den ersten fliefst der eigentliche Amazonas, der als Hauptrecipient die Gewässer von mehr als der Hälfte des südamerikanischen Festlandes ausführt; in dem andern nimmt der längste aller Beiströme, der Madeira, die niedrigste Thallinie ein. Die gröfste Länge dieses ungeheuren Strombeckens mifst von S. nach N. 463 Lieus, von W. nach O. 612 Lieues. Die Wasserscheiden, welche seine äufsersten Grenzen bilden, laufen bald über hohe Gebirgskämme, bald über niedrige wenig geneigte Gräten hin. Im südlichsten Theile sind es die nördlichen Gehänge der Cordillera de Cochabamba (17° 23′ S. Br.) eines von den Andes von la Paz nach O. ziehenden, sich hie und da über die Schneegrenze erhebenden Querjoches, woraus die äufsersten Zuflüsse des westlichen Astes des Madeira (Beni) hervorkommen, um sich mit den Quellen des Mittelastes (Mamoré) zu vereinigen, welche auf dem südlichen Abhange entsprungen, einen grofsen Bogen nach O. um die äufsersten Vorberge jener Cordillera herum in die sumpfigen Bambos de los Chiquitos machen. Gänzlich unbekannt sind die Grenzen des Stromgebietes von hier gegen O. N. O. Auf keinen Fall ist hier das Becken des Paraguay von den östlichen Zuflüssen des Guaporé durch wahre Gebirgszüge getrennt; aber es ist noch problematisch, ob ein System von Binnenseen oder Sümpfen (die Lagunas de Ubahy der Karten), ob vielmehr niedrige, terassenförmige Gehänge nach N. N. W., die nach N. fliefsenden Quellen enthalten. Wahrscheinlich ist mir das Erstere, weil hier viele Palmen wachsen, welche, wie dieses häufig in den Tropenländern bemerkt wird, als oberirdische Wassersammler dienen mögen. (Ein ganz ähnliches Verhältnifs habe ich in dem sogenannten Varedos und Vargems des westlichen Theils von Minas Geraes, Pernambuco und in Piauhy bemerkt. Der Boden jener Niederungen von Matto Grosso ist übrigens sehr salzhaltig, und die Blätter der dortigen Fächerpalme Carandá beschlagen mit dichten Krusten eines unreinen Salzes). Die ersten Berge, welche noch weiter gegen O. sich erheben, sind die Serra de Aguapehy: aus ihrem nördlichen Abfalle kommt der Rio Alegre, ein Zuflufs des Guaporé, aus dem südlichen der Aguapehy, der sich durch den Jaurû dem Paraguay einverleibt. Zwischen beiden liegt (in 15° 49′ S. Br. und 61° 30′ W. L. von P.) der schmale Traject von 2400 Klaftern oberhalb, und von 3920 Klaftern unterhalb der Fälle, welche beide Flüsse machen. *) Im Jahr 1773 wollte der General Luiz de Albuquerque beide Flüsse verbinden, um eine Wasserstrafse zwischen dem Amazonas und dem Paraguay herzustellen, allein der Plan mifslang, weil man unrichtig nivellirt und den Kanal auf der Seite zu hoch angelegt hatte. **) Die Serra de Aguabehy soll sich zwar zu keiner bedeutenden absoluten Höhe, vielleicht nur zu 2000 Fufs über den Ocean erheben, aber ihre isolirte Lage und

*) Auf der beigefügten kleinen Karte im Atlas ist die Serra de Aguapehy gleichsam als ein isolirter Berg bezeichnet, welches aber nicht der Fall ist, sondern diese Serra ist der niedere Fortsatz der Serra dos Pareçys, der sich alsdann in die Ebenen verläuft. v. E.

**) Auch der Graf Barca, während seines Ministeriums, trug sich mit dem Plane, die Vereinigung beider Flüsse zu bewerkstelligen, und hatte mich zu der Ausführung desselben gewählt; sein Tod aber, der im Jahr 1817 erfolgte, vereitelte denselben. v. E.

die steilen Wände ihrer engen Thäler, aus denen die eben erwähnten sich nahe entspringenden Flüsse mit pittoresken Fällen herabkommen, verleihen ihr eine scheinbar sehr beträchtliche Erhebung. Gegen N. O. verbindet sich die (wahrscheinlich aus Quarzschiefer oder Chloritquarz, Itacolumit bestehende) Serra de Aguapehy mit der Hochebene der Campos do Pareçis *), deren nördliche Gehänge eben-

*) „Die Campos dos Pareçis, so genannt von dem Indianerstamme der Pareçis, welcher sie bewohnte, nehmen eine sehr beträchtliche Ausdehnung ein, welche nicht eben, sondern in hohe und weit verlängerte Sandhügel oder Beete lockern Erdreichs erhoben, Aehnlichkeit mit dem hohlen Meere darbietet. Auf ihr glaubt sich der Reisende rings um von langgestreckten entfernten Bergen umgeben; indem er auf einen derselben zugeht, steigt er einen breiten, leicht geneigten Abhang hinab, und nachdem er die tiefste Niederung passirt hat, mufs er wiederum unmerklich ansteigen, bis er sich auf dem früher gesehenen Gipfel befindet, von wo aus sich ihm ganz derselbe Anblick darbietet. Das ganze Erdreich ist sandig, und so weich, dafs die Maulthiere spannentief darein versinken u. s. w. Die Campos dos Pareçis nehmen das höchste Terrain Brasiliens (?) ein, und steigen gegen W. in die Serra dos Pareçis an, welche sich von hier an gegen N. N. W. in einer 200 Legoas langen Gräte verlängernd, einen pittoresken Gebirgszug, parallel mit und 15 bis 25 Legoas entfernt von dem Rio Guaporé, bilden.“ †) (Ricardo Franco.)

†) Nach denen von mir eingezogenen Nachrichten von Bewohnern von Matto Grosso, gehört die Serra dos Pareçis zu dem westlichen Ende des grofsen Wasserscheidungsgebirges oder Serra dos Vertentes, welches in der Provinz Minas Geraes beginnt, und sich durch Gogaz und Matto Grosso erstreckt, alsdann einen Hauptast an dem Guaporé hinabschickt, und einen andern als Wasserscheide zu der Serra de Aguapehy. Da, wo diese Aeste sich trennen, bildet sie eine weitverbreitete Hochebene, oder die sogenannten Campos de Pareçis, ähnlich der auf der ehemaligen Grenze von Minas und Gogaz an den Quellen des Rio de S. Francisco, wo die Serra de Canastro sich mit der Serra dos Vertentes anschliefst, und die Hochebenen der Campos de Barba de Boda bilden, die aus Itacolumitquarz bestehen, der auf seiner Oberfläche in Sand zerfallen und zum Theil mit Gras bewachsen ist. v. E.

falls einen Grenztheil des Amazonen-Beckens bilden, denn aus ihnen kommen die weitverbreiteten goldführenden Quellen des Arinos und (in 14° 42′ S. Br.) die des Juruena hervor, welche den mächtigen Tapajoz zusammensetzen. Diese öden Gegenden, bis jetzt nur von abentheuerlichen Gold- und Diamantensuchern durchstreift, verdienen in jeder Beziehung recht bald durch wissenschaftliche Reisende erhellt zu werden. So wie sie in geographischer Hinsicht äufserst merkwürdig sind, da ihre südlichen Gehänge ebenfalls in einem System von Sumpfwiesen (Vargem, Varedas, Varzeas) und von Tümpfeln (der sogenannten Sete Lagóas) die Quellen des Paraguay enthalten, darf man auch aus der geognostischen Untersuchung derselben wichtige Aufklärungen, namentlich über die Formation der Diamanten, erwarten, welche auch hier, wie in dem Diamantendistrikte von Minas, durch grofse weithin wirkende Ursachen zerstört, den edlen Stein und das gleichmäfsig damit ercheinende Gold lose zurückgelassen zu haben scheint. *) Weiter gegen Ost läuft die Wasserscheide des Amazonengebietes durch die noch weniger bekannten Hochebenen und Berge, aus welchen die krystallinischen Quellen des Xingû hervorkommen. Dunkle Gerüchte verlegen in das oberste Gebiet dieses schönen Stroms die ungeheuer reichen Goldgruben dos Martyrios, welche der erste Entdecker von Gogáz, Bartolomeo Bueno, der Vater, gesehen haben soll, die sich aber seitdem den Forschungsreisen der Späteren entzogen haben (Ricardo Franco a. ang. O. S. 50.) **)

*) Die Gebirgsformationen der Provinz Matto Grosso, in deren Nachbarschaft sich die Diamanten, so wie das Gold finden, sind nach allen Nachrichten ganz dieselben wie in Minas Geraes. v. E.

**) Mein Pluto Brasiliensis giebt über diese Goldreichthümer nähere Aufschlüsse. v. E.

Oestlich vom Xingû ist es noch der mächtige Tocantins, dessen Stromthal einen Haupttheil des Amazonengebietes ausmacht. Die südwestlichsten Quellen seines westlichen Hauptastes, des Araguaya, kommen wahrscheinlich aus einem Terrain, dessen Beschaffenheit mit dem der Campos dos Pareçis übereinkommt; aber in S. und S. O. ist es das nicht unbeträchtliche Gebirge von Gogáz, aus welchem die übrigen Quellen des Tocantins entspringen. Dieses Gebirge, als dessen mächtigste Knotenpunkte die Serra da Sejada und die pittoresken Montes Pyrenéos zu betrachten sind, gehört zu dem Bergsysteme, welches mit seinen westlichen Ausstrahlungen, der Serra de Amambuhy, am östlichen Ufer des Paraguay beginnend, gegen O. N. O. mittelst der Serra dos Vertentes bis an die reichen Goldgebirge von Villa Rica hinzieht, wo der Itacolumi als Hauptknoten die granitische Küstencordillere (Serra do Mar) mit der gold- und quarzreichen Serra da Mantiqueira oder Serra do Espinhaço, wie sie von Eschwege genannt hat, dem Hauptgebirge von Minas verknüpft. Das System bildet die Wasserscheide zwischen den drei gröfsten Stromgebieten Brasiliens, dem des Amazonas, des Paraguay und des Rio de S. Francisco. Seine Linie erhebt sich stets höher, je weiter es von den Hochebenen, welche den Tacoary und den Rio Pardo trennen, gegen N. O. ansteigt. Die Portage von Camapuao, ein 6230 Klafter langer Traject zwischen den eben erwähnten Flüssen, den die Reisenden passiren müssen, welche die Binnenfahrt von Porto Feliz am Tieté nach Matto Grosso unternehmen, liegt nach den darüber combinirten Thatsachen wohl schwerlich höher, als 1900 Fufs über dem Meere; aber die östlicheren, gröfstentheils mit den Goldgebirgen von Minas Geraes in ihrer geognostischen Constitution übereinkommenden, Gebirgsrücken, wie die Serras de Sejada und de Sta. Martha und die Montes Pyrenéos, erheben ihre krystallreichen Gipfel bis über 3600 Fuſs. *) Diese letztere Berggruppe, welche im dritten und vierten Decennium des vorigen Jahrhunderts eine fast unglaubliche Ausbeute an Gold geliefert hat, ist der östlichste Scheidepunkt des Amazonasbeckens, welchem die Gewässer durch den Tocantins zugeführt werden. Eine noch wenig bekannte Wasserscheide, sich bald zu steilen Bergen, bald zu sanft ansteigenden Hochebenen erhebend, läuft von den Gebirgsknoten von Goyaz nach N., und trennt das Becken des Tocantins von denen des Rio de S. Francisco, des Parnahyba und von den Küstenflüssen der nördlichsten Provinzen Brasiliens. (Nach S. S. O. geht davon der Ast ab, den v. Eschwege sehr bezeichnend die Serra dos Vertentes, das Gebirge der Wasserscheiden, genannt hat, weil er zahlreiche Arme nach S. dem Stromsysteme des Paraná nach N. dem Rio de S. Francisco zusendet. **) Mannichfaltige geognostische Verhältnisse, als herrschendes Gebirge Granit, Gneis-Granit oder Syenit, darauf mächtige Formationen von Quarzschiefer, thurmähnliche Kuppen von Sandstein oder magnetischem Eisenstein, und beson-

---

*) Diese so ausgezeichneten Gebirgsrücken, die auf Hochebenen von 2500 Fuſs über dem Meere aufgesetzt sind, erheben ihre Gipfel wohl noch um tausend und mehrere Fuſse höher als hier angegeben, denn sie machen die Fortsetzung der Serra do Canastre und da Marcella, die ich gegen 5000 Fuſs hoch fand. v. E.

**) Ich begreife nicht nur diesen Ast unter dem Namen der Serra dos Vertentes, sondern auch die ganze westliche Fortsetzung desselben, die sich durch Goyaz und Matto Grosso erstreckt, und mit der Serra de Aguapehy endigt, folglich ganz Brasilien in zwei Hälften mittelst diesen groſsen Bergäquators theilt, deren Gewässer dem Amazonas auf der nördlichen und auf der südlichen dem la Plata zuströmen.

ders auf den nördlichen Abhängen *) in den mit Letten erfüllten Thalmulden mächtige Salpeteranhäufungen, endlich im Allgemeinen eine Erhebung des Terrains von 2800 bis 3500 Fuſs, selbst in den Pässen und Jochen, über welche die Straſsen führen, charakterisiren diesen Theil des Gebirgssystems von Minas Geraes.)“

„In dem Bisherigen habe ich versucht, die äuſsersten Grenzen der Wasserscheide zu bezeichnen, welche das Stromgebiet des Amazonas gegen S. und O. bestimmen. Sie fallen bis auf einen geringen Antheil in S., wo sie durch das Gebiet der Republik Bolivia ziehen, lediglich innerhalb der Grenzen Brasiliens, und schlieſsen in diesem Lande selbst nur verhältniſsmäſsig geringere Gebiete (einen Theil von dem des la Plata, das des Rio de S. Francisco und die der Küstenflüsse) aus. Betrachten wir diesen ungeheuern Theil des gesammten Stromgebietes noch genauer, so erscheint er zusammengesetzt aus den parallel miteinander von S. nach N. gegen den tiefsten Hauptrecipienten hinlaufenden Strombecken des Madeira, Tapajoz, Xingû, Tocantins und der kleinern dazwischen liegenden Flüsse. Die Bildung des Terrains dieser partiellen Becken mag uns noch zu einer Bemerkung Gelegenheit geben, welche wir schon weiter oben (S. 1045) angedeutet haben. So geringe auch die Erhebung des Terrains aller dieser Strombecken seyn mag, und so schwach im Allgemeinen die Neigung der Flächen nach N. ist, so erweiſst sich doch, daſs eine terrassenförmige Abstufung in der Richtung von S. W. nach N. O.

*) Da die Hauptgebirge der Provinz ihre Richtung von S. nach N. nehmen, so möchten wohl die in Rede stehenden Thalmulden mehr auf den östlichen als nördlichen Abhängen zu suchen seyn.
v. E.

schräge durch das ganze, ungeheuer grofse, Gebiet dieser vereinten Bassins hinzieht. Die Absenkung des Landes wird in dem Verlaufe der Flüsse selbst durch Steinbänke und Klippen sichtbar, welche bald wahre Katarakten, bald nur Stromschnellen bilden und das Gebiet eines jeden dieser Flüsse selbst in ein oberes und unteres abtheilen, die gewöhnlich auch durch Verschiedenheit der Gebirgsformation und des Pflanzenwuchses unter einander ausgezeichnet sind. An Tocantins fallen jene Grenzen des untern und oberen Strombeckens nördlich, am Xingû südlich vom vierten, am Topajóz fallen sie südlich vom fünften, am Madeira endlich südlich vom achten Parallelkreise. Ob sich auch westlich vom Madeira ähnliche Felsgräten erheben, und die Flüsse in ihrem Laufe hemmen, ist nicht mit Sicherheit bekannt. Nur höchst unbestimmte Gerüchte verlegen Katarakten auch in den südlichsten Theil der geringern Beiströme zwischen dem Madeira und dem Ucayale, und ihr langsamer Lauf macht es wahrscheinlicher, dafs sie aus sumpfigen Niederungen, als dafs sie aus Berggegenden herkommen, oder dafs sie wenigstens in ihrem nördlichen Verlaufe durch ein sehr wenig geneigtes Land strömen. So stellt sich uns denn das Gebiet zwischen dem Madeira und Ucayale als ein ungeheures Thalland dar, mit sanftem Gehänge gegen den Amazonas und mittelst seiner untergeordneten Flüsse nur von schwachen Einschnitten durchfurcht. *) Wenden wir uns nun gegen die west-

*) Noch verdient hier auch auf den sanften Abfall des Hochlandes von Brasilien nach Westen zu aufmerksam gemacht zu werden. Dieses Hochland, mit einer allgemeinen Erhöhung von 2800 bis 3500 Fufsen über dem Meere, beginnt vorzüglich mit dem Bergmeridian der Serra do Espinhaço, und erstreckt sich durch ganz Minas und Goyaz bis zu dem grofsen Bergmeridian, der von den

liche Grenze des grofsen Amazonenbeckens, so sehen wir diese hier nicht durch niedrige Gehänge und Abdachungen, sondern durch die hohen Gipfel des östlichen Astes der Andes gebildet. In der Provinz la Paz, dem südlichsten Theile dieser Grenze, haben die Beobachtungen des Herrn Pentland Nevados nachgewiesen, welche, wie der Illimani und der Sorata, den colossalen Chimborazo noch um mehrere hundert Toisen überragen, und wo die alten Peruaner in einer Höhe von 16000 Fufs noch Bergbau getrieben haben. Diese Andes, in unausgesetzter Kette nach N. streichend und Eis- oder Feuergipfel in die Wolken erhebend, trennen also hier die östlichen, nur von rohen Wilden bewohnten, meist bewaldeten, Einöden von dem See von Titicaca, an welchem zahlreiche Spuren auf eine sehr frühzeitige Bildung eines südamerikanischen Urvolkes hindeuten, und von jenen hohen und fruchtbaren Alpenthälern, durch welche sich die Herrschaft der Incas bis jenseits des Aequators ausgedehnt hatte. Dieselbe majestätische Hochgebirgsgrenze bezeichnet das Becken des Amazonas bis in die Breite von Popayan, wo sich am Fufse des östlichsten der drei Aeste, worein sich die Andes hier vertheilen, jene unmerkliche Erhebung des Landes gestaltet, welche die Wasser nach S. dem Rios Yupura, dem

---

linken Ufern des Rio Xingû herabkommt und alsdann die rechten Ufer des Paraná begleitet. Von hier aus senkt es sich allmälich in das Stromgebiet des Paragnay und Guaporé bis zu den tief gelegenen sumpfigten Campos dos Chiquitos, welche als die am tiefsten gelegenen Stellen des Herzens von Südamerika zu betrachten sind, die wohl nicht über 600 bis 800 Fufs über dem Meeresspiegel erhaben sind. Die Ausdehnung des Hochlandes und Herzens von Brasilien beginnt ungefähr mit dem 46° und reicht bis 58° westlicher Länge, und seine Breite hält sich wohl zwischen dem 11° und 23° südlicher Breite. v. E.

Uaupés und Rio Negro, nach N. dem Guaviare und Orenoco zusendet. In dieser Gegend, dem Schauplatz der, nach allen Seiten hin Licht verbreitenden, Thätigkeit des Herrn von Humboldt, finden wir das wundersame Phaenomen der Vereinigung zweier grofsen Stromgebiete durch den Kanal Cassiquiari, und das Gegenstück dazu tritt, wenn es sich bestätigen sollte, in dem Kanal des Cabuquena (vergl. S. 1297) auf. Oestlich von diesem räthselhaft gebildeten Gebiete erweitert sich das Becken des Amazonas in den Meridianen, welche die breiten Flufsthäler des Rio Branco durchschneiden, bis endlich, noch weiter gen Osten hin, die Gruppe der Parime-Berge tiefer nach S. tritt, und in einer Entfernung von 3 bis 4 Breitengraden die nördliche Wasserscheide für den hier schon gleich einem Meerarm dem Ocean zuwallenden Strom bildet. So weit ein allgegemeiner Ueberblick von dem Strombecken des gröfsten aller Ströme.“

„Die Berge und die sanftansteigenden Gräben, welche dieses Bassin umgrenzen, sind von der verschiedensten Höhe; aber nur wenig Genaues ist bis jetzt über die Höhe der Grenzgiebellinen bekannt, und wir besitzen noch keine einzige Höhenmessung, die unmittelbar an der Wasserscheide des Amazonen-Beckens und die zu diesem Ende angestellt worden wäre. Am weitesten gegen Westen, da wo der Marannon im Alpenkalksteingebirge den Pongo de Rentema bildet, hat Herr von Humboldt dessen Erhöhung über dem Ocean 1164 Fufs, und in S. Carlos del Rio Negro, wo sich das Becken des Amazonas sanft ansteigend an das Orenoco anschliefst, hat er 762 Fufs gefunden. In S. W. sehen wir Zuflüsse des Madeiras aus den Nevados von la Paz und Chucuito von einer Höhe von 3940, in N. W. Gewässer, die sich dem Pastaza einver-

30 *

leiben aus den Gehängen des Chimborazo (3360 Toisen hoch) herabkommen; dagegen nimmt der Amazonas in Süden Gewässer aus der Vargeria auf, die vielleicht nur 1500 Fuſs hoch über dem Meere entspringen. Unter dem Aequator wird auf der Nordgrenze des Gebiets mancher Zufluſs durch eine nur wenige Fuſs hohe Wasserscheide bestimmt; auf der S. O. Grenze entscheiden sich (auf der Serra de Aguapehy) die Gewässer in raschem Sturze hoher Katarakten, dem Amazonas oder dem Paraguay zuzuflieſsen. Wohl kann man daher sagen, der Amazonen-Strom sey ein Sohn aller Klimate. Seine Gewässer kommen zum Theil aus Eis- und Schneegipfeln herab, deren mittlere Temperatur sich nur wenig über den Nullpunkt erhebt, zum Theil werden sie in den qualmenden Wäldern niedergeschlagen, welche unaufhörlich den Wirkungen einer Aequatorialsonne ausgesetzt, eine mittlere Wärme von 24° R. und mehr genieſsen. Hier sind es kühle Bergwasser, die, ein Wohnort von Forellenarten, eiligen Laufes über Felswände, arbeitende Vulkane und Alpenmatten herabkommen, dort trübes warmes Sumpfgewässer, worin der Kaiman oder die Riesenschlange wohnen; hier trübt sie der Schlich von den Gold- und Diamantenwäschereien Brasiliens, dort von den Silberwerken von Potosi und Guancabelica u. s. w.“

„Noch eine allgemeine Bemerkung, welche wir hier beim Ueberblicke von dem gesammten Strombecken zu machen veranlaſst sind, ist die, daſs innerhalb dieses Raums, so groſs er auch seyn mag, Bergsysteme geradezu mangeln. Hohe Berge liegen nur an der Grenze des Gebietes und selbst die mächtigsten secundären Becken sind nur durch niedrige Bergrücken oder Hochebenen von einander getrennt. Vorzugsweise gilt dies von den parallel von S. nach N.

gerichteten partiellen Becken, und zwar um so mehr, je weiter sie gegen Westen zu liegen. Nur der Guallaga und der Marannon sind durch eine Sandsteinkette, die Cordillera de Chachapoyas getrennt, welche der letztere durchbricht, wenn er sich ostwärts wendend, die berühmten Pongos zwischen Tomependá und Manseriche durcheilet. Auf der nördlichen Seite sind die westlichsten Beiflüsse (Morona, Pastaza, Tigre und Napó) wenigstens in ihrem oberen Gebiete durch steile Berggehänge getrennt, aber im untern Theile werden sie wohl, eben so wie die östlichern Beiflüsse, nur durch sanfte Abhänge geschieden. Die isolirten Berge am Rio dos Enganos, am Apaporis, Uaupé und Guainiá verschwinden in der ungeheuren Fläche. Zwischen dem Negro und dem Branco, dem Branco und dem Oriximina laufen nur schwache Ausstrahlungen des Gebirges von Parimé hin, das noch weiter östlich um den obern Antheil der nördlichen Beiflüsse, des Yari, Curupatuba u. s. w. mit Klippen durchsetzt, sich aber als zusammenhängendes Gebirge nicht weiter nach S. ausdehnt." (S. 1343 bis 1348.)

Rio Amazonas. Geognostischer Ueberblick.

„Der Amazonen-Strom wird in dem von uns bereisten Gebiete, nach seiner ganzen Ausdehnung, nur von einer einzigen Hauptgebirgsformation, der des Sandsteins, begleitet. Sie theilt sich in zwei Gebilde, jenes, welches wir in Minas Geraes und in Piauhy (in den früheren Theilen dieses Reiseberichts S. 350. 411. 777. 780. 784. 803. 808.) beschrieben, und unter der Benennung von Quadersandstein aufgeführt haben, und in dasjenige, welches von den neuern Geognosten mit dem Namen des Keupersandsteins belegt wird. *) „Die Erforschung geognostischer Verhält-

*) Ich habe mich schon verschiedentlich über meine abweichende Ansicht, diese Sandsteinbildung betreffend, ausgesprochen und wiederhole hier nochmals, dafs wenn die Sandsteinbildung des Amazonen-Stroms eine und dieselbe ist, welche die Herren Reisenden in Minas Geraes gefunden, diese nach meiner Ueberzeugung weder zur Quader- noch Keupersandsteinbildung gehört, da schlechterdings keine Reihenfolge von Unter- oder Auflagerungen älterer oder jüngerer Gebirgsbildungen vorhanden ist, woraus dieses geschlossen werden, und diesem Sandsteine sein gehöriger Ort in der Reihenfolge der Formationen angewiesen werden könnte. Als einziger Beweis für ihre Meinung wird nur angeführt, dafs sie den beobachteten Sandstein für identisch mit der Quadersandsteinformation, namentlich mit jener der Umgegend von Amberg gefunden, folglich denselben auch mit dieser Benennung bezeichnet hätten. Man könnte hier die Frage aufwerfen, auf welchen Gründen dieses identisch beruht? sind es seine geognostischen Verhältnisse, unter denen er sowohl hier als dorten erscheint, oder ist es die Aehnlichkeit seiner oryctognostischen Kennzeichen? Ersteres ist wohl zu bezweifeln, denn in Brasilien lagert dieser Sandstein nur auf Urgebirgs- oder Uebergangsformationen, und wird von keinen neuern Gebilden bedeckt (vielleicht vom Alpenkalkstein?) z. B. an den Ufern des Rio de S. Francisco an der Serra de Salitre; doch von diesem Kalkstein ist auch noch nicht ausgemacht, ob er wirklich Alpenkalkstein oder Uebergangskalkstein ist, und man sehe darüber, was ich im 3ten Kapitel meiner Beiträge gesagt habe.) Dagegen hier in Teutschland sind die Grenzen der Quader-, Keuper- oder Lias-Sandsteinbildung, wie man sie nur nennen will, durch die Auf- und Unterlagerungen beinahe mit Gewifsheit dargethan, wenn nicht irgend ein Zwischenglied in der Reihenfolge der Uebereinanderlagerungen fehlt, wo alsdann selbst in diesem Falle noch verschiedene Ansichten darüber obwalten. Wie will man nun den Sandstein Brasiliens mit Bestimmtheit unter die Quadersandsteinformation aufnehmen, da alle sie bezeichnenden Auf- und Unterlagen fehlen? — Wie trüglich nun zwar die oryctognostischen Kennzeichen, besonders der Sandstein- und Kalksteinbildungen für die geognostischen Bestimmungen sind, weifs jeder Gebirgsforscher. Man braucht nur eine vollständige Suitensammlung, z. B. des alten Sandsteins, des Rothtodtliegenden zu beschauen; ja selbst nur dessen verschieden übereinander gelagerte Bänke zu beobachten, so wird man finden, dafs Handstücke, ja

nisse unterliegt in diesem Gebiete besondern Schwierigkeiten. Ein mit dichter Urwaldung bedecktes Land, das sich in unermeſslichen Strecken zu keinem Hügel, geschweige zu einem Berge erhebt, zeigt sein Gestein nur selten zu Tage ausgehend, nur selten kommt es unter einer mächtigen Schicht von Sand, Dammerde oder rothem Thone an den von Flüssen und Bächen gebildeten Einschnitten zum

ganze Lager darinnen eine solche Aehnlichkeit nicht nur mit manchem bunten Sandstein, sondern auch mit dem Quadersandstein, ja selbst mit dem noch jüngern auf dem Jurakalkstein gelagerten Sandstein haben, daſs sie davon in Handstücken nicht wohl zu unterscheiden sind, und eben so verhält es sich auch mit den verschiedenen Kalksteinformationen, wenn man sie in einzelnen Stücken betrachtet. Nicht allein aus diesen Gründen kann ich der Meinung der gelehrten Herren Reisenden nicht beistimmen, sondern auch aus folgenden, die mehr dafür sprechen, daſs die Sandsteinbildung Brasiliens, wovon die Rede ist, dem Rothentodtliegenden angehört: 1) seine Auflagerung auf Ur- oder Uebergangsformationen, dem Granit, dem Uebergangsthonschiefer und Uebergangskalkstein (von der Tapanhoacanga ist hier gar nicht die Rede); 2) seine Gemengtheile, die aus lauter Ur- und Uebergangsgebirgsarten genommen sind, indem sich keine Spur von jüngeren Gebirgsarten darin findet; 3) der Mangel aller Zwischenglieder von secundären Gebirgsformationen. Betrachten wir den Sandstein im Allgemeinen als eine mechanische Bildung aus der Zerrüttung in Auflösung älterer Gebirge entstanden, wie doch wohl anzunehmen ist, und wovon sein abgerundetes Korn und die verschiedenen Gemengtheile die Beweise sind, ungeachtet manche Zwischenbänke rein krystallinisch seyn können, wie soll da, wo lauter Ur- und Uebergangsgebirge herrschen, gleich auf diese Quadersandstein gelagert seyn können? — Daſs Quadersandstein auch auf solchen Gebirgsarten lagern kann, ist wohl möglich, allein nur da, wo auch jüngere Gebirgsarten, wie in Teutschland vorherrschend sind, allein nie in einem so groſsen Continent wie Brasilien, wo diese gänzlich fehlen. Es muſste in Brasilien der ältere Sandstein durch die Zerrüttung und Auflösung von Ur- und Uebergangsgebirgen zuerst entstehen, bevor die jüngern Sandsteingebilde aus der Auflösung neuerer Formationen ins Daseyn treten konnten, indem selbst der schon gebildete ältere Sandstein wieder Stoff dazu lieferte. v. E.

Vorschein. Bergbau wird in dem ganzen Estado von Gran Pará nicht getrieben; Brunnen braucht man, wegen des grofsen Ueberflusses an Quellen und andern Gewässern, nirgends abzuteufen, und der Steinbruch von Mosqueiro bei Pará ist der einzige, der jetzt im Lande betrieben wird. Da man endlich alle Reisen in diesem Lande nur zu Wasser machen, folglich das feste Land wenig besuchen kann, so ergiebt sich, dafs die geologische Constitution hier nur unter sehr beschränkten Verhältnissen erforscht werden könne."

„Das Sandsteingebilde kommt auch in diesem nördlichsten Gebiete Brasiliens unter drei Hauptformen vor, nämlich als ein eisenschüssiger oft breccienartig vereinigter Sandstein, oder als ein ziemlich kleinkörniger, meistens mürber, röthlicher, oder drittens als ein harter, weifser Sandstein. Die erstere Form, welche wir eben so in der Provinz Maranhaô, längs den Ufern des Itapicurú bis zum Meere und auf dem Eilande von Maranhaô selbst gefunden haben, tritt längs dem Pará, auf dem südwestlichen Theile der Insel Maajó, bei Gurupá und Almeirim zu Tage gehend; sie bildet auch die tafelförmigen Berge von Pará, welche vollkommen isolirt von der Gruppe des Parimé-Gebirges, dem Nordufer des Amazonas entlang hinlaufen, sich gegen Westen in die grasreichen Hügel von Monte Alegre endigend, gegen O. aber in die ebenen Steppen von Macapá herabsenkend. Dieselbe Bildung scheint fast gar nicht unterbrochen, auch an den Bareiros de Cuzari, an den ziemlich hohen Ufern des Tapajoz bei Santarem, auf der von dichten Cacao-Wäldern besetzten Insel Paricatiba, und an den palmenreichen Ufern des Kanals Irariá; weiter gegen W. aber wird sie von andern Gebilden häufiger unterbrochen, sie wechselt mit Lagern von buntfarbigem Mergel, von Thon, von einem weifslichen, kalkigen Sandstein oder mit der zweiten Hauptform, dem röthlichen Sandsteine, der vorzugsweise westlich von der Strömung von Jatauaráná an, an den Wänden von Matary und Puraqué Coara bis zum Rio Negro erscheint, von da sich längs den Ufern des letztern bis gegen Airaô fortsetzt und am Solimoês, so weit wir ihn beschifft haben, bald in steilen Uferwänden, bald im Festlande selbst hervortritt. Einen weifsen, feinkörnigen, sehr krystallinischen und harten Sandstein, der übrigens sich durch kein Verhältnifs als einer andern Formation angehörend darstellt, haben wir bei Canomá zu Tage gehend gefunden. Somit schliefsen sich diese verschiedenen Abänderungen des Sandsteins im Gebiete des Amazonas selbst unmittelbar an diejenigen an, welche ich oben (S. 1288) als die Gebirgsbildung im untern Flufsgebiete des Yupurá geschildert habe.“

„Die oryctognostischen Verhältnisse der Sandsteinbreccie (Quadersandstein) sind sehr mannichfaltig. Das eisenschüssige, thonige Bindemittel wechselt in violetter, röthlicher und gelber Farbe, die dadurch verkitteten Quarzkörner oder Trümmer erscheinen bald sehr fein und krystallinisch, bald abgerundet und von beträchtlicherem Umfange bis zur Gröfse einer Wallnufs. Das Gestein ist bald sehr dicht und durch seine Härte zum Bauen geeignet, bald enthält es in Blasenräumen Bolus, bald Thongallen oder gröfsere Trümmer eines ganz ähnlichen Gesteins, welche der Vermuthung Raum geben, dafs das Gebirge selbst wieder einer theilweisen Regeneration unterworfen gewesen sey. *) Die zweite und dritte Form dieser Gebirgs-

*) Alle diese angeführten oryctognostischen Verhältnisse finden nicht nur sehr häufig in den verschiedenen Lagerungen des alten Sand-

bildung, der röthliche (Keuper-) und der weiſse (Quader-) Sandstein, erscheinen in geringerer Mannichfaltigkeit, bloſs verschieden, je nach dem gröbern oder feinern Korne und der Farbe, die am häufigsten ein blasses Fleischroth (ähnlich dem Sandstein von Heidelberg, von dem er sich übrigens sowohl geognostisch durch die Lagerungsverhältnisse, als oryctognostisch durch den Mangel an Feldspath unterscheidet), bisweilen aber auch hellviolett, graubraun, grau und weiſs in mancherlei Schattirungen ist. *) Schichtung beobachtet man bei diesen Gebilden undeutlich, am ersten noch bei dem röthlichen und weiſsen Sandsteine, wie ich dieſs z. B. von dem Sandsteine von Cupati (S. 1289) angegeben habe. Das eisenschüssige Sandstein-Conglomerat dagegen erscheint oft in groſser Mächtigkeit so flach und eben wie eine Tenne über groſse Strecken ausgegossen. Es liegt bald unmittelbar auf dem Granite (Arara-Coara am Yupurá), bald bedeckt es den röthlichen Sandstein, bald wechselt es, dieſs jedoch in geringerem Maaſse, mit demselben ab. Auf Paricatuba und nächst Obydos findet sich ein sehr feinkörniger, etwas kalkiger, sehr harter, röthlicher (Mergel) Sandstein, bald unter-, bald oberhalb des braunen, eisenschüssigen Sandsteins, und mit dem röthlichen, quarzreichen Sandstein abwechselnd.“

---

steins am Rio de S. Francisco und bei der Eisenhütte von Sorocaba statt, sondern auch in dem Thüringischen und demjenigen Portugiesischen, der sich an dem Fuſse der Gebirgsarme der Serra do Estrella gelagert hat, und von Alpenkalksteiu bedeckt wird. v. E.

*) Solche Nuançen, ein thoniges Bindemittel und die Nähe von Quarzschiefer, Granit und Thonschiefer bestimmten mich früher zu dem Ausspruche, daſs der Sandstein, welchen Spix vom Ufer des Rio Branco mitgebracht hat, zur bunten Sandsteinformation gehöre. Physiogn. des Pflanzenr. in Brasilien (1824) S. 13.

„Von untergeordneten Lagern giebt es in dieser so ungeheuer weit verbreiteten Gebirgsbildung nur die von Mergel, farbigem Thon, Porcellanerde (vergl. S. 1176) und bei Taguba-Coara am Tapajôz, Schwefeleisen und Gyps. Die Lager von farbigem Thon, oft in grofser Ausdehnung längs dem Strome erscheinend, sind das einzige Verhältnifs, was der Monotonie dieser Gebirgsbildung bisweilen einen angenehmen Wechsel verleiht. Ist das Wasser des Stroms im Fallen und treten die bunten Bänke zu Tage, so ziehen sie schon aus der Entfernung das Auge des Reisenden durch den Wechsel von Weifs, Gelb, Roth und Violett an, mit welchem sie über die Wasserflächen hervortreten. Die Ortschaft Serpa hat von den Indianern wegen der dortigen Thonbänke den Namen Ita-Coatiara, d. i. gemalte Steine erhalten. Rothe Uferbänke nennen sie in der Tupisprache: Coara-Piranga, rother Ort, gelbe, Tauá, weifse, Tauatinga (Tabatinga), eigentlich gelbweifs. Dieses sind oft sehr feine und theilbare Erdfarben, deren sie sich viel bei ihren Malereien bedienen. Der fasrige und dichte Gyps, welcher uns aus Taguba-Coara gebracht wurde, ist dem im Keupersandsteine ganz ähnlich, macht aber das Darüberlagern einer Kalksteinformation wahrscheinlich, welche ich selbst nirgends im Amazonengebiete gesehen habe. Auch die jüngeren Lager von Schwefelkiesen und Baumstämme, die mit Schwefeleisen durchdrungen, in Braunkohle übergegangen waren, dergleichen sich in dem Mergel am oberen Yupurá finden (S. 1289), sind uns hier nicht vorgekommen. Als neuere Gebilde erscheinen auch bisweilen, wie z. B. bei Obydos, Lager eines lila-rosenfarbigen oder weifsen Sandsteins, von schwachem Zusammenhange, dessen Bindemittel kalkig ist; an andern Orten eine ganz junge Breccie von Quarz, Sandeisenstein und Jaspis in groben, eckigen Stücken zusammengebacken.“ *)

„Dieſs sind die äuſserst einfachen geognostischen Verhältnisse, welche wir im Becken des Amazonenstroms zu beobachten Gelegenheit gehabt haben. Sie gewinnen nur dann an Interesse, wenn wir sie mit den benachbarten Gebirgsbildungen in Harmonie setzen können. Werfen wir aber einen Blick auf die angrenzenden Landschaften im Süden, so mag es kaum zweifelhaft bleiben, daſs die in der Provinz Piauhy herrschende Formation ebenfalls ein röthlicher, sich zu Tafelbergen erhebender Sandstein, bald mit graugrünen Grasbüscheln, bald mit palmenreichen Sumpfwiesen und niedrigem Gehölze bekleidet, gegen O. von der eisenschüssigen Sandsteinbreccie des Itapicurû und der Provinz Maranhaô bedeckt, sich gegen N. in dem (röthlichen) Keupersandstein am Amazonas wiederhole. Die granitische dichtbewaldete Gebirgskette der Ibiapaba, von Osten hergezählt, die dritte Cordillere, welche theilweise der Küste entlang, durch das Brasilianische Festland hinziehen, scheidet, indem sie die südlichen Grenzen der Provinz Piauhy bildet, auch zwei in Klima, Naturprodukten und landschaftlichem Charakter ganz verschiedene Länder. Was nördlich von ihr liegt, gehört eigentlich schon dem groſsen Bassin des Amazonenstroms an. Wir waren durch den Paſs dos dois Irmaôs nur wenige Meilen nördlich über sie hinausgekommen, so trafen wir auſser einem Ueber-

*) Meiner Ansicht nach sind alle oben angeführten Thongebilde, so wie diese genannten neuern von seiner Entstehung in die Klasse der tertiären Bildungen des plastischen Thons, der Mollasse, Nagelfläche u. s. w. zu rechnen, und können also nicht als untergeordnete Lager zu der weiter oben angeführten Sandsteinbildung gezählt werden. v. E.

gangskalkstein, der bei Pocoês de Cima, auf Gneis gelagert, zu Tage ausgeht, nichts mehr als dieselbe Formation des Keupersandsteins, und auf demselben Gestein wanderten wir, durch Palmenhaine und Sumpfwiesen, bis an den Fluſs Itapicuru.“ *)

Am Flusse Tury sind im Jahr 1818 Goldminen entdeckt worden, über deren Formation wir nichts Sicheres erfahren konnten; aber die vorliegenden Handstücke, welche das Metall gediegen in einem milchweiſsen oder grauen Quarz darstellen, schlieſsen die Möglichkeit nicht aus, daſs auch hier dieselbe Formation aufträte. In Minas Geraes erscheint ein Eisensteinflötz von groſser Ausdehnung, bald die Thäler ausfüllend, bald wie ein Mantel die höchsten Gebirgskuppen überziehend und fast überall goldhaltig. **) Dieser Formation, die dort Tapanhoacanga, d. i. in der Tupisprache Negerkopf heiſst (vgl. I. S. 451), ist das eisenschüssige Sandstein-Conglomerat des Amazonenbeckens häufig vollkommen ähnlich; es fehlen aber letzterem so wie das Gold, auch der Magneteisenstein und der Eisenglanz, deren Bruchstücke dorten in mancherlei Verhältnissen eingeknetet erscheinen. ***)

*) Gerade so wie in Minas Geraes, in dem Sertaô do Rio de S. Francisco bei der Vereinigung des Rio das Velhas, und in dem Sertaô von Indaia und Abacté. v. E.

**) Nirgends habe ich diese Formation oder die Tapanhoacanga, Thäler ausfüllend angetroffen, sondern sie überdeckt nur die unterliegenden Gebirgsbildungen, sowohl auf den höchsten Gebirgen, als in den tiefsten Thälern gleich einem Guſs, der weder hier noch dort eine gröſsere Mächtigkeit als 8 bis 12 Fuſs hat. v. E.

***) Da Gold, Magneteisenstein und Eisenglanz die wesentlichen Bestandtheile dieser Tapanhoacanga-Bildung ausmachen, wie ich in meinen geognostischen Beiträgen gezeigt habe; so hat folglich das Sandstein-Conglomerat des Amazonenbeckens keine Aehnlichkeit mit diesem. v. E.

Diese Gleichartigkeit einer Formation in so großer Erstreckung verdient um so mehr Beachtung, als damit immer mehr die, von einigen Geognosten geäußerte, Ansicht abgewiesen wird, daß der Diamant und das Gold in einem genetischen Verhältnisse zu dieser Flötzbildung ständen. *)

„Nördlich vom Amazonenstrom wird dieselbe Formation des Sandsteinflötzes von der, vorzüglich aus Granit und Gneis bestehenden, Gruppe des Parimé-Gebirges begrenzt. Unter den Rollsteinen, welche wir aus dem Bette des Rio Branco aufgesammelt haben, befanden sich viele sehr schöne braunrothe Jaspise und Thonschiefer; die ersteren möchten wohl ebenfalls dem Sandsteingebilde des Amazonengebietes angehören. Am untern Rio Negro lagert es hie und da über einem dem Weißsteine ähnlichen Quarzschiefer, **) über Gneis und Granit, deren runde Kuppen auch unbedeckt zu Tage gehen. Im obern Gebiete dieses Stromes geht dieselbe Formation wahrscheinlich bis zum Isthmus von Javitá fort, der die Wasserscheide zwischen dem obern Orenoco und dem schwarzen Fluß bildet, und eben so möchte sie sich in dem Becken des Apure und des unteren Orenoco wiederfinden, ***) wo sie übrigens nach des Herrn von Humboldt Beobachtungen (Reise V.

---

*) Meines Wissens hat man noch nie Diamanten in der Tapanhoacanga-Bildung gefunden, wohl aber als eingeknetet in einem Conglomerate, welches ich für weit jünger als jenes Eisenstein-Conglomerat halte, und eben so wenig wird ein gründlicher Geognost behaupten, daß das Gold in einem genetischen Verhältnisse zu dieser Conglomeratbildung stehe. v. E.

**) „Ich habe kleine Proben von diesem Quarzschiefer (vergl. S. 352) und den übrigen Gesteinarten des Amazonenstroms dem Herrn L. v. Buch mitgetheilt. Dieser große Geognost bemerkt über den ersteren von Airaô, daß er sehr große Aehnlichkeit mit dem Granit der neuen Gotthardtsstraße, zwischen Val tremola und dem Hospiz habe."

***) „Ein Sandstein oder Conglomerat aus Geröllen von Quarz, lydi-

S. 549) von einem dichten, dem Jurakalk verwandten, Kalkstein und alternirenden Schichten von Mergel und blättrigem Gyps überlagert wird. Im obern Gebiete des Yupurá tritt unter dem Sandsteine ein Granit hervor, der hie und da, wie z. B. am Rio Enganos, einen schönrothen Labrador in Zwillingskrystallen und statt des Glimmers Hornblende enthält, und somit zum Syenite übergeht (jedoch auch Quarz enthält.) Der grobe Granit von Arara-Coara ist besonders schön und ausgezeichnet; er besteht aus silbergrauem Glimmer (Margarit) in grofsen rhombischen Krystallen, weifsem Quarz und fleischrothen Orthoclas. Wie weit die Sandsteinformation dem Solimoês entlang gegen Westen von Dr. Spix beobachtet worden, finde ich in dessen Papieren nicht verzeichnet. Bedeutend mag der dunkelgraue, feinsplittrige, sehr harte Sandstein von der Mündung des Rio Yavary, von der Westgrenze Brasiliens seyn; er gehört wahrscheinlich, wie ich bereits erwähnt (S. 1196) habe, mehr dem eigentlichen Quadersandstein als dem Keuper zu. Aus dieser Gegend findet sich auch ein schwärzlich grauer, dichter Kalkstein in der Sammlung, der ehemals zur Juraformation, jetzt aber zum Liaskalkstein, würde gerechnet worden seyn. *) Die Süd-

---

schem Stein undKieselschiefer, die durch ein äufserst zähes braunolivenfarbiges, zuweilen sehr hellrothes, thonig eisenhaltiges Cäment verbunden sind." Humb. a. a. O.

*) Welches sind die untrüglichen Kennzeichen, in gewöhnlichen Handstücken die verschiedenen Kalksteinbildungen von einander zu unterscheiden? — Die Farbe? gewifs nicht. Der Bruch und abgesonderte Stücke? Diese Kennzeichen unterscheiden allenfalls den Urkalkstein von den jüngeren Kalksteinarten. Alle übrigen Kennzeichen haben die verschiedensten Kalksteinbildungen mit einander gemein. Versteinerungen von Handstücken könnten allenfalls noch einen Fingerzeig geben, allein man hat bis jetzt noch keine Versteinerungen in dem Kalksteine Brasiliens gefunden. v. E.

grenze der Sandsteinformation im Gebiete des Amazonenstroms zu bestimmen, bleibt den Untersuchungen künftiger Reisenden vorbehalten. Nur so viel möchte ich aus den Berichten der Reisenden schliefsen, dafs jenseits der Katarakten, welche den Tocantins, den Xingû, den Tapajoz und Madeira in ihrem Laufe unterbrechen, eine andere Formation auftrete, im Allgemeinen wahrscheinlich die goldhaltigen Urgebirgsbildungen, welche den geologischen Hauptcharakter von Minas Geraes, Goyaz und Matto Grosso ausmachen."

„Einen vergleichenden Blick auf diese südlichen Gegenden, aus denen der Amazonenstrom einen so grofsen Theil seiner Zuflüsse erhält, führt uns einige Thatsachen vor, die im schroffsten Widerspiel mit den geognostischen Verhältnissen im tiefsten Theile des Amazonenbeckens stehen. In Minas Geraes und S. Paulo ungeheure Lager, ja ganze Berge von dichtem Brauneisenstein *) und Magneteisenstein; in diesen Provinzen, in Goyaz und Matto Grosso grofse Strecken mit eisenhaltigen (an Eisenglanz und Eisenglimmer reichen) Gebilden überdeckt, und sowohl in dieser Formation, als in dem Quarzschiefer und in dem, aus seiner Zerstörung hervorgegangenen, Sande sehr bedeutende Menge von Gold, überdiefs auch den Diamant enthaltend, dagegen in dem tiefsten Thale des Amazonas keine Spur von allen ältern Formationen, und kein Metall in einer beträchtlichen Menge; **) — Steinkohlenformationen sind

---

*) Zwar finden sich daselbst untergeordnete Lager von Brauneisenstein höchstens zu anderthalb Lachtern Mächtigkeit, allein nie habe ich ganze Berge davon gefunden. v. E.

**) Auch in den grofsen Erstreckungen der Uebergangsbildungen und der Sandsteinformation von Minas Geraes, S. Paulo und Goyaz findet sich kein Metall in beträchtlicher Menge, und die Urin jenem Gebiete nur von geringer Ausdehnung, *) in diesem gar nicht, wohl aber die Kohle gleichsam organisch in einer ungeheuren Fülle von Waldungen hervorgetrieben, während auf dem gröſsten Theile jener, besonders der diamantreichen Länder nur Grasmatten grünen; **) — endlich in dem Gebiete des Paraguay, nicht weit von da, wo sich die Wasserscheide zwischen ihm und dem Amazonas erhebt, ein unermeſslicher Reichthum an Kochsalz, das, mit jeder Ueberfluthung der Ströme von neuem geweckt, aus dem Boden hervorwittert (eben so wie dies längs dem Rio de Francisco in seinem nördlichen Gebiete und in einigen kaum perennirenden Flüssen von Ciara und Parahyba do Norte der Fall ist), dagegen am Amazonas keine Spur von Kochsalz, nur der identische Sandstein von S. Gonçalo d'Amarante in Piauhy und von andern Gegenden dieser Provinz Alaun und andere Salze auswitternd. — Diese Gegensätze geben Veranlassung zu vie-

gebirge verschwinden darunter, zeugen aber eben sowohl wie im Amazonengebiet an einigen Orten von ihrem Daseyn; nach dem Vorhergehenden zu schlieſsen, so findet also hier ein Widerspruch statt, wenn gesagt wird, daſs sich in dem tiefen Thale des Amazonas keine Spur von allen ältern Formationen finde, denn die Orte, wo Granit aufgeführt ist, müssen doch zu diesem Thale des Amazonenstroms gerechnet werden. v. E.

*) Steinkohlenformation in Minas Geraes und S. Paulo, wo würde diese wohl aufzufinden seyn, wenn die Sandsteinbildung dieser Provinzen nach der Meinung der Herren Reisenden zur Quadersandsteinbildung gehört. Die Braunkohlen von Bahia und Rio Grande darf man nicht damit verwechseln, alle übrigen Formationen fehlen. v. E.

**) Sollten nicht die ausgedehnten Waldungen, die längs der Küste von Bahia bis S. Paulo, und in ihrer Breite bis in die Provinz Minas auf Urgebirgsart grünen, nebst denen in der Provinz von Goyaz und besonders Matto Grosso, dem Waldmeere des Amazonas das Gleichgewicht halten. v. E.

lerlei geologischen Hypothesen. *) Jene vorgeschichtliche Geschichte, d. h. die Geschichte unseres Planeten und seiner Entwickelungen und Umgestaltungen, fällt dem Naturforscher anheim, der aus den grofsartigen Documenten, die die Erde selbst aufweist, wenigstens Vermuthungen wagen darf, dergleichen sich auch uns mancherlei beim Anblicke dieser verschiedenen Thatsachen aufdringen. Es ist eine allgemein verbreitete Ansicht, dafs die neue Welt später als unser Continent aus dem Wasser hervorgetreten sey. Wenn gleich wir nun Grund zu dieser Annahme weder in den geognostischen Verhältnissen noch in den frühesten Spuren einer amerikanischen Urbevölkerung aufzufinden vermögen, so ist wohl schwerlich die Vorstellung abzuweisen, dafs das Element des Wassers hier sehr gewaltig und in grofser Ausdehnung gewirkt habe, und zwar gilt diefs ganz vorzugsweise eben von demjenigen Gebiete, das Gegenstand unserer Betrachtung ist. **) Die Wasserbedekkung, als deren Erzeugnifs die gegenwärtige Formation

*) Wie viele Gebirgsbildungen in grofsen Erstreckungen giebt es nicht in Brasilien, die keine Salze auswittern; ich glaube also nicht, dafs dieses ebenfalls als ein Gegensatz des Nichtvorkommens des Salzes im Amazonengebiet angeführt werden kann; auch selbst wenn Salzstoff vorhanden wäre, so würde der von den Urwäldern beschattete Boden der Auswitterung hinderlich seyn, da diese nur da stattfindet, wo Sonnenstrahlen einwirken konnen. Ueberdem kennt man von diesem grofsen Gebiete eigentlich nur die Flufsufer allein, das Festland, welches zwischen den Ufern der verschiedenen Ströme sich befindet, ist noch eine terra incognita. v. E.

**) Da man so gerne wagt, Hypothesen aufzustellen, je nachdem man sich eine Vorstellung von der Bildung und den erlittenen Veränderungen in der Folge der Gebirgsarten macht, so ist allerdings mit eben so vielen Gründen nach meiner Hypothese die Ansicht, dafs das Element des Wassers vorzugsweise in dem Gebiete des Amazonenstroms gewirkt habe, abzuweisen, wie ich weiterhin in meinen Bemerkungen darthun werde. v. E.

anzunehmen ist, war offenbar nicht nur von ungeheuerer Ausdehnung (sie erfüllte nämlich von dem östlichen Abhange der Andes an das grofse untere Hauptbecken und die partiellen Becken bis zur Grenze des obern Stromgebietes der Confluenten), sondern ihr mufs eine äufserst tiefe und gewaltsame Bewegung der Gewässer in der Richtung des Amazonenstroms vorhergegangen seyn, durch welche eben alle übrigen Gebirgsbildungen vollständig zertrümmert, in den Ocean hinausgeführt und die tiefen Mulden gebildet worden sind, welche jetzt mit der Quader- und Keuperandsteinformation ausgefüllt worden sind. Dafür sprechen: die aufserordentliche Mächtigkeit des Flötzgebildes, zwischen dem nirgends ein älteres Gestein hervortritt, ferner die seltsame Vertiefung vieler Gegenden, namentlich in der Nähe des Kanals von Tagipurú und auf der Südwestseite der Insel Marajó, wo genaue Messungen wahrscheinlich Puncte auffinden dürften, die im oder unter dem Niveau des gegenwärtigen Meerstandes liegen, so wie endlich der gänzliche Mangel von Trümmern und Rollfelsen als Theilen der benachbarten ältern Formationen. *)

*) Warum will man eine solche tiefe und gewaltsame Bewegung der Gewässer annehmen, durch die alle übrigen Gebirgsbildungen zerstört wurden, so dafs nicht einmal Trümmer und Rollfelsen sich davon mehr vorfinden? Läfst es sich nicht vielmehr leichter denken, dafs in dem Stromgebiete des Amazonas die Urgebirge, vielleicht auch spätere Bildungen sich nie hoch erhoben haben, diese Niederungen ursprünglich, so wie die Tiefen des Meeres existirten und durch die Zerstörungen ihrer erhabneren Theile, die ältere Sandsteinbildung, und nicht der Quader- oder Keupersandstein absetzten, da sich unter den Gemengseln derselben keine Spur mehr davon findet, als dafs man sie erst durch Wegwaschung in den unsichtbaren Grund des Meeres versenken mufs, um die Quader- oder Keupersandsteinbildung entstehen zu lassen? Da man keine Spur von diesen jüngern Flötzbildungen auffindet, is est denn nicht wahrscheinlicher, dafs der Stoff dazu ganz in diesem

Weder trachytische noch Urgebirgsarten der Andes Cordilleres oder der Parimé-Gebirge erscheinen zerstreut an der Oberfläche der gegenwärtigen Gebirgsbildung im niedrigen Strombecken des Amazonas. Sind sie vielleicht bei jener Flötzbedeckung in die Tiefe versenkt, oder sind sie in den Ocean hinausgeführt worden? oder noch mehr, ist etwa das ganze Becken selbst vor der Flötzzeit nicht trocknes Land, sondern eine ungeheure Meerbucht gewesen? *) Jene grofsen, abgerundeten Granitmassen, deren problematische Erscheinung in Oberbaiern, und im nördlichsten Deutschland man unter andern dadurch zu erklären versucht hat, dafs sie auf Eisschollen herbeigeführt worden seyen, sind auch an dem benachbarten Orenoco beobachtet worden, (wir haben sie in einer weit entfernten Gegend, im Flufsthale des Paraiba gesehen); aber in dem Amazonenbecken ist nichts ähnliches bekannt. **) Auf der

---

Gebiete gefehlt haben kann? Zur Bildung des alten Sandsteins war er aber wohl vorhanden. v. E.

*) Dieses scheint auch mehr dafür zu sprechen, dafs hier keine grofse reifsende Strömungen stattgefunden haben, sondern dafs es vielmehr eine grofse, ziemlich stille Meeresbucht war, in der durch die Auflösung und Zerstörung älterer Gebirge sich der ältere Sandstein ruhig absetzte. Wie mächtig dieser hier liegt, ist noch nicht erwiesen, jedoch wissen wir, dafs diese Bildung unter allen Sandsteinformationen die mächtigste ist.

**) Die Erscheinungen von grofsen abgerundeten Granitmassen in Baiern, dem nördlichen Deutschland und dem Orenoco, glaube ich nicht, dafs sie als Nichterscheinung im Amazonasbecken als etwas Besonderes oder Auffallendes angeführt werden kann. Auch die Granitblöcke, welche die Herren Reisenden im Flufsthale des Paraiba gesehen, gehören ganz und gar nicht hierher, denn diese liegen an einem Bergkopfe über 1500 Fufs über der Meeresfläche, und haben einen granitischen Boden zur Unterlage und können nur als zurückgebliebene feste Kerne eines mürberen Granits betrachtet werden, welcher durch die höheren Gewässer des Paraiba abgeschwemmt wurde. (Man sehe hierüber 2. Kapitel meiner Beiträge.) v. E.

andern Seite dürfte auch anzunehmen seyn, daſs jene Flötzbildung, einmal aus der Wasserbedeckung niedergeschlagen, keine weitern Katastrophen durch spätere Ueberfluthungen erfahren habe; wäre dieſs der Fall gewesen, so würden spätere untergeordnete Formationen und eingeschwemmte Bildungen, organische Reste u. s. w. erscheinen, wovon bis jetzt keine Spuren gefunden worden sind.“ *)

„Offenbar sind nur die Bänke des plastischen Thones, die Lager eines lockeren, farbigen Sandsteins mit kalkigem Bindemittel oder eines aus Trümmern von allen diesen Gesteinen und aus Jaspis zusammengebackenen Agglomerats, ein Erzeugniſs der letzten Zeit und also jüngern Ursprungs (Alluvionen); die Lager gefärbter Thone, der Porcellanerde, des Gyps, des festen, kalkigen Mergelsandsteins, welche mit dem Sandstein-Conglomerate und dem röthlichen Sandsteine wechseln, gehören unmittelbar der Flötzzeit selbst an, da das Gewässer oberhalb der niedergeschlagenen Formation bereits Abzüge nach dem Meere hin gefunden hatte. Diese Fluth hat nirgends Spuren von Kochsalz zurückgelassen, ja die Abwesenheit jener, an Hölen reichen Kalkformation, welche am Paraguay zugleich mit dem unerschöpflichen Salzvorrathe in der Erdoberfläche erscheint, macht es wahrscheinlich, daſs sie selbst nicht mehr gesalzen gewesen sey. **) Auch von Schaalthieren des süſsen Wassers findet man keine Spuren in diesem groſsen Gebiete, vielleicht weil die Bewegung der abströmenden Fluth zu gewaltsam war, um Niederlassun-

*) Wenn dieses der Fall ist, daſs keine weiteren Katastrophen stattfanden, so könnten diese ebenfalls mit der Bildung des ältern Sandsteins ihr Ende erreicht haben, da man auch keine Spuren späterer Formationen als die des genannten Sandsteins findet. v. E.

**) Sollten die weit verbreiteten Salinen am Jaurú und Paraguay gegenwärtig noch vom Ocean selbst ernährt werden? sie scheinen, obgleich tief im Festlande, doch nicht sehr hoch über dem Niveau des Meeres zu liegen. †)

†) Dieses könnte wohl der Fall seyn, wenn nicht die weit verbreiteten Salinen des Rio de S. Francisco, welche Urgebirgsarten zum Grunde haben, und mehr denn tausend Fuſs hoch über der Meeresfläche erhoben liegen, mit dieser Meinung im Widerspruch wären. v. E.

gen jener Thiere zu gestatten; wenigstens findet man sie auch in Europa an solchen Orten nicht, die, einer stürmischen Wasserbewegung unterworfen, das Leben jener trägen Thiergeschlechter nicht begünstigt haben mögen, während sie in tiefen ringsum geschützten Thalmulden und Becken erscheinen. *) Spätere Bedeckungen durch den jetzigen Ocean mögen örtlich hie und da stattgefunden haben. Als Zeugniſs davon dürfen wir die Bänke von Seemuscheln und Corallensteinen ansehen (Brebigoês, tupi Senemby), welche im tiefsten Thalgrunde, namentlich an der Mündung des Tocantins, erscheinen. Ja vielleicht ist auch der südliche Abhang des Parimé-Gebirges einstmals von einem Binnenmeere bespült worden, wenn es anders wahr ist, daſs sich am Rio Branco Corallen finden sollen. — Alle Thatsachen zusammengefaſst, erscheint uns denn dieses untere Gebiet des groſsen Amazonenbeckens als ein solcher Theil unserer Erdoberfläche, der nur wenige Katastrophen erlebt hat, und vielleicht gerade dadurch, hingegeben einer ungestörten Ruhe, um so tüchtiger geworden ist, jene Fülle von organischen Gestalten aus seinem lebensschwangeren Boden zu entfalten, die ihn als ein uralter, hoher und undurchdringlicher Urwald überschattet und im Gewimmel der mannichfachsten Thiere belebt. **) Alle Orte, wo sich das Flötzgebilde in gröſserer Tiefe nach unten ein-

*) Dieses scheint nicht so ganz richtig zu seyn, denn noch gegenwärtig leben an den Küsten Portugals, da wo die Brandung des Meeres am heftigsten ist, und beinahe nie Ruhe eintritt, die meisten Schaalthiere. Die Austerfischer wissen dieses sehr gut, und auch an den nördlichen felsigten Küsten Schottlands tritt derselbe Fall ein. Der Mangel der Schaalthiere in der Formation des Amazonenbeckens ist wohl eher dem Alter der Formation zuzuschreiben, so wie, daſs bei seiner Entstehung diese Schaalthiere noch nicht existirten. v. E.

**) Wenn die Formation des Sandsteins im Becken des Amazonas zu der des Quader- oder Keupersandsteins gehört; so muſste dasselbe ungeheuern Katastrophen unterworfen gewesen seyn, welche alle älteren Gebirgsarten bis zum Granit zerstörten; fanden aber diese nicht statt, wie hier angenommen wird, so folgt daraus, daſs die Sandsteinbildung nicht zu der hier genannten gehört, sondern weit älter ist und nach ihr die ungestörte Ruhe eintrat, wovon hier die Rede ist. v. E.

gesenkt hat, sind eben so viele natürliche Wassersammler geworden, die als Quellen oder Seen, genährt von der Fülle der Aquatorialregen, wiederum dem üppigen, von einer lothrechten Sonne begünstigen, Pflanzenreiche unmittelbar zur Nahrung gereichen, und mittelbar an der Auflösung des Gesteins zur Dammerde mitarbeiten, die überdiefs durch die Succession so grofser Pflanzengeschlechter entstehen mufsten. In dem, terrassenformig abgedachten, Granit - oder Kalkboden der Provinzen von Bahia, Pernambuco u. s. w. bis gegen Ciará nach N. hin, scheinen sehr gewaltsame Meerfluthen die Oberfläche in mehreren Richtungen ihrer Dammerde beraubt zu haben: nur eine dünne Schichte von Granitsand und Staub lagert hier in weiten Strecken auf den tafelförmigen Schichten des Urgebirges; und dem gemäfs vermag das wasserarme Land auch nur auf den erhabenen Gegenden, z. B. den Serra Ybiapaba (d. h. im Tupi alles Land, zum Beweise, dafs sie mehr kahl als bewaldet gewesen ist) Urwälder hervorzubringen, der übrige gleichsam geschwächte Boden ist mit dürren Weiden, oder mit dichtem Gestrüpp (Carrasco) und Niederwald (Caatinga) bedeckt. Vielleicht haben ähnliche Katastrophen auch auf die Erzeugung desjenigen Pflanzenwuchses gewirkt, der gegenwärtig die Oberfläche des Minenlandes von Brasilien in grofsen Strecken überkleidet. Dort finden wir bald klaren, weifsen Quarz-Sand über ausgedehnte Landstriche (Charnecas) ausgegossen *), bald ähnliche Trümmer einer ehemaligen kieselreichen Formation mit Moder und Dammerde zu einer quellenreichen Oberfläche vermengt, die Palmenhaine, Grasmatten oder niedrige, isolirte (Caá-apoam) Wälder hervorgebracht hat. Wir fragen nun, welche grofsartige und weitverbreitete Katastrophe solche Veränderungen eingeleitet, wie sie auf die Zertrümmerung ursprünglicher Lagerstätten des Goldes oder

*) Die Worte „ausgedehnte Landstriche“ können wohl hier nicht gebraucht werden, da diese weifsen Quarzsandüberdeckungen sich nur auf einzelnen Gebirgs-Plateaus vorfinden und in manchen Thalgegenden, wo mürber Granit zum Vorschein kommt. v. E.

auf die Befreiung des Diamants aus seinem Muttergesteine gewirkt haben mag; allein ein tiefes Geheimniſs deckt jene Periode in der Gestaltungsgeschichte unseres Planeten. Das Steinreich, einfach und ohne Wechsel vor uns liegend, erlaubt nur wenige Blicke in die Vergangenheit. — Diese Monotonie der geognostischen Verhältnisse Brasiliens sticht seltsam gegen den Reichthum in den Gebirgsbildungen von Chili und Perû ab. *) Wir sehen in Brasilien weder brennende Vulcane, noch einen Wechsel plutonischer oder vulcanischer und neptunischer Bildungen, noch durch besondere Thierüberreste bezeichnete Gebirgsformationen, oder reiche Kohlenflötze. Aus der Periode des gewaltigsten Bildungsdranges, der Uebergangszeit, sind keine Zeugen vorhanden, **) die neueren Katastrophen in der Flötzzeit haben ebenfalls nur wenige Veränderungen, aber diese in um so gröſserer Verbreitung zurückgelassen. Das vorweltliche Thierleben tritt uns fast ausschlieſslich in den Resten jener Colossen, des Megatheriums von Paraguay, und der Mammuthe und Megalonyxe in den Salpeterhölen von Minas Geraes, an dem Rio dos Contas und in dem Schlammgrunde des granitischen Terrassenlandes von Bahia, Pernambuco und Ciará entgegen, gleichsam als wären niedrigere Thierbildungen hier ehemals entweder nicht zu Stande gekommen, oder durch spätere Umwälzungen wieder vernichtet, spurlos verschwunden (S. 1366 bis 1373).

*) Die höchsten Gebirge von Perû, am See Titicaca, bestehen nach Pentlands Beobachtungen, aus Grauwacken, Uebergangsthonschiefer, worin sich sogenannte Producte und Leptaenen finden, und Quarzfels. Im Allgemeinen ist die Constitution des westlichen Andecastes vulcanisch, die südöstlichen dagegen bestehen aus Uebergangs- und Flötzgebirgen: Grauwackenschiefer, Syenit, Porphyr, rothem Sandstein, steinsalzführendem Mergel und Gyps, Zechstein und Oolithen-Kalk (Hertha XIII. 14.)

**) Man darf auch nicht die weit verbreiteten Zeugen der Uebergangsbildung des Thonschiefers und Kalksteins in der Provinz Minas Geraes, im Fluſsgebiete des Rio de S. Francisco, so wie in dem des Rio Tieté in der Provinz S. Paulo, auch nicht in dem des Rio Paranahyba, der Provinz Goyaz, vergessen. v. E.

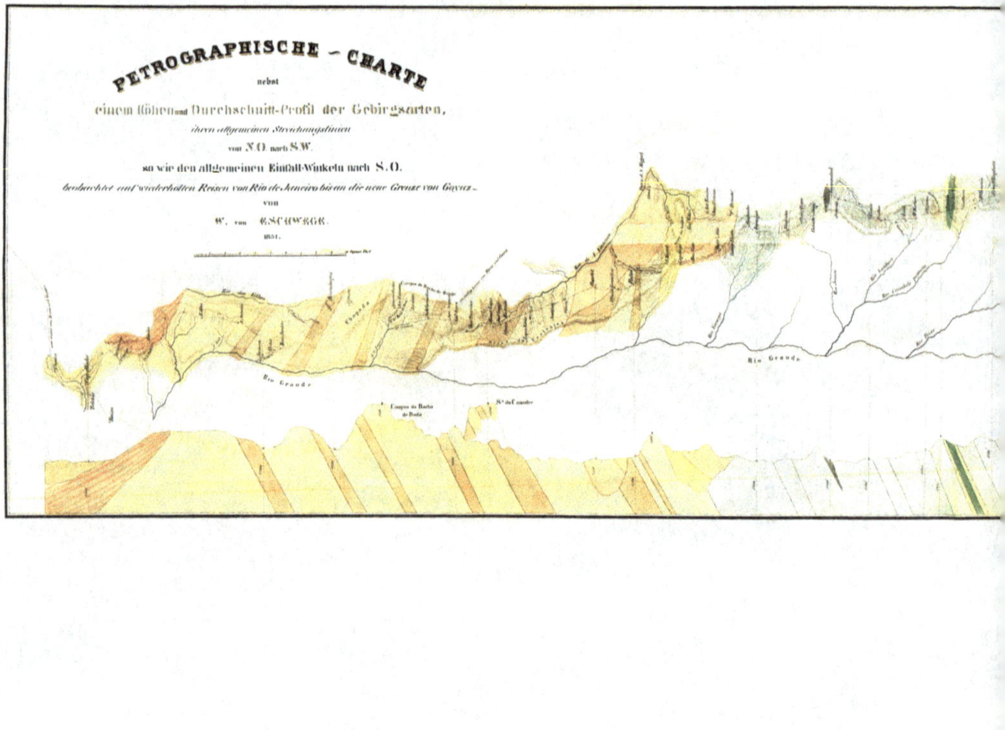

PETROGRAPHISCHE – CHARTE
nebst
einem Höhen und Durchschnitt-Profil der Gebirgsarten,
ihren allgemeinen Streichungslinien
von N.O. nach S.W.
so wie den allgemeinen Einfall-Winkeln nach S.O.
beobachtet auf wiederholten Reisen von Rio de Janeiro bis an die neue Grenze von Goyaz
von
W. von ESCHWEGE.
1831.
Chapada
Rio Grande

No. 1.

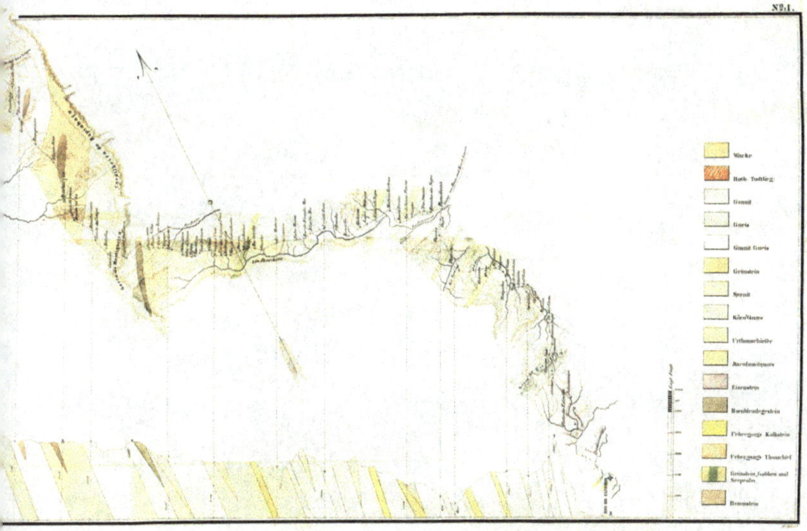

Wacke
Roth. Todtlieg.
Granit
Gneis
Granit Gneis
Grünstein
Syenit
Urthonschiefer
Eisenstein
Hornblendegestein
Uebergangs Kalkstein
Uebergangs Thonschiefer
Grünstein, Gabbro und Serpentin

KARTE UND HÖHENPROFIL

des Weges von *VILLA RICA* an dem *RIO DAS VELHAS*

hinunter bis *SABARÁ* u. von da zurück

über *VILLA NOVA DA RAINHA*;

aufgenommen

von

W. VON ESCHWEGE.

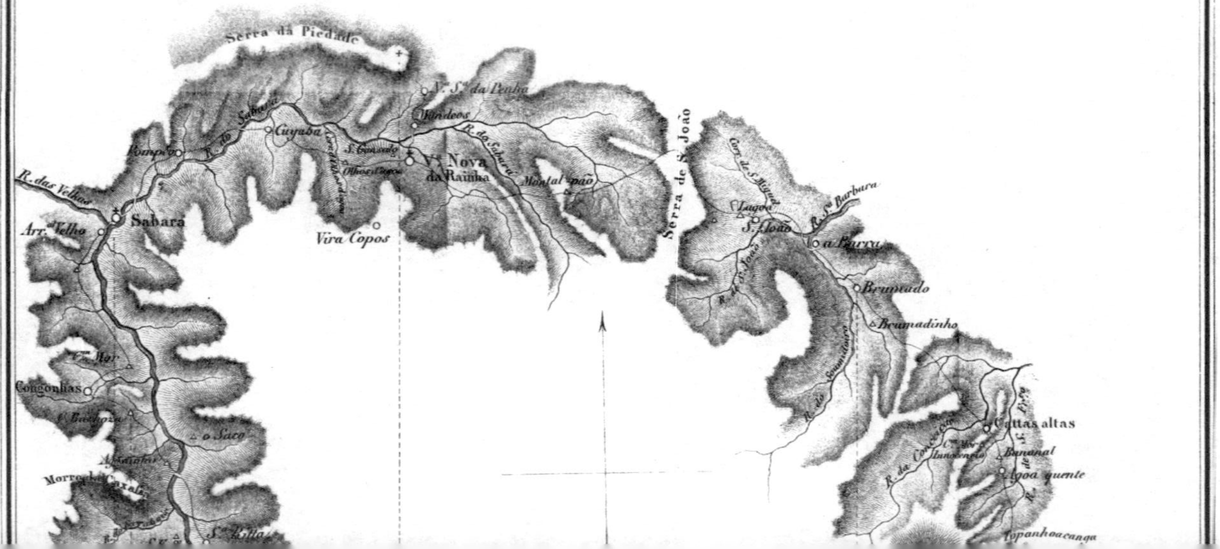

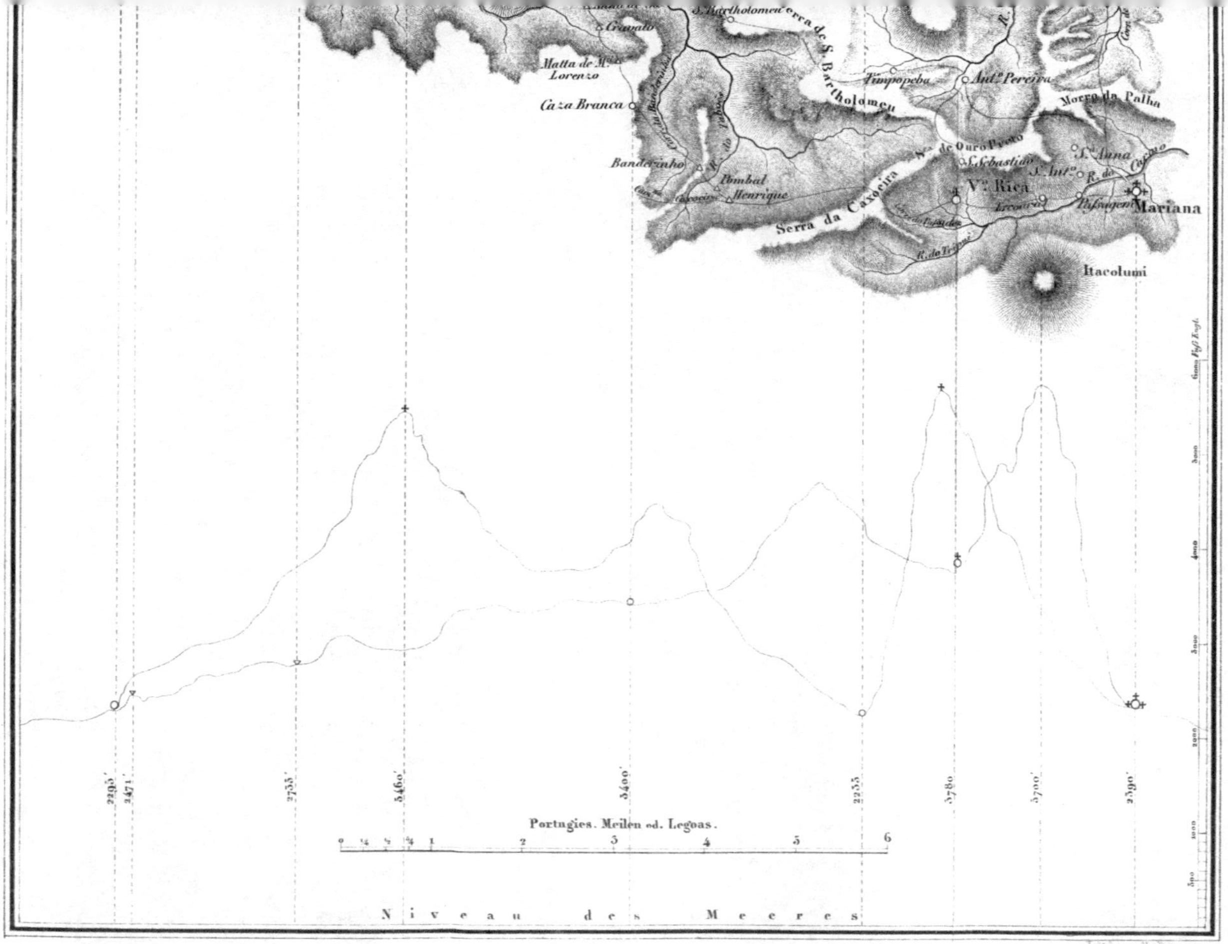

S. Bartholomeu
Serra de S. Bartholomeu
Gravato
Matta de Mto. Lorenzo
Caza Branca
Timpopeba
Antº Pereira
Morro da Palha
Banderinho
Pombal
Henrique
Serra da Caxoeira
Nª de Ouro Preto
S. Sebastião
S. Anna
S. Antº
Vª Rica
Passagem
Mariana
Itacolumi
6000 Fuß Engl.
5000
4000
3000
2000
1000
500
2295'
2471'
2735'
5460'
3400'
2235'
3780'
3700'
2590'
Portugies. Meilen od. Legoas.
0 ¼ ½ ¾ 1 2 3 4 5 6
Niveau des Meeres

Nº III.

Durchschnitt

der Gebirgslagen an der 5460 Fus

Serra da Piedad

Durchschnit

der jüngern Gebirgslagen in der Gegend der Bley-

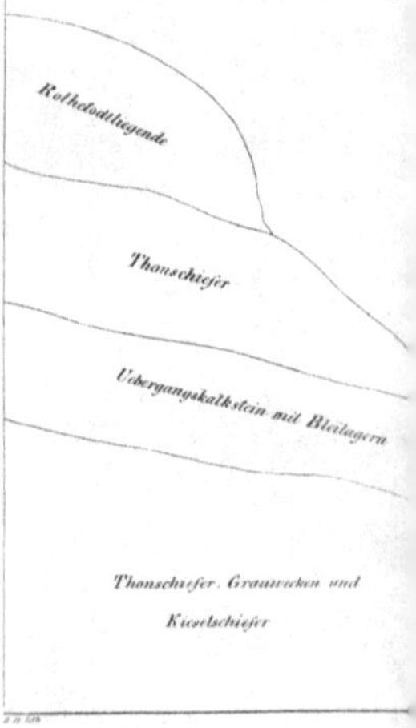

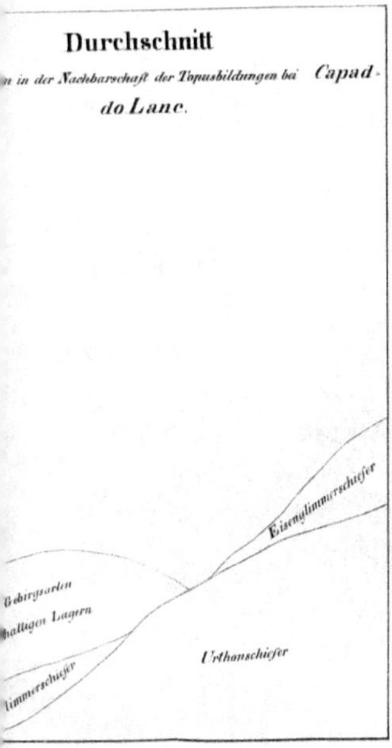
Durchschnitt
n in der Nachbarschaft der Topasbildungen bei Capad-
do Lane.
Eisenglimmerschiefer
Gebirgsarten
haltigen Lagern
limmerschiefer
Urthonschiefer

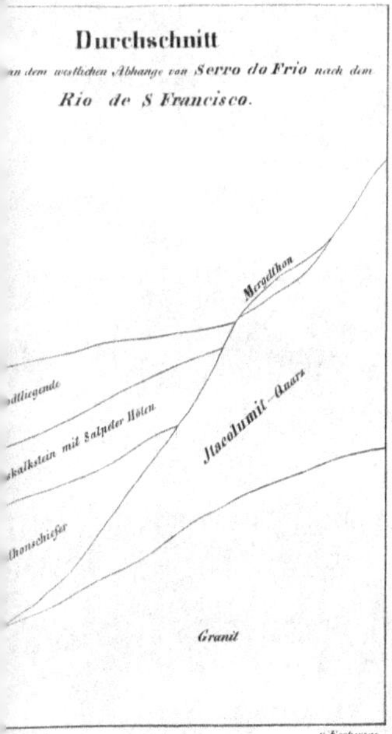
Durchschnitt
an dem westlichen Abhange von Serro do Frio nach dem
Rio de S Francisco.
Mergelthon
dtliegende
kalkstein mit Salpeter Hölen
Itacolumit-Quarz
thonschiefer
Granit

v. Eschwege

DURC

der Gebirgsarten

A. Glimmerschiefer; B. Rother mürber Thonschiefer; C. Goldlager; D. Itacolumitquarz ; E. Eiseng
b. Pochwerk der Lavra da Paſsagem ; c. Tiefer angefangener Stollen

S – PROFIL

s der Lavra da Pafsagem;

chwege.

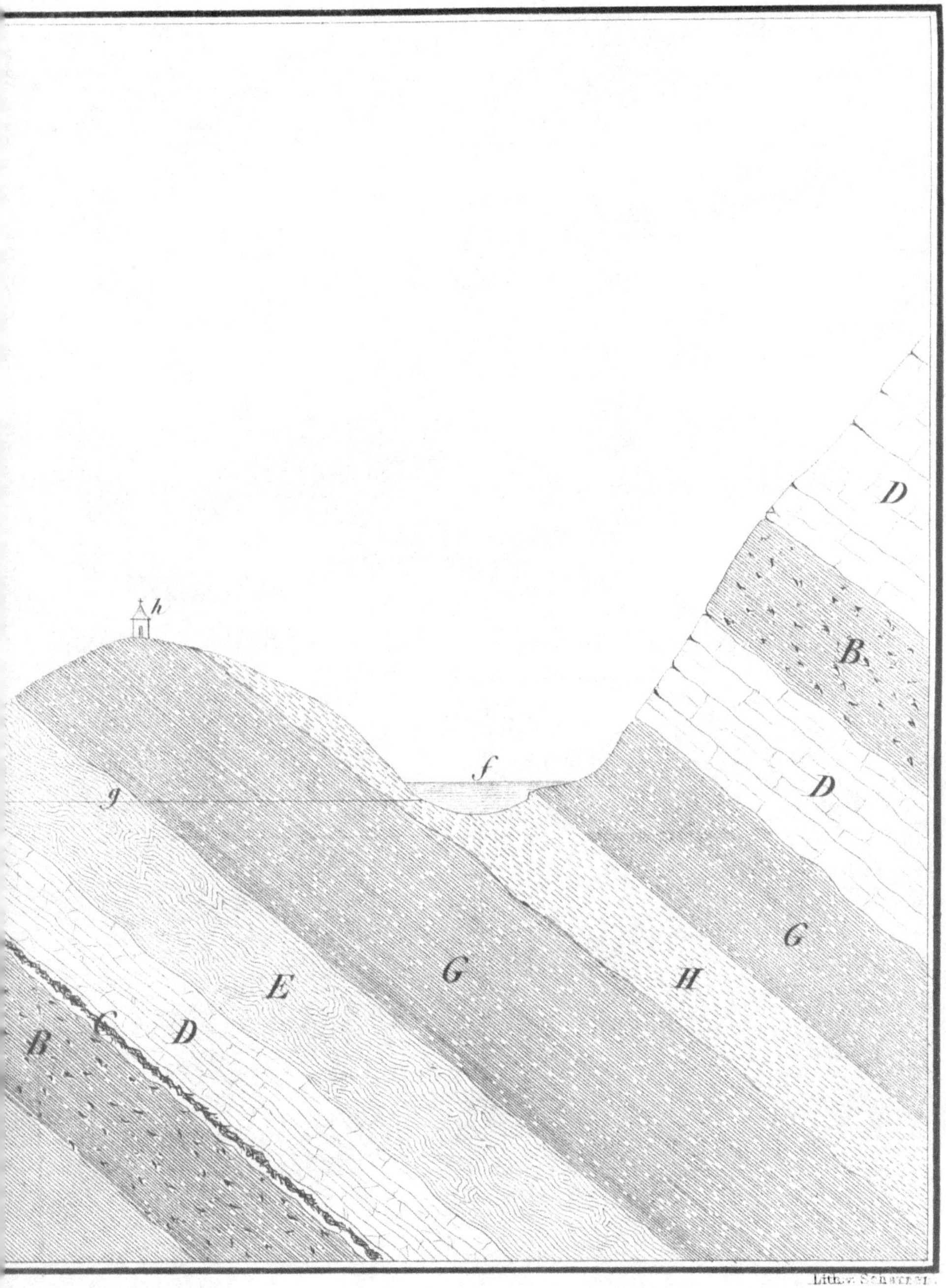

anhoacanga; G. Blauer fester Thonschiefer; H. Talkschiefer. — a. Morro de S. Anton.º

. Ribeirão do Ouro Preto; f. Sammelteich; g. Pochgraben; h. Capelle.

FSC
www.fsc.org
MIX
Papier | Fördert gute Waldnutzung
FSC® C083411

Kolibri 360 GmbH
Ferdinand-Jühlke-Straße 7
99095 Erfurt, Deutschland
produktsicherheit@kolibri360.de